KB149660

인간공학 기술사 2판

문제풀이편

인간공학 기술사 2판

문제풀이편

초판 발행 2021년 11월 30일
2판 발행 2024년 4월 2일

감 수 김유창
지은이 강태운 · 김광일 · 정현욱 · 차재학
펴낸이 류원식
펴낸곳 **교문사**

편집팀장 성혜진 | **디자인** 신나리 | **본문편집** 홍익m&b

주소 10881, 경기도 파주시 문발로 116
대표전화 031-955-6111 | **팩스** 031-955-0955
홈페이지 www.gyomoon.com | **이메일** genie@gyomoon.com
등록번호 1968.10.28. 제406-2006-000035호

ISBN 978-89-363-2580-0 (13530)
정가 38,000원

PROFESSIONAL ENGINEER **ERGONOMICS**

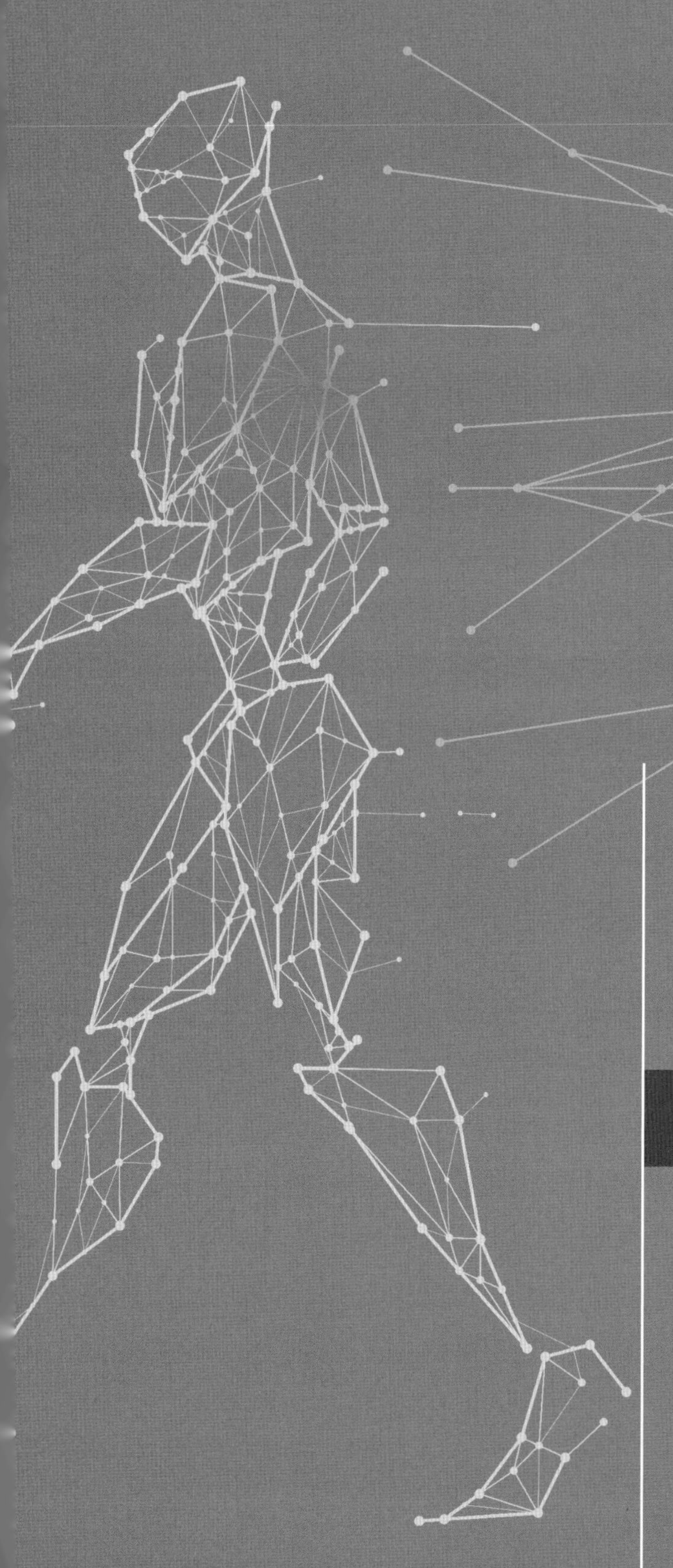

인간공학 기술사 2판

문제풀이편

김유창 감수
강태운 · 김광일 · 정현욱 · 차재학 지음

교문사

머리말

2005년 인간공학기사/기술사 시험이 처음 시행되었습니다. 인간공학기사/기술사 제도로 인간공학이 일반인들에게 알려지는 계기가 되었으며, 각 사업장마다 인간공학이 뿌리를 내리면서 안전하고, 아프지 않고, 그리고 편안하게 일하는 사업장이 계속해서 생길 것입니다.

2005년부터 지금까지 오랜 기간 동안 인간공학기술사 시험이 시행되었기 때문에 충분한 인간공학기술사 필기 문제가 확보되었습니다. 이에 문제풀이 위주로 공부하는 독자들이 인간공학기술사 필기 문제풀이 책의 출간을 요청하여, 본 교재를 출간하게 되었습니다. 본 교재의 구성은 연도별 기출문제를 기준으로 정리하였습니다.

인간공학의 기본철학은 작업을 사람의 특성과 능력에 맞도록 설계하는 것입니다. 지금까지 한국의 인간공학은 단지 의자, 침대와 같은 생활도구의 설계 등에 적용되어 왔으나, 최근에는 근골격계질환, 인간실수 등의 문제해결을 위해 인간공학이 작업장에서 가장 중요한 문제로 대두되고 있습니다. 이에 정부, 산업체, 그리고 학계에서는 인간공학적 문제해결을 위한 전문가를 양성하기 위해 인간공학기사/기술사 제도를 만들게 되었습니다. 이제 한국도 선진국과 같이 고가의 장비나 도구보다도 작업자가 더 중요시되는 시대를 맞이하고 있습니다.

인간공학은 학문의 범위가 넓고 국내에 전파된 지도 오래되지 않은 새로운 분야이며, 인간공학을 응용하기 위해서는 학문적 지식을 바탕으로 한 다양한 경험을 동시에 필요로 합니다. 이러한 이유로 그동안 인간공학 전문가의 배출이 매우 제한되어 있었습니다. 그러나 인간공학기사/기술사 제도는 올바른 인간공학 교육방향과 발전에 좋은 토대가 될 것입니다.

한국에서는 인간공학 전문가 제도가 정착단계이지만, 일부 선진국에서는 이미 오래전부터 인간공학 전문가 제도를 시행해 오고 있습니다. 선진국에서 인간공학 전문가는 다양한 분야에서 활발히 활동하고 있으며, 한국에서도 인간공학기사/기술사 제도를 하루빨리 선진국과 같이 한국의 실정에 맞도록 만들어 나가야 할 것입니다.

본 저서의 특징은 새로운 원리의 제시에 앞서 오랜 기간 동안 인간공학을 연구하고 적용하면서 모아온 많은 문헌과 필요한 자료들을 정리하여 인간공학기술사 시험 대비에 시간적 제약을 받고 있는 수험생들이 시험 대비 교재로서 효율적으로 활용할 수 있도록 한 것입니다. 짧은 시간 동안에 인간공학기술사 필기 문제풀이 교재를 집필하여 미비한 점이 다소 있으리라 생각됩니다만, 앞으로 거듭 보완해 나갈 것을 약속드립니다. 세이프티넷(http://cafe.naver.com/safetynet)의 인간공학기사/기술사 연구회 커뮤니티에 의견과 조언을 주시면 그것을 바탕으로 독자들과 함께 책을 만들어 나갈 생각입니다.

본 교재의 출간으로 많은 인간공학기술사가 배출되어 "작업자를 위해 알맞게 설계된 인간공학적 작업은 모든 작업의 출발점이어야 한다."라는 철학이 작업장에 뿌리내렸으면 합니다.

본 저서의 초안을 만드는 데 도움을 준 강태운, 김광일, 정현욱, 차재학, 주재균 기술사와 우동필 교수와 교정 및 편집하는 데 도움을 준 고명혁, 곽희제, 안대은, 이병호, 최성욱 연구원에게 진심으로 감사드립니다. 그리고 세이프티넷의 여러 회원의 조언과 관심에 대하여 감사드립니다. 또한, 본 교재가 세상에 나올 수 있도록 기획에서부터 출판까지 물심양면으로 도움을 주신 교문사의 관계자 여러분께도 심심한 사의를 표합니다.

2024년 4월

수정산 자락 아래서 안전하고 편안한 인간공학적 세상을 꿈꾸면서

김유창

인간공학기술사 자격안내

1. 개요

국내의 산업재해율 증가에 있어 근골격계질환, 뇌심혈관질환 등 작업관련성 질환에 의한 증가현상이 특징적이며, 특히 단순반복 작업, 중량물 취급작업, 부적절한 작업자세 등에 의하여 신체에 과도한 부담을 주었을 때 나타나는 요통, 경견완장해 등 근골격계질환은 매년 급증하고 있고, 향후에도 지속적인 증가가 예상됨에 따라 동 질환예방을 위해 사업장 관련 예방 전문기관 및 연구소 등에 인간공학 전문가의 배치가 필요하다.

2. 변천과정

2005년 인간공학기술사로 신설되었다.

3. 수행직무

작업자의 근골격계질환 요인분석 및 예방교육, 기계, 공구, 작업대, 시스템 등에 대한 인간공학적 적합성 분석 및 개선, OHSMS 관련 인증을 위한 업무, 작업자 인간과오에 의한 사고분석 및 작업환경 개선, 사업장 자체의 인간공학적 관리규정 제정 및 지속적 관리 등을 수행한다.

4. 응시자격 및 검정기준

(1) 응시자격

인간공학기술사 자격검정에 대한 응시자격은 다음과 각 호의 하나에 해당하는 자격요건을 가져야 한다.

가. 기사 자격을 취득한 후 응시하려는 종목이 속하는 직무분야(고용노동부령으로 정하는 유사 직무분야를 포함한다. 이하 "동일 및 유사 직무분야"라 한다)에서 4년 이상 실무에 종사한 자

나. 산업기사 자격을 취득한 후 응시하려는 종목이 속하는 동일 및 유사 직무분야에서 5년 이상 실무에 종사한 자

다. 기능사 자격을 취득한 후 응시하려는 종목이 속하는 동일 및 유사 직무분야에서 7년 이상 실무에 종사한 자
라. 응시하려는 종목과 관련된 학과, 고용노동부장관이 정하는 학과(이하 "관련학과"라 한다)의 대학 졸업자 등으로서 졸업 후 응시하려는 종목이 속하는 동일 및 유사 직무분야에서 6년 이상 실무에 종사한 자
마. 응시하려는 종목이 속하는 동일 및 유사 직무분야의 다른 종목의 기술사 등급의 자격을 취득한 자
바. 3년제 전문대학 관련학과 졸업자 등으로서 졸업 후 응시하려는 종목이 속하는 동일 및 유사 직무분야에서 7년 이상 실무에 종사한 자
사. 2년제 전문대학 관련학과 졸업자 등으로서 졸업 후 응시하려는 종목이 속하는 동일 및 유사 직무분야에서 8년 이상 실무에 종사한 자
아. 국가기술자격의 종목별로 기사의 수준에 해당하는 교육훈련을 실시하는 기관 중 고용노동부령으로 정하는 교육훈련기관의 기술훈련과정(이하 "기사 수준 기술훈련과정"이라 한다) 이수자로서 이수 후 응시하려는 종목이 속하는 동일 및 유사 직무분야에서 6년 이상 실무에 종사한 자
자. 국가기술자격의 종목별로 산업기사의 수준에 해당하는 교육훈련을 실시하는 기관 중 고용노동부령으로 정하는 교육훈련기관의 기술훈련과정(이하 "산업기사 수준 기술훈련과정"이라 한다) 이수자로서 이수 후 동일 및 유사 직무분야에서 8년 이상 실무에 종사한 자
차. 응시하려는 종목이 속하는 동일 및 유사 직무분야에서 9년 이상 실무에 종사한 자
카. 외국에서 동일한 종목에 해당하는 자격을 취득한 자

(2) 검정기준

인간공학기술사는 인간공학에 관한 고도의 전문지식과 실무경험에 입각한 계획·연구·설계·분석·조사·시험·시공·감리·평가·진단·사업관리·기술관리 등의 업무를 수행할 수 있는 능력의 유무를 검정한다.

5. 검정시행 형태 및 합격결정 기준

(1) 검정시행 형태

인간공학기술사는 필기시험 및 면접시험을 행하는데 필기시험은 단답형 또는 주관식 논문형, 면접시험은 구술형 면접시험을 원칙으로 한다.

(2) 합격결정 기준

가. 필기시험: 100점을 만점으로 하여 60점 이상

나. 면접시험: 100점을 만점으로 하여 60점 이상

6. 검정방법(필기, 면접) 및 시험과목

(1) 검정방법

가. 필기시험

① 시험형식: 필기(단답형 또는 주관식 논문형)시험 문제

② 시험시간: 4교시, 400분(1교시당 100분)

나. 면접시험

① 시험형식: 필기시험의 출제과목에 대한 이해력을 토대로 하여 인간공학기술에 대한 분석, 계획, 설계, 시행에 관한 사항과 관련된 부분에 대하여 구술형 면접시험으로 검정한다.

② 시험시간: 30분 정도

(2) 시험과목

인간공학기술사의 시험과목은 다음 표와 같다.

인간공학기술사 시험과목

검정방법	자격종목	시험과목
필기 (매과목 100점)	인간공학기술사	1. 인간공학 개론
		2. 작업생리학
		3. 산업심리학, 관계법규
면접 (100점)		4. 근골격계질환 예방을 위한 작업관리 등 인간공학 기술에 대한 분석, 계획, 설계, 시행에 관한 사항

7. 출제기준

(1) 필기시험 출제기준

인간공학 종목에 관한 고도의 전문지식과 실무경험에 입각한 계획·연구·설계·분석·조사·시험·시공·감리·평가·진단·사업관리·기술관리 등의 업무를 수행할 수 있는 능력을 검정하는 방법으로 출제한다. 시험과목과 주요항목 및 세부항목은 다음 표와 같다.

필기시험 과목별 출제기준의 주요항목과 세부항목

시험과목	주요항목	세부항목
인간공학개론, 작업생리학, 산업심리학, 관계법규, 근골격계질환 예방을 위한 작업관리 등 인간공학 기술에 대한 분석, 계획, 설계, 시행에 관한 사항	1. 인간/기계 시스템	(1) 인간공학적 접근 – 인간공학의 정의 – 연구절차 및 방법론 (2) 인간/기계 시스템의 개요 (3) 표시장치 (4) 조종장치
	2. 인간 정보 처리 체계	(1) 정보처리과정 및 능력 (2) 정보이론 (3) 신호검출이론
	3. 인간 제어 특성	(1) 인간의 감각기능 (2) 육체적 작업 및 수작업 (3) 운동 능력 (4) 인간의 체계 제어 특성 (5) 수작업 및 수공구 디자인 (6) 데이터 입력 장치
	4. 작업 설계 및 개선	(1) 인체측정 및 응용 – 인체측정치를 이용한 디자인 원칙 (2) 작업공간 설계 및 배치 원칙 (3) 유니버설 디자인
	5. 인적 오류	(1) 인적오류 분류체계 (2) 인적오류 확률에 대한 추정 (3) 인적오류 예방
	6. UI/UX	(1) UI/UX, usability 개요 (2) 사용자 중심 디자인 (3) 사용성 평가 (4) 감성공학
	7. 작업 생리학	(1) 인체 구성 요소 (2) 작업 생리 (3) 생체 역학 (4) 작업부하 및 생체 반응 측정 (5) 작업 환경 평가 및 관리
	8. 산업심리학 및 관계법규	(1) 산업심리학 (2) 안전보건관리 – 사고·재해 조사 – 안전보건관리체제 확립 – 산업재해관리 (3) 안전보건 관련 법규 및 제조물 책임법 등

(계속)

시험과목	주요항목	세부항목
	9. 근골격계질환 예방을 위한 작업관리	(1) 작업관리 개요 (2) 근골격계 질환 개요 (3) 공정 및 작업분석 (4) 작업측정 (5) 유해요인 조사 및 평가 (6) 근골격계 질환 예방관리

(2) 면접시험 출제기준

면접시험은 인간공학개론, 작업생리학, 작업심리학 및 관계 법규, 근골격계질환 예방을 위한 작업관리 등에 관한 전문지식의 범위와 이해의 깊이 및 인간공학기술에 대한 분석, 계획, 설계, 시행에 관한 사항을 검정한다. 출제기준은 필기시험의 과목과 인간공학기술에 대한 분석, 계획, 설계, 시행에 관한 사항과 품위 및 자질에 관련된 구술형 면접을 통하여 30분 정도에 걸쳐 검정이 가능한 분량으로 한다. 이에 대한 시험과목과 주요항목 및 세부항목은 다음 표와 같다.

면접시험 출제기준의 주요항목과 세부항목

시험과목	주요항목	세부항목
인간공학개론, 작업생리학, 산업심리학, 관계법규, 근골격계 질환 예방을 위한 작업관리 등 인간공학 기술에 대한 분석, 계획, 설계, 시행에 관한 전문지식/기술	1. 인간/기계 시스템	(1) 인간공학적 접근 – 인간공학의 정의 – 연구절차 및 방법론 (2) 인간/기계 시스템의 개요 (3) 표시장치 (4) 조종장치
	2. 인간 정보 처리 체계	(1) 정보처리과정 및 능력 (2) 정보이론 (3) 신호검출이론
	3. 인간 제어 특성	(1) 인간의 감각기능 (2) 육체적 작업 및 수작업 (3) 운동 능력 (4) 인간의 체계 제어 특성 (5) 수작업 및 수공구 디자인 (6) 데이터 입력 장치
	4. 작업 설계 및 개선	(1) 인체측정 및 응용 – 인체측정치를 이용한 디자인 원칙 (2) 작업공간 설계 및 배치 원칙 (3) 유니버설 디자인

(계속)

시험과목	주요항목	세부항목
인간공학개론, 작업생리학, 산업심리학, 관계법규, 근골격계 질환 예방을 위한 작업관리 등 인간공학 기술에 대한 분석, 계획, 설계, 시행에 관한 전문지식/기술	5. 인적 오류	(1) 인적오류 분류체계 (2) 인적오류 확률에 대한 추정 (3) 인적오류 예방
	6. UI/UX	(1) UI/UX, usability 개요 (2) 사용자 중심 디자인 (3) 사용성 평가 (4) 감성공학
	7. 작업 생리학	(1) 인체 구성 요소 (2) 작업 생리 (3) 생체 역학 (4) 작업부하 및 생체 반응 측정 (5) 작업 환경 평가 및 관리
	8. 산업심리학 및 관계법규	(1) 산업심리학 (2) 안전보건관리 – 사고·재해 조사 – 안전보건관리체제 확립 – 산업재해관리 (3) 안전보건 관련 법규 및 제조물 책임법 등
	9. 근골격계질환 예방을 위한 작업관리	(1) 작업관리 개요 (2) 근골격계 질환 개요 (3) 공정 및 작업분석 (4) 작업측정 (5) 유해요인 조사 및 평가 (6) 근골격계 질환 예방관리
품위 및 자질	10. 기술사로서의 품위 및 자질	1. 기술사가 갖추어야 할 주된 자질, 사명감, 인성 2. 기술사 자기개발 과제

차례

인간공학기술사 2023년 1교시 문제풀이

※ 다음 문제 중 10문제를 선택하여 설명하시오. (각 문제당 10점)

1 현장 근로자를 적정하게 배치하기 위하여 시력을 측정하고자 한다. 이때 시력 검사 시설이 없어서 사용하고 있는 영어 교재를 이용하여 간단히 측정하였더니 교재에 있는 글자의 크기가 0.2인치, 획폭은 0.05인치일 때 시각과 최소 가분시력을 구하시오. (단, 피실험자와 글자의 거리가 28인치가 넘으면 글자가 무슨 글자인지 알 수 없다.)

풀이

(1) $시각 = \frac{(57.3)(60)H}{D}$

(1 radian = 57.3°, 1° = 60, H: 시각자극(물체)의 크기(높이), D: 눈과 물체 사이 거리)

$시각 = \frac{(57.3)(60)\times 0.2}{28} = 24.55$

(2) $최소\ 가분시력 = \frac{1}{시각}$

최소 가분시력이란 눈이 식별할 수 있는 표적의 최소 공간이므로,

$최소\ 가분시력 = \frac{1}{24.55} = 0.041$

2 인간공학이 다른 분야와 다른 주요 특징 3가지를 설명하시오.

풀이

인간공학이란 인간이 편리하고, 안전하고, 효율적으로 사용할 수 있도록 인간의 특성과 능력을 고려하여 제품, 시스템, 환경을 설계하는 학문으로 초점, 목표, 접근방법이 다른 분야와 차이가 있다.

(1) 인간공학의 초점: 인간공학은 인간이 사용하는 물건, 기구, 환경을 설계하는 과정에서 시스템과 인간의 상호작용에 초점을 둔다. 즉, 일반적인 공학이 기능적 효율성에만 중점을 두고 있다면 인간공학은 인간 요소를 고려한다.

(2) 인간공학의 목표: 기능적 효과와 효율 그리고 인간의 가치 향상이다.

(3) 인간공학 접근방법: 제품, 기구, 환경을 설계하는 과정에서 인간의 능력, 한계, 특성, 행동에 관한 정보 등을 시스템의 설계에 체계적으로 적용하는 것이다.

3 아래 그림은 방향키의 배치에 관한 방법이다. 양립성 측면에서 설명하시오.

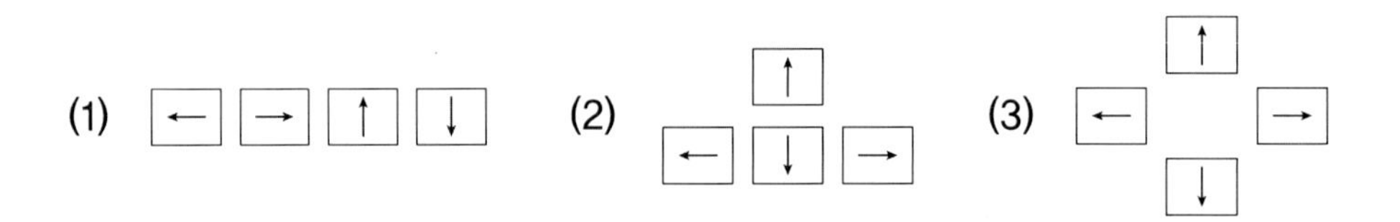

풀이

방향키 배치에 대해서 공간양립성(spatial compatibility)을 통해 설명하자면, 공간적 구성이 인간의 기대와 양립해야 하는데(예를 들어, 방향키 위치와 화면의 위치가 양립해야 함) 일반적으로 공간양립성을 무시하고 방향키를 (1)과 같이 배치한다면 공간양립성이 낮아진다. 과거 연구된 버너와 스위치 배열의 선택 오류율처럼(Champanis & Lindenbaum, 1959; Ray & Ray, 1973) 공간적 구성이 인간의 기대와 양립하는 (2)와 (3)이 높은 공간양립성을 가질 수 있다. 단, 이러한 공간 양립성은 민족이나 문화에 따라 달라질 가능성이 있다.

4 아래 작업내용에 알맞은 공정도 기호를 사용하여 작업공정도를 작성하시오.

- 부품 A는 3분간 선반기계로 가공작업을 한 다음 에어건으로 15초 동안 이물질을 제거하고 1분간의 검사를 마친 후 1분간의 조립작업을 실시한다.
- 부품 B는 1분간 완제품 검사를 실시한다.
- 부품 C는 3분간 밀링으로 구멍을 뚫은 후, 부품 A, B와 함께 하나의 제품으로 조립되는데 2간이 소요되며, 1분간의 품질확인 후 3분간의 포장작업을 마친 후 완성한다.

풀이

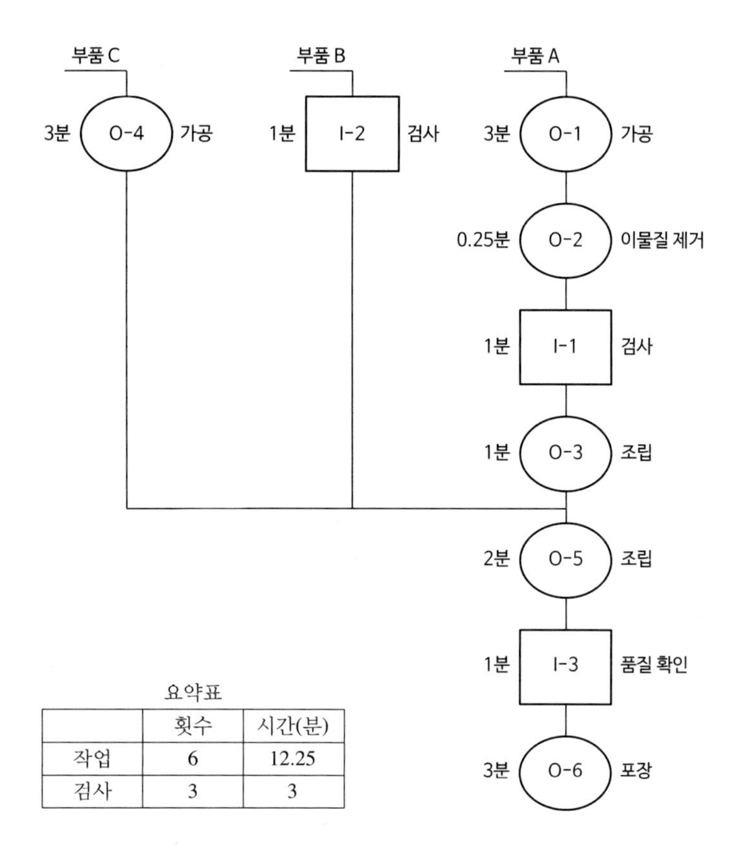

요약표

	횟수	시간(분)
작업	6	12.25
검사	3	3

5 **동작경제의 원칙 중 손의 동작은 작업을 원만히 처리할 수 있는 범위 내에서 최소 동작등급을 사용하도록 한다. 신체의 사용에 관한 동작등급을 분류하여 아래 표에 신체에 관한 축과 동작신체부위를 넣으시오.**

동작등급	신체에 관한 축	동작신체부위

풀이

동작등급	신체에 관한 축	동작신체부위
1	손가락 관절	손가락
2	손목 관절	손가락, 손
3	팔꿈치 관절	손가락, 손, 팔뚝
4	어깨 관절	손가락, 손, 팔뚝, 위팔
5	허리 관절	손가락, 손, 팔뚝, 위팔, 몸통

6 인간의 기억을 증진시키기 위한 설계방법으로 절대식별보다 상대식별을 사용하는 것이 유리하다고 한다. 그 이유에 관하여 설명하시오.

풀이

절대식별이란 여러 그룹으로 규정된 신호 중에서 특정 부류에 속하는 신호가 단독으로 제시되었을 때 이를 식별할 수 있는 능력을 의미한다. 예를 들어, 특정한 소리나 색상을 듣거나 보고 그 소리나 색상을 구별하여 어떤 것인지 알아낼 수 있는 것이 절대식별이다.

반면에 상대식별은 두 개 이상의 신호를 비교하여 상대적인 위치나 특성을 바탕으로 구별하는 능력을 말한다. 상대식별은 절대식별과 달리 비교와 식별을 통해 자극을 구별한다.

인간의 절대식별 능력은 일시적인 기억에 의존하기 때문에 제한적일 수 있다.
심리학자인 George Miller는 한정된 용량으로 한 번에 기억할 수 있는 정보의 양을 "매직 넘버(Magic Number)"라고 부르며 일반적으로 7±2(즉, 약 5~9개)의 정보를 기억할 수 있다고 주장하였다. 다른 예로, 색 구별의 경우 절대식별은 10~20개의 색을 구별할 수 있지만, 상대식별은 100,000~300,000개의 색을 구별할 수 있다.

따라서, 상대식별 능력이 절대식별 능력에 비해 우월하며, 정보를 더 신뢰성 있게 전달하고 기억을 증진시키기 위해서는 상대식별에 의거한 설계 방법을 활용하는 것이 유리하다. 이는 비교와 차이를 활용하여 신호를 구별하고 기억의 용량 한계를 극복할 수 있기 때문이다.

7 인간의 오류 유형 중 기술기반 오류(skill-based error), 규칙기반 오류(rule-based error), 지식기반 오류(knowledge-based error)를 각각 설명하시오.

풀이

(1) 기술기반 오류(skill-based error): 기술 상태에 있는 행동을 수행하다가 나타날 수 있는 에러로, 실수와 망각이 있다. 실수는 주로 주의력이 부족한 상태에서 발생하는 에러이며, 망각은 단기기억의 한계로 기억을 잊어서 해야 할 일을 못해 발생하는 에러이다.

(2) 규칙기반 오류(rule-based error): 처음부터 잘못된 규칙을 기억하고 있거나, 정확한 규칙이라 해도 상황에 맞지 않게 잘못 적용하는 경우의 에러이다.

(3) 지식기반 오류(knowledge-based error): 처음부터 장기기억 속에 관련 지식이 없는 경우 인간은 추론이나 유추와 같은 고도의 지식 처리 과정을 수행하는데, 이러한 과정에서 실패해 오답을 찾은 경우를 지식기반 오류라 한다.

8 사용자 인터페이스(user interface)와 인터랙션(interaction)에 관하여 각각 설명하시오.

풀이

(1) 사용자 인터페이스(UI)는 인간－기계 시스템에서 사용자가 보고, 조작하는 정보의 상호작용이 이루어지는 공간을 의미한다.

(2) 인터랙션은 인간과 도구 사이에서 수행할 수 있는 커뮤니케이션을 목적으로 일어나는 일련의 활동을 의미하며, 인간에게 영향을 미치는 물리적 기구나 환경을 대상으로 하는 시공간적 개념을 포함하고 있다.

9 다음 각 용어들을 설명하시오.

생략오류, 실행오류, 순서오류, 시간오류

풀이

(1) 생략오류(omission error): 필요한 작업 또는 절차를 수행하지 않는 데 기인한 에러

(2) 실행오류(commission error): 필요한 작업 또는 절차의 불확실한 수행으로 인한 에러

(3) 순서오류(sequence error): 필요한 작업 또는 절차의 순서 착오로 인한 에러

(4) 시간오류(timing error): 필요한 작업 또는 절차의 수행 지연으로 인한 에러

10 인적오류(human error)의 가능성이나 부정적인 결과를 줄이기 위해 배타설계(exclusion design), 보호설계(preventive design), 안전설계(fail-safe design) 등의 설계방법이 사용되고 있는데 이 중 안전설계의 설계원리 3가지를 설명하시오.

풀이

(1) 중복설계: 시스템 설계 시 부품의 병렬체계, 대기체계 설계와 같은 중복설계를 한다. 예를 들어, 비행기 엔진을 2개 이상으로 설계하여 1개의 엔진에 이상이 있더라도 나머지를 이용해 비상착륙을 할 수 있는 병렬 체계와 수술 중 정전에 대비한 자가 발전기를 대기시켜 놓는 대기 체계 등이 있다.

(2) 에러복구: 에러가 있을 때 쉽게 복구할 수 있도록 설계한다. 예를 들어, 윈도우 시스템의 휴지통 복구 기능이 있다.

(3) 작동방지: 고장난 시스템이 더 이상 작동하지 않도록 하여 사고를 예방한다. 예를 들어, 전기히터는 넘어지는 사고가 발생하면 센서가 작동하여 전원이 자동으로 차단된다.

11 사고·재해조사의 목적 5가지를 설명하시오.

풀이

(1) 재해발생원인 규명

(2) 동종재해 재발 방지

(3) 유사재해 재발 방지

(4) 재해 예방 대책 수립

(5) 재해 피해의 범위와 정도 파악

12 다음은 「산업안전보건기준에 관한 규칙」에 관한 내용이다. 아래 질문에 답하시오.

(1) 근로자가 근골격계부담작업을 하는 경우 사업주가 근로자에게 알려야 할 사항에 대하여 설명하시오.

(2) '진동작업'의 종류 5가지를 설명하시오.

풀이

(1) 사업주는 근로자가 근골격계부담작업을 하는 경우에 아래 사항을 근로자에게 알려야 한다.
  가. 근골격계부담작업의 유해요인
  나. 근골격계질환의 징후와 증상
  다. 근골격계질환 발생 시의 대처요령
  라. 올바른 작업자세와 작업도구, 작업시설의 올바른 사용방법
  마. 그 밖에 근골격계질환 예방에 필요한 사항

(2) "진동작업"이란 아래의 기계·기구를 사용하는 작업을 말한다.
  가. 착암기(鑿巖機)
  나. 동력을 이용한 해머
  다. 체인톱
  라. 엔진 커터(engine cutter)
  마. 동력을 이용한 연삭기
  바. 임팩트 렌치(impact wrench)
  사. 그 밖에 진동으로 인하여 건강장해를 유발할 수 있는 기계·기구

13 다음과 같은 병렬로 구성된 인간-기계시스템의 인간 신뢰도가 0.6이고 기계 신뢰도가 0.8일 때 전체 시스템의 신뢰도를 구하시오.

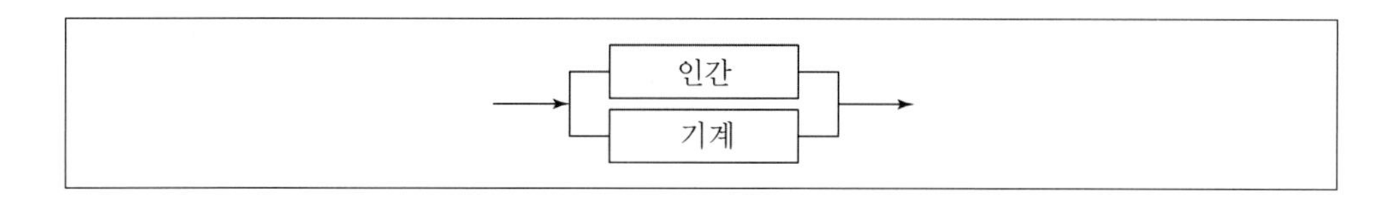

풀이

$R_s = 1-(1-0.6)\times(1-0.8) = 0.92$

인간공학기술사 2023년 2교시 문제풀이

※ 다음 문제 중 4문제를 선택하여 설명하시오. (각 문제당 25점)

1 작업자의 인적오류를 실수(slip)와 건망증(lapse), 착오(mistake), 위반(violation) 등으로 구분할 때 각 유형별 예방대책에 대하여 설명하시오.

풀이

(1) 실수(slip), 건망증(lapse): 작업자가 효율적인 작업을 할 수 있도록 작업시간에 대한 계획을 보다 세밀히 하여, 작업자에 관한 훈련을 병행한다. 또한 작업자의 실수를 방지하기 위해 설비와 장비를 인간공학적으로 설계해야 한다.

(2) 착오(mistake): 규정이나 절차를 잊었거나 전혀 이해하지 못해 작업자가 작업 시 잘못된 결정을 할 수 있다. 이를 방지하기 위해 작업자에 대한 훈련이 필요하다.

(3) 위반(violation): 작업자에 대한 관리 감독을 강화해야 한다.

2 전자제품 부품을 생산하는 H사의 조립공정을 대상으로 유해요인조사를 실시한 결과 종사자들이 임의로 자세를 바꿀 수 없는 조건에서 의자에 앉아 작업대 위의 부품에 대해 목을 구부린 채로 반복적으로 손과 손목을 사용하여 하루 2시간 이상 납땜작업을 실시하고 있었다. 다음 물음에 답하시오. (단, 단기간 작업 또는 간헐적인 작업이 아님)

(1) 고용노동부 고시에 따라 다음 용어를 설명하시오.

단기간 작업, 간헐적인 작업, 하루, 2시간 이상

(2) 납땜작업이 근골격계부담작업에 해당되는지 판단하시오. 해당된다면 몇 호에 해당되는지 그 이유를 포함하여 설명하시오

(3) 납땜작업의 근골격계질환 예방을 위한 개선방안에 대하여 설명하시오.

풀이

(1) 고용노동부 고시에 따른 용어 정의
가. 단기간 작업: 2개월 이내에 종료되는 1회성 작업
나. 간헐적인 작업: 연간 총 작업일수가 60일을 초과하지 않는 작업
다. 하루: 1일 소정근로시간과 1일 연장근로시간 동안 근로자가 수행하는 총 작업시간
라. 2시간 이상: 하루 중 근로자가 근골격계부담작업을 실제로 수행한 시간을 합산한 시간

(2) 목을 구부린 채로 반복적으로 손과 손목을 사용하여 하루 2시간 이상 납땜작업을 실시하고 있으므로 부담작업 제2호, 4호에 해당된다.
가. 제2호 근골격계부담작업: 하루에 총 2시간 이상 목, 어깨, 팔꿈치, 손목 또는 손을 사용하여 같은 동작을 반복하는 작업
나. 제4호 근골격계부담작업: 지지되지 않은 상태이거나 임의로 자세를 바꿀 수 없는 조건에서, 하루에 총 2시간 이상 목이나 허리를 구부리거나 트는 상태에서 이루어지는 작업

(3) 납땜작업의 근골격계질환 예방을 위한 개선방안
가. 작업 테이블의 높이와 크기를 작업자에게 맞게 조정할 수 있도록 한다.
나. 작업자의 손에 맞는 납땜도구를 제공하여 손과 손목의 부담을 줄인다.
다. 반복적인 작업의 경우 적정한 휴식시간을 부여하여 근골격계질환 발생의 위험성을 낮춘다.

3 유니버설 디자인(universal design)에 관한 7가지 기본원칙과 각 기본원칙에 대한 세부지침 4가지를 설명하시오.

풀이

(1) 공평한 사용
- 다양한 능력과 기능을 가진 사람들이 동등하게 접근하고 사용할 수 있는 설계를 해야 한다.
- 특정 그룹을 배려하거나 차별하지 않아야 한다.
- 불필요한 복잡성이나 난해한 절차를 배제하고 사용자의 능력과 요구에 맞는 단순하고 직관적인 설계를 해야 한다.
- 다양한 사용자의 우선순위와 요구사항을 고려해야 한다.

(2) 사용의 유연성
- 다양한 사용자의 선호와 능력을 고려하여 선택과 조정의 유연성을 제공해야 한다.
- 사용자가 실수를 할 수 있는 여지를 줄이고 잘못된 동작을 수정하거나 되돌릴 수 있는 기능을 제공한다.
- 다양한 사용자 인터페이스 옵션을 제공하여 사용자가 자신에게 가장 편리한 방식으로 상호작용할 수 있도록 한다.
- 사용자의 선호에 따라 설정, 조정, 맞춤 기능을 제공해야 한다.

(3) 간단하고 직관적인 사용
- 설계가 직관적이고 이해하기 쉬워야 한다.
- 불필요한 복잡성이나 혼란스러운 요소를 배제하고 명확하고 간결한 정보를 제공해야 한다.
- 사용자가 쉽게 학습하고 기억할 수 있는 구조와 명료한 지시사항을 제공해야 한다.
- 직관적인 사용자 인터페이스, 명료한 아이콘, 간단한 명령어 등을 활용하여 사용자의 학습 부담을 최소화해야 한다.

(4) 쉽게 알 수 있는 사용정보
- 사용자가 정보를 쉽게 인식하고 해석할 수 있도록 설계해야 한다.
- 사용자가 실시간으로 정보를 확인하고 필요한 조치를 취할 수 있도록 시각적, 청각적 피드백을 제공해야 한다.
- 시각적, 청각적, 촉각적 피드백 등 다양한 감각을 활용하여 중요한 정보와 상태를 전달해야 한다.
- 명확한 텍스트, 명암 대비, 진동 알림 등을 활용하여 사용자의 인지 부담을 최소화해야 한다.

(5) 사고 방지와 오작동에 대한 포용
- 사용자의 실수나 잘못된 동작에 대해 용인하고, 오류를 최소화하는 설계를 해야 한다.
- 사용자가 실수를 해도 큰 문제가 발생하지 않도록 예방 조치를 취하거나 복구 기능을 제공해야 한다.
- 사용자의 오류에 대한 피드백을 명확하게 제공하고, 그에 따른 수정 조치를 지원해야 한다.
- 사용자의 실수에 대한 피드백과 안내를 제공하여 사용자가 올바른 동작을 할 수 있도록 돕는 기능을 구현해야 한다.

(6) 최소의 신체적 부담
- 제품이나 서비스를 사용하는 데 필요한 물리적 노력을 최소화해야 한다.
- 사용자가 불필요한 힘을 사용하거나 지속적인 노력을 요하는 작업을 피할 수 있도록 설계해야 한다.
- 장애를 가진 사용자도 용이하게 접근하고 조작할 수 있는 경로와 장치를 제공해야 한다.
- 신체적인 부담을 최소한도로 하고 효율적으로 쾌적하게 사용 가능해야 한다.

(7) 쉽게 접근하고 사용할 수 있는 크기와 공간
- 다양한 신체적 크기, 자세, 동작 범위에 맞게 제품이나 서비스를 설계해야 한다.
- 충분한 공간과 액세스 경로를 제공하여 사용자가 제품이나 서비스에 접근하고 사용할 수 있도록 해야 한다.
- 사용자의 편의와 안전성을 고려하여 적절한 간격과 높이를 제공한다.
- 사용자의 자율성과 독립성을 존중하며, 장애를 가진 사용자에게도 적합한 공간과 환경을 제공해야 한다.

4 작업자 실수분석 기법에 대하여 설명하시오.

풀이

(1) 본질위험점수(Intrinsic Hazard Score, IHS)
수행업무 자체가 본질적으로 어느 정도 위험을 내재하고 있는지를 표시하는 점수이다.

(2) 위험취약지수(Intrinsic Vulnerability Score, IVS)
수행업무의 성격에 따라 업무에 내재된 본질위험이 외부로 표출될 수 있는지를 표시하는 점수이다.

(3) 계층적 작업분석(Hierarchical Task Analysis, HTA)
작업의 전반적인 평가대상을 규정하고 대상작업에 대한 하위작업을 기능적인 순서에 따라 단계적으로 분류하여 하위작업을 평가하는 기법이다.

(4) 실수관리 제어분석(Error Management Control Analysis, EMCA)
조직 내에서 발생한 실수를 분석하고 실수를 최소화하기 위한 접근 방법으로 제조업이나 공정 중심의 산업에서 사용되며, 실수의 원인을 파악하고 제어하기 위한 방법을 제시하는 기법이다.

(5) 작업영향요소(Performance Influencing Factor, PIF)
작업절차의 신뢰성, 훈련의 효율성 등 실수발생 가능성에 영향을 미치는 관리적 인자이다.

5 다음의 사용성 평가방법에 대하여 설명하시오.

풀이

(1) FGI(Focus Group Interview)
정성적 조사 방법론으로서 특정한 경험을 공유한 사람들이 함께 모여 모더레이터(moderator)가 질문하면 참가자들이 답하는 일방적인 인터뷰 방식이다.

(2) 사용성 평가실험(usability laboratory testing)
사용자에게 직접 서비스를 써보게 한 후, UI의 문제점을 파악하고 개선하는 사용자 조사 방법이다.

(3) 설문조사와 인터뷰(survey and interview)
설문조사는 여러 의견을 받아 통계분석에 활용하고자 하는 사용자가 설문제목, 기간, 공개 여부, 응답기간 등을 설정하고, 수집하고자 하는 정보를 주관식과 객관식 유형의 질문과 응답항목을 작성하여 설문대상자가 설계된 설문지에 응답함으로써 정보를 수집하고 응답을 정량화할 수 있다.
인터뷰는 특정한 목적을 가지고 개인이나 집단을 만나 정보를 수집하고 이야기를 나누는 일을 의미한다.

(4) 관찰 에스노그라피(observer ethnography)
현장조사, 관찰조사 또는 참여관찰이라고 불리며 사용자 관찰과 인터뷰를 병행하여 사용자를 기록하는 방법을 사용한다.

6 「산업안전보건법」에서 정하고 있는 휴게시설에 관한 설치 및 관리기준에 대하여 설명하시오.

풀이

(1) 크기는 최소 바닥면적 6제곱미터, 바닥에서 천장까지 2.1미터 이상이어야 한다.

(2) 위치는 근로자가 이용하기 편리하고 가까운 곳에 위치하고(왕복 이동시간이 휴식시간의 20%를 넘지 않도록), 화재·폭발 등의 위험이 있는 장소, 유해물질 취급장소, 인체에 해로운 분진 등의 발산 또는 소음 노출로 휴식을 취하기 어려운 장소와 떨어져 있어야 한다.

(3) 온도는 18~28℃ 수준을 유지할 수 있으며, 냉난방 기능이 구비되어야 한다.

(4) 적정한 습도(50~55%)를 유지할 수 있는 습도 조절 기능이 구비되어야 한다.

(5) 적정한 밝기(100~200 lux)를 유지할 수 있는 조명 조절 기능이 구비되어야 한다.

(6) 창문 등을 통해 환기가 가능해야 한다.

(7) 의자 등 휴식에 필요한 비품을 갖추어야 한다.

(8) 마실 수 있는 물이나 식수 설비를 갖추어야 한다.

(9) 휴게시설임을 알리는 표지를 외부에 부착해야 한다.

(10) 휴게시설의 청소, 관리 등을 하는 담당자 지정하고 물품 보관 등 휴게시설 목적 외의 용도는 금지해야 한다.

인간공학기술사 2023년 3교시 문제풀이

※ 다음 문제 중 4문제를 선택하여 설명하시오. (각 문제당 25점)

1 손조작 제어장치의 종류 4가지를 설명하시오.

풀이

손조작 제어장치는 사람들이 기계 또는 장치를 조작하기 위해 사용하는 손의 동작을 감지하고 이를 제어 신호로 변환하는 장치로서 4가지 종류로는 마우스, 조이스틱, 터치스크린, 키보드가 있으며 각각에 대한 설명은 아래와 같다.

(1) 버튼: 가장 일반적인 손조작 제어장치이다. 보통 원활한 조작을 위해 손가락으로 눌러 작동시킬 수 있는 작은 스위치 형태로 제작된다. 버튼은 단순한 ON/OFF 동작을 수행하거나, 특정 기능이나 동작을 실행하는 역할을 할 수 있다.

(2) 스위치: 버튼과 유사한 역할을 하지만, 일반적으로 더 크고 더 넓은 조작 영역을 가지며, 다양한 동작을 수행할 수 있다. 스위치는 기계나 장치의 전원을 켜거나 끄는 역할뿐만 아니라, 다양한 모드 전환, 조작 옵션 선택 등을 위해 사용될 수 있다.

(3) 레버: 손이나 손가락으로 밀거나 당기는 등의 동작으로 작동되는 손조작 제어장치다. 레버는 일반적으로 특정 방향 또는 위치에 따라 다양한 동작을 수행한다. 예를 들어, 기계의 속도 조절, 기어 변속, 방향 전환 등을 위해 사용된다.

(4) 조이스틱: 손으로 조작되는 작은 팔 형태의 제어장치로, 다양한 방향으로 이동하고 회전함으로써 다양한 동작을 제어할 수 있다. 주로 비디오 게임 콘솔, 항공기의 조종 장치, 로봇의 원격 조작 등에 사용된다. 조이스틱은 신속하고 정확한 제어를 위해 사용되며, 손의 움직임을 직접 반영하는 장점을 가지고 있다.

이 외에도 다양한 손조작 제어장치가 존재하며, 사용되는 분야와 응용에 따라 다양한 형태와 기능을 가진다. 이러한 손조작 제어장치들은 사람과 기계 사이의 상호작용을 용이하게 하고, 원활하고 효율적인 작동을 가능하게 한다.

2 B회사에서 근무하는 근로자를 대상으로 신체부담작업에 관한 근골격계질환 증상조사에 대한 발생 빈도를 분석하였더니 아래와 같은 결과를 얻었다. 다음 물음에 답하시오.

증상 종류	발생 빈도	점유비율	누적비율
어깨 회전근개파열	50	50%	50%
수근(손목뼈)관 증후군	20	20%	70%
반월성 연골파열	15	15%	85%
요통	10	10%	95%
근막통증 증후군	5	5%	100%

(1) 점유비율과 누적비율을 기입하고 파레토 차트(pareto chart)를 작성하시오.

(2) 증상의 70%를 차지하는 주요 항목 질환의 증상과 신경, 인체동작의 유형을 연관하여 설명하시오.

풀이

(1) 파레토 차트

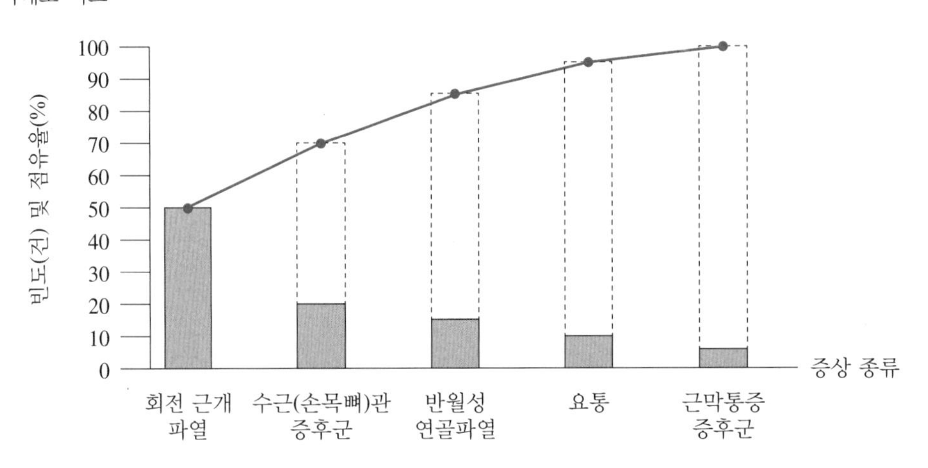

(2) 증상의 70%를 차지하는 주요 항목 질환의 증상과 신경, 인체동작의 유형

가. 어깨회전근개파열: 회전근개 파열의 주 증상은 통증이며 통증의 위치는 어깨관절의 앞/옆쪽에서 아래쪽까지 내려오는 경우가 일반적이다. 어깨를 돌리는 동작을 무리하게 반복하거나, 강한 힘을 받아서 팔뼈가 어깨 관절 안에 안정적으로 위치하지 못할 때 회전근개 근육이 어깨뼈와의 사이에 끼이면서 상처를 입어 회전근개의 손상이 발생하게 된다.

나. 수근(손목뼈)관 증후군: 수근관은 손목 안쪽의 피부조직 밑에 손목 뼈와 인대들에 의해 형성되어 있는 작은 통로인데, 이곳으로 9개의 힘줄과 하나의 신경(정중신경, median nerve)이 손 쪽으로 지나가며 이 통로가 어떠한 원인으로 좁아지거나 내부 압력이 증가하여 정중신경이 눌렸을 때 손바닥과 손가락에 감각 변화나 저린 증상이 나타난다. 이러한 증상은 손을 많이 사용하는 주부, 미용사, 피부관리사, 스마트폰이나 컴퓨터를 자주 사용하는 직장인에게 많이 발생한다.

3 다음은 화재 발생원인을 분석한 FTA(Fault Tree Analysis) 작성사례이다. 다음 물음에 답하시오.

(1) FTA의 개념과 장단점을 설명하시오.

(2) A와 B에 들어갈 논리게이트를 각각 그리고, 그 의미를 설명하시오.

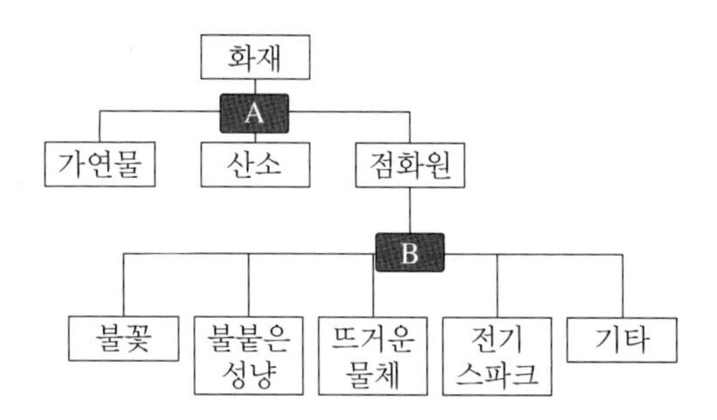

풀이

(1) FTA의 개념과 장단점

가. 개념: FTA는 결함수분석법이라고도 하며, 기계설비 또는 인간-기계 시스템의 고장이나 재해발생 요인을 FT 도표에 의하여 분석하는 연역적인 방법이다. 즉, 사건의 결과(사고)로부터 시작해 원인이나 조건을 찾아가는 순서로 분석이 이루어진다.

나. 장점: 정상사상인 재해현상으로부터 기본사상인 재해원인을 향해 연역적인 분석을 행하므로 재해현상과 재해원인의 상호 관련을 해석하여 안전대책을 검토할 수 있다.

다. 단점: FTA의 경우 분석과정이 오래 걸릴 수 있으며 다양한 단계에 대한 고려가 어려울 수 있다.

(2) 논리게이트와 각각의 의미

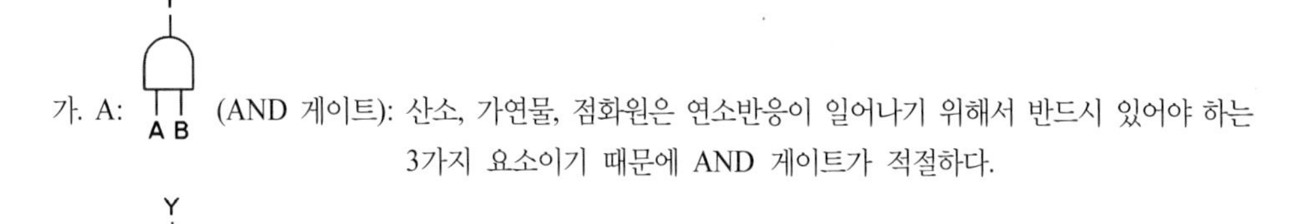

가. A: (AND 게이트): 산소, 가연물, 점화원은 연소반응이 일어나기 위해서 반드시 있어야 하는 3가지 요소이기 때문에 AND 게이트가 적절하다.

나. B: (OR 게이트): 불꽃, 불붙은 성냥, 뜨거운 물체, 전기 스파크, 기타 요소 중 하나만 충족되더라도 점화원으로 발전할 수 있기 때문에 OR 게이트가 적절하다.

4 귀하는 인간공학기술사를 취득하여 상시 근로자 수 3,000명의 제조업 사업장인 A사의 보건관리자로 2023년 12월에 채용되었다. 이후 회사에서는 귀하의 업무수행능력을 높게 평가하여 보건관리자를 신규 채용하고 귀하를 「중대재해 처벌 등에 관한 법률」(이하 중대재해처벌법)에 따른 전담 조직의 리더로 2024년 6월에 임명하였다. 다음 물음에 답하시오.

(1) 중대재해처벌법에 따른 경영책임자 등의 안전보건 확보의무가 이행될 수 있도록 귀하가 계획하고 진행시켜야 할 주요 업무를 설명하시오.

(2) 주요 업무 중 중대산업재해의 발생 또는 발생할 급박한 위험에 대비한 매뉴얼의 내용을 설명하시오.

(3) 반기 1회마다 점검하고 평가해야 할 항목 5가지를 설명하시오.

풀이

(1) 「중대재해처벌법」에 따른 경영책임자의 안전보건 확보의무

가. 재해예방에 필요한 인력 및 예산 등 안전보건관리체계의 구축 및 그 이행에 관한 조치

나. 재해 발생 시 재발 방지대책 수립 및 이행 조치

다. 중앙행정기관, 지방자치단체가 관계법령에 따라 개선, 시정 등을 명한 사항의 이행에 관한 조치

라. 안전보건 관계 법령에 따른 의무 이행에 필요한 관리상의 조치

(2) 주요 업무 중 중대산업재해의 발생 또는 발생할 급박한 위험에 대비한 매뉴얼의 내용

가. 작업중지, 근로자 대피, 위험요인 제거 등 대응조치

나. 중대산업재해를 입은 사람에 대한 구호조치

다. 추가 피해방지를 위한 조치

(3) 경영책임자의 반기 1회 이상 점검, 평가 사항

가. 유해위험요인의 확인 및 개선 여부

나. 안전보건관리책임자의 충실한 업무 수행의 평가, 관리

다. 종사자 의견청취절차에 따른 의견수렴 및 개선방안 마련, 진행 여부

라. 중대재해 발생에 대비하여 마련한 매뉴얼에 따른 조치 여부

마. 종사자의 안전보건 확보를 위한 도급, 용역, 위탁 기준, 절차 이행 여부

바. 안전보건 관계 법령에 따른 의무 이행 여부

사. 안전보건 관계 법령에 따른 의무적인 교육 실시 여부

5 자동차 부품을 생산하는 업체에서 작업자가 100개의 부품을 분류하여 박스에 보관하는 작업을 다음과 같이 하고 있다.

부품 ●은 박스 2에 35개 넣는다. 부품 ▲는 박스 1에 17개 넣는다. 부품 ■는 박스 2에 25개, 박스 3에 23개를 넣는다.

이때 정보 이론에 입각한 자극 정보량 $H(x)$, 반응 정보량 $H(y)$, 결합 정보량 $H(x,y)$, 전달된 정보량 $T(x,y)$, 손실정보량, 소음(noise) 정보량을 도표로 작성하고 각각 구하시오.

풀이

부품 \ 박스		Y 박스 1	Y 박스 2	Y 박스 3	ΣX
X	●	0	35	0	35
	▲	17	0	0	17
	■	0	25	23	48
ΣY		17	60	23	100

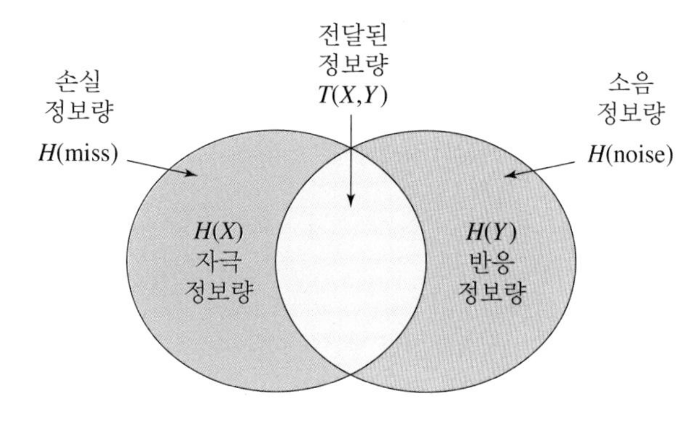

$$T(X,Y) = H(X) + H(Y) - H(X,Y)$$

$$\text{H(miss)} = H(X) - T(X,Y)$$
$$\text{H(noise)} = H(Y) - T(X,Y)$$

$H(X) = 0.35\log_2(1/0.35) + 0.17\log_2(1/0.17) + 0.48\log_2(1/0.48) = 1.47\,bits$

$H(Y) = 0.17\log_2(1/0.17) + 0.60\log_2(1/0.60) + 0.23\log_2(1/0.23) = 1.36\,bits$

$H(X,Y) = 0.35\log_2(1/0.35) + 0.17\log_2(1/0.17) + 0.25\log_2(1/0.25) + 0.23\log_2(1/0.23) = 1.95\,bits$

$T(X,Y) = H(X) + H(Y) - H(X,Y) = 1.47 + 1.36 - 1.95 = 0.88\,bits$

손실정보량 $= H(X) - T(X,Y) = 1.47 - 0.88 = 0.59\,bits$

소음(noise) $= H(Y) - T(X,Y) = 1.36 - 0.88 = 0.48\,bits$

6 다음 물음에 답하시오.

(1) 사물인터넷(Internt of Things, IoT)과 인공지능(Artificial Intelligence, AI)의 의미를 각각 설명하시오.
(2) 인공지능을 약인공지능, 강인공지능, 초인공지능으로 구분하여 설명하시오.

풀이

(1) 사물인터넷과 인공지능의 의미

가. 사물인터넷(IoT): 인터넷을 통해 데이터를 다른 기기 및 시스템과 연결하고 정보를 교환할 목적으로 센서, 소프트웨어, 기타 기술을 내장한 물리적 객체(사물)의 네트워크를 의미한다.

나. 인공지능(AI): 인공지능은 컴퓨터 시스템이 인간과 유사한 지능적인 동작을 수행하는 능력을 가리킨다. 인공지능은 기계가 사고, 학습, 문제 해결, 판단, 추론, 언어 이해, 음성 인식, 이미지 인식 등 다양한 인간의 지능적인 작업을 수행할 수 있도록 하는 기술과 분야를 포괄한다.

(2) 약인공지능, 강인공지능, 초인공지능의 구분

가. 약인공지능(Weak AI): 특정 작업이나 도메인에서 인간과 유사한 지능적인 동작을 수행할 수 있는 인공지능 시스템을 의미한다. 약인공지능은 특정 작업에 대해 한정된 지능을 가지고 있으며, 그 외의 다른 작업에 대해서는 지능이 부족하다. 이는 제한된 영역에서 작업을 자동화하고 인간의 능력을 보완하는 데에 주로 사용된다. 예를 들어, 음성 비서, 이메일 스팸 필터링, 언어 번역, 이미지 분류 등이 해당된다.

나. 강인공지능(Strong AI): 인간과 동등하거나 초월하는 수준의 종합적이고 일반적인 지능을 갖춘 인공지능을 의미한다. 강인공지능은 인간처럼 다양한 작업을 수행하고, 학습하며, 추론하며, 문제를 해결할 수 있다. 이러한 인공지능은 다양한 영역에서 인간과 동등한 지능을 갖춘 전문가로서의 역할을 수행할 수 있다. 현재까지 강인공지능은 이론적인 수준에 머무르고 있으며, 실제로 구현된 경우는 아직 없다.

다. 초인공지능(Superintelligence): 인간의 인지 능력을 초월하여 극도로 뛰어난 지능을 가진 인공지능을 의미한다. 초인공지능은 인간의 능력을 대폭 상회하며, 사람보다 뛰어난 학습, 추론, 문제 해결 능력을 갖추고 있다. 이러한 인공지능은 인류의 모든 지능적인 작업을 수행하고 예측하며, 사회와 경제, 과학 등의 영역에서 비약적인 발전을 이룰 수 있다. 초인공지능은 아직 이론적인 수준에서 논의되고 있으며, 실제 구현된 경우는 없다.

인간공학기술사 2023년 4교시 문제풀이

※ 다음 문제 중 4문제를 선택하여 설명하시오. (각 문제당 25점)

1 시각적 정보전달을 위해 문자 표지판에서 글자색과 바탕색의 가독성 관계를 설명한 것이다. 다음 물음에 답하시오.

(1) 가독성(readability)과 명시성(legibility)에 관하여 설명하시오.

(2) 아래 도표를 보고 가독성이 매우 좋음, 좋음, 적절, 부적합, 가독성 떨어짐, 사용금지에 해당되는 숫자 또는 기호를 빈칸에 모두 기입하시오.

가독성 분류	숫자 또는 기호
매우 가독성 좋음	5
좋음	4
적절	3
부적합	2
가독성 떨어짐	1
사용금지	–

도표: 가독성 분류

→ 글자색

↓ 바탕색

	검정	초록	파랑	빨강	주황	노랑	흰색
흰색	5	4	3	2	1	1	–
노랑	4	5	4	3	2	–	1
주황	3	4	5	4	–	2	1
빨강	2	3	4	–	4	3	2
파랑	1	2	–	4	5	4	3
초록	1	–	2	3	4	5	4
검정	–	1	1	2	3	4	5

풀이

(1) 가독성과 명시성의 정의
가. 가독성: 인쇄물이 얼마나 쉽게 읽히는가 하는 능률의 정도
나. 명시성: 먼 거리에서 잘 보이는 정도

(2)

→ 글자색 / ↓ 바탕색

	검정	초록	파랑	빨강	주황	노랑	흰색
흰색	5	4	3	2	1	1	–
노랑	4	5	4	3	2	–	1
주황	3	4	5	4	–	2	1
빨강	2	3	4	–	4	3	2
파랑	1	2	–	4	5	4	3
초록	1	–	2	3	4	5	4
검정	–	1	1	2	3	4	5

2 인간-기계 인터페이스(Man-Machine Interface, MMI)에 대하여 3가지로 분류하고, 각각을 예를 들어 설명하시오.

풀이

(1) 물리적 인터페이스(Physical Interface): 신체적인 동작을 통해 기계와 상호작용하는 방식을 의미한다.
예) 키보드와 마우스: 컴퓨터와 상호작용하기 위해 사용되는 키보드와 마우스는 물리적 인터페이스의 대표적인 예이다. 키보드로는 텍스트를 입력하고 명령을 입력하며, 마우스로는 커서를 움직여 클릭 및 드래그 등을 수행하여 기계와 상호작용한다.

(2) 그래픽 인터페이스(Graphical Interface): 사용자가 그래픽 요소를 시각적으로 인식하고 기계와 상호 작용하는 방식을 의미한다.
예) 아이콘(Icon): 그림, 도형, 기호 등으로 표현된 작은 이미지로, 특정 개념, 애플리케이션, 동작 등을 나타내는 시각적인 표현이다. 컴퓨터 시스템이나 소프트웨어 인터페이스에서 사용자에게 정보를 전달하거나 기능을 제공하는 데에 사용된다.

(3) 음성 인터페이스(Voice Interface): 음성 인식 기술을 사용하여 사용자의 음성 명령을 이해하고, 이에 따라 기계가 작업을 수행하거나 응답하는 방식을 의미한다.
예) 음성인식 시스템: 음성 명령이나 질문에 대한 인식과 해석이 이루어지며, 사용자는 음성을 통해 기계와 대화하거나 명령을 내릴 수 있다. 음성 인터페이스는 주로 인공지능 기술과 결합되어 사용자 경험을 향상시키고 편의성을 제공한다.

3 리즌(Reason)의 스위스 치즈모델을 기반으로 개발된 HFACS(The Human Factors Analysis and Classification System)는 사고에 대한 인간의 불안전한 행동(unsafe acts), 전제조건(preconditions for unsafe acts)과 예방에 실패하게 된 감독의 불안전성(unsafe supervision), 이러한 부분을 통제하지 못한 조직 영향(organizational influences) 등 4가지 단계로 사고원인을 파악하고, 객관적으로 평가하기 위해 설계된 인적오류 분류체계이다. HFACS에서 불안전한 행동의 '전제조건'에 대해 제시된 3가지 분류항목에 대하여 설명하시오.

풀이

(1) 개인적 전제조건(Personal Preconditions)

가. 이해력 부족(Lack of Comprehension): 개인이 작업에 필요한 정보를 이해하지 못하거나 잘못 이해하여 불안전한 행동을 할 수 있는 상태이다. 이는 작업 절차를 정확히 파악하지 못하거나 경고 신호를 오해하는 경우 등을 포함한다.

나. 운동 능력 결여(Lack of Physical Ability): 개인의 신체적인 한계로 인해 작업을 수행하는 데 어려움이 있는 상태이다. 이는 피로, 부상, 질병 등으로 인해 작업에 필요한 능력을 충분히 발휘할 수 없는 경우를 의미한다.

(2) 조직적 전제조건(Organizational Preconditions)

가. 리소스 부족(Lack of Resources): 조직이 필요한 장비, 도구, 시스템 등의 리소스를 충분히 제공하지 않아 불안전한 행동이 발생할 수 있는 상태이다. 이는 작업에 필요한 장비가 부족하거나 고장이 발생한 경우 등을 포함한다.

나. 압력과 동기 부족(Lack of Pressure and Motivation): 조직이 작업을 수행하는 데 필요한 적절한 압력과 동기를 제공하지 않아 불안전한 행동이 나타날 수 있는 상태이다. 이는 작업 기한, 생산 목표 등의 압박이 부족하여 개인들이 규정을 소홀히하거나 안일한 태도를 갖는 경우 등을 의미한다.

(3) 조직문화 전제조건(Organizational Culture Preconditions)

가. 경험과 학습의 부족(Lack of Experience and Training): 조직이 충분한 경험과 훈련을 제공하지 않아 불안전한 행동이 발생할 수 있는 상태이다. 이는 새로 입사한 직원이 필요한 기술과 지식을 충분히 보유하지 못한 상태이거나, 과거의 사고를 충분히 분석하고 학습하지 않는 경우 등을 포함한다.

4 다음 글을 읽고 물음에 답하시오.

> "세월호 사고를 바라보는 두 가지 관점이 있다. 첫 번째는 단순한 흑백논리에 따라 세월호 사고가 선장과 선원의 무책임과 규정위반, 청해운수 회장의 탐욕, 운항관리사의 업무 소홀, 항만청 직원의 태만, 공무원의 봐주기, 해경의 무능 등 인간이 사고와 사고 관련자들이 처해있는 상황을 매우 단순하게 보고 인간의 잘못된 행동만을 부각하여 보는 관점이다. 두 번째 관점은 인간의 행동을 유발하게 만든 배경에 더 관심을 가지고 보는 것이다."

(1) 세월호 사고를 바라보는 첫 번째 관점을 지칭하는 인간의 심리에 관련된 용어를 쓰고, 그 내용을 설명하시오.

(2) 두 번째 관점의 장단점을 설명하시오.

(3) '인적오류는 사고의 원인이 아니라 사고의 결과이다.'라는 견해가 사고를 예방하는 측면에서 어떤 의미를 갖는지 설명하시오.

풀이

(1) 자기 고양적 편견(Self-Serving Bias)

세월호 사고를 보면, 사고와 관련된 인간들의 잘못된 행동을 강조하면서 구조적인 문제나 조직적인 실패 등 외부 요인을 간과하거나 부정적으로 해석한다. 이러한 관점은 사고의 원인을 간소화하여 특정 개인들에게 책임을 돌리거나 비난하려는 경향이 있다.

(2) 두 번째 관점의 장단점

가. 장점: 원인 분석

인간의 행동을 유발하는 배경에 관심을 가지는 관점은 사고의 근본적인 원인을 파악하는 데 도움이 된다. 이를 통해 사고를 단순히 개인의 실수나 잘못된 행동으로만 볼 때 놓치는 구조적인 문제나 조직적인 실패를 파악할 수 있다.

나. 단점: 개인 책임의 상실

배경에만 집중하는 관점은 개인의 책임을 상실시킬 수 있다. 개인의 행동이 배경이나 환경에 영향을 받는다는 사실은 인정되지만, 개인의 의지와 책임을 완전히 배제하거나 무시할 수 있는 문제가 발생할 수 있다.

(3) 인적 오류는 사고의 근본 원인이 아닌, 체계적인 문제로부터 발생한 결과물이라고 보는 견해이다. 사고를 예방하는 측면에서 이러한 관점은 인적 오류를 일으키는 근본적인 체계적 요인을 분석하고 해결하는 것이 중요하다는 점을 강조한다. 개인의 실수에 독점적으로 책임을 지우는 것이 아니라, 인간은 실수할 수 있고, 오류는 종종 개인, 작업, 조직적 환경 간의 복잡한 상호작용의 결과라는 점을 인식한다.

5 척추(vertebral column)의 구성요소와 구조에 대하여 설명하시오.

풀이

척추(척주, vertebral column)는 척추뼈와 척추원반으로 이루어진다.

척추뼈는 목뼈(cervical vertebra, 경추), 등뼈(thoracic vertebra, 흉추), 허리뼈(lumbar vertebra, 요추), 엉치뼈(sacrum), 꼬리뼈(coccyx)로 구성된다. 원래 33개의 뼈로 이루어지나 성인이 되면서 5개의 엉치뼈와 4개의 꼬리뼈가 각각 하나로 합쳐져 총 26개의 뼈가 된다.

척추원반(추간판)은 척추의 움직임을 가능하게 하고, 활동 시 신체에 가해지는 충격을 흡수하는 역할을 하며, 척추뼈들을 잡아주는 인대로서의 역할도 한다. 우리의 몸에는 23개의 척추원반이 있다.

6 다음 물음에 답하시오.

(1) GOMS모델의 설계 평가요소와 설계 개선을 위한 지침 5가지를 각각 설명하시오.
(2) 노만(Norman)의 행위 7단계를 PDS 해석으로 설명하시오.

풀이

(1) GOMS모델의 설계 평가요소와 설계개선을 위한 지침 5가지
가. 평가요소
① 목표(Goals): 목표는 사용자가 시스템과 상호작용하는 동안 달성하고자 하는 특정 목표를 나타낸다. 목표 관점에서 설계를 평가하면 시스템이 사용자가 의도한 작업을 효율적으로 수행하도록 지원하는지 확인하는 데 도움이 된다.
② 연산자 또는 조작(Operators): 사용자가 시스템과 상호작용하기 위해 수행하는 기본 동작 또는 명령으로 사람의 인지 및 동작 과정을 모델링한다. 따라서 연산자가 일관되고 효율적으로 작동할 수 있도록 설계하는 것이 모델의 신뢰도를 높일 수 있다.
③ 방법(Methods): 방법은 작업을 수행하는 데 사용되는 일련의 연산자 또는 시퀀스를 나타낸다. 방법의 관점에서 디자인을 평가하는 것은 작업 완료를 위해 시스템에서 제공하는 방법의 효율성과 단순성에 중점을 둔다.
④ 선택 규칙(Selection rules): 선택 규칙은 주어진 상황에서 사용할 방법이나 연산자를 결정하기 위해 사용자가 사용하는 의사 결정 프로세스이다. 선택 규칙 관점에서 디자인을 평가하는 것은 사용자가 적절한 선택을 하도록 안내하는 시스템 단서 및 프롬프트의 명확성과 효율성을 평가하는 것과 관련된다.
나. 설계 개선을 위한 지침 5가지
① 단순화(Simplify): 사용자 작업을 단순화하고 복잡성을 줄이는 것이 중요하다. 불필요한 단계나 연산자를 제거하고, 사용자 인터페이스를 직관적으로 설계하여 작업을 간소화해야 한다.
② 자동화(Automate): 반복적이고 예측 가능한 작업을 자동화하여 사용자의 부담을 줄인다. 자동화는 작업의 효율성과 정확성을 향상시키는 데 도움이 된다.
③ 피드백(Feedback): 사용자에게 실시간으로 피드백을 제공하여 작업 수행의 정확성을 높인다. 오류 메시지, 진행 상황 표시 등을 통해 사용자가 자신의 작업을 검토하고 수정할 수 있도록 도움을 줄 수 있다.
④ 표준화(Standardize): 일관된 디자인 원칙과 표준을 따르는 것이 중요하다. 표준화된 인터페이스와 작업 흐름은 사용자의 학습 시간을 단축시키고 일관성을 유지하는 데 도움이 된다.
⑤ 사용자 중심 설계(User-Centered Design): 사용자의 요구와 행동을 고려한 설계가 필요하다. 사용자 조사, 피드백 수집, 사용자 테스트 등을 통해 사용자의 의견을 수렴하고 설계를 개선해야 한다.

이러한 설계평가요소와 설계개선을 위한 지침은 GOMS 모델을 사용하여 인간 – 컴퓨터 상호작용을 설계하고 평가하는 데 도움을 줄 수 있다.

(2) 노만(Norman)의 행위 7단계
가. 노만의 행위 7단계
1. 목표설정
2. 의도의 형성

3. 행위의 명세화
4. 행위의 실행
5. 시스템 상태의 변화지각
6. 변화된 상태의 해석
7. 목표나 의도의 관점에서 시스템 상태를 평가

나. PDS 단계

1. Plan(계획): 시스템을 어떻게 조작할 것인지 사용자가 의도를 형성하는 단계
2. Do(실행): 실제로 실행하는 단계
3. See(평가): 실행결과가 올바르게 진행되어 가는지 평가하는 단계

1~3단계까지는 행위의 계획(Plan)의 단계이고, 4단계는 행위의 실행(Do), 5~7단계는 행위의 결과로부터 얻는 지각과 평가(See)에 대한 단계이다. 이러한 부분은 단계의 구분을 통해 사용자의 입장에서 인터페이스 사용상의 문제점이 있을 경우 계획 단계의 문제인지, 실행 단계의 문제인지, 평가 단계의 문제인지를 파악하기 쉽게 한다.

인간공학기술사 2022년 1교시 문제풀이

※ 다음 문제 중 10문제를 선택하여 설명하시오. (각 문제당 10점)

1 인간공학의 필요성을 비용 측면과 생산성 측면에서 설명하시오.

풀이

산업화와 함께 다양한 기계, 도구, 제품, 환경이 도입되었으나 사용자(인간)의 특성을 고려하지 않아 사용자가 거기에 맞춰 적응해야 했으며, 이로 인해 불편함, 비효율, 안전사고 및 직업성 질환 등의 부적절한 결과가 발생한다. 그러므로 기계, 제품, 환경의 설계 시에 인간의 특성을 고려하는 사용자 중심적인 설계 개념이 필요하게 되었다. 특히, 설계단계에서부터 인적 요소를 체계적으로 고려하지 않으면 사용단계에서의 불편함, 비효율, 안전보건상의 문제가 발생할 가능성이 높다. 그리고, 이를 사후에 수정하려면 엄청난 시간과 비용을 감수해야 한다. 그러므로, 이에 대한 최선의 방법은 기계, 도구, 제품, 환경의 설계단계에서 인적 요소를 고려하는 것이다. 생산성 측면에서 효율/효과적으로 설계된 작업, 배우고 사용하기 쉬운 기계, 설비와 도구, 작업 절차와 훈련 프로그램 등은 자연스럽게 생산성 향상을 가져오게 된다.

2 인간의 시각기능에서 암순응과 명순응을 설명하시오.

풀이

인간은 외부로부터 여러 가지 정보를 받아들여 행동한다. 작업을 안전하게 하기 위해서는 작업환경 정보를 올바르게 파악해 둘 필요가 있으며, 이런 정보 취득의 80%는 시각을 통해 이루어진다.
망막에는 빛에 반응하는 두 종류의 세포(시각 세포)가 있는데 이를 각각 원추세포와 간상세포라고 한다. 원추세포는 밝은 빛이 있는 장소에서 기능하는 성질을 지니며, 붉은색이나 노란색에 강하게 반응한다. 예를 들어, 영화관에서 햇빛이 비치는 밖으로 나오면, 눈이 부셔서 새로운 광도 수준에 순응될 때까지는 보기 어렵다. 이처럼 처음에 보기 힘든 이유는 한참 동안 어둠 속에 있는 동안에 빛에 아주 민감하게 된 시각 계통을 강한 태양광선이 압도하기 때문이다. 이와 같은 현상을 명순응(light adaptation)이라고 하며, 암순응보다 빨리 진행되어 1분 정도에 끝난다.
간상세포는 원추세포와 반대로 어두운 장소에서 활동한다. 이 경우 어두운 장소에 들어간 순간부터 활동하는 것이 아니라 시간이 잠시 지나고 나서 활동한다. 어두운 곳에 갑자기 들어가면 아무것도 보이지 않다가 주위가 서서히 보이게 되며, 이를 암순응이라고 한다. 간상세포는 흑백을 구분할 수 있을 뿐 다른 색채에는 반응하지 않는다.

3 정신 작업부하를 평가하기 위한 척도의 조건 4가지만 설명하시오.

풀이

정신 작업부하를 측정하는 많은 척도들은 주 임무(primary task), 부 임무(secondary task), 생리적 척도 및 주관적 척도의 4가지 범주로 분류할 수 있다. 이러한 정신적 작업부하에 유용한 척도라면 다음 기준에 부합해야 한다.

(1) 감도(sensitivity): 필요한 정신적 작업부하의 수준이 다른 과업 상황을 직관적으로도 구분할 수 있는 척도이어야 한다.

(2) 선택성(selectivity): 신체적 부하나 감정적 스트레스처럼 일반적으로 정신적 작업부하의 일부라고 볼 수 없는 부하의 영향을 받지 않는 척도이어야 한다.

(3) 간섭성(interference): 작업부하를 평가하고자 하는 기본 과업의 실행을 간섭하거나 오염시키거나 교란시키지 않는 척도이어야 한다.

(4) 신뢰성(reliability): 시간 경과에 관계없이 재현성 있는 결과를 얻을 수 있는 신뢰성 있는 척도이어야 한다.

(5) 수용성(acceptability): 피측정인이 납득하여 수용할 수 있는 측정방법이 사용되어야 한다.

4 인간의 정보처리 과정에서 주의력에 관한 다음 각 용어의 의미를 설명하시오.

(1) 선택적 주의
(2) 분할적 주의
(3) 칵테일 파티 효과

풀이

감각기관에 의하여 받아들여진 외부자극에 대한 정보는 기억에 기초하여 의미 있는 정보로 전환되는 지각 과정을 거치게 된다. 이러한 지각 과정과 그 후속 단계에서는 주의력이 필요하게 되며 인간의 주의력은 적절히 선택, 배분 또는 유지되어야 한다.

(1) 선택적 주의: 자신이 원하는 특정 부분만 보거나 듣는 경우로서 칵테일 파티 현상이 한 예이다. 많은 사람들이 대화하는 시끄러운 장소에서도 자신의 이름을 부르는 소리를 듣거나 관심 있는 정보를 잘 들을 수 있는 현상이다. 이와 같은 선택적 주의력은 개인의 기대, 타 자극(잡음)과의 차이점, 정보의 가치 등에 영향을 받는다.

(2) 분할적 주의: 주의력의 배분은 책을 읽으면서 음악을 듣거나, TV를 보면서 밥을 먹는 등과 같이 두 가지 일을 동시에 수행할 때 주의력을 적절히 배분하는 경우이다. 물론, 모든 것에 주의를 분할할 수 없으며 주의력 배분이 적절히 되지 않으면 사고로 이어지기도 한다.

(3) 칵테일 파티 효과: 칵테일 파티처럼 여러 사람의 목소리와 잡음이 많은 상황에서도 본인이 흥미를 갖는 이야기는 선택적으로 들을 수 있는 현상을 말한다.

5 지각의 상향식 처리(bottom-up processing)와 하향식 처리(top-down processing)를 비교하여 설명하시오.

풀이

지각은 인간이 어떠한 환경 내의 사물이나 현상을 인지하는 것을 말한다. 이와 관련하여 2가지 방식이 있다. 상향식 처리(Bottom-up processing)는 직접 지각하는 방식으로 과거의 지식, 기억, 경험, 판단 등의 과정을 거치지 않고 직접 대상을 파악하여 인지하는 것을 말한다. 즉, 상향식 처리는 사람의 뇌에서 복잡한 프로세스를 거치지 않고 사물의 세부 특징이나 형상에 근거하여 대상을 인식하고 해석한다. 이와 반대로 하향식 처리(Top-down processing)는 인간의 인식 과정을 경험과 지식을 중심으로 정보를 처리하는 방식이다. 사물의 물리적인 속성만으로 지각되지 않을 때 과거의 지식, 기억, 경험, 연상, 추리, 판단 등의 과정을 거쳐 분석하고 결정하는 단계를 거치는 지각 방식을 말한다.

6 시스템의 개발 주기에 따라 구분되는 인적오류(human error)의 5가지 유형을 설명하시오.

풀이

(1) 설계상 에러: 인간의 신체적, 정신적 특성을 충분히 고려하지 않은 설계로 인한 에러

(2) 제조상 에러: 설계는 제대로 되었으나 제조 과정에서 이를 따르지 않은 채 제조된 상황이 유발시킨 에러

(3) 설치상 에러: 설계와 제조상에는 문제가 없었으나 설치 과정에서 잘못되어 유발된 에러

(4) 운용상 에러: 시스템 사용 과정에서 사용 방법과 절차 등이 지켜지지 않아 발생한 에러

(5) 보전상 에러: 보수, 유지 과정에서 잘못 조치되어 발생하는 에러

(6) 폐기상 에러: 시스템의 해체, 폐기 등의 과정에서 발생하는 에러

7 게슈탈트 조직화 원리에서 근접성, 유사성, 연속성, 폐쇄성의 원리를 각각 설명하시오.

풀이

게슈탈트란 구성, 형태, 전체 등을 의미하는 독일어로 인간이 사물이나 정보를 인식할 때 그 부분들의 집합이 아니라 하나의 의미 있는 전체로 지각하려는 경향성을 말한다. 심리학 측면에서는 인간이 시각적으로 사물을 인식할 때 단순히 눈에 보이는 사실 외에도 심리적 요소가 작용하여 어떠한 그림이나 사진의 시각적 요소에서 인간의 심리를 이끌어내는 데에도 적용된다.
게슈탈트 이론에는 아래와 같이 4가지의 원리가 있다.

(1) 근접성의 원리: 서로 가까이 있는 것끼리 무리를 지어 하나의 의미 있는 형태로 지각하려는 경향으로, 가까운 것끼리 묶어서 지각하므로, A는 한 그룹, B, C는 단일 그룹으로 인식한다.

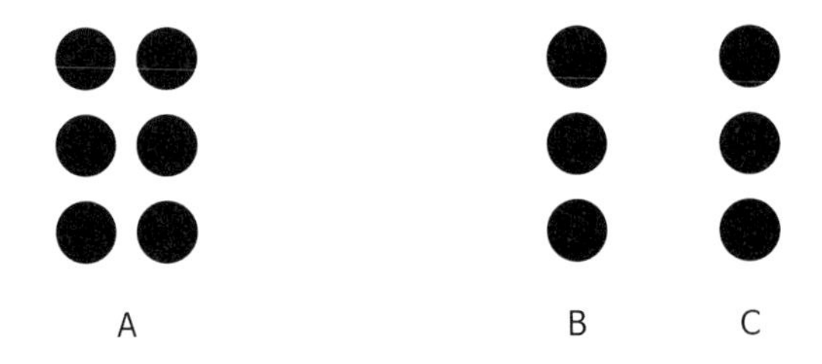

(2) 유사성의 원리: 서로 비슷한 것끼리 뭉쳐서 의미 있는 형태로 인식하려는 경향

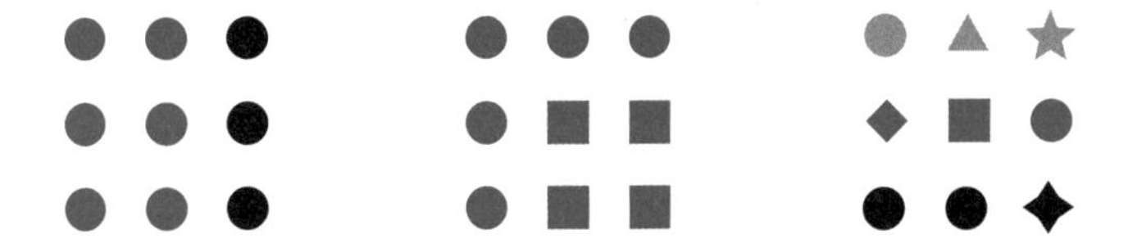

(3) 완결성(폐쇄성)의 원리: 불완전한 것을 완전한 것으로 보려는 경향, 형태를 지각할 때 애매한 하나의 형태로 묶어 지각하려는 경향, 인간의 과거 경험과 지식 등을 바탕으로 완성되지 않은 형태를 완성된 형태로 인지하는 경향을 의미한다. 아래의 이미지는 완전한 육면체나 원이 아니지만 보이지 않는 선을 이어 완성된 형태로 인지하게 된다.

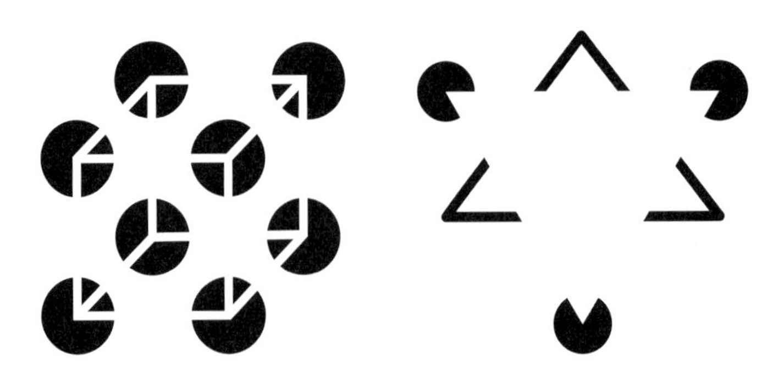

(4) 연속성의 원리: 선행 요소들의 방향으로 계속되는 것처럼 인식하거나 서로 연결된 것으로 보려는 경향

8 Jacob Nielsen이 정의한 사용성(usability)의 항목 5가지를 쓰고, 각각의 의미를 설명하시오.

풀이

(1) 학습 용이성(learnability): 사용자가 새로운 제품의 사용법을 얼마나 배우기 쉬운가를 나타낸다. 이를 위해서는 과거의 경험이나 직관에 의해서 시스템을 사용할 수 있도록 설계되어야 한다.

(2) 효율성(efficiency): 적은 노력을 들이고도 빠르게 원하는 과업을 수행할 수 있는가를 의미한다. 제품이나 시스템을 사용하게 되면 숙련도가 높아지게 되고 가능하면 숙련되는 기간을 단축하는 설계가 필요하다.

(3) 기억 용이성(memorability): 제품이나 시스템을 오랜만에 다시 사용하는 사용자들이 사용법을 기억하기 쉬운가를 나타낸다. 특히, 가끔 시스템을 사용하는 사용자에게 중요한 요소이다.

(4) 에러 빈도 및 정도(error frequency and severity): 사용자가 제품이나 시스템을 사용하면서 발생 가능한 오류의 수가 적어야 하며, 발생하더라도 오류가 미치는 영향이나 심각성이 낮아야 하며 오류의 복구가 용이하여야 한다.

(5) 주관적 만족도(subjective satisfaction): 제품이나 시스템을 사용할 때 사용자들이 경험하는 즐거움이나 몰입의 정도를 나타낸다.

9 유니버설 디자인을 정의하고, 유니버설 디자인 원칙 중 3가지만 설명하시오.

풀이

유니버설 디자인이란 장애의 유무나 연령 등에 관계없이 모든 사람들이 제품, 건축, 환경, 서비스 등을 보다 편안하고 안전하게 이용할 수 있도록 설계하는 것을 말하며, "모두를 위한 설계(Desing for all)"라고도 한다. 유니버설 디자인의 원칙은 다음과 같다.

(1) 공평한 사용에 대한 배려: 사용자의 연령, 체계 및 신체기능의 차이 등에 영향을 받지 않고 누구나 사용할 수 있어야 한다.

(2) 사용상의 유연성 확보: 사용방법의 여러 가지 대안 제공, 오른손잡이와 왼손잡이 모두 사용 가능한 설계, 사용자 동작의 높은 정확성과 정밀도가 유지되도록 설계한다. 사용자의 속도에 대한 적응성도 고려해야 한다.

(3) 간단하고 직관적인 사용: 사용자의 지식, 경험, 언어능력, 집중력에 관계없이 누구나 쉽게 사용할 수 있도록 사용법이 간단하여야 한다.

(4) 정보 전달에 대한 배려: 사용 상황이나 사용하는 사람의 지각, 청각 등의 감각능력에 관계없이 필요한 정보가 효과적으로 전달되도록 만들어져야 한다.

(5) 사고와 오조작의 방지: 사용자가 의도하지 않고 무심코 한 행동이 위험이나 생각하지 못한 결과로 이어지지 않도록 설계되어야 한다.

(6) 육체적 부담의 최소화: 효과적으로 안락하게 그리고 피로를 느끼지 않고 사용할 수 있어야 한다.

(7) 적당한 크기와 공간의 확보: 사용자의 신체 크기 자세, 움직임에 관계없이 쉽게 접근하고, 조작하고 사용할 수 있도록 해야 한다.

10 집단 내 활동에서 구성원들의 개인적 갈등 중 역할 갈등에 해당하는 '역할 간 마찰'과 '역할 내 마찰'의 의미를 설명하시오.

풀이

역할 간 마찰은 한 개인이 가진 두 가지 이상의 지위에서 서로 다른 역할이 요구되고 이를 동시에 수행해야 할 때 발생하는 갈등을 말한다.
예를 들어, 대학교수인 A가 학교에서는 교수라는 역할과 가정에서는 가장이라는 역할을 동시에 수행하고 있다. 가족들의 가장에 대한 기대와 학생들이나 동료들의 교수에 대한 기대가 상충될 때 그는 역할 간 갈등을 겪을 수 있다. 즉, 가족은 그에게 가정에 헌신적인 가장이 되도록 기대하는 데 반하여, 교수로서의 역할에 대해서는 강의에 충실하고 연구에 몰두하라는 기대가 존재하는 것이다.

역할 내 마찰은 역할 상대방으로부터 상충된 기대가 역할담당자에게 올 경우에 역할담당자가 겪는 현상이다. 위 사례에서 보듯이 가장이라는 역할에 대한 노모의 기대와 아내의 기대가 상반되거나, 대학교수의 역할에서는 학생들의 강의 충실 요구와 연구에 몰두하라는 기대가 상충되는 것이다.

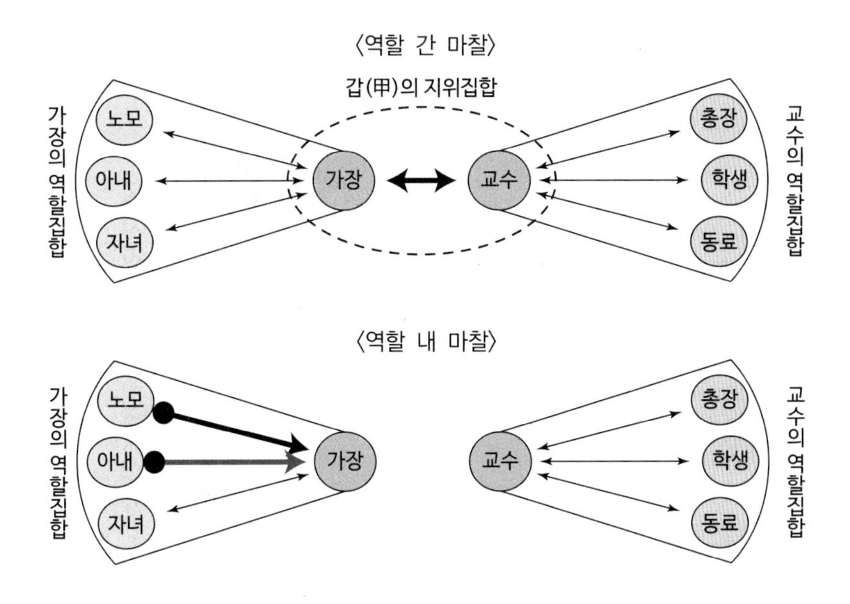

11 수공구 사용과 관련하여 손목 부위에서 다발하는 근골격계질환을 3가지만 설명하시오.

풀이

(1) 건초염(tenosynovitis): 근육과 뼈를 연결하는 결합 조직인 건을 둘러싼 것이 건초이며, 근육을 움직일 때마다 건이 건초 안을 왔다갔다 한다. 여기에 자연스러운 움직임을 위한 액체인 활액이 들어 있으며, 근육이나 관절을 무리하게 사용하면 건초 또는 활액에 염증이 발생할 수 있다. 주로 손목에 많이 발생하여 손목 건초염은 드퀘르뱅 건초염이라고 한다. 특히, 드퀘르뱅 건초염은 광택 내는 일, 샌드페이퍼(sand paper)로 문지르는 일, 톱질, 가위로 자르는 일, 스크류 드라이버를 사용하는 일 등과 같이 완관절의 운동이 반복되는 직업에서 흔히 나타난다.

(2) 결절종(Ganglion): 관절을 싸고 있는 막에서 발생하여 부풀어 오른 것으로, 피부 밑에 덩어리처럼 만져지고 내부에서는 관절액이 채워져 있다. 손/손목을 과도하게 사용하여 피로가 누적되어 발생한다.

(3) 손목터널 증후군(Carpal tunnel syndrome): 수근관이란 손목 앞쪽의 피부조직 밑에 손목을 이루는 뼈와 인대들에 의해 형성되어 있는 작은 통로인데, 이곳으로 9개의 힘줄과 하나의 신경이 지나간다. 수근관 증후군은 이 통로가 여러 원인으로 인해 좁아지거나 내부 압력이 증가하면, 여기를 지나가는 정중 신경(median nerve)이 손상되어 손/손목에 통증이나 증상이 발생하게 된다. 대체로 장기간 수지를 많이 사용하는 작업(반복적인 손목 사용, 악기 연주자, VDT 작업자, 요리사, 미용사 등)을 하거나 진동 공구/기구를 이용하는 직업에서 발생빈도가 높다.

12 동작연구와 시간연구에서 작업자의 실제 작업 장면을 관찰할 때, 각 연구에서 관찰대상 작업자를 선정하는 기준과 그 이유를 설명하시오.

풀이

관찰대상 작업자를 선정 시 숙련도가 극히 우수하거나 혹은 열등한 작업자를 피하고 평균 혹은 이를 다소 상회하는 작업자를 택하는 것이 좋다. 그 이유는 그러한 작업자가 일반적으로 견실하게 작업을 수행하며, 작업수준이 정상수준에 가까워서 보다 정확하게 작업수행도를 평가할 수 있기 때문이다.

13 산업안전보건 관련법에서 사용하는 다음 각 용어의 정의를 쓰시오.

(1) 「산업안전보건법」에서 정의된 "중대재해"

(2) 「중대재해 처벌 등에 관한 법률」에서 정의된 "중대산업재해"

풀이

(1) 「산업안전보건법」에서 정의된 중대재해

중대재해는 산업재해 중 사망 등 재해의 정도가 심한 것으로 다음에 해당되는 재해를 말한다.

가. 사망자가 1명 이상 발생한 재해

나. 3개월 이상의 요양이 필요한 부상자가 동시에 2명 이상 발생한 재해

다. 부상자 또는 직업성 질병자가 동시에 10명 이상 발생한 재해

(2) 「중대재해 처벌 등에 관한 법률」에서 정의된 "중대산업재해"

중대재해처벌법은 중대재해가 발생하는 경우 안전조치를 소홀히 한 사업주나 경영책임자에게 1년 이상의 징역형 처벌을 내리도록 한 법안이다. 중대재해처벌법은 중대산업재해 개념을 정의하면서 「산업안전보건법」의 산업재해 개념을 원용하는 방식을 사용하고 있으며, 다음과 같다.

가. 사망자가 1명 이상 발생한 재해

나. 동일한 사고로 6개월 이상 치료가 필요한 부상자가 2명 이상 발생한 재해

다. 동일한 유해요인으로 직업성 질병자가 1년 이내에 3명 이상 발생한 재해

인간공학기술사 2022년 2교시 문제풀이

※ 다음 문제 중 4문제를 선택하여 설명하시오. (각 문제당 25점)

1 '인적 에러 방지를 위한 안전가이드(KOSHA Guide G-120-2015)'에서 제시하고 있는 보수작업 시 인적 에러 방지대책 중 5가지만 설명하시오.

풀이

(1) 작업 계획
위험 평가에 따른 위험요소 유형 분류 및 관리방안, 작업 시 손상될 수 있는 부품에 대한 보호조치, 작업자의 안전한 작업 실행을 위한 작업량과 시간, 건강 사항 등을 점검한다.

(2) 장비 분리
위험요소를 신속히 제거할 수 있는 방안을 마련한다.

(3) 장비 접근
덮개와 해치 개방을 통해 장비의 접근을 양호하게 한다.

(4) 수리 작업 수행
장비의 상태를 양호하게 유지하기 위해서 시각 및 도구를 이용한 검사를 시행하고, 필요한 교체 혹은 수리 작업을 실행한다.

(5) 재조립 작업
장비의 올바른 정렬과 재조립 과정을 통해 실수를 억제하도록 한다.

(6) 분리 제거
장비를 안전하게 재작동시키기 위해서는 장비 복구를 엄격히 하고, 문제 발생 시 신속한 재분리가 가능하도록 한다.

(7) 장비의 작동과 검사
장비의 적절한 작동을 위해 위치가 올바른지 점검하고, 엄격한 시험 절차를 적용하며, 인가된 사람에게만 접근을 허용한다.

2 다음은 입식 작업의 종류에 따른 권장 작업대 높이를 나타낸 그림이다. 다음 물음에 답하시오.

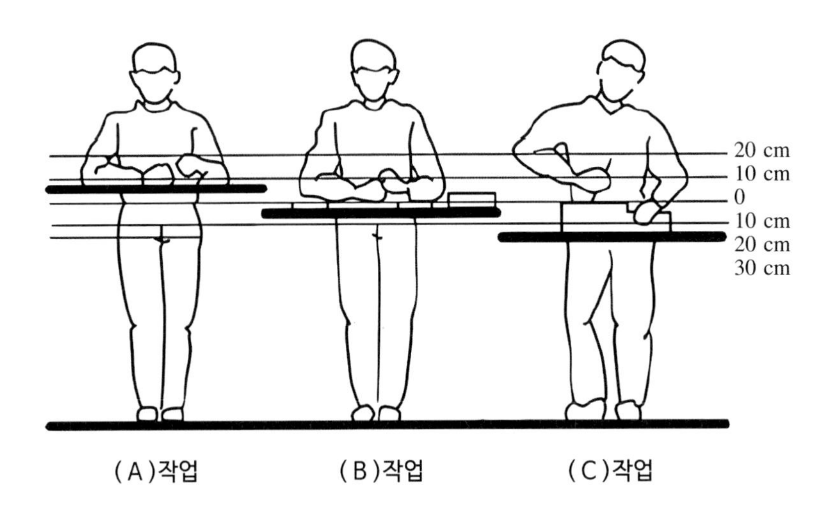

(1) A, B, C 각각에 해당하는 작업의 종류를 쓰시오.

(2) 작업대 높이를 결정하는 데 고려해야 할 인체측정 항목을 쓰시오.

(3) 입식 작업대 높이 설계에서 작업의 종류를 고려한 인간공학적 원칙을 쓰시오.

풀이

(1) 입식 작업대의 높이는 근전도, 인체 계측, 무게중심 결정 등의 방법으로 서서 작업하는 사람에 맞는 작업대의 높이를 구해보면 팔꿈치 높이보다 5~10 cm 낮은 경(輕) 조립 작업이나 이와 비슷한 조작 작업에 적당하다. 일반적으로 섬세한 작업(미세 부품 조립)일수록 높아야 하며, 거친 작업에서는 약간 낮은 편이 좋다. 위 그림에서 A는 정밀 작업, B는 경(輕) 작업, C는 중(重) 작업으로 볼 수 있다.

(2) 작업대의 높이를 결정하는데 고려해야 하는 인체측정항목은 대상 집단의 신장, 팔 길이 등이며, 바닥에서 팔꿈치까지의 높이를 산출하여야 한다.

(3) 작업대 높이(정확히는 지속적으로 사용하는 기구나 물건의 위치)는 위팔이 자연스럽게 수직으로 늘어뜨려지고 아래팔은 수평 또는 약간 아래로 비스듬하여 작업면(또는 작업점)과 만족스러운 관계를 유지할 수 있는 수준으로 정해야 한다.

3 ○○회사에서 천장크레인으로 코일을 운반하는 줄걸이 작업 중 조작스위치의 조작 실수로 코일이 의도한 방향과 반대 방향으로 이동하여 코일과 코일 사이에 근로자가 끼어 사망하는 사고가 발생하였다. 다음 물음에 답하시오. (단, 이 회사는 천장크레인별 설치 시점이 달라서 아래 그림과 같이 각기 다른 형태의 조작스위치를 사용 중이다.)

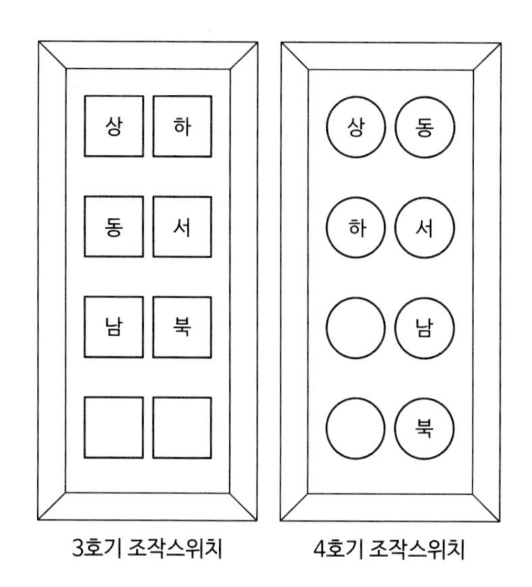

3호기 조작스위치 4호기 조작스위치

(1) 그림의 두 조작스위치의 버튼을 비교하여 문제점을 쓰시오.

(2) 산업현장에서는 이러한 다양한 형태의 크레인 조작스위치들이 보급되어 있어서 사고의 원인이 되고 있다. 이에 대하여 인간공학 측면의 개선대책을 쓰시오.

풀이

(1) 두 조작스위치의 문제점: 두 조작스위치의 버튼 배열이 기능별로 분리되어 있지 않고, 위치가 상이하여 오조작할 확률이 매우 높다. 3호기 조작스위치의 하 버튼이 4호기 조작스위치의 동 버튼으로 코일을 하강시키려는 의도와는 다르게 코일이 동쪽으로 이동하여 재해가 발생할 수 있다. 또한 현장에서 크레인 조작자가 서 있는 방향에 따라 실제 동서남북 방향의 혼돈 우려가 매우 높다.

(2) 인간공학 측면의 개선대책: 천장 크레인 거더(girder) 하부 등 작업자의 시야를 가리지 않는 곳에 아래 사진과 같은 방위 표시판을 부착하여 실제 방향과 혼돈이 되지 않도록 하여야 한다.

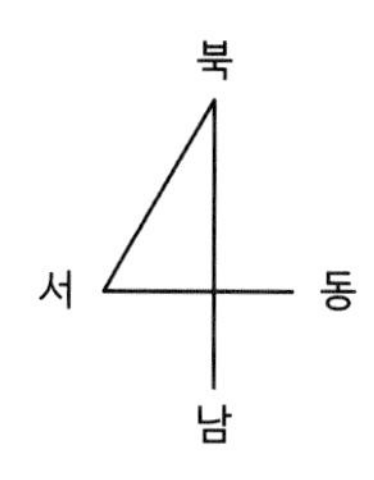

또한, 크레인 조작스위치는 아래의 사항을 검토하여 가능하면 동일 사업장 내에서는 통일하는 것이 좋을 것으로 판단된다.

[동서남북 버튼과 상/하 버튼의 혼돈을 피하기 위한 방법]
가. 상 버튼은 위쪽 화살표(↑), 하 버튼은 아래쪽 화살표(↓) 표기
나. 상승·하강 버튼, 동서남북 이동 버튼을 그룹핑하여 분리, 상하 버튼 측면 이동 등
다. 공간적 양립성으로 위치 변경 고려, 버튼의 형상/촉감 등을 달리하는 방법 검토

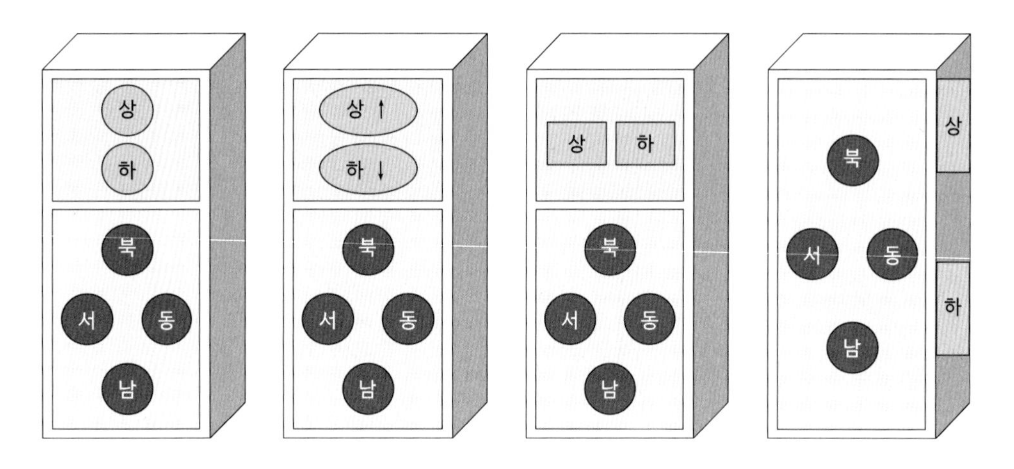

4 다음은 안전보건경영시스템의 주요 구성요소와 흐름도이다. 단계 A와 단계 B에 해당하는 구성요소를 각각 쓰고, 각 단계의 주요 활동 내용에 대하여 설명하시오.

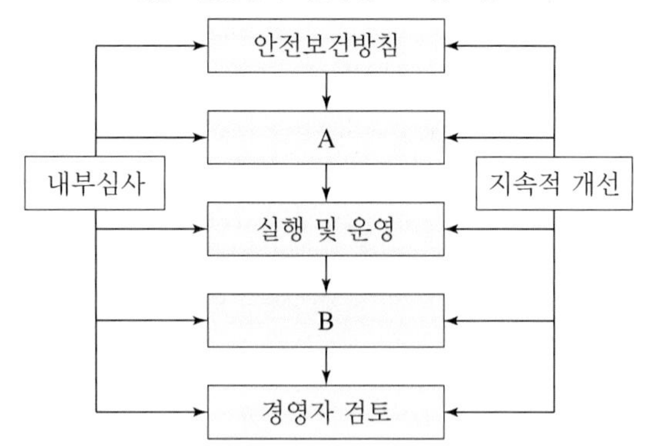

풀이

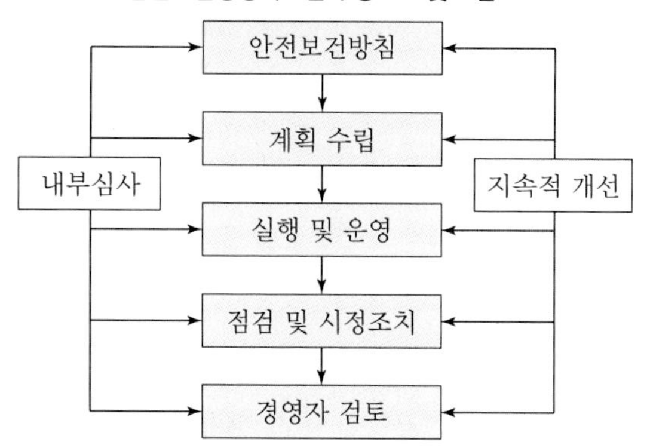

출처: KOSHA GUIDE G-80-2012

안전보건경영시스템은 최고경영자가 안전보건방침 및 안전보건정책을 선언하고 이에 대한 실행계획을 수립(P), 그에 필요한 자원을 지원(S)하여 실행 및 운영(D), 점검 및 시정조치(C)하며, 그 결과를 최고경영자가 검토(A)하는 P－S－D－C－A 순환 과정의 체계적인 안전보건활동을 말한다.

(1) A: 계획 수립

계획 수립 부문에서는 위험성 평가, 법규와 그 밖의 조건, 목표, 안전보건활동 추진계획으로 구성되어 있으며 자세한 내용은 아래와 같다.

첫째, 위험성평가는 사업장의 특성/규모/공정성을 고려하여 실시하여야 한다. 위험성평가의 주된 목적은 산업재해 가능성이 있는 위험 또는 재해 발생 요인을 발견하고 그 요인을 제거 또는 감소하는 데 있다. 위험성평가 시에는 작업공정 분류, 위험요인 확인, 위험도 계산, 위험도 결정, 개선대책의 프로세스 등의 내용이 포함되어야 하며, 지속적인 개선활동을 위하여 필요한 최신의 문서, 데이터 및 기록을 유지해야 한다.

둘째, 법규와 그 밖의 조건에서는 사업장의 조직에 적용될 수 있는 법규 등에 의해 활동이 어떠한 영향을 받는지 이해하고 인식하여야 하며, 이를 관계자에게 의사소통되고 유지되도록 하여야 한다.

셋째, 목표에서는 안전보건 활동별로 안전보건 목표를 수립하고 일정 기간 달성할 수 있도록 해야 한다. 목표 설정 시 고려하여야 할 점은 안전보건방침과 관련 있어야 하며, 위험성 평가 결과에 따른 조치에 필요한 것, 과거의 안전보건 상황 및 산재 발생 상황 등을 고려하여야 한다. 그리고, 달성 정도를 평가할 수 있어야 하고, 부서별로 목표를 설정하고 목표 설정 시 근로자의 의견을 반영해야 한다.

넷째, 안전보건활동 추진계획은 안전보건 목표를 달성하기 위한 구체적인 방안을 제시한 실시 계획을 말하며, 유해·위험요인 제거, 감소시키기 위한 사항, 안전보건 법령에 의거 조치사항, 일상적인 안전보건활동 사항, 전년도 안전보건시스템 실행 결과 추가 계획에 등에 근거한 사항들을 고려해야 한다.

(2) B: 점검 및 시정조치

점검 및 시정조치는 성과측정 및 모니터링, 시정조치 및 예방조치, 기록 유지, 내부 심사로 구성되어 있으며 자세한 내용은 아래와 같다.

첫째, 성과측정 및 모니터링은 안전보건경영시스템의 효과를 파악할 수 있는 중요한 정보이므로 조직의 특성에 따라 정성적 측정방법 또는 정량적 측정방법으로 적절하게 적용하여야 한다. 이러한 성과 측정은 안전보건방침과 목표가 충족된 정도를 모니터링하는 수단으로 안전대책의 적합성, 업무상 사고, 질병, 아차 사고와 같은 재해에 관한 모니터링을 포함한다.

둘째, 성과측정 및 모니터링 결과 부적합 사항이 발견되면 근본 원인을 파악한 후 시정조치 또는 예방조치를 취한다.
셋째, 안전보건 계획의 실시 및 운영 사항, 내부 심사의 결과, 유해·위험요인, 교육훈련 실시 상황, 산업재해 및 사고 등의 발생 상황 등 안전보건경영시스템 실시, 운용에 대하여 기록하여 그 기록 등을 유지한다.
넷째, 내부 심사는 안전보건 성과에 대한 일상적인 심사뿐만 아니라 안전보건경영시스템의 모든 요소를 평가할 수 있도록 주기적인 내부 심사를 실시하여야 한다. 내부 심사 시에는 안전보건 목표의 달성 여부, 안전보건경영체제 실행과 유지의 적합성, 안전보건경영체제가 기업경영에 기여한 점과 보완할 점, 위험성 평가 결과에 따른 개선 조치의 이행 내용 등이 고려하여야 한다.

5 근골격계질환 예방을 위한 인간공학적 작업 평가 기법 중 QEC(Quick Exposure Check) 기법의 특징을 평가 과정, 평가 항목, 부담 수준 평가 방법 측면에서 RULA와 비교하여 설명하시오.

풀이

(1) Li and Buckle(영국)

발표연도	1999년
특징	–작업시간, 부적절한 자세, 무리한 힘, 반복된 동작 같은 근골격계질환을 유발시키는 작업장 위험요소를 평가하는 데 초점 –분석자의 분석결과와 작업자의 설문 결과가 조합되어 평가
장점	–허리, 어깨/팔, 손/손목, 목 부분으로서 상지질환을 평가하는 척도로 사용

(2) 1999년 Li and Buckle에 의해 개발된 QEC system은 작업시간, 부적절한 자세, 무리한 힘, 반복된 동작 같은 근골격계질환을 유발시키는 작업장 위험 요소를 평가하는 데 초점이 맞추어져 있다.
QEC는 분석자의 분석 결과와 작업자의 설문 결과가 조합되어 평가가 이루어진다. 평가 항목으로는 허리, 어깨/팔, 손/손목, 목 부분으로서 상지 질환을 평가하는 척도로 사용된다.

(3) 평가 과정(분석 절차): 작업 분석 대상 작업에 근무하는 근로자들에게 근로자용 체크리스트를 나눠주고 해당 질문에 답하도록 한다. 근로자용 체크리스트에서 주의할 항목은 “하루 평균 작업시간”으로, 이는 근무시간이 아니고, 실제 부담이 되는 작업을 수행하는 시간임을 부각시켜 주어야 한다. 분석자는 분석자용 체크리스트를 이용하여 근로자가 수행하는 작업 내용을 체크하고, 이 두 가지를 이용하여 QEC 노출 점수를 환산표를 이용하여 찾은 후 노출 비율을 산정하고 그 점수에 해당하는 내용으로 조치 결과를 얻는다.

(4) 평가 항목

항목	내용
1. 허리	1－1. 본 작업 중 허리자세는? A1. 거의 중립자세(20° 이내) A2. 구부리거나 비틀림이 있거나, 옆으로 굽어 있다(20~60°) 1－2. (중량물 취급 작업의 경우) 허리 움직임의 반복성은? B1. 드물다(분당 3회 이하) B2. 빈번하다(분당 4~11회) B3. 매우 빈번하다(분당 12회 이상) 1－3. (기타 작업) 본 작업 시 대부분 정적 자세에서 수행되는가? B4. 아니다 B5. 맞다
2. 어깨/팔	2－1. 본 작업이 이루어지는 높이는? C1. 허리높이 이하 C2. 허리높이에서 어깨높이 사이 C3. 어깨높이 이상 2－2. 팔 움직임의 반복성은? 01. 드물다(간헐적 움직임) 02. 빈번하다(가끔씩 휴지가 있는 규칙적인 움직임) 03. 매우 빈번하다(거의 연속적인 움직임)
3. 손목/손	3－1. 본 작업 중 손목 자세는? E1. 거의 중립자세(15° 이내) E2. 구부러져 있다(15° 이내) 3－1. 손/손목 움직임의 반복성은? F1. 10회 이하 F2. 11~20회 F3. 20회보다 자주
4. 목	4－1. 본 작업 중 목자세가 구부러져 있거나 과도하게 비틀려져 있는가? G1. 아니오 G2. 가끔 있다 G3. 자주 있다

(5) 부담 수준 평가 방법 측면에서의 RULA와의 비교

노출비율	RULA 조치 단계	조치 의견
40% 미만	1~2단계	적합(현행 유지)
40~49%	3~4단계	지속적 관찰 요망
50~69%	5~6단계	개선 요망
70% 이상	7단계	즉시 개선

6 윤활관절(synovial joint) 중 경첩관절(hinge joint)과 절구관절(ball and socket joint) 각각에 대해 해당되는 인체의 관절과 관련 운동에 대하여 설명하시오.

풀이

(1) 관절은 뼈와 뼈가 만나는 부위로서, 뼈와 뼈 사이가 부드럽게 운동할 수 있도록 하는 역할을 한다. 관절은 운동성이 매우 좋은 가동관절, 약간의 움직임이 있는 반가동관절, 움직임이 없는 부동관절로 되어 있다. 이러한 관절은 근육, 힘줄, 인대, 활막, 점액낭, 연골 등으로 구성된다.

(2) 윤활관절은 가동관절이고 대부분의 뼈가 이 결합 양식을 하고 있으며 2~3개가 가동성으로 연결되어 있는 관절이다. 윤활관절 중 경첩관절은 두 관절면이 원주면과 원통면 접촉을 하는 모양으로 구성된 관절이며 무릎관절, 팔굽관절, 발목관절과 같이 주로 한 방향으로만 운동한다. 절구관절은 구상관절이라고도 하며 관절 머리와 관절 오목이 모두 반구상의 것이며, 3개의 운동축을 가지고 있어 운동 범위가 크다. 주로 어깨관절, 대퇴관절에서 찾아볼 수 있다.

인간공학기술사 2022년 3교시 문제풀이

※ 다음 문제 중 4문제를 선택하여 설명하시오. (각 문제당 25점)

1 **다음은 A공장의 화학물질 저장탱크 압력제어 수동작업 방법이다. 다음 물음에 답하시오.**

> 저장탱크의 압력이 과다 상승하여 경고음이 울리면, 운전원은 즉시 계기판에서 압력 수준을 확인한 후 해당 수준에 맞는 단계로 밸브를 개방한다. 압력이 안전 수준으로 하강하여 경고음이 꺼지면, 운전원은 계기판에서 압력이 적정 범위 내에 있음을 확인한 후 밸브를 즉시 잠근다.

(1) 인적오류율 예측 기법(THERP)을 이용하여 저장탱크 압력제어 수동작업의 신뢰도를 분석하고자 한다. 과거 데이터와 전문가의 평가를 기반으로 확률을 추정하여 정량적 분석을 하고자 할 때, 추정해야 하는 확률을 모두 설명하시오.

(2) 최근 B운전원이 저장탱크 압력제어 수동작업 중 계기판의 압력 수준에 비해 밸브를 충분히 개방하지 않아서 저장탱크에 균열이 발생하는 사고가 났다. 이 운전원의 오류를 Rasmussen의 SRK(Skill, Rule, Knowledge) 기반 프로세스와 Reason의 인적오류 분류기법을 사용하여 설명하시오.

풀이

(1) THERP는 인간 신뢰도 예측을 위하여 가장 자주 적용되는 유명한 기법으로, 휴먼에러 확률의 체계적인 평가를 위하여 데이터를 생산해 내는 가장 복합적이고 종합적인 방법이다. 이 기법에서는 운전원의 행동은 장비 성능에 비유된다. 즉, 통상 2진법 논리에 따라 '성공(success)'과 '실패(failure)'로 표현된다. 위의 작업을 수행하는 데 있어서 이루어져야 하는 일련의 직무들을 구성요소로 하여 나무 모양의 그래프를 그린다. 하나의 직무는 '성공'과 '실패'로 나누어지며, 그림에서 각각 왼쪽과 오른쪽 가지로 표현된다. 그러므로 'a'는 첫 번째 직무에서 '성공'한 것을 나타내며, 대문자 'A'는 첫 번째 직무 수행에 실패한 것을 나타낸다. 또한, 선행 직무가 끝나는 곳에서 다시 후행 직무에 대한 성공 및 실패 여부가 나뭇가지 모양으로 뻗게 된다.

[추정해야 하는 확률]
a: 경고음을 인지하고 압력 수준 확인
b: 해당 수준에 맞는 단계로 밸브를 개방
c: 경고음이 꺼지고 계기판 압력 정상 확인
d: 밸브를 즉시 잠금

a, b, c, d의 확률이 0.998이라고 가정하면 이상 상황에 적절히 대응할 확률은 다음과 같은 식에 의해 계산될 수 있다.

$$P = a \times b \times c \times d$$
$$= 0.998 \times 0.998 \times 0.998 \times 0.998 = 0.992$$

원칙적으로 THERP 분석에 이용되는 확률값은 모두 조건부 확률이어야 한다. 그러나, 현실적으로 적용할 수 있는 조건부 확률값들은 구하기 쉽지 않기 때문에, 통상 각 행위들의 성패는 상호 독립적이라고 가정하는 것이 보통이다. 위의 계산과정은 이러한 가정하에 얻은 결과이다.

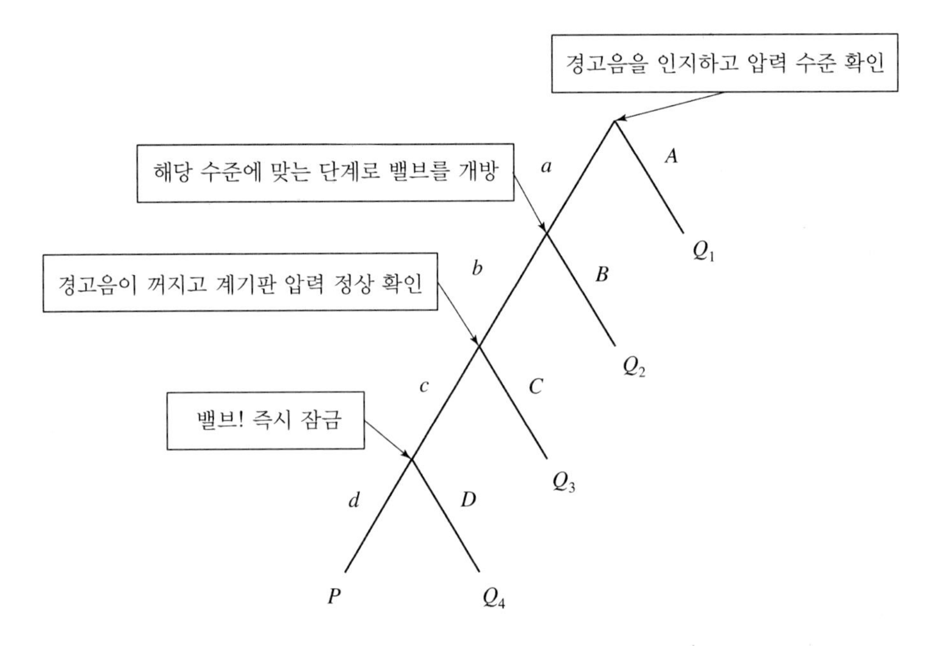

(2) 운전원은 경고음을 인지하고 밸브를 개방하였으나 압력 수준에 비해 충분히 밸브를 개방하지 않은 인적오류가 발생하였고, 이는 이상 상황에 대한 대처방안에 대하여 교육을 받고 알고 있었으나 실행에 오류가 발생한 것으로 볼 수 있다. 이는 행위적 관점에 보면 비의도적 행위로 분류할 수 있고, SRK 기반 프로세스 관점에서는 Skill based error로 인한 실수(slip)로 분류할 수 있다.

2 「산업안전보건기준」에 관한 규칙에서 사업주가 해야 할 사항과 관련하여 다음 물음에 답하시오.

(1) 근로자가 근골격계부담작업을 할 경우에 근로자에게 알려야 할 사항 5가지를 쓰시오.
(2) 근골격계질환 예방관리 프로그램을 수립하고, 시행해야 할 경우 2가지를 쓰시오.
(3) 근골격계부담작업을 하는 경우 유해요인조사 시기를 쓰시오.
가. 신설되는 사업장인 경우
나. 정기적인 조사인 경우
다. 근골격계부담작업에 해당하는 새로운 작업·설비를 도입한 경우

풀이

(1) 근로자가 근골격계부담작업을 할 경우 알려야 할 사항
가. 근골격계부담작업의 유해 요인
나. 근골격계질환의 징후와 증상
다. 근골격계질환 발생 시의 대처요령
라. 올바른 작업 자세와 작업 도구, 작업 시설의 올바른 사용방법
마. 그 밖에 근골격계질환 예방에 필요한 사항

(2) 근골격계질환 예방관리 프로그램을 수립·시행해야 할 경우
가. 근골격계질환으로 업무상 질병으로 인정받은 근로자가 연간 10명 이상 발생한 사업장 또는 5명 이상 발생한 사업장으로서 발생 비율이 그 사업장 근로자 수의 10퍼센트 이상인 경우
나. 근골격계질환 예방과 관련하여 노사 간 이견(異見)이 지속되는 사업장으로서 고용노동부장관이 필요하다고 인정하여 근골격계질환 예방관리 프로그램을 수립하여 시행할 것을 명령한 경우

(3) 근골격계부담작업을 하는 경우 유해요인조사 시기
가. 신설되는 사업장인 경우: 신설일로부터 1년 이내에 유해요인조사 실시
나. 정기적인 조사인 경우: 3년마다 유해요인조사 실시
다. 근골격계부담작업에 해당하는 새로운 작업·설비를 도입한 경우: 지체 없이 유해요인조사 실시

3 근육의 등장성 수축을 구심성 수축과 원심성 수축으로 분류하여 설명하고, 각각의 수축에 대하여 인체의 운동을 예를 들어 설명하시오.

풀이

인체의 근육(muscle)은 수축 기능을 수행할 수 있는 유일한 조직이다. 수축을 통해 화학적 에너지를 기계적 에너지로 전환할 수 있도록 발달된 조직이기도 하며, 이러한 수축을 통해 움직임이 발생한다. 등장성 수축(isotonic contraction)은 근육에 주는 부하가 일정한 상태에서 근육 자체의 길이 변화를 주어 근력을 발생시키는 현상이다. 또한 등장성 수축은 힘을 발생시키는 동안 근육의 길이가 짧아지는 단축성 수축(concentric contraction)과 근육의 길이가 길어지는 신장성 수축(eccentric contraction)으로 구분된다. 단축성 수축은 구심성 수축이라고도 하며, 신장성 수축은 원심성 수축이라고도 불린다. 예를 들어, 덤벨을 이용한 이두박근 운동으로 설명을 하면, 덤벨을 쥔 팔을 접으며 가슴 쪽으로 들어올리는 동작은 구심성(단축성, concentric) 수축 운동이며, 반대로 팔에 힘을 주며 어깨 쪽에서 엉덩이 아래쪽으로 펴는 동작은 원심성(신장성, eccentric) 수축 운동이다.

4 '직무스트레스요인 측정 지침(KOSHA Guide H-67-2012)'에 제시된 측정도구에서 다루고 있는 직무스트레스 요인 중 5가지만 설명하시오.

풀이

근로자의 직무스트레스요인을 측정하는 표준화된 도구와 사용방법은 KOSHA Guide H-67-2012에서 제공하고 있다. 이 측정도구는 모두 43개 문항으로 구성되며, 측정하고자 하는 직무스트레스요인은 물리적 환경, 직무 요구, 직무 자율, 관계 갈등, 직무 불안정, 조직 체계, 보상 부적절, 직장문화 등 8개 영역이다.

(1) 물리적 환경: "물리적 환경" 영역에서는 근로자가 노출되고 있는 직무스트레스를 야기할 수 있는 환경요인 중 사회심리적 요인이 아닌 환경 요인을 측정하며 공기오염, 작업 방식의 위험성, 신체 부담 등이 이 영역에 포함된다.

(2) 직무 요구: "직무 요구" 영역에서는 직무에 대한 부담 정도를 측정하며 시간적 압박, 중단 상황, 업무량 증가, 과도한 직무 부담, 직장 가정 양립, 업무 다기능이 이 영역에 포함된다.

(3) 직무 자율: "직무 자율" 영역에서는 직무에 대한 의사결정의 권한과 자신의 직무에 대한 재량 활용성의 수준을 측정하며 기술적 재량, 업무 예측 불가능성, 기술적 자율성, 직무수행권한이 이 영역에 포함된다.

(4) 관계 갈등: "관계 갈등" 영역에서는 회사 내에서의 상사 및 동료 간의 도움 또는 지지 부족 등의 대인관계를 측정하며 동료의 지지, 상사의 지지, 전반적 지지가 이 영역에 포함된다.

(5) 직무 불안정: "직무 불안정" 영역에서는 자신의 직업 또는 직무에 대한 안정성을 측정하며 구직 기회, 전반적 고용불안정성이 이 영역에 포함된다.

(6) 조직 체계: "조직 체계" 영역에서는 조직의 전략 및 운영체계, 조직의 자원, 조직 내 갈등, 합리적 의사소통 결여, 승진 가능성, 직위 부적합을 측정한다.

(7) 보상 부적절: "보상 부적절" 영역에서는 업무에 대하여 기대하고 있는 보상의 정도가 적절한지를 측정하며 기대 부적합, 금전적 보상, 존중, 내적 동기, 기대 보상, 기술 개발 기회가 이 영역에 포함된다.

(8) 직장 문화: "직장 문화" 영역에서는 서양의 형식적 합리주의 직장 문화와는 다른 한국적 집단주의 문화(회식, 음주문화), 직무 갈등, 합리적 의사소통 체계 결여, 성적 차별 등을 측정한다.

5 인간의 상대식별능력과 Weber의 법칙을 관련지어 설명하시오.

풀이

자극이 인간에게 제시될 때, 이를 식별하는 방법은 절대식별(absolute judgment)과 상대식별(relative discrimination)로 구분할 수 있다. 절대식별은 자극이 단독으로 제시되었을 때 상대적인 비교 대상 또는 기준 대상이 없는 경우이다. 반대로 상대식별은 두 가지 이상의 자극이 시간적·공간적으로 근접하여 제시되었을 때 이를 구분하는 능력을 말한다. 참고로 절대식별능력은 단기기억에서와 같이 7±2의 한계를 가지고 있으며, 상대식별능력은 절대식별능력에 비해 매우 크다.

이러한 인간의 상대식별능력과 관련하여 자극 사이의 변화 여부를 감지할 수 있는 최소 자극의 범위를 변화감지역이라고 하며, Weber의 법칙은 이러한 물리적 자극을 상대적으로 판단하는 데 있어 특정 감각(기관)의 변화감지역은 사용되는 기준 자극의 크기에 비례한다는 것을 발견하였다.

Weber의 법칙은 물체의 무게가 변한 것을 감지하는 변화의 한계치에 대한 법칙으로 독일의 생리학자 E. H. Weber가 1831년에 발견했다. 손바닥에 100g의 무게부터 조금씩 무게를 늘려나갔을 때 102g에서 최초로 무게가 다르다는 것을 느낄 수 있었고, 200g의 물건을 올려놓았을 때는 204g에서 최초로 무게가 다르다는 것을 느낄 수 있었다. 이 실험에서 Weber는 최초로 차이를 느낄 수 있을 때의 자극의 증가량 2g, 4g(R 절대판별역)과 처음 올려놓은 표준 자극 100g과 200g(R)의 비(R/R 상대판별역)는 항상 비례적으로 일정하다는 것을 발견했다. 이렇게 자극을 상대적으로 판단하는 데 있어서 특정 감각으로 구별할 수 있는 한계는 물리적인 양의 차이가 아니고, 그 비율 관계에 의해 결정된다는 것이다.

$$\text{웨버의 비} = \frac{\text{변화감지역}}{\text{기준자극의 크기}}$$

6 다음 그림은 인체측정치를 고려한 제품과 설비의 설계 흐름도이다. 이에 대한 다음 물음에 답하시오. (단, 제품과 설비는 남녀 공용임)

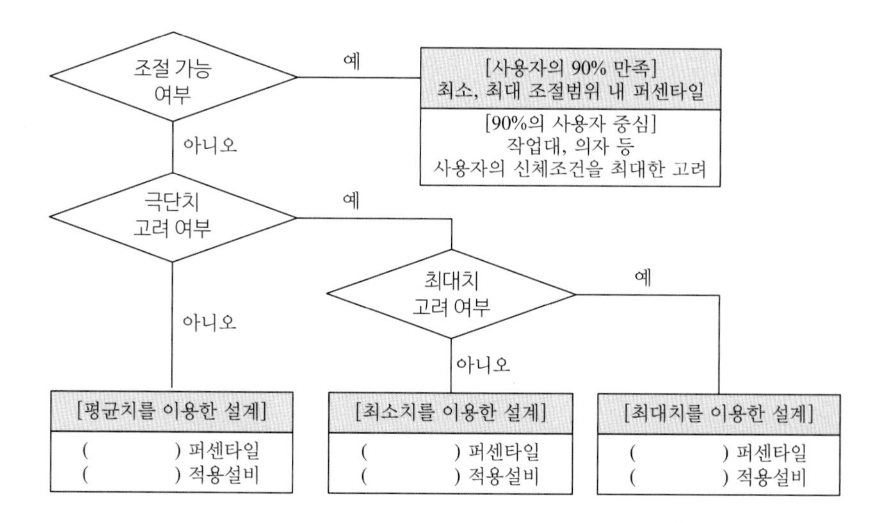

(1) 퍼센타일(percentile)의 정의를 쓰시오.
(2) 평균치를 적용하는 경우에 적용 퍼센타일과 적용 사례를 쓰시오.
(3) 최소치를 적용하는 경우에 적용 퍼센타일과 적용 사례를 쓰시오.
(4) 최대치를 적용하는 경우에 적용 퍼센타일과 적용 사례를 쓰시오.

풀이

(1) 퍼센타일(percentile)의 정의: 백분위수는 크기가 있는 값들로 이루어진 자료를 순서대로 나열했을 때 백분율로 나타낸 특정 위치의 값을 이르는 용어이다. 일반적으로 크기가 작은 것부터 나열하여 가장 작은 것을 0, 가장 큰 것을 100으로 한다. 사람의 키를 예를 들어 보면, 어떤 집단의 50백분위수가 170 cm라고 하는 것은 키가 170 cm 이하인 사람의 수가 그 집단 전체의 50%를 차지한다는 것을 의미한다. 좌우가 완벽히 대칭인 정규분포 데이터가 있다면 50백분위수가 평균값이 되며, 좌우 대칭이 아닌 경우 50백분위수와 평균값이 다를 수 있다.

(2) 평균치 적용: 특정 집단에 맞출 수 없는 경우 평균치 적용 퍼센타일을 사용하며 은행의 계산대, 식당의 테이블, 출입문 손잡이 등에 사용될 수 있다.

(3) 최소치 적용: 1, 5, 10퍼센타일 등과 같은 하위 백분위수를 기준으로 정하며, 적용사례로는 의자의 깊이, 칼과 드라이버의 손잡이, 선반의 높이, 조정장치까지의 거리 등이 있다.

(4) 최대치 적용: 90, 95 또는 99퍼센타일 등과 같은 상위 백분위수를 기준으로 정하며, 적용사례로는 비상구의 높이, 열차 좌석 간 거리, 그네의 안전 하중, 사다리의 한계 중량 등이 있다.

인간공학기술사 2022년 4교시 문제풀이

※ 다음 문제 중 4문제를 선택하여 설명하시오. (각 문제당 25점)

1 다음은 작업생리학과 관련된 내용이다. 다음 물음에 답하시오.

(1) 에너지 소비량, 심박출량(cardiac output)을 설명하시오.

(2) 남성 근로자가 8시간 일하는 조립작업에서 산소소비량이 1.5 L/min으로 측정되었다. 휴식시간을 구하시오. (단, 8시간 작업 기준 남성 권장 에너지 소비량은 5 kcal/min이고, 산소 1 L에 5 kcal의 에너지가 소모된다고 가정함)

풀이

(1) 에너지 소비량과 심박출량의 정의

가. 에너지 소비량: 특정 작업을 하는 데 소요되는 에너지를 말한다. 인간이 하루에 소비하는 에너지 총량은 기초대사량과 휴식 및 여가활동에 필요한 에너지양 그리고 특정 활동에 소요되는 에너지양의 합이 된다. 에너지 소비량의 측정은 육체적 작업의 부하를 측정하는 척도가 된다. 육체적 작업부하의 에너지 소비량 측정은 주로 산소소비량으로 측정하는데 산소 1 L당 약 5 kcal의 에너지가 소모된 것으로 간주한다.

나. 심박출량(Cardiac Output): 인간의 심장, 즉 심실에서 1분 동안 박출하는 혈액의 양을 말하며, 다음과 같이 수학 공식으로 표현할 수 있다. 심박출량(CO, Cardiac Output)[L/분] = 심장박동(HR, Heart Rate)[회/분] × 박출량(SV, Stroke Volume)[L/회]. 다시 말해, 심박출량은 심장이 1분간 뛰는 동안 얼마만큼의 혈액량이 뿜어져 나가는지 알려주는 값이다. 대략 심장박동이 70(회/분)이고, 박출량이 70(mL/회)이기 때문에 분당 약 4.9 L의 심박출량을 알 수 있다.

(2) 휴식시간 공식: $R = T(W-S)/(W-1.5)$

R = 필요한 휴식시간(분)

T = 총 작업시간(분)

W = 작업 중 평균 에너지 소비량(kcal/min)

S = 권장 평균 에너지 소비량(kcal/min)

1.5 = 휴식 중 에너지 소비량(kcal/min)

8시간 조립작업에서 산소소비량이 1.5 L/min이므로, 에너지 소비량으로 환산하면 $5\times1.5=7.5$ kcal/min이다.

$$R=(8\times60)(7.5-5)/(7.5-1.5)=200 \text{ min}$$

2 인체의 해부학적 평면을 시상면, 관상면, 수평면으로 나누어 설명하고, 각 면에서 일어나는 운동의 유형을 설명하시오.

풀이

(1) 인체의 단면은 시상면, 관상면, 수평면으로 나눈다. 인체의 좌우 양측으로 나눈 면을 시상면이라 하며, 특히 좌우 양측을 대칭으로 나누는 면을 정중시상면이라 한다. 관상면은 몸을 앞뒤로 나누는 면으로 전두면이라고도 한다. 수평면 또는 횡단면은 인체를 상하로 나누는 면이다.

(2) 시상면에서 일어나는 운동의 유형은 대표적으로 굴곡(flexion)과 폄(extension)이 있으며, 시상축을 중심으로 한 움직임으로는 견관절, 고관절, 허리, 목의 굴곡(flexion)과 신전(extension)이 있다.

(3) 관상면에서 일어나는 움직임은 좌우로 일어나는 움직임이며, 벌림과 모음(abduction and adduction), 외측 굴곡(lateral flexion), 내회전과 외회전(internal and external rotation) 등이 있으며, 주요 움직임으로는 견관절, 고관절의 외전과 내전, 목, 허리의 외측 굴곡 등이 있다.

(4) 수평면에서 일어나는 움직임은 주로 회전이 기반이 되는 움직임으로 내회전과 외회전(internal and external rotation), 축 돌림(circumduction) 등이 있다. 수직축을 중심으로 한 움직임으로는, 견관절의 (팔꿈치가 펴진 상태) 외회전, 내회전, 수평 외전, 수평 내전, 고관절의 외회전, 내회전, 허리와 목의 좌우 회전이 있다.

3 A운전자는 3 m 높이의 자동차를 운전하고 가던 중 2.5 m 높이까지 통과할 수(지나갈 수) 있는 B지하차도를 통과하려다가 자동차와 지하차도 간에 충돌하는 교통사고가 발생하였다. 이 교통사고를 예방하기 위한 대책을 A운전자 측면과 교통시설(B지하차도) 측면에서 각각 설명하시오.

풀이

구분	예방대책
A운전자	–차량의 높이를 지속적으로 인지할 수 있도록 운전대 앞 본인 차량 높이 표기 –지하차도 터널 진입 시 유의사항에 대한 안전 통행 기준 마련 –차량의 높이와 지하차도 통과에 대한 지속적인 교육/학습 –보조 운전자를 추가하여 인간 실수 확률 감소 –내비게이션에 본인의 차량 제원을 등록하고 높이가 낮은 지하차도로 가지 않도록 다른 경로 유도
B지하차도 (교통시설)	–지하차도 접근 전 통과 가능 높이를 안내할 수 있는 안내표지(바닥, 입구 옆 등) 설치 –지하차도 일정 거리 앞쪽에 차량에 충격을 주지 않고 높이가 맞지 않을 경우 차량에 정보를 전달할 수 있는 소프트 차단봉 설치 –지하차도 진입 전 센서를 사용하여 차량의 높이로 인해 진행 불가라는 전광판을 동작하여 운전자에게 알림

4 ○○회사에서 A작업자가 기계 안에서 수리 작업을 하고 있을 때 B작업자는 이러한 사실을 알지 못하고 A작업자가 수리 작업 중이던 기계에 전원을 넣고 기계를 작동시켜서 A작업자가 사망하는 사고가 발생하였다. 이런 사고를 예방하기 위한 대책을 A작업자 측면, B작업자 측면, 사업주 측면에서 각각 설명하시오.

풀이

(1) A작업자 측면: 작업계획서 등을 작성하여 관리감독자에게 보고하고 현장의 작업 내용을 게시하여야 타 작업자에게 작업 중임을 알 수 있도록 해야 한다. 이상 발생 시 기계의 가동을 중지해야 하며 정비/수리 작업 시 타 작업자가 임의로 전원을 넣지 못하도록 기동장치에 잠금장치를 설치하고 그 열쇠를 별도 보관하여야 한다.

(2) B작업자 측면: 작업계획서 등을 인지하지 못하여 기계가 정비 중인 것을 알 수 없었다. 장비의 전원 또는 기동장치에 잠금장치가 되어 있지 않아 임의로 장비의 전원을 넣었다고 예측된다. 그러므로, 장비 가동 전 장비가 작동되지 않는 이상 유무를 확인하고 관계자에게 연락 후 수리/정비 작업이 있는지를 확인할 필요가 있다. 그리고 현재 장비의 상황을 인지할 수 있도록 개선하여 다른 작업자가 임의로 전원을 가동하지 않도록 해야 한다.

(3) 사업주 측면: 다른 사람이 기계를 운전하는 것을 방지하기 위해 기동장치에 잠금장치를 설치하여야 한다. 위의 절차를 표준화하여 문서로 남기고 해당 작업자 교육을 실시하여야 한다. 작업지휘자의 지정이 법적으로 요구되는 작업인지는 명확하지 않으나, 작업계획서를 작성하고 작업지휘자를 지정하여 작업을 지휘하여야 한다.

5 다음은 부품상자를 들어서 컨베이어벨트에 올리는 작업 내용이다. 다음 물음에 답하시오.

- 팔레트로 운반되는 랙에는 부품상자 48개가 한 층에 6개씩 8단으로 쌓여 있다(부품상자 1개의 높이는 20 cm).
- 랙에 적재된 부품상자를 하나씩 두 손으로 들어서 작업자 뒤쪽에 있는 컨베이어벨트에 올려놓는다.

(1) 이 작업의 작업부하 수준을 평가하기 위해서 NIOSH 들기작업지수를 이용하고자 한다. 평가를 위해 현장에서 조사해야 하는 항목 중 5개를 설명하시오.

(2) 「산업안전보건 기준에 관한 규칙」에서 사업주는 근로자가 중량물을 들어 올리는 작업을 할 경우에는 특별조치를 취하여야 한다. 다음의 특별조치 4가지를 설명하시오.

가. 중량물의 제한

나. 작업조건

다. 중량의 표시 등

라. 작업자세 등

풀이

(1) 미국의 국립산업안전보건원(NIOSH)에서 1981년 발표한 들기작업 안전지침을 NLE(NIOSH Lifting Equation)이라고 하며, 1994년 개정된 새로운 들기작업 지침이 제시되었다. 해당 기법은 들기작업에만 적절하게 쓰일 수 있기 때문에 반복적인 작업자세, 밀기, 당기기 등과 같은 작업들에 대한 평가에는 어려움이 있다. 개정된 들기작업 공식(1994년 수식)에는 들기작업에 대한 권장무게한계(Recommended Weight Limit, RWL)를 쉽게 산출하도록 하여 작업의 위험성을 예측하여 인간공학적인 작업방법의 개선을 통해 작업자의 직업성 요통을 사전에 예방함을 목적으로 한다. 특정 작업에서 권장무게한계를 제시하고, 한계를 넘어서는 경우 작업 위치 조정, 빈도 조정, 커플링 변화 등 작업설계의 변화가 필요할 수도 있다. 권장무게한계는 건강한 작업자가 특정한 들기작업에서 실제 작업시간 동안 허리에 무리를 주지 않고 요통의 위험 없이 들 수 있는 무게의 한계를 말하며 공식은 다음과 같다.

$$RWL(kg) = 23 \times HM \times VM \times DM \times AM \times FM \times CM$$

계수	내용	계산 식
HM	수평계수(Horizontal Multiplier) : 발의 위치에서 중량물을 들고 있는 손의 위치까지의 수평거리	Max = 63 cm, Min = 25 cm HM = 25/H, (25~63 cm), = 1, (H ≤ 25) = 0, (H > 63 cm)
VM	수직계수(Vertical Multiplier) : 바닥에서 손까지의 거리로 들기작업의 시작점과 종점의 두 곳에서 측정한다.	Max = 175 cm, Min = 0 cm VM = 1 − (0.003 × | V − 75 |), (0 ≤ V ≤ 175 cm) = 0, (V > 175 cm)
DM	거리계수(Distance Multiplier) : 중량물을 들고 내리는 수직방향의 이동거리의 절대값이다.	Max = 175 cm, Min = 25 cm DM = 0.82 + 4.5/D, (25~175 cm) = 1, (D ≤ 25 cm) = 0, (D > 175 cm)
AM	비대칭계수(Asymmetric Multiplier) : 중량물이 몸의 정면에서 몇도 어긋난 위치에 있는지 나타내는 각도이다.	A (Max = 135°, Min = 0°) AM = 1 − 0.0032 × A = 0, (A > 135°)
FM	빈도계수(Frequency Multiplier) : 분당 드는 횟수, 분당 0.2~15까지이며, 15분간 작업을 관찰하여 구한다.	들기빈도 F, 작업시간 LD, 수직위치 V로부터 별도의 표를 참조하여 결정
CM	결합타입과 수직위치를 구한다.	결합타입(Good/Fair/Poor)과 수직위치(V)를 별도의 표 참조하여 결정

(2) 근로자가 중량물을 들어올리는 작업을 할 경우 특별조치

가. 중량물의 제한: 사업주는 근로자가 인력으로 들어올리는 작업을 하는 경우에 과도한 무게로 인하여 근로자의 목·허리 등 근골격계에 무리한 부담을 주지 않도록 최대한 노력해야 한다.

나. 작업조건: 사업주는 근로자가 취급하는 물품의 중량·취급빈도·운반거리·운반속도 등 인체에 부담을 주는 작업의 조건에 따라 작업시간과 휴식시간 등을 적정하게 배분하여야 한다.

다. 중량의 표시 등: 사업주는 근로자가 5 kg 이상의 중량물을 들어올리는 작업을 하는 경우에 다음 각 호의 조치를 하여야 한다.

① 주로 취급하는 물품에 대하여 근로자가 쉽게 알 수 있도록 물품의 중량과 무게중심에 대하여 작업장 주변에 안내 표시를 할 것

② 취급하기 곤란한 물품은 손잡이를 붙이거나 갈고리, 진공 빨판 등 적절한 보조도구를 활용할 것

라. 작업 자세 등: 사업주는 근로자가 중량물을 들어올리는 작업을 하는 경우에 무게중심을 낮추거나 대상물에 몸을 밀착하도록 하는 등 신체의 부담을 줄일 수 있는 자세에 대하여 알려야 한다.

6 다음은 A작업의 시간연구 수행 자료이고, 이 기업은 여유율(외경법)을 20%로 적용하고 있다. 다음 물음에 답하시오. (단, 계산식의 경우 소수점 둘째 자리에서 반올림하시오.)

요소작업	평균 작업시간(초)	유형	레이팅 계수(%)
1	17	작업자요소작업	100
2	5	작업자요소작업	130
3	15	작업자요소작업	130
4	10	기계요소작업	–
5	15	작업자요소작업	110
6	8	작업자요소작업	100
7	20	기계요소작업	–
8	10	작업자요소작업	90
계	100	–	–

(1) 속도평가법에 의하여 5번 요소작업의 정미시간(Normal Time)을 구하시오.
(2) 속도평가법에 의하여 A작업의 표준시간을 구하시오.
(3) 5번과 8번 요소작업의 정미시간을 PTS 기법을 이용해 구한 결과 각각 18초와 8초였다. 이 결과를 활용하여 합성평가법으로 A작업의 표준시간을 구하시오.

풀이

(1) 속도평가법에 의한 5번 요소작업의 정미시간
15초×레이팅계수(1.1)
=16.5초

(2) 속도평가법에 의한 A작업의 표준시간
표준시간=정미시간×(1+여유율)
$=(17\times1.0+5\times1.3+15\times1.3+10\times1.0+15\times1.1+8\times1.0+20\times1.0+10\times0.9)+(1+0.2)$
=106.5초×(1+0.2)=127.8초

(3) 합성평가법 A작업의 표준시간 = 107초 × (1 + 0.2) = 128.4초

요소작업	평균 작업시간(초)	레이팅 계수(%)	속도평가법 정미시간	PTS법 정미시간
1	17	1	17	17
2	5	1.3	6.5	6.5
3	15	1.3	19.5	19.5
4	10	1	10	10
5	15	1.1	16.5	18
6	8	1	8	8
7	20	1	20	20
8	10	0.9	9	8
계	100		106.5	107
			127.8	128.4

인간공학기술사 2021년 1교시 문제풀이

※ 다음 문제 중 10문제를 선택하여 설명하시오. (각 문제당 10점)

1 세계보건기구(WHO)에서는 직업과 관련된 사항으로 번아웃 증후군(Burnout Syndrome)을 질병 표준분류기준으로 구분하였다. 번아웃 증후군에 대하여 설명하시오.

풀이

'번아웃'과 다양한 증상의 복합적 상태를 나타내는 '증후군(Syndrome)'의 합성어인 '번아웃 증후군(Burnout Syndrome)'은 힘과 의욕이 없는 무기력한 상태가 지속되는 것을 말한다.

2 어느 검사자가 한 로트에 1,100개의 부품을 검사하면서 110개의 불량품을 발견하였다. 하지만 이 로트에는 실제 220개의 불량품이 있었다면 동일한 로트 2개에서 휴먼에러(Human error)를 범하지 않을 확률을 구하시오.

풀이

$$(HEP) \approx \hat{p} = \frac{\text{실제 인간의 에러 횟수}}{\text{전체 에러 기회의 횟수}} = \text{사건당 실패수}$$

실제 인간의 에러 횟수=실제 220개의 불량품-발견한 110개의 불량품=110회

전체 에러 기회의 횟수=한 로트에 1,100개인 부품

$$\text{휴먼 에러 확률}(HEP) \approx \hat{p} = \frac{110}{1,100} = 0.1$$

$$R(n_1, n_2) = (1-p)^{(n_2 - n_1 + 1)} \quad [\text{여기서, } p: \text{실수확률}]$$
$$= (1-0.1)^{[2-1+1]}$$
$$= 0.81$$

3 다음의 경우에 대하여 인체측정 응용원리를 이용한 설계 방법 및 사례 2가지를 설명하시오.

(1) 최소치 디자인 적용치수
(2) 최대치 디자인 적용치수
(3) 평균치 디자인 적용치수

풀이

(1) 최소치 디자인 적용치수를 이용한 설계 방법 및 사례
어떤 인체 측정 특성의 여성의 5%ile을 적용하며, 예시로 조종장치의 거리, 버스의 고리 모양의 손잡이 높이가 있다.

(2) 최대치 디자인 적용치수를 이용한 설계 방법 및 사례
어떤 인체 측정 특성의 남성의 95%ile을 적용하며, 예시로 출입문의 크기, 비상구의 크기, 여유 공간이 있다.

(3) 평균치 디자인 적용치수를 이용한 설계 방법 및 사례
최대 집단치나 최소 집단치 또는 조절식으로 설계하기가 부적절하거나 불가능할 때 평균치를 적용하며, 예시로 은행의 접수카운터 높이, 공동으로 사용하는 설비(대합실 의자, 식당 테이블/의자 등)가 있다.

4 인간-기계시스템(MMS)의 3요소와 기본기능 4가지에 대하여 설명하시오.

풀이

(1) 인간-기계시스템(MMS)의 3요소는 다음과 같다.
가. 인간(Man)
나. 기계(Machine)
다. 시스템(System)

(2) 인간-기계시스템(MMS)의 기본기능은 다음과 같다.
가. 감지기능
나. 정보처리기능
다. 저장기능
라. 행동기능

5 디자인 리서치(Design Research) 조사 및 사용성 평가에서 주로 사용되고 있는 에스노그라피(Ethnography) 특징에 대하여 설명하시오.

풀이

에스노그라피는 그리스어 사람들(ethnos)과 기록(grapho)의 합성어로 현장조사, 관찰조사라고도 불리며 참여관찰과 심층면담을 기반으로 하는 연구방법 중 하나이다. 특징으로 참여(연구대상자와 집중적인 면대면 접촉), 맥락(연구대상자를 집이나 직장 등 그들 환경 속에서 관찰하는 것이 중요), 연구 대상자 중심, 직접 관찰, 창의성과 유연성(연구자의 구조화나 규제가 적음), 문화에 기초(문화와 관찰된 행위의 관계에 초점)가 있다.

6 안전 설계의 원리인 fool proof, fail safe, tamper proof에 대하여 설명하시오.

풀이

(1) fool proof: 사용자가 조작 실수를 하더라도 사용자에게 피해를 주지 않도록 설계하는 개념을 말한다. 초보자나 미숙련자가 잘 모르고 제품을 사용하더라도 고장이 나지 않도록 하거나 작동하지 않도록 하여 안전을 확보하는 개념이다.
예) 프레스의 광전자식 방호장치

(2) fail safe: 고장이 발생한 경우라도 피해가 확대되지 않고 단순 고장이나 한시적으로 운영이 계속 되도록 하여 안전을 확보하는 설계 개념이다.
예) 누전차단기, 기차운행 차단방지 시스템 등

(3) tamper proof: 고의로 안전장치를 제거하면 작동이 안되는 예방 설계 개념을 tamper proof라고 한다.
예) 프레스 방호장치 해제 시 작동차단 시스템

7 4차 산업혁명과 함께 메타버스(Metaverse: 3차원 가상세계) 발전으로 가상현실, 게임 등에서 현실감을 높이기 위해 체성감각 정보의 제시가 요구된다. 체성감각에 대하여 설명하고, 시각 정보와 체성감각 정보의 차이점을 비교하여 설명하시오.

풀이

(1) 체성감각: 눈, 코, 귀, 혀와 같은 감각기 이외의 피부, 근육 및 관절 등에서 유래되는 수용기를 체성감각이라고 하는데, 체성감각의 수용기는 신체 전체에 분포한다. 체성감각은 크게 피부감각과 심부감각으로 구분되며 피부에서 느끼는 촉각, 압각, 냉각 및 통각 등이 피부감각이고 근육, 건 및 관절 등의 수용기에 의해 일어나는 감각이 심부감각이다. 체성감각의 정보는 말초신경계를 통해서 전달된다.

(2) 시각 정보: 빛에 의한 자극을 전기적 신호로 바뀌어 시신경을 통해 뇌의 시상을 거쳐 대뇌피질의 후두엽에 있는 시각중추로 전달된다. 시각 정보와 같은 특수감각에 의한 정보는 중추신경계를 통해 대뇌에 전달되지만, 말초신경계로 정보가 전달되는 체성감각과 차이가 있다.

(3) 시각적 정보는 일반적 정보를 전달할 수 있으며, 체성감각 정보는 특수한 경우의 정보, 예를 들어, 온각, 통각 등의 정보만 전달이 가능하다. 체성감각 정보를 전달하기 위해서는 고가의 장비와 훈련이 필요하다. 가상현실, 게임 등에서 현실감을 높이기 위하여 체성감각 정보의 제시가 요구된다.

8 근육 내 포도당 분해에 의해 에너지를 만드는 과정은 산소의 이용 여부에 따라 유기성대사와 무기성대사로 구분할 수 있다. 각각에 대하여 화학반응식으로 설명하시오.

풀이

(1) 유기성(호기성)대사: 근육 내 포도당 + O_2 → CO_2 + H_2O + 열 + 에너지

(2) 무기성(혐기성)대사: 근육 내 포도당 + 2H → 젖산 + 열 + 에너지

9 기억을 증진시키기 위한 설계방법을 3가지만 예를 들어 설명하시오.

풀이

(1) 절대식별보다는 상대식별을 사용하도록 설계한다.
외워서 식별하는 절대식별보다는 직접 비교하는 상대식별 능력이 우월하므로 비교하여 판단하도록 설계한다.

(2) 단일자극이 아니라, 여러 차원을 조합해서 설계한다.
리모컨 버튼을 설계할 때, 전원 버튼은 빨간색에 버튼 모양을 원형으로 하고, 채널 버튼은 상향과 하향을 삼각형으로 표시하여 색과 모양의 2차원으로 차원을 늘려준다.

(3) Chunking을 사용한다.
정보를 의미 있는 단위인 Chunk(청크)로 조직해 나가는 과정을 말한다. 예를 들어, 전화번호를 7604122로 기억하는 것보다 760-4122로 두 개의 단위로 나누어 기억을 하면 쉽게 기억할 수 있다.

10 다음 인간-기계시스템(MMS)에서 인간의 기능과 기계의 기능을 각각 설명하시오.

(1) 수동 시스템(manual system)
(2) 반자동(기계) 시스템(semi-automatic system)
(3) 자동 시스템(automatic system)

풀이

(1) 수동 시스템(manual system)
수공구 및 보조물과 작업자로 구성되며, 인간이 자신의 에너지를 동력원으로 사용할 뿐만 아니라 조정 역할도 한다.

(2) 반자동(기계) 시스템(semi-automatic system)
기계 시스템이라고도 하며, 기계가 동력을 담당하고 인간은 일반적으로 제어장치를 이용하여 조정하는 역할을 한다.

(3) 자동 시스템(automatic system)
기계가 동력원과 조작자 역할까지 담당하고, 인간은 시스템의 설치와 보수, 유지 및 감시 등의 역할만을 담당한다.

11 청각 표시장치의 경계 및 경보 신호 설계 시 권장되는 가이드라인(Guide line)을 5가지만 설명하시오.

풀이

청각 표시장치의 경계 및 경보 신호 설계 시 권장 가이드라인은 다음과 같다.

가. 귀는 중음역(中音域)에 가장 민감하므로 500~3,000 Hz의 진동수를 사용한다.
나. 중음은 멀리가지 못하므로 장거리(>300 m)용으로는 1,000 Hz 이하의 진동수를 사용한다.
다. 신호가 장애물을 돌아가거나 칸막이를 통과해야 할 때는 500 Hz 이하의 진동수를 사용한다.
라. 주의를 끌기 위해서는 초당 1~8번 나는 소리나, 초당 1~3번 오르내리는 변조된 신호를 사용한다.
마. 배경소음의 진동수와 다른 신호를 사용한다.
바. 경보효과를 높이기 위해서 개시시간이 짧은 고강도 신호를 사용하고, 소화기를 사용하는 경우에는 좌우로 교번하는 신호를 사용한다.
사. 가능하면 다른 용도에 쓰이지 않는 확성기(speaker), 경적(horn) 등과 같은 별도의 통신 계통을 사용한다.

12 근골격계질환 예방관리 프로그램을 시행하여야 하는 사업장의 조건에 대하여 설명하시오.

풀이

(1) 근골격계질환으로 업무상 질병으로 인정받은 근로자가 연간 10명 이상 발생한 사업장 또는 5명 이상 발생한 사업장으로서 발생 비율이 그 사업장 근로자 수의 10퍼센트 이상인 경우

(2) 근골격계질환 예방과 관련하여 노사 간 이견(異見)이 지속되는 사업장으로서 고용노동부장관이 필요하다고 인정하여 근골격계질환 예방관리 프로그램을 수립하여 시행할 것을 명령한 경우

13 근골격계질환 예방을 위한 산업안전보건법령상 수시 유해요인조사를 실시하여야 하는 경우 3가지를 쓰시오.

풀이

(1) 법에 따른 임시건강진단 등에서 근골격계질환자가 발생하였거나 근로자가 근골격계질환으로 업무상 질병으로 인정받은 경우

(2) 근골격계 부담작업에 해당하는 새로운 작업·설비를 도입한 경우

(3) 근골격계 부담작업에 해당하는 업무의 양과 작업공정 등 작업환경을 변경한 경우

인간공학기술사 2021년 2교시 문제풀이

※ 다음 문제 중 4문제를 선택하여 설명하시오. (각 문제당 25점)

1 주의 및 부주의의 특성에 대하여 설명하시오.

(1) 주의: 선택성, 변동성, 방향성, 1점 집중성

(2) 부주의: 근도반응, 생략행위, 억측판단, 초조반응

풀이

(1) 주의의 특성은 다음과 같다.

가. 선택성: 여러 종류의 자극을 지각할 때 소수의 특정한 것을 선택하여 집중하는 것을 말한다.

나. 변동성: 주기적인 부주의의 리듬이 존재하며, 시간은 50분 정도의 주기를 갖는다.

다. 방향성: 한 곳에 주의를 집중하면 다른 곳은 약해진다.

라. 1점 집중성: 돌발상황 발생 시 충격에 의해 주의가 한 곳에 집중되며 순간 판단정지, 혼란 등 평소보다 대응능력이 저하되는 특성을 말한다.

(2) 부주의의 특성은 다음과 같다.

가. 근도반응: 일반적인 보행통로가 있음에도 불구하고 심리적으로 무리를 하여 가까운 길을 택하는 심리 또는 가까운 길에 대한 유혹으로 충동적인 생각이 작용하는 현상을 말한다.

나. 생략행위: 귀찮은 생각에 해야 할 과정을 생략하는 행동을 말한다.

다. 억측판단: 초조한 심정이나 불확실한 정보를 가질 때 또는 이전에 성공한 경험이 있는 경우 주로 이루어지는데, 보행신호등이 빨강으로 막 바뀌었는데도 자동차가 움직이기까지는 아직 시간이 있다고 제멋대로 생각하여 신호등을 건너는 행위를 말한다.

라. 초조반응: 정보를 감지하여 판단하고 행동을 하는 것이 보통이지만, 감지 후 바로 행동으로 들어가는 행동을 말한다.

2 다음 그림에서 A, B, C를 이용하여 조직 내 역할 갈등의 원인을 설명하시오.

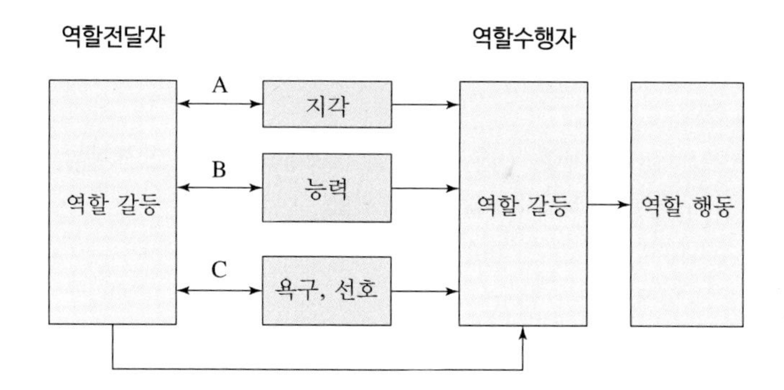

풀이

(1) A: 역할모호성

집단 내에서 개인이 수행해야 할 임무와 책임 등이 명확하지 않을 때 역할 갈등이 발생한다. 이런 현상은 새로 생긴 직무 등 직무에 대한 정의가 명확하지 않을 때 발생한다.

(2) B: 역할 무능력 또는 부적합

집단 내 개인에게 부여된 역할에 대해서 개인의 능력이나 성격 등이 적합하지 않을 때 역할 갈등이 발생한다. 자신의 능력에 벗어나는 작업을 맡게 될 경우 개인은 역할 부적합에 의한 갈등을 겪기 쉽다.

(3) C: 역할 마찰

하나의 역할을 수행하더라도 외부의 요구사항이 자신이 설정한 역할과 상충될 때 역할 갈등을 겪을 수 있다. 대학교수는 엄격히 교육하는 것이 자신의 역할이라고 생각하나 학생들은 온화한 사람을 기대한다면 역할 마찰로 인해 역할 갈등이 발생한다.

3 장시간 근로, 야간작업을 포함한 교대작업, 차량운전 및 정밀기계 조작작업 등 신체적 피로와 정신적 스트레스 등이 높은 작업을 하는 경우에 직무스트레스로 인한 건강장해 예방에 대하여 산업안전보건법령상 조치하여야 하는 6가지 사항을 설명하시오.

풀이

신체적 피로와 정신적 스트레스 등이 높은 작업 시 직무스트레스로 인한 건강장해 예방·조치사항은 다음과 같다.

가. 작업환경·작업내용·근로시간 등 직무스트레스 요인에 대하여 평가하고 근로시간 단축, 장·단기 순환작업 등의 개선대책을 마련하여 시행할 것
나. 작업량·작업일정 등 작업계획 수립 시 해당 근로자의 의견을 반영할 것
다. 작업과 휴식을 적절하게 배분하는 등 근로시간과 관련된 근로조건을 개선할 것
라. 근로시간 외의 근로자 활동에 대한 복지 차원의 지원에 최선을 다할 것
마. 건강진단 결과, 상담자료 등을 참고하여 적절하게 근로자를 배치하고 직무스트레스 요인, 건강문제

발생가능성 및 대비책 등에 대하여 해당 근로자에게 충분히 설명할 것

바. 뇌혈관 및 심장질환 발병위험도를 평가하여 금연, 고혈압 관리 등 건강증진 프로그램을 시행할 것

4 작업동기(Motivation)에 관한 이론 중 Maslow의 인간욕구 5단계설, Alderfer의 ERG이론, Herzberg의 2요인론을 비교하여 설명하시오.

풀이

(1) Maslow의 인간욕구 5단계설

가. 생리적 욕구: 기본적 의식주에 관련된 욕구로서 모든 욕구들 중 가장 강력

나. 안전 욕구: 신체적 보호와 안정된 직업, 기본 생계에 관한 보장과 관련된 육체적 안전과 심리적 안정에 대한 욕구

다. 사회적 욕구: 타인들과 사회적 관계를 가지고, 애정을 주고받으며, 어느 집단에 소속하고 싶은 욕구

라. 존경 욕구: 타인으로부터 자신을 높이 평가받고, 존중받으며, 자존심을 지니고자 하는 욕구

마. 자아실현의 욕구: 자신의 잠재력을 극대화시키고 능력을 완전히 발휘하고 싶은 욕구

(2) Alderfer의 ERG이론

가. 존재 욕구(Existence needs): 인간의 생명을 유지하기 위한 생리적, 물질적 욕구

나. 관계 욕구(Relation needs): 다른 사람과의 상호작용을 통하여 만족을 추구하는 대인 욕구

다. 성장 욕구(Growth needs): 개인적인 발전과 증진에 관한 욕구

저차원 욕구가 충족되어야만 고차원 욕구가 등장하는 Maslow의 이론과 달리 ERG이론은 동시에 두 가지 이상의 욕구가 작용할 수 있다고 주장

(3) Herzberg의 2요인론

가. 위생요인: 개인적 만족을 충족하지만 동기를 자극하지 못하는 요인
예) 임금, 작업조건, 승진, 지위, 경영방침, 대인관계 등

나. 동기요인: 개인으로 하여금 열심히 일하게 하고, 성과도 높여주는 동기를 유발하는 요인
예) 성취감, 인정, 책임감, 개인의 성장, 존경, 자아실현 등

위생요인이 만족되어도 동기를 자극하지 못하고, 동기요인이 결여되어도 불만족이 일어나지 않음

<table>
<tr><th>위생요인과 동기요인
(F. Herzberg)</th><th>욕구의 5단계
(A. Maslow)</th><th>ERG이론
(Alderfer)</th><th>X이론과 Y이론
(D. McGregor)</th></tr>
<tr><td rowspan="2">위생요인</td><td>1단계: 생리적 욕구(종족 보존)</td><td rowspan="2">존재 욕구</td><td rowspan="2">X이론</td></tr>
<tr><td>2단계: 안전 욕구</td></tr>
<tr><td rowspan="3">동기요인</td><td>3단계: 사회적 욕구(친화 욕구)</td><td>관계 욕구</td><td rowspan="3">Y이론</td></tr>
<tr><td>4단계: 인정받으려는 욕구(승인의 욕구)</td><td rowspan="2">성장 욕구</td></tr>
<tr><td>5단계: 자아실현의 욕구(성취 욕구)</td></tr>
</table>

5 인적오류(Human error)를 예방하기 위한 대책 중 "설비 및 작업환경적인 요인에 대한 대책" 3가지와 "강제적 기능" 3가지를 설명하시오.

풀이

(1) 설비 및 작업환경적인 요인에 대한 설계 대책

가. 배타설계: 휴먼에러 요소를 근원적으로 제거하도록 설계한다.

예) 사고가 발생하지 않거나, 사람이 접근하지 않도록 설계

나. 보호설계: 휴먼에러 발생확률을 최대한 낮추도록 설계한다.

다. 안전설계: 인간 또는 기계에 있어서 오류의 사고로 이어지지 않도록 안전장치의 장착(2중 또는 3중)을 통해 사고를 예방하도록 설계한다.

(2) 강제적 기능

오류가 발생되어 안전이나 시스템이 피해를 줄 가능성이 있을 때 안전성을 확보하기 위하여 다음 단계로 넘어가는 것이 차단되도록 설계한다. 강제적 기능은 제품 사용에 불편을 초래할 수 있으므로 사용시의 불편을 최소화하면서 안전성을 확보하는 것이 중요하다.

예) 과거 미국에서 운전석과 조수석 모두 안전벨트를 착용하도록 경고음이 울렸으며 이로 인하여 사용자가 불편함을 느꼈다.

가. interlock(맞잠금): 안전을 확보하기 위하여 모든 조건들이 만족될 경우에만 작동되도록 설계

예) 전자레인지 도어가 열리면 기능을 멈춤

나. lockin(안잠금): 작동을 계속 유지시킴으로써 작동이 멈춤으로 오는 피해를 막기 위한 기능

예) 문서 작업 종료 버튼을 누를 경우 '저장' 여부를 확인하는 기능

다. lockout(바깥잠금): 위험한 상태로 들어가거나 사건이 일어나는 것을 방지하기 위하여 들어가는 것을 제한 또는 방지하는 기능

예) 에스컬레이터가 1층에서 지하로 연결될 때 방향을 다른 곳에 배치

6 다음의 용어에 대하여 설명하시오.

(1) 예비위험분석(PHA: Preliminary Hazard Analysis)

(2) 결함위험분석(FHA: Fault Hazard Analysis)

(3) 고장모드 및 영향 분석(FMEA: Failure Mode and Effect Analysis)

(4) 피해영향분석법(CA: Consequence Analysis)

(5) 휴먼 에러율 예측 기법(THERP: Technique for Human Error Rate Prediction)

풀이

(1) 예비위험분석(PHA: Preliminary Hazard Analysis)

시스템 위험분석의 초기단계에 핵심 안전위험 부분을 확인하고, 위험조건의 초기 평가와 필요한 위험조건관리 및 후속 조치를 판단하기 위하여 실시하는 분석방법이다.

(2) 결함위험분석(FHA: Fault Hazard Analysis)
하나의 시스템이 여러 개의 서브시스템으로 구성되어 있을 때 서브시스템 단위로 조사하고 분석하는 방법이다.

(3) 고장모드 및 영향 분석(FMEA: Failure Mode and Effect Analysis)
어느 시스템에 발생할 수 있는 모든 고장 방식(형태)에 대해 그 영향 정도와 발생 빈도 등을 조사, 평가하는 방식이다. FMEA 적용 시 고장 방식의 상대적 중요성을 영향 정도×발생 빈도 점수로 계산·평가하기는 하나 FMEA는 기본적으로 정성적 분석방법이라 할 수 있다.

(4) 피해영향분석법(CA: Consequence Analysis)
위험요인에 의해 사고가 발생할 경우 미치는 영향을 예측하고 분석하는 방법이다. 실제 분석은 모델링 과정을 통해 시뮬레이션 기법을 활용하여 진행된다.

(5) 휴먼 에러율 예측 기법(THERP: Technique for Human Error Rate Prediction)
인간이 수행하는 작업을 상호 배반적 사건으로 나누어 사건나무를 작성하고, 각 작업의 성공 혹은 실패 확률을 부여하여 각 경로의 확률을 계산하여 분석한다.

인간공학기술사 2021년 3교시 문제풀이

※ 다음 문제 중 4문제를 선택하여 설명하시오. (각 문제당 25점)

1 인간의 정보처리 과정에 대한 Wickens의 모델(model)은 다음 그림과 같다.

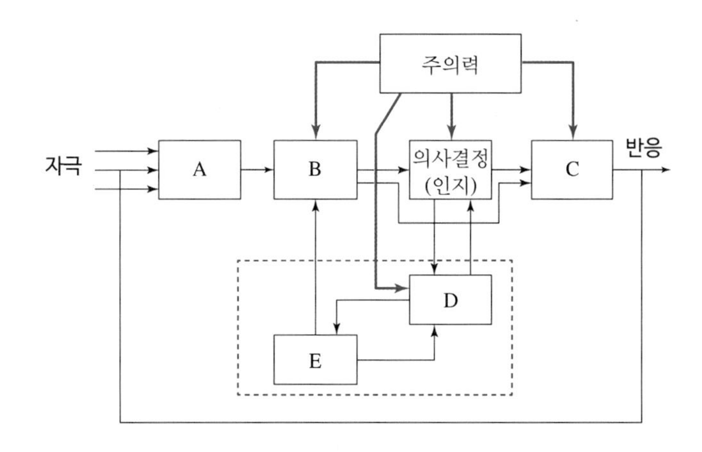

(1) 다음 ( ) 안에 해당하는 기능을 쓰시오.

A( ) B( ) C( ) D( ) E( )

(2) 기억의 3종류인 감각버퍼(sensory buffer), 단기기억, 장기기억의 특성을 설명하시오.

풀이

(1) A(감각저장소(감각버퍼)), B(지각), C(실행계획), D(단기기억), E(장기기억)

(2) 감각버퍼(sensory buffer), 단기기억, 장기기억의 특성은 다음과 같다.

가. 감각버퍼(sensory buffer): 감각기관에서 감지된 정보로 매우 짧은 시간 동안 저장되는 임시보관장치이다.

나. 단기기억: 방금 일어난 일에 대한 정보와 장기기억에서 인출된 관련 정보를 의미한다. 현재 또는 최근의 정보를 잠시 기억하는 것뿐만 아니라, 실제로 작업하는 데 필요한 일시적인 정보라는 의미로 작업기억(Working memory)이라고도 한다. 사람의 단기기억 용량은 매우 한정되어 있다.

다. 장기기억: 단기기억이 암호화되어 저장된 영구적 기억이다. 장기기억은 저장된 정보가 평상시에는 의식으로부터 단절되어 있다가 정보처리가 이루어질 때 관련된 정보가 의식수준으로 인출된다. 장기기억은 과거에 대한 기억으로 기억내용이 의미가 있거나 이미 알고 있는 것과 들어맞을 때 저장과 인출이 용이하다.

2 정보전달과 관련된 자극정보량(stimulus information)과 반응정보량(response information)의 자극-반응관계에 대하여 설명하시오. (단, 자극정보량을 $H(x)$, 반응정보량을 $H(y)$, 자극과 반응결합정보량을 $H(x,y)$라 한다.)

(1) 정보 전달관계(자극과 반응)를 도식화(圖式化)하시오.

(2) 전달된 정보량 $T(x,y)$, 손실정보량, 소음정보량을 수식으로 쓰시오.

풀이

(1) 정보 전달관계(자극과 반응)의 도식화

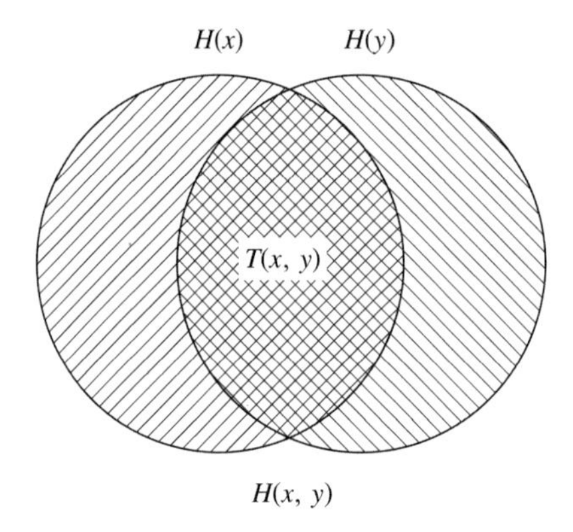

(2) 가. $T(x,y) = H(x) + H(y) - H(x,y)$

나. 손실정보량 $= H(x) - T(x,y)$

다. 소음정보량 $= H(y) - T(x,y)$

3 인간의 시각기능에서 다음 항목을 설명하시오.

(1) 원추체와 간상체

(2) 암순응과 명순응

풀이

(1) 원추체와 간상체

가. 원추체: 망막의 중심부근인 황반에 집중되어 있으며, 밝은 곳에서 기능을 하며 색을 구별한다. 간상체보다 자극의 세부를 분석할 수 있는 능력(시력)이 뛰어나다.

나. 간상체: 주로 망막 주변(황반으로부터 10°~20°)에 집중되어 있으며, 어두운 곳에서 기능을 하며 흑백의 음영을 구별한다.

(2) 암순응과 명순응

가. 암순응: 빛에 대한 감도변화이며 밝은 곳에서 어두운 곳으로 갈 때 나타나는 현상이다. 첫 단계는 원추체의 순응(약 5분)이고, 둘째 단계는 간상체의 순응(약 30~35분)이다.

나. 명순응: 어두운 곳에서 밝은 곳으로 이동 시 발생하는 빛에 대한 감도변화이며, 약 1분 정도 소요된다.

4 NIOSH에서 제시한 들기작업 지침에 관한 권장무게한계(RWL)를 산출하는 수식을 정의하고, 지침을 적용할 수 없는 경우를 설명하시오.

풀이

(1) 권장무게한계(RWL)

가. RWL = LC×HM×VM×DM×AM×FM×CM

나. 중량물상수 LC(Load Constant): 변하지 않는 상수값으로 항상 23 kg을 기준

다. 수평계수 HM(Horizontal Multiplier): 몸의 수직선상의 중심에서 물체를 잡는 손의 중앙까지의 수평거리를 측정하여 계산

$HM = 25/H (25\,\text{cm} \le H \le 63\,\text{cm})$

$= 1 (H < 25\,\text{cm})$

$= 0 (H > 63\,\text{cm})$

라. 수직계수 VM(Vertical Multiplier): 바닥에서부터 물건을 잡는 손의 중앙까지의 수직거리를 측정하여 계산

$VM = 1 - 0.003 \times |V - 75| \quad (0\,\text{cm} \le V \le 175\,\text{cm})$

$= 0 \ (V > 175\,\text{cm})$

마. 거리계수 DM(Distance Multiplier): 최초의 위치에서 최종 운반위치까지의 수직이동거리를 말한다.

$DM = 0.82 + 4.5/D (25\,\text{cm} \le V \le 175\,\text{cm})$

$= 1 \ (D > 75\,\text{cm})$

$= 0 \ (D < 25\,\text{cm})$

바. 비대칭계수 AM(Asymmetric Multiplier): 물건을 들어 올릴 때 허리의 비틀림 각도를 측정하여 계산

$AM = 1 - 0.0032 \times A \ (0° \le A \le 135°)$

$= 0 \ (A > 135°)$

사. 빈도계수 FM(Frequency Multiplier): 1분에 중량물을 들어 올리는 회수로 들기빈도와 작업시간과의 관계표로 구한다.

아. 결합계수 CM(Coupling Multiplier): 손잡이가 있는지 등을 고려하여 결정한다.

(2) 권장무게한계(RWL) 지침을 적용할 수 없는 경우는 다음과 같다.
가. 한 손으로 중량물을 취급하는 경우
나. 8시간 이상 중량물을 취급하는 작업을 계속하는 경우
다. 앉거나 무릎을 굽힌 자세로 작업을 하는 경우
라. 균형이 맞지 않는 중량물을 취급하는 경우
마. 운반이나 밀거나 당기는 작업에서의 중량물 취급
바. 빠른 속도로 중량물을 취급하는 경우(약 75 cm/초를 넘어가는 경우)
사. 바닥면이 좋지 않은 경우(지면과의 마찰계수가 0.4 미만의 경우)
아. 온도/습도 환경이 나쁜 경우(온도 19~26℃, 습도 35~50%의 범위에 속하지 않는 경우)
자. 제한된 공간에서 작업
차. 손수레나 삽으로 작업

5 고용노동부 고시에 의한 근골격계 부담작업 11가지에 대하여 설명하시오.

풀이

근골격계 부담작업이란 다음 각 호의 어느 하나에 해당하는 작업을 말한다. 다만, 단기간작업 또는 간헐적인 작업은 제외한다.

(1) 근골격계 부담작업 제1호
하루에 4시간 이상 집중적으로 자료입력 등을 위해 키보드 또는 마우스를 조작하는 작업

(2) 근골격계 부담작업 제2호
하루에 총 2시간 이상 목, 어깨, 팔꿈치, 손목 또는 손을 사용하여 같은 동작을 반복하는 작업

(3) 근골격계 부담작업 제3호
하루에 총 2시간 이상 머리 위에 손이 있거나, 팔꿈치가 어깨 위에 있거나 팔꿈치를 몸통으로부터 들거나, 팔꿈치를 몸통 뒤쪽에 위치하도록 하는 상태에서 이루어지는 작업

(4) 근골격계 부담작업 제4호
지지되지 않은 상태이거나 임의로 자세를 바꿀 수 없는 조건에서 하루에 총 2시간 이상 목이나 허리를 구부리거나 트는 상태에서 이루어지는 작업

(5) 근골격계 부담작업 제5호
하루에 총 2시간 이상 쪼그리고 앉거나 무릎을 굽힌 자세에서 이루어지는 작업

(6) 근골격계 부담작업 제6호
하루에 총 2시간 이상 지지되지 않은 상태에서 1 kg 이상의 물건을 한 손의 손가락으로 집어 옮기거나, 2 kg 이상에 상응하는 힘을 가하여 한 손의 손가락으로 물건을 쥐는 작업

(7) 근골격계 부담작업 제7호
하루에 총 2시간 이상 지지되지 않은 상태에서 4.5 kg 이상의 물건을 한 손으로 들거나 동일한 힘으로 쥐는 작업

(8) 근골격계 부담작업 제8호
하루에 10회 이상 25 kg 이상의 물체를 드는 작업

(9) 근골격계 부담작업 제9호
하루에 25회 이상 10 kg 이상의 물체를 무릎 아래에서 들거나, 어깨 위에서 들거나, 팔을 뻗은 상태에서 드는 작업

(10) 근골격계 부담작업 제10호
하루에 총 2시간 이상, 분당 2회 이상 4.5 kg 이상의 물체를 드는 작업

(11) 근골격계 부담작업 제11호
하루에 총 2시간 이상, 시간당 10회 이상 손 또는 무릎을 사용하여 반복적으로 충격을 가하는 작업

6 다음 조종-반응비율(control-response ratio)에 대하여 설명하시오.

(1) 조종-반응 C/R비, 레버(lever)의 C/R비, 노브(knob)의 C/R비
(2) 최적의 C/R비 설계 시 고려사항

풀이

(1) 조종-반응 C/R비, 레버(lever)의 C/R비, 노브(knob)의 C/R비의 설명은 다음과 같다.
가. 조종-반응 C/R비
조종/반응비(C/R비)는 조종/표시장치 이동비율(C/D비)을 확장한 개념으로 선형 조종장치와 표시장치는 조종장치의 움직인 거리와 표시장치상의 지침이 움직인 거리의 비로써 나타낸다.
나. 레버(lever)의 C/R비
1. 레버의 최적 C/R비는 2.5~4.0이다.
2. $\dfrac{C}{R} = \dfrac{\text{조종장치의 이동거리}}{\text{표시장치의 이동거리}} = \dfrac{\dfrac{a°}{360°} \times 2\pi L}{\text{표시장치의 이동거리}}$
다. 노브(knob)의 C/R비
1. 조그다이얼(노브)의 C/R비는 손잡이 1회전 시 움직이는 표시장치 이동거리의 역수로 나타내며 최적 C/R비는 0.2~0.8이다.
2. $\dfrac{C}{R} = \dfrac{\text{조종장치의 이동거리}}{\text{표시장치의 이동거리}} = \dfrac{\text{노브 회전수}}{\text{표시장치의 이동거리}}$

(2) 최적의 C/R비 설계 시 고려사항은 다음과 같다.
가. 일반적으로 표시장치의 연속 위치에 또는 정량적으로 맞추는 조종장치를 사용하는 경우에 두 가지 동작이 수반하는데 하나는 큰 이동동작이고, 또 하나는 미세한 조종동작이다.
나. 최적 C/R비를 결정할 때에는 이 두 요소를 절충해야 하므로 이동시간과 조종시간의 합이 가장 작은 C/R비가 최적이다.
다. 이동시간과 조종시간의 합을 최소화시키는 최적 C/R비 값은 제어장치의 종류나 표시장치의 크기, 제어 허용 오차 및 지연시간 등에 따라 달라진다.

인간공학기술사 2021년 4교시 문제풀이

※ 다음 문제 중 4문제를 선택하여 설명하시오. (각 문제당 25점)

1 신호검출이론(SDT: Signal Detection Theory)은 소음(noise)이 신호검출에 미치는 영향을 파악하고 이와 관련된 최적의 의사결정 기준을 다루는 이론이다. 작업장 내의 소음분포가 정규분포를 따른다고 할 때 다음 각 물음에 답하시오.

(1) 소음과 신호(소음+신호)분포에 대하여 그래프(graph)로 나타내시오.
(2) 신호의 유무에 따라 작업자의 반응 2가지와 이에 따른 상황은 4가지가 발생한다. 이에 대하여 설명하시오.
(3) 반응편향 β를 식으로 표현하고 관측자의 성향을 설명하시오.

풀이

(1) 소음과 신호(소음+신호)분포에 대한 그래프

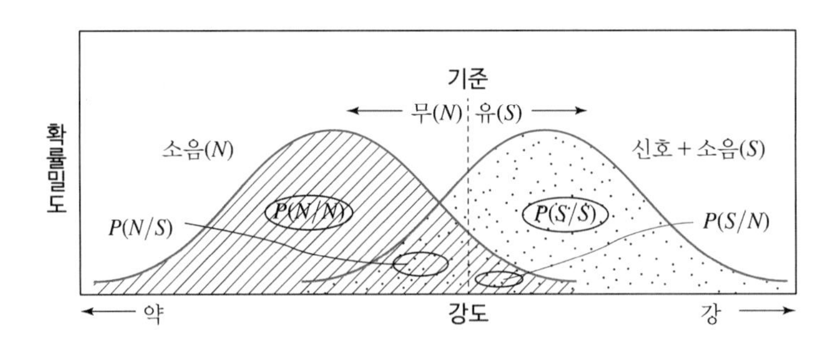

(2) 신호의 유무에 따른 작업자의 반응과 이에 따른 상황은 다음과 같다.
가. 신호의 유무에 따른 작업자의 반응 2가지
1. 사람은 제시된 자극이 소음뿐인지 소음과 신호가 합하여 진 것인지를 판정해야 한다.
2. 신호검출이론에서는 사람이 신호의 유무를 판단할 때 판정기준을 정하여 판단한다고 보는데, 제시된 자극 수준이 판정기준 이상이면 신호가 있다고 말하고, 판정기준 이하이면 신호가 없다고 본다.

나. 신호 판정의 4가지 반응(대안)

1. 신호의 정확한 판정(Hit): 신호가 나타났을 때 신호라고 판정, P(S/S)
2. 허위경보(False Alarm): 잡음을 신호로 판정, P(S/N)
3. 신호검출 실패(Miss): 신호가 나타났는데도 잡음으로 판정, P(N/S)
4. 잡음을 제대로 판정(Correct Noise): 잡음만 있을 때 잡음이라고 판정, P(N/N)

(3) 반응편향 β, 관측자의 성향은 다음과 같다.

가. $\beta = \dfrac{b}{a} = \dfrac{\text{신호분포의높이}}{\text{소음분포의높이}} = \dfrac{S}{N}$

나. β를 기준으로 판별기준이 오른쪽으로 이동하면 P(S/N)확률이 작아지므로($\beta > 1$) 이러한 사람은 보수적이며, 반대로 판별기준이 왼쪽으로 이동하면 P(S/N)확률이 커지므로($\beta < 1$) 이러한 사람은 모험적인 성향을 갖는다.

2 인지특성을 고려한 설계원리 중 5가지를 설명하시오.

풀이

(1) 좋은 개념모형을 제공하라.

가. 설계자의 개념모형과 사용자의 개념모형을 일치하도록 설계해야 한다.

나. 사용자는 주로 경험과 훈련, 지시 등을 통하여 얻은 개념으로 제품에 대한 개념모형을 형성하는데 설계자는 이러한 개념을 고려하여 설계해야 한다.

(2) 단순하게 하라.

가. 제품의 사용방법은 체계적으로 구성하면 단순화 될 수 있으며, 작업내용이 단순화되면 사용자의 부담은 줄어든다.

나. 무관한 항목들 5개 이상을 한 번에 기억하도록 요구해서는 안되며, 기억해야 할 것을 도와주는 기능을 두어 기억의 부담을 줄인다.

예) 끈을 매는 신발을 찍찍이로 간단하게 변환

(3) 가시성(Visibility)

사용자가 제품의 작동상태나 작동방법 등을 쉽게 파악할 수 있도록 중요기능을 노출하는 것을 가시성이라고 한다.

예) 건전지 사용용량 표시, 야간의 자동차 창문조절장치 표시불 등

(4) 피드백(Feedback)의 원칙

제품의 작동결과에 관한 정보를 사용자에게 알려주는 것을 의미한다.

예) 경고등, 점멸, 문자, 강조 등의 시각적 표시장치, 음향이나 음성표시장치, 촉각적 표시장치 등

(5) 양립성(Compatibility)의 원칙

가. 양립성이란 자극 및 응답과 인간의 예상과의 관계가 일치하는 것을 말한다.

나. 양립성에 위배되도록 설계할 경우 제품의 작동방법을 배우고 조작하는 데 많은 시간이 걸리며 실수도 증가하게 된다.

다. 아무리 연습을 하여도 억지로 작동방법을 익혔다 하더라도 긴박한 상황에서는 원래 인간이 가지고 있는 양립성의 행동이 나타나게 된다.
   1. 운동양립성: 조종장치의 방향과 표시장치의 움직이는 방향이 사용자의 기대와 일치하는 것
      예) 조종장치를 오른쪽으로 돌리면 표시장치의 지침이 오른쪽으로 이동
   2. 공간양립성: 물리적 형태 및 공간적 배치가 사용자의 기대와 일치하는 것
      예) 가스버너의 오른쪽 조리대는 오른쪽 스위치로, 왼쪽 조리대는 왼쪽 스위치로 조종하도록 배치
   3. 개념양립성: 사람들이 가지고 있는 개념적 연상에 관한 기대와 일치하는 것
      예) 냉온수기에서 빨간색은 온수, 파란색은 냉수가 나오도록 설계

(6) 제약과 행동유도성
가. 물건에 물리적 또는 의미적인 특성을 부여하여 사용자의 행동에 관한 단서를 제공하는 것을 행동유도성(Affordance)라고 한다.
나. 제품에 사용상 제약을 주어 사용방법을 유인하는 것도 바로 행동유도성에 관련되는 것이다.
   예) 전기콘센트의 삽입구, USB 투입구, 자동차의 정지등

3 사용자 인터페이스(interface)의 사용성 향상을 위한 설계원리에 대하여 설명하시오.

풀이

사용자 인터페이스(interface)의 사용성 향상을 위한 설계원리는 다음과 같다.
가. 시스템과 실제 사용상 자연스럽게 대응할 수 있도록 설계한다.
나. 시스템 설계 시 일관성 및 표준화하여 사용성을 높이도록 설계한다.
다. 시스템의 상태를 시각적, 청각적 신호를 통해 사용자에게 알려준다.
라. 시스템 설계 시 사용자 실수가 발생하지 않도록 설계한다.
마. 사용자는 최소 정보만 입력하도록 설계한다.
바. 사용자에게 도움말을 제공하도록 기능을 부여한다.
사. 사용자 수준에 따라 인터페이스를 제공할 수 있도록 설계한다.
아. 사용자의 기억보다 선택하는 방식으로 인터페이스를 설계한다.
자. 사용자의 주의를 끌 수 있도록 시스템을 설계한다.

4 유니버설디자인(universal design)을 위한 7가지 원칙을 설명하시오.

풀이

(1) 공평한 사용(Equitable Use)
사용자의 연령이나 성별, 체격의 차이, 신체기능의 차이 등에 영향을 받지 않고 어떠한 사람이라도 공평하게 사용할 수 있도록 설계한다.

(2) 사용상의 유연성 확보(Flexibility in Use)
다양한 사용자나 사용 환경에 대응할 수 있는 유연성을 확보하여 사용상의 자유로움을 높인다.

(3) 쉽고 직관적인 사용방법 추구(Simple and Intuitive Use)
제품의 사용방법을 사용자의 지식이나 경험, 언어능력, 집중력에 관계없이 직감적으로 이해할 수 있도록 설계한다.

(4) 인식하기 쉬운 정보의 제공(Perceptible Information)
사용 상황이나 사용자의 감각능력에 관계없이 필요한 정보를 효과적으로 전달할 수 있도록 설계되어야 한다.

(5) 오류에 관한 수용(Tolerance for Error)
사고의 가능성이나 위험을 제거하며 사용상의 오류에 대하여 안전을 확보하도록 설계한다.

(6) 신체적 부담의 경감(Low Physical Effort)
다양한 체격과 신체능력을 가진 사람들이 편하게 사용할 수 있도록 불편한 자세나 과도한 힘이 필요하지 않도록 설계한다.

(7) 적절한 사용 공간/크기(Size and Space for Approach and Use)
사용자의 체격이나 이동능력에 관계없이 이용하기 쉽고 조작이 용이하도록 공간이나 크기를 확보한다.

5 정신작업 부하는 정신 활동량으로 예측할 수 있다. 정신작업 부하를 측정할 때 주로 이용되는 다음의 척도에 대하여 설명하시오.

(1) 뇌전도(EEG: Electro Encephalo Graphy) 측정
(2) 시각적 점멸융합주파수(FFF: Flicker Fusion Frequency) 측정
(3) 부정맥 지수(Cardiac arrhythmia) 측정
(4) 눈꺼풀의 깜박임(Blink rate) 측정
(5) 동공지름(Pupil diameter) 측정

풀이

(1) 뇌전도(EEG: Electro Encephalo Graphy) 측정
뇌의 활동에 따라 일어나는 전기적 신호를 측정하여 정신적인 상태를 알아보는 방법으로 뇌에서 발생하는 주파수에 따라 분류한다.

(2) 시각적 점멸융합주파수(FFF: Flicker Fusion Frequency) 측정
점멸하는 자극의 주파수가 높으면 하나의 연결된 자극으로 보이나 주파수가 낮으면 점멸하는 것을 사람이 알아차릴 수 있으며 이 주파수를 점멸융합주파수라고 한다. 시각적 점멸융합주파수는 인간의 정신적 피로도를 정량적으로 측정하기 위하여 활용되며 정신적으로 피로할수록 점멸융합주파수가 낮아진다.

(3) 부정맥 지수(Cardiac arrhythmia) 측정
심장박동이 비상적으로 빨라지거나 느려지는 등과 같이 불규칙적으로 활동하는 것을 부정맥이라고 한다. 심장 활동의 불규칙성을 평가하는 척도로 맥박 간의 표준편차나 변동계수 등과 같은 부정맥 지수를 활용한다.

(4) 눈꺼풀의 깜박임(Blink rate) 측정
정신적인 활동의 부하가 클수록 피로하여 눈꺼풀을 깜박이는 횟수가 감소하는데, 특히 장시간의 정신 활동을 요하는 작업을 수행할 경우 이러한 현상이 현저하게 나타난다.

(5) 동공지름(Pupil diameter) 측정
정신적 부하가 발생하면 피로를 유발하는 동공의 크기가 축소되는 경향을 보이는데, 이러한 현상을 정신적 부담을 나타내는 측정치로 사용한다.

6 **A 사업장의 주물공정에서는 1,200℃의 용융로를 남성 작업자 1명이 하루 8시간 동안 작업하고 있다. 작업자가 높은 작업 강도를 호소하여 작업부하를 알아보기 위하여 더글라스백(Douglas bag)을 이용하여 배기량을 10분간 측정하였더니 300 L(리터)였다. 가스미터를 이용하여 배기 성분을 조사하니 산소가 15%, 이산화탄소가 5%일 때, 다음 각 물음에 답하시오. (단, 대기 중 질소의 비율은 79%, 기초대사량은 1.2 kcal/min, 권장 평균 에너지소비량은 5 kcal/min, 산소 1 L당 방출할 수 있는 에너지는 5 kcal/L, 안정 시 에너지소비량은 1.5 kcal/min이다.)**

(1) 분당 에너지소비량을 구하시오.
(2) Murrell가 제시한 공식을 따를 때, 하루 작업 중 휴식시간을 구하시오.
(3) 에너지 대사율(RMR: Relative Metabolic Rate)을 구하시오.
(4) 위 작업의 (2), (3)의 평가결과에 따라 현재 작업장에 문제가 있다고 판단되면 이에 대한 개선 방향을 제안하시오.

풀이

(1) 가. 분당흡기량 $= \dfrac{100 - O_2 - CO_2}{N_2} \times$ 분당배기량

$$= \frac{1 - 0.15 - 0.05}{0.79} \times \frac{300}{10} = 30.38\ \mathrm{L/min}$$

나. 산소소비량 $= (21\% \times$ 분당흡기량$) - (O_2 \times$ 분당배기량$)$

$$= (0.21 \times 30.38) - (0.15 \times 30) = 1.88\ \mathrm{L/min}$$

다. 산소 1 L당 열량: 5 kcal/L

라. 분당 에너지소비량 = 산소 1 L당 열량 × 산소소비량

$$= 5\ \mathrm{kcal/L} \times 1.88\ \mathrm{L/min} = 9.4\ \mathrm{kcal/min}$$

(2) $R = \frac{T(E-S)}{E-1.5} = \frac{480(9.4-5)}{9.4-1.5} = 267.34(\text{분})$

(3) $\text{에너지 대사율} = \frac{\text{활동 시 소비칼로리} - \text{안정 시 소비칼로리}}{\text{기초대사량}} = \frac{9.4-1.5}{1.2} = 6.58$

(4) 작업 판단 및 개선 방향은 다음과 같다.
가. 작업 강도와 에너지 대사율과의 관계
1. 초중작업: 7 RMR 이상
2. 중(重)작업: 4~7 RMR
3. 중(中)작업: 2~4 RMR
4. 경(輕)작업: 0~2 RMR

나. 위 작업의 에너지 대사율은 6.58이므로 작업강도는 중(重)작업이다.
다. 개선 방향
1. 평가결과 (2)를 참조하여 휴식시간은 하루 8시간 동안 267.34분으로, 시간당 33.42분으로 설정하고, 고열작업을 하는 작업자에게 충분한 휴식과 수분을 섭취할 수 있도록 조치한다.
2. 평가결과 (3)을 참조하여 중(重)작업에 해당하므로 작업자의 근로시간을 줄이고 해당공정을 자동화하는 방안을 고려해야 한다.

인간공학기술사 2020년 1교시 문제풀이

※ 다음 문제 중 10문제를 선택하여 설명하시오. (각 문제당 10점)

1 근골격계질환의 "반복성의 기준"과 근골격계 부담작업에서 제외되는 "단기간 작업, 간헐적인 작업의 정의"에 관하여 각각 설명하시오.

풀이

(1) 반복성의 기준
가. 작업의 주기시간: 30초 미만
나. 생산율: 400단위 이상
다. 유사 동작: 하루 20,000회 이상
라. 손가락: 분당 200회 이상
마. 손목/전완: 분당 10회 이상
바. 상완/팔꿈치: 분당 10회 이상
사. 어깨: 분당 2.5회 이상

(2) 단기간 작업
2개월 이내에 종료되는 1회성 작업

(3) 간헐적 작업
정기적·부정기적으로 이루어지는 작업으로서 연간 총 작업일수가 60일을 초과하지 않는 작업

2 자동차 부품을 생산하는 사업장에 500명의 근로자가 근무하고 있다. 1년에 20건의 재해가 발생하였다면 이 사업장에서 근로자 1명이 평생 작업 시 약 몇 건의 재해가 발생하는지를 계산하시오.
(단, 1일 8시간, 1년에 300일 근무, 평생근로시간은 10만 시간이다.)

풀이

(1) 도수율 $= \dfrac{\text{재해발생건수}}{\text{연근로시간수}} \times 10^6$

$= \dfrac{20}{500 \times 8 \times 300} \times 10^6$

$= 16.67$

(2) 환산도수율 $= \dfrac{\text{도수율}}{10}$

$= \dfrac{16.67}{10}$

$= 1.67$

3 마인드멜딩(Mindmelding) 방법의 수행절차를 설명하시오.

풀이

마인드멜딩 방법의 수행절차는 다음과 같다.

가. 구성원 각자가 검토할 문제에 대하여 메모지를 작성한다.
나. 각자가 작성한 메모지를 오른쪽 사람에게 전달한다.
다. 메모지를 받은 사람은 내용을 읽은 후에 해법을 생각하여 서술하고, 다시 메모지를 오른쪽 사람에게 전달한다.
라. 가능한 해가 나열된 종이가 본인에게 돌아올 때까지 반복(3번 정도)하여 수행한다.

4 인간의 집단행동에는 감정이나 정서 등에 의해 좌우되고, 연속성이 적은 비통제적 집단행동이 있다. 비통제적 집단행동 중 "심리적 전염"에 관하여 설명하시오.

풀이

심리적 전염

가. 유행과 비슷하면서 행동양식이 이상적이며 비합리성이 강하다.
나. 어떤 사상이 상당한 기간에 거쳐서 생각이나 비판 없이 광범위하게 받아들여진다.

5 칵테일 파티 효과(Cocktail party effect)와 푸르키네 효과(Purkinje effect)에 관하여 각각 설명하시오.

풀이

(1) 칵테일 파티 효과
다수의 음원이 공간적으로 산재하고 있을 때 그 안에 특정 음원, 예를 들면 특정인의 음성에 주목하게 되면 여러 음원으로부터 분리되어 특정 음만 듣는 심리현상이다.

(2) 푸르키네 효과
조명 수준이 감소하면 장파장에 대한 시감도가 감소하는 현상이다. 즉, 밤에는 같은 밝기를 갖는 적색보다 청색을 더 잘 볼 수 있다.

6 인적오류(Human error)를 예방하기 위한 대책으로 설비 및 작업환경적인 요인에 대한 3가지 설계기법을 설명하시오.

풀이

(1) Fail-safe
고장이 발생한 경우라도 피해가 확대되지 않고 단순고장이나 한시적으로 운영되도록 하여 안전을 확보하는 개념이다. 즉, 시스템의 일부에 고장이 발생해도 안전한 가동이 자동적으로 취해질 수 있는 구조로 설계하는 방식이다.

(2) Fool proof
풀(fool)은 어리석은 사람으로 번역되며, 제어장치에 대하여 인간의 오동작을 방지하기 위한 설계를 말한다. 미숙련자가 잘 모르고 제품을 사용하더라도 고장이 발생하지 않도록 하거나 작동을 하지 않도록 하여 안전을 확보하는 방법이다.

(3) Tamper Proof
작업자들은 생산성과 작업용이성을 위하여 종종 안전장치를 제거한다. 따라서 작업자가 안전장치를 고의로 제거하는 것을 대비하는 예방설계를 말한다.

(4) Lock system
어떠한 단계에서 실패가 발생하면 다음 단계로 넘어가는 것을 차단하는 것을 말한다.

7 시스템 평가척도(기준)는 현실적이며 실질적이어야 한다. 평가척도가 실제적이기 위해 Meister(1985)가 제시한 6가지 요건을 설명하시오.

풀이

실제적 요건(practical requirement)
가. 객관적

나. 정량적
다. 강요적이지 않을 것
라. 수집이 쉬울 것
마. 특수한 자료수집 기반이나 기기가 필요 없을 것
바. 돈이나 실험자의 수고가 적게 들 것

8 동심다단(동일축상에 여러 층의 노브가 장착된 제어장치) 꼭지형 제어장치의 암호화 방법을 설명하시오.

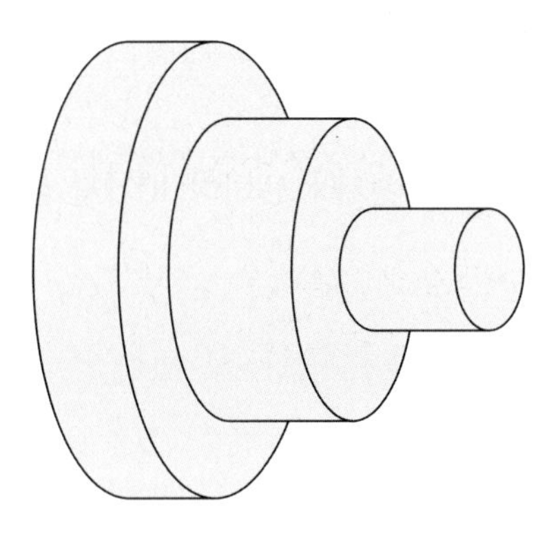

풀이

지름과 두께 그리고 표면 촉감을 달리한다.

가. 각 손잡이 지름의 차이를 충분히 느낄 수 있도록 1.3 cm 이상 차이가 나도록 한다.
나. 각 손잡이 두께의 차이를 충분히 느낄 수 있도록 0.95 cm 이상 차이가 나도록 한다.
다. 표면 촉감이 매끈한 것, 홈이 있는 것, 오돌토돌한 것(깔쭉면)으로 한다.

9 묘사적 표시장치에 대하여 설명하고, 활용사례를 2가지 설명하시오.

풀이

(1) 묘사적 표시장치
묘사적 표시장치는 실제 사물을 재현하는 장치로서 TV 화면이나 항공사진 등에 사물을 재현시키는 것과 지도나 비행자세 표시장치와 같이 도해 및 상징적인 것으로 나눌 수 있다.

(2) 활용사례
가. 항공기 이동형(외견형): 지면이 고정되고, 항공기가 이에 대해 움직이는 형태
나. 지평선 이동형(내견형): 항공기가 고정되고, 지평선이 이에 대해 움직이는 형태를 말하며 대부분의 항공기 표시장치는 이 형태이다.

다. 빈도분리형: 외견형과 내견형의 혼합형

〈예시: 항공기 이동형(외견형)〉

〈예시: 지평선 이동형(내견형)〉

10 공학적 개선원칙 중 작업방법 설계에 관하여 10가지 설명하시오.

풀이

작업방법 설계

가. 대부분의 작업자들이 그 작업을 할 수 있게 작업을 설계하도록 한다.
나. 최대 근력의 15% 이하의 힘을 사용하여 작업하도록 한다.
다. 힘을 요구하는 작업에는 큰 근육을 사용하도록 한다.
라. 가능하다면 중력 방향으로 작업을 수행하도록 한다.
마. 힘든 작업을 한 직후 정확하고 세밀한 작업을 하지 않도록 한다.
바. 작업동작은 율동이 맞도록 한다.
사. 직선동작보다는 연속적인 곡선동작을 취하도록 한다.
아. 양손은 동시에 동작을 시작하고, 또 끝마치도록 한다.
자. 손을 대칭적으로 동시에 몸의 중심으로부터 앞뒤로 움직이도록 한다.
차. 자주, 간헐적인 작업-휴식 주기를 갖도록 한다.

11 인체의 3개의 해부학적 면(Anatomical plane)과 각 면 위에서 일어나는 동작과 연관 지어 설명하시오.

풀이

인체의 해부학적 면은 다음과 같다.

가. 시상면(sagittal plane): 인체를 좌우로 양분하는 면으로, 굴곡과 신전 동작이 해당된다.
나. 관상면(frontal or coronal plane): 인체를 전후로 나누는 면으로, 외전과 내전 동작이 해당된다.
다. 횡단면(transverse) 또는 수평면(horizontal plane): 인체를 상하로 나누는 면으로, 외선과 내선 동작이 해당된다.

12 2019년에 개정된 ISO 9241-210에서 제시한 인간 중심 디자인(Human-Centered Design)의 6원칙을 설명하시오.

풀이

인간 중심 디자인의 6원칙은 다음과 같다.

가. 디자인은 사용자, 작업 및 환경의 명백한 이해에 기초하여야 한다.
나. 사용자는 디자인 및 개발 전반에 참여하여야 한다.
다. 디자인은 사용자 중심의 평가에 의해 정제되고 주도되어야 한다.
라. 반복적 프로세스를 적용한다.
마. 디자인은 UX 전체를 다루어야 한다.
바. 디자인 팀은 여러 전문 분야의 기술과 관점을 가지고 있어야 한다.

13 건(힘줄, Tendon)과 인대(Ligament)를 비교하여 설명하시오.

풀이

(1) 건(힘줄, Tendon)
근육을 뼈에 부착시키고 있는 조밀한 섬유 연결 조직으로 근육에 의해 발휘된 힘을 뼈에 전달해 주는 기능을 한다.

(2) 인대(Ligament)
조밀한 섬유 조직으로 뼈의 관절을 연결시켜 주고 관절 부위에서 뼈들이 원활하게 협응할 수 있도록 한다.

인간공학기술사 2020년 2교시 문제풀이

※ 다음 문제 중 4문제를 선택하여 설명하시오. (각 문제당 25점)

1 다음 제시된 상황에서 인간-기계 인터페이스 체계에 일어나는 활동을 단계별로 설명하시오.

> **보기**
>
> 자동차(승용차) 운전자가 서해안고속도로를 시속 120 km/h로 운행하고 있었다. 과속 카메라를 보고 속도를 줄이기 시작했다. 서해안고속도로 제한속도는 110 km/h이다.

풀이

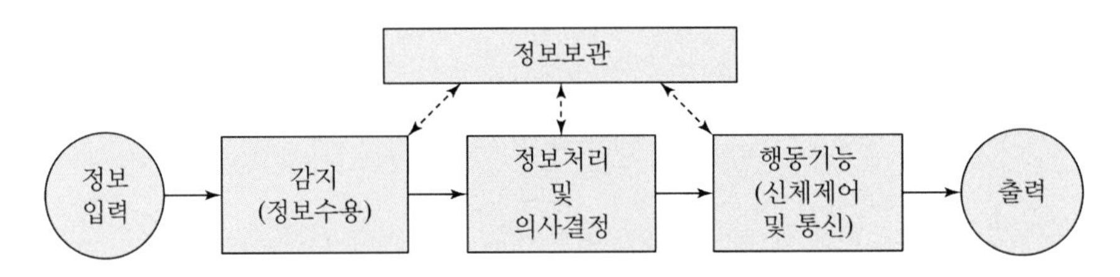

(1) 정보입력: 자동차의 속도가 자동차의 속도 표시장치인 속도계에 120 km/h로 나타남

(2) 감지(정보수용): 인간은 감각기관인 눈을 통하여 속도 및 과속 카메라 감지

(3) 정보처리 및 의사결정: 중추신경계에서 정보처리를 통하여 자동차의 속도가 제한속도 110 km/h보다 빠르다고 해석

(4) 행동기능(신체제어 및 통신): 발로 자동차의 조종장치인 브레이크를 밟음

(5) 출력: 조종장치의 조절에 따라 자동차의 속도가 줄어듦

2 햅틱(Haptic) 인터페이스에 대해서 설명하고 자동차 설계 시 적용할 수 있는 방법을 4가지 설명하시오.

풀이

(1) 햅틱 인터페이스
사용자에게 촉각 정보를 전달하는 접속장치이다. 시각, 청각과는 달리 피부 감각의 정보 표현 방법은 아직 체계화되고 표준화된 형태가 없지만 피부를 통한 자극의 전달 속도가 약 20밀리초(ms)로 시각에 비해 5배나 빠르고, 사람의 피부면적은 약 2제곱미터(m^2)로 신체 기관 중 가장 큰 조직이므로 착용 컴퓨터 등 향후 인간과 컴퓨터가 밀접한 환경이 될 때 정보의 인지와 표현을 위한 필수 통신채널로 여겨지고 있다.

(2) 자동차 설계 시 적용할 수 있는 방법
가. 지능형 가속 페달 시스템에 적용하여 운전자에게 페달 조작 정보를 진동을 통해 알려줌으로써 연료 절감 효과와 운전자 편의를 도모한다.
나. 방향 지시등 없이 차선 이탈 시, 스티어링 휠에 진동을 이용한 촉각으로 운전자에게 차선 이탈 알람을 전달한다.
다. 카시트에 내장된 햅틱 장치를 통해 진동을 이용한 촉각으로 운전자에게 알람을 전달할 수 있으며, 위험의 유형 및 방향까지도 제공할 수 있다.
라. 운전자가 디스플레이를 조작할 때 사용자의 손동작을 인식하고 디스플레이와 손가락 사이의 공기를 진동시켜서 햅틱 피드백을 주는 터치리스 인터페이스를 사용하여 실제 버튼을 누르는 촉감을 느낄 수 있도록 한다.

3 리더십에 관한 이론 중 하우스(R. House)의 경로-목표이론(Path-goal theory)과 피들러(F. Fiedler)의 상황적합성이론에 대해 아래 물음에 답하시오.

(1) 경로-목표이론의 리더십 유형 4가지와 상황요소 2가지에 관하여 각각 설명하시오.
(2) 상황적합성이론의 리더십 유형 2가지와 상황요소 3가지에 관하여 각각 설명하시오.

풀이

(1) 가. 경로-목표이론의 리더십 유형
1. 성취적 리더: 높은 목표를 설정하고 의욕적 성취동기 행동을 유도하는 리더이다.
2. 배려적(후원적)리더: 관계지향적이며, 부하의 요구와 친밀한 분위기를 중시하는 리더이다.
3. 주도적 리더: 구조주도적(initiating structure) 측면을 강조하며, 부하의 과업계획을 구체화하는 리더이다.
4. 참여적 리더: 부하의 정보자료를 활용하고 의사결정에 부하의 의견을 반영하며, 집단 중심 관리를 중시하는 리더이다.

나. 경로-목표이론의 상황요소(구성원의 특성)
1. 부하의 능력: 자신의 능력을 높게 지각할수록 주도적 리더십에 거부감을 갖는다.

2. 내재론적/외재론적 성향: 내재론자는 참여적 리더십에 만족감을 나타내며, 외재론은 주도적 리더십에 만족감을 나타낸다.
3. 욕구와 동기: 안전 욕구와 육체적 욕구가 강한 부하직원은 주도적 리더십, 소속 욕구가 강한 자들에게는 후원적 리더십, 성취 욕구가 강한 자들에게는 참여적 리더십이 유효하다.

다. 경로-목표이론의 상황요소(과업환경)
1. 과업의 구조적 특성: 개인의 욕구와 과업이 적합하면 참여적 리더십이 적합하며, 상호 마찰이 발생하면 주도적 리더십이 유효하다.
2. 집단의 성숙도에 따른 성격: 집단의 형성 초기에는 주도적 리더십이 유효하며, 성숙기에 접어들면서 후원적 리더십이 유효해질 수 있다.
3. 조직의 규율이나 절차 등의 조직체: 규율과 절차가 명확할 경우 참여적 리더십이 효과적이며, 반대일 경우는 주도적 리더십이 효과적이다.

(2) 가. 상황적합성이론의 리더십 유형
1. 관계지향적 리더: 구성원들과 어울리는 것을 중요시하고, 구성원들에 대해 배려있는 행동을 하며 지원적인 태도를 취한다. 구성원들과의 신뢰를 중요시하게 여기고 참여와 자율성을 존중하며, 구성원들의 개인사정에 관심을 가지기 때문에 구성원들이 이 리더와 편하게 사적으로 만날 수 있다.
2. 과업지향적 리더: 과업목표 달성을 우선시하며 주로 과업을 완수하는 데 만족감을 얻는다. 과업 자체에 우선 중점을 두기 때문에 리더 중심으로 결정과 지시가 내려지며, 규칙과 규정을 강조하며 일을 정해진 시간에 완벽하게 끝내는 데드라인과 스케줄을 중시한다.

나. 상황적합성이론의 상황요소
1. 리더-구성원의 관계: 리더가 집단의 구성원들과 좋은 관계를 갖느냐 나쁜 관계를 갖느냐 하는 것이 상황이 리더에게 호의적이냐의 여부를 결정하는 중요한 요소가 된다.
2. 리더의 직위권한: 리더의 직위가 구성원들로 하여금 명령을 받아들이게끔 만들 수 있는 정도를 말한다. 따라서 권위와 보상 권한들을 가질 수 있는 공식적인 역할을 가진 직위가 상황에 제일 호의적이다.
3. 과업구조: 한 과업이 보다 구조화되어 있을수록 그 상황은 리더에게 호의적이다. 리더가 무엇을 해야 하고, 누구에 의하여 무엇 때문에 해야 하는가를 쉽게 결정할 수 있기 때문이다. 과업의 구조화 정도는 목표의 명확성, 목표에 이르는 수단의 다양성 정도, 의사결정의 검증가능성이다.

4 휴먼에러 분석기법 중 조작자 행동 나무(OAT, Operator Action Tree) 기법에 관하여 설명하고, 인간오류확률의 추정기법들을 활용함으로써 얻을 수 있는 장점에 관하여 5가지를 설명하시오.

풀이

(1) 조작자 행동 나무(OAT, Operator Action Tree)
위급직무의 순서에 초점을 맞추어 조작자 행동 나무를 구성하고, 이를 사용하여 사건의 위급경로에서의 조작자의 역할을 분석하는 기법이다. OAT는 여러 의사결정의 단계에서 조작자의 선택에 따라 성공과 실패의 경로로 가지가 나누어지도록 나타내며, 최종적으로 주어진 직무의 성공과 실패 확률을 추정해낼 수 있다.

(2) 인간오류확률의 추정기법들을 활용함으로써 얻을 수 있는 장점은 다음과 같다.

가. systematic 분석을 하기 때문에 간과하는 것이 줄어든다.

나. 원인과 결과 그리고 사고에 이르기까지 사상의 관계가 명확하게 된다.

다. 시각적인 표현력에 의해서 평가 집단 내와 제3자와의 정보전달이 쉽게 된다.

라. 잠재적 위험의 구조(원인과 결과의 형태)의 종결이 확실해진다.

마. 개선안에 대한 오류 가능성을 정량적으로 다룬다.

바. 개선전과 개선후의 오류 가능성을 정량적으로 비교 가능하다.

5 신호검출이론의 개념을 그래프로 그려 설명하고, 판정기준선이 오른쪽(강도가 높은 쪽)으로 이동할 때와 왼쪽(강도가 낮은 쪽)으로 이동할 때의 의미를 설명하시오.

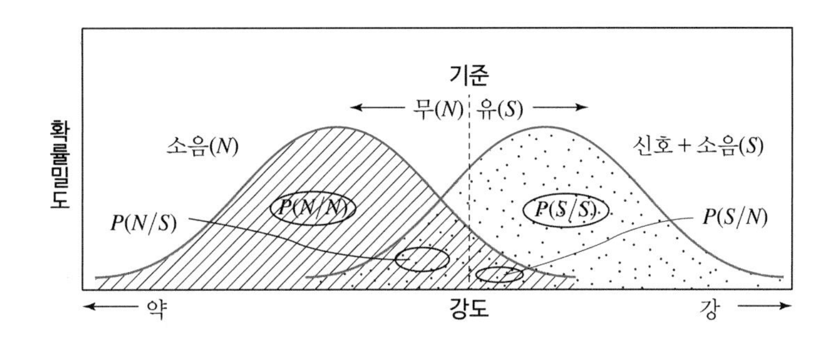

풀이

(1) 신호검출이론

가. 어떤 상황에서는 의미 있는 자극이 이의 감수를 방해하는 '잡음(noise)'과 함께 발생하며, 잡음이 자극검출에 끼치는 영향을 다루는 것이다. 신호검출이론은 식별이 쉽지 않은 독립적인 두 가지 상황에 적용된다. 신호의 유무를 판정하는 과정에서 4가지의 반응 대안이 있으며, 각각의 확률은 다음과 같이 표현된다.

1. 신호의 정확한 판정(Hit): 신호가 나타났을 때 신호라고 판정, P(S/S)
2. 허위경보(False Alarm): 잡음을 신호로 판정, P(S/N)
3. 신호검출 실패(Miss): 신호가 나타났는데도 잡음으로 판정, P(N/S)
4. 잡음을 제대로 판정(Correct Noise): 잡음만 있을 때 잡음이라고 판정, P(N/N)

(2) 판정기준선이 오른쪽(강도가 높은 쪽)으로 이동할 때: 판정자는 신호라고 판정하는 기회가 줄어들게 되므로 신호가 나타났을 때 신호의 정확한 판정은 적어지나 허위경보를 덜하게 된다. 이런 사람을 일반적으로 보수적이라고 한다.

(3) 판정기준선이 왼쪽(강도가 낮은 쪽)으로 이동할 때: 신호로 판정하는 기회가 많아지게 되므로 신호의 정확한 판정은 많아지나 허위경보도 증가하게 된다. 이런 사람을 흔히 진취적, 모험적이라 한다.

6 **인체의 근육에 관한 아래 질문에 답하시오.**

(1) 팔꿈치 관절을 굽히는 동작과 펴는 동작을 구분하여 주동근(Agonist), 길항근(Antagonist), 협력근(Synergist)으로 작용하는 근육의 이름을 쓰시오.

(2) 주동근(Agonist), 길항근(Antagonist), 협력근(Synergist)의 역할을 설명하시오.

풀이

(1) 가. 팔꿈치 관절을 굽히는 동작

1. 주동근: 위팔두갈래근(상완이두근)
2. 길항근: 위팔세갈래근(상완삼두근)
3. 협력근: 위팔노근(상완요골근)

나. 팔꿈치 관절을 펴는 동작

1. 주동근: 위팔세갈래근(상완삼두근)
2. 길항근: 위팔두갈래근(상완이두근)
3. 협력근: 위팔노근(상완요골근)

(2) 가. 주동근의 역할: 운동 시 주역을 하는 근육

나. 길항근의 역할: 주동근과 서로 반대 방향으로 작용하는 근육

다. 협력근의 역할: 운동 시 주역을 하는 근을 돕는 근육, 동일한 방향으로 작용하는 근육

인간공학기술사 2020년 3교시 문제풀이

※ 다음 문제 중 4문제를 선택하여 설명하시오. (각 문제당 25점)

1 **기업에 있어서 제조물책임대책은 크게 제조물책임 예방대책(PLP, Product Liability Prevention)과 제조물책임 방어대책(PLD, Product Liability Defence)으로 구분된다. 각각 3가지씩 설명하시오.**

풀이

(1) 제조물책임 예방대책(PLP)

가. 제조물책임에 대한 인식의 전환이 필요하다.

1. 소비자안전을 확보하는 것이 기업의 사회적 책임이라는 인식
2. 법규나 안전기준(안전인증)은 기업이 준수해야 할 최소한의 사항이라는 인식
3. 제품의 회수나 손해배상 비용보다 개발단계에서 안전대응이 결과적으로 비용의 최소화의 길이라는 인식

나. 전사적으로 대응체제를 구축하여야 한다.

1. 본사와 각 공장마다 제품안전 시스템을 구축한다.
2. 제품안전 등에 관한 자체 세부규칙과 매뉴얼을 정비한다.
3. 전 사원에게 PL법의 내용, 대응방안을 교육한다.

다. 제조물책임 사고의 예방(Product Liability Prevention; PLP)대책을 마련하여 추진하여야 한다.

1. 설계상의 결함예방 대책
2. 제조상의 결함예방 대책
3. 출하판매 단계의 PL 예방대책
4. 경고라벨 및 사용설명서 작성(표시결함) 시 유의사항

(2) 제조물책임 방어대책(PLD)

가. 사고발생 전의 방어대책(사내의 PL 대응체제 구축)

1. PL 전담부서(민원창구) 또는 PL 위원회를 설치·운영하여 소비자가 언제든지 제품에 대한 불만을 토로할 수 있는 체제를 구축한다.
2. 클레임(배상청구)에 대하여 진지하게 상담할 수 있는 창구를 갖추어야 한다.

나. 사고발생 전의 방어대책(사내의 문서관리 체제정비)

1. 설계 관련 문서(당시의 안전기준 포함)
2. 외주, 납품 관련 문서(설계지시서 포함)

3. 제조공정, 품질관리, 검사성적서 등의 결과
4. 판매문서, 계약서, CM 관련 자료
5. 애프터서비스, 리콜 등에 대한 기록

다. 사고발생 전의 방어대책(관련 기업과 책임관계의 명확화)
1. 사고원인 규명, 손해배상 및 구상권 행사에 관한 사항
2. PL 사고 방어 및 협력에 관한 사항
3. 정보제공, PL 보험 가입 등에 관한 사항
4. PL 보험 가입 또는 손해배상 충담금의 적립

라. 사고발생 후의 방어대책(PL 분쟁의 해결체제 구축)
사내 민원창구 설치, 결함원인 규명, 피해자 교섭, 소송대책 등

마. 사고발생 후의 방어대책(리콜체제의 정비)
1. 사고의 우려가 있는 제품에 대하여 리콜을 실시하여 분쟁을 미연에 방지한다.
2. 사고정보의 피드백시스템 정비 등을 통해 재발방지 체계를 구축한다.
3. PL 보험 가입 등을 통한 위험을 분산한다.

바. 사고발생 후의 방어대책(소송대응 체제 조기화해 제도의 확립)
1. PL 분쟁이 야기되는 경우 변호사와 전문가의 자문을 받을 수 있는 소송대응 체제를 정비한다.
2. 재판 외 분쟁처리기관(대한상사중재원)을 활용하여 소송 전 단계에서 기업이 적극적으로 PL 보험 가입 등을 통한 위험을 분산한다.

사. 사고발생 후의 방어대책(PL 보험 가입 등을 통한 위험의 분산)

2 근골격계질환(Muscular Skeletal Disorders, MSD) 및 근골격계 부담작업과 관련된 내용이다.

(1) 근골격계질환의 작업자 요인, 작업장 요인, 사회심리적 요인으로 구분하여 각각 4가지씩 설명하시오.

(2) 근골격계 부담작업과 관련하여 손, 손목 부위에 주로 발생되는 수근(손목뼈)관 증후군(Carpal Tunnel Syndrome), 방아쇠 손가락(Trigger Finger), 백색수지증(White Finger)의 발생원인과 증상에 관하여 각각 설명하시오.

(3) 손, 손목 부위의 근골격계질환 중 수근관증후군을 측정할 수 있는 객관적 검사 3가지를 쓰시오.

풀이

(1) 가. 근골격계질환의 작업자 요인
1. 과거병력
2. 생활습관 및 취미
3. 작업경력
4. 작업습관

나. 근골격계질환의 작업장 요인
1. 반복성

2. 부자연스런 또는 취하기 어려운 자세
3. 과도한 힘
4. 접촉스트레스

다. 근골격계질환의 사회심리적 요인
1. 직무스트레스
2. 작업만족도
3. 근무조건
4. 휴식시간

(2) 가. 수근(손목뼈)관 증후군
1. 발생원인
손목의 수근터널을 통과하는 신경을 압박함으로써 발생
손목이 꺾인 상태나 과도한 힘을 준 상태에서 반복적 손 운동을 할 때 발생
조립 작업 등과 같이 엄지와 검지로 집는 작업자세가 많은 경우 손목의 정중신경 압박으로 발생
2. 증상
손과 손가락의 통증, 마비, 쑤심, 발진, 특히 엄지, 둘째, 셋째, 및 넷째 손가락의 감각저하나 소실을 유발
신경마비 악력의 약화, 때때로 증상이 주간에만 나타난다.

나. 방아쇠 손가락(Trigger Finger)
1. 발생원인
손잡이 자루가 달린 기구나 운전대 등을 장시간 손에 쥐는 작업을 할 경우
손잡이를 쥐고 하는 운동 때문에 반복적으로 손바닥이 마찰되면서 발생
2. 증상
마찰이 일어나는 부위에 통증을 느끼게 되며, 방아쇠 소리와 유사한 '딸깍' 거리는 마찰음이 들림
아픈 손가락을 손등 쪽으로 늘려주는 동작을 하면 심한 통증을 호소하며, 간혹 만져지는 결절이 있음
손가락이 굽혀지거나 펴지지 않는 증상이 나타남

다. 백색수지증(White Finger)
1. 발생원인
진동으로 인하여 손과 손가락으로 가는 혈관이 수축하고, 추운 환경에서 진동을 유발하는 진동공구를 사용하는 경우에 발생
2. 증상
손가락이 하얗게 되며 저리고 아프고 쑤시는 현상이 발생
손가락의 감각과 민첩성이 떨어지고 혈류의 흐름이 원활하지 못하며, 악화되면 손 끝에 괴사가 일어남

(3) 가. 수근관증후군의 객관적 검사 방법
1. 손목 굴곡 검사
2. 신경 타진 검사
3. 신경 근전도 검사
4. 단순 방사선 검사

3 작업 표준시간을 측정하는 여러 방법 중 워크샘플링(Work Sampling)이 있다. 아래 물음에 답하시오.

(1) 워크샘플링의 종류, 오차에 대하여 각각 3가지를 쓰시오.
(2) 워크샘플링의 절차를 쓰시오.
(3) 워크샘플링의 장점, 단점에 관하여 각각 4가지를 쓰시오.

풀이

(1) 워크샘플링의 종류와 오차는 다음과 같다.
가. 워크샘플링의 종류
1. 퍼포먼스 워크샘플링
2. 체계적 워크샘플링
3. 계층별 워크샘플링
나. 워크샘플링의 오차
1. 샘플링 오차: 샘플에 의하여 모집단의 특성을 추론할 경우 그 결과는 필연적으로 샘플링 오차를 포함하게 되므로, 샘플의 사이즈를 크게 하여 오차를 줄이도록 한다.
2. 편의(bias): 편의는 관측자 혹은 피관측자의 고의적이고 의식적인 행동에 의하여 관측이 실시되는 과정에서 발생한다. 편의는 계획일정의 랜덤화를 통해서, 또한 연구결과에 의해 작업자가 손해 보지 않는다는 상호 신뢰하는 분위기 조성에 의해서 막을 수 있다.
3. 대표성의 결여: 추세나 계절적 요인을 충분히 반영해야 한다.

(2) 워크샘플링의 절차는 다음과 같다.
가. 연구목적의 수립
나. 신뢰수준, 허용오차 결정
다. 연구에 관련되는 사람과 협의
라. 관측계획의 구체화
마. 관측 실시

(3) 워크샘플링의 장단점은 다음과 같다.
가. 워크샘플링의 장점
1. 관측을 순간적으로 하기 때문에 작업자를 방해하지 않으면서 용이하게 작업을 진행시킨다.
2. 조사기간을 길게 하여 평상시의 작업상황을 그대로 반영시킬 수 있다.
3. 사정에 의해 연구를 일시 중지하였다가 다시 계속할 수도 있다.
4. 한 사람의 평가자가 동시에 여러 작업을 동시에 측정할 수 있다. 또한 여러 명의 관측자가 동시에 관측할 수 있다.
5. 분석자에 의해 소비되는 총 작업시간이 훨씬 적은 편이다.
6. 특별한 시간측정 장비가 필요 없다.
나. 워크샘플링의 단점
1. 한 명의 작업자나 한 대의 기계만을 대상으로 연구하는 경우 비용이 커진다.
2. Time Study보다 덜 자세하다.
3. 짧은 주기나 반복작업인 경우 적당치 않다.
4. 작업방법 변화 시 전체적인 연구를 새로 해야 한다.

4 **제어장치 설계에 영향을 미치는 인자 중 제어장치의 식별(코드화)에 대하여 7가지를 설명하시오.**

풀이

코딩(암호화)의 종류는 다음과 같다.

가. 색코딩: 색에 특정한 의미가 부여될 때(예를 들어, 비상용 조종장치에는 적색) 매우 효과적인 방법이 된다.

나. 형상코딩: 조종장치는 시각뿐만 아니라 촉각으로도 식별 가능해야 하며, 날카로운 모서리가 없어야 한다. 조종장치에 대한 형상 코딩의 주요 용도는 촉감으로 조종장치의 손잡이나 핸들을 식별하는 것이다.

다. 크기코딩: 운용자가 적절한 조종장치를 선택하기 전에 촉감으로 구별하지 못할 때는 조종장치의 크기를 두 종류 혹은 많아야 세 종류만 사용하여야 한다(지름 1.3 cm, 두께 0.95 cm 차이 이상이면 촉각에 의해서 정확하게 구별할 수 있다).

라. 촉감코딩: 표면의 촉감을 달리하는 코딩을 할 수 있다. 흔히 사용되는 표면가공 중 매끄러운 면, 세로 홈, 깔쭉면 표면의 3종류로 정확하게 식별할 수 있다.

마. 위치코딩: 유사한 기능을 가진 조종장치는 모든 패널에서 상대적으로 같은 위치에 있어야 하며, 운용자는 조종장치가 그들의 정면에 있을 때 위치를 좀 더 정확하게 구별할 수 있다.

바. 작동방법코딩: 작동방법에 의해서 조종장치를 암호화하면 각 조종장치는 고유한 작동방법을 갖게 된다. 예를 들면, 하나는 밀고 당기는 종류이고, 다른 것은 회전식인 경우이다.

사. 라벨코딩: 문자-숫자 또는 상징 사용

5 **작업자가 작업대에 앉아 볼트에 록와셔, 강철와셔, 고무와셔의 세 가지 와셔를 조립하는 작업을 수행하고 있다. 먼저 왼손으로 작업자 정면에 있는 부품박스에서 볼트를 작업자 앞 조립 위치로 가져와 잡고 있고, 동시에 오른손은 부품박스에서 록와셔를 조립 위치로 가져와 조립하고, 이후 차례로 강철와셔, 고무와셔를 볼트에 조립한다. 조립품은 부품박스의 제일 왼쪽에 넣는다. 작업대와 부품박스는 다음 그림과 같다.**

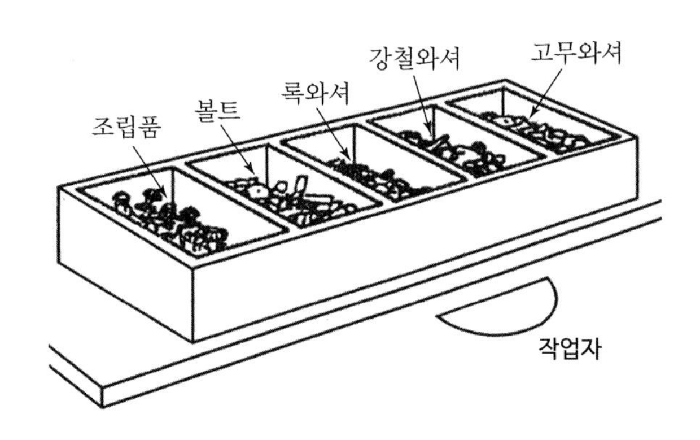

(1) 작업을 분석하여 동작경제원칙을 기준으로 문제점을 설명하시오.

(2) 설계 개선안을 그림으로 그리고, 개선 방안을 5가지 설명하시오.

풀이

(1) 동작경제원칙 기준의 문제점은 다음과 같다.

가. 양손이 동시에 동작을 시작하고, 끝마치지 않고 있다.

나. 양팔은 각기 반대 방향에서 대칭적으로 동시에 움직이지 않고 있다.

다. 동작의 관성을 이용하여 작업을 하도록 하되, 작업자가 관성을 억제하여야 하는 경우에는 발생되는 관성을 최소한도로 줄여야 하나 그렇게 하지 못하고 있다.

라. 중력을 이용한 부품상자나 용기를 이용하여 부품을 부품 사용 장소에 가까이 보내지 못하고 있다.

마. 치구 등을 이용하지 못하고 있다.

(2) 개선방안은 다음과 같다.

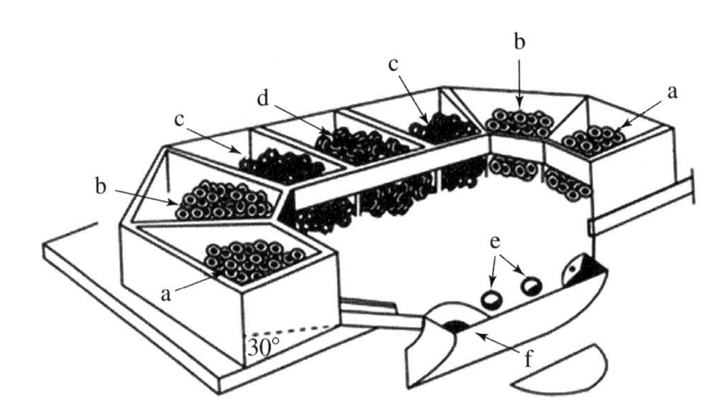

a: 고무와셔, b: 강철와셔, c: 록와셔, d: 볼트, e: 조립용 구멍, f: 슈트구멍

가. 부품의 높이가 작은 부품을 먼저, 큰 부품을 나중에 삽입한다.

나. 가급적 양손을 이용한 삽입 작업이 가능하도록 설계한다.

다. 삽입 순서는 위에서 아래로, 바깥에서 안쪽으로 등의 흐름이 존재하도록 설계한다.

라. 부품이 흘러내리도록 부품 용기를 기울여서 배치하여 부품을 잡기가 용이하고 이동 거리를 적게 한다.

마. 아래 그림과 같이 삽입 부품과 연계해서 부품 용기를 배치하여 기억하기 쉽고, 불필요한 이동이 적게 한다.

바. 꽂는 작업에서 오류 발생확률이 높으니, 3개의 와셔를 먼저 합치고, 3개를 한꺼번에 볼트에 삽입하도록 한다.

사. 조립품을 중력을 이용해서 작업대 밑으로 떨어뜨려 모은다.

6 상향식 방식(Bottom-up processing)과 하향식 방식(Top-down processing)의 지각과정을 각각 설명하시오.

풀이

(1) 상향처리(bottom-up processing)

지각의 상향식 처리는 정보처리의 연속에서 가장 낮은 수준으로부터 높은 수준으로 이동하는 처리 단계를 말한다. 즉, 감각 정보가 수용기세포(bottom)를 통해 입력되고, 뇌(top)로 전달되어 해석되는 일방향적 과정을 말한다. 예를 들어, 책상을 지각한다는 것은 책상의 물리적 속성(빛의 파장, 형태, 거리)이 망막의 수용기를 자극하고 시신경을 통해 대뇌의 시각피질에 투사됨으로써 뇌는 "책상이다"라고 지각하게 된다.

(2) 하향처리(top-down processing)

지각의 하향식 처리는 상향식 처리만으로 파악되지 않을 때, 뇌 속의 정보와 보이는 물체를 비교하고 분석하여 결정하게 된다. 애매한 그림을 분석하고 결정하는 단계는 주로 하향식 정보처리에 의해 지배된다. 하향식 처리를 통한 지각은 개인의 과거 경험, 지식, 기대, 기억, 동기, 문화적 배경, 그리고 언어 등 다양한 요소가 작용한다. 예를 들어, 밤길에 먼 곳에서 번뜩이는 불빛을 보았다면 순간 기억 속에서는 반짝이는 물건에는 무엇이 있는지 찾아 '자동차 불빛' 등으로 지각적 추론을 하게 된다.

인간공학기술사 2020년 4교시 문제풀이

※ 다음 문제 중 4문제를 선택하여 설명하시오. (각 문제당 25점)

1 교대작업에 대한 내용으로 아래 물음에 답하시오.

(1) 교대제 순환 속도에 따른 유형 3가지를 설명하시오.

(2) 교대작업자를 배치할 때 업무적합성 평가가 필요한 근로자 건강상태 유형 6가지를 쓰시오.

풀이

(1) 교대제 순환 속도 유형은 다음과 같다.

가. 1일: 교대주기가 상대적으로 짧아 작업자의 피로를 유발시킨다.

나. 2주일: 교대주기가 상대적으로 적정하며 다음 교대 시 작업시간에 따른 생체리듬 적응시간이 조금 부족하나 사회활동에 제약이 적다.

다. 1년: 교대주기가 상대적으로 길며 다음 교대 시 작업자가 작업시간에 따른 생체리듬 적응시간이 길어져 작업 적응에는 좋지만, 사회활동에 여러 가지 제약이 발생하여 스트레스가 커질 수 있다.

(2) 교대작업자로 배치할 때 업무적합성 평가가 필요한 근로자 건강상태 유형은 다음과 같다.

가. 간질 증상이 잘 조절되지 않는 근로자

나. 불안정 협심증(Unstable angina) 심근경색증 병력이 있는 관상동맥질환자

다. 스테로이드치료에 의존하는 천식 환자

라. 혈당이 조절되지 않는 당뇨병 환자

마. 혈압이 조절되지 않는 고혈압 환자

바. 교대작업으로 인하여 약물 치료가 어려운 환자(예를 들면, 기관지확장제 치료 근로자)

사. 반복성 위궤양 환자

아. 증상이 심한 과민성대장증후군(Irritable bowel syndrome)

자. 만성 우울증 환자

차. 교대제 부적응 경력이 있는 근로자

2 어두운 곳에서는 아주 작은 불빛으로도 변화를 감지하지만, 환한 대낮에는 밝은 불빛도 그다지 밝게 느껴지지 않는다. 그 이유를 설명하시오.

풀이

(1) 상대식별: 웨버의 법칙(Weber's law)
물리적 자극을 상대적으로 판단하는 데 있어 특정 감각의 변화감지역은 기준자극의 크기에 비례한다. 웨버의 비가 작을수록 감각의 분별력이 뛰어나다.

$$\text{웨버의 비} = \frac{\text{변화감지역}}{\text{기준자극의 크기}}$$

여기서, 변화감지역(Just Noticeable Difference; JND)은 두 자극 사이의 차이를 식별할 수 있는 최소 강도의 차이를 말한다.

(2) 환한 대낮에는 밝은 불빛도 밝게 느껴지지 않는 이유는 다음과 같다.
시각의 웨버의 비가 동일하다고 할 때, 어두운 곳에서는 기준자극의 크기가 매우 작아서 아주 작은 불빛 즉, 작은 변화만으로도 변화를 감지한다. 하지만, 환한 대낮에는 기준자극의 크기가 매우 커서, 밝은 불빛도 그다지 차이가 느껴지지 않는다.

3 다음 제시된 사항을 반영하여 ASME(American Society of Mechanical Engineers)에서 정의한 기호를 이용하여 작업공정도를 작성하시오.

- 부품 A는 2분간 가공 후 검사(1분)되고 조립(2분)된다.
- 부품 B는 완제품으로 입고된다.
- 부품 C는 2분 걸리는 작업 후 부품 A, B와 함께 하나의 제품으로 조립(1분)된다.
- 조립품은 최종 품질검사(2분) 후 포장(1분)된다.

풀이

(1) 공정도(ASME) 기호
가. 가공 ○: 작업목적에 따라 물리적 또는 화학적 변화를 가한 상태 또는 다음 공정 때문에 준비가 행해지는 상태를 말한다.
나. 운반 ⇨: 작업 대상물이 한 장소에서 다른 장소로 이전하는 상태이다.
다. 정체 D: 원재료, 부품, 또는 제품이 가공 또는 검사되는 일이 없이 정지되고 있는 상태이다.
라. 저장 ▽: 원재료, 부품 또는 제품이 가공 또는 검사되는 일이 없이 저장되고 있는 상태이다.
마. 검사 □: 물품을 어떠한 방법으로 측정하여 그 결과를 기준으로 비교하여 합부 또는 적부를 판단한다.

(2) 작업공정도 작성

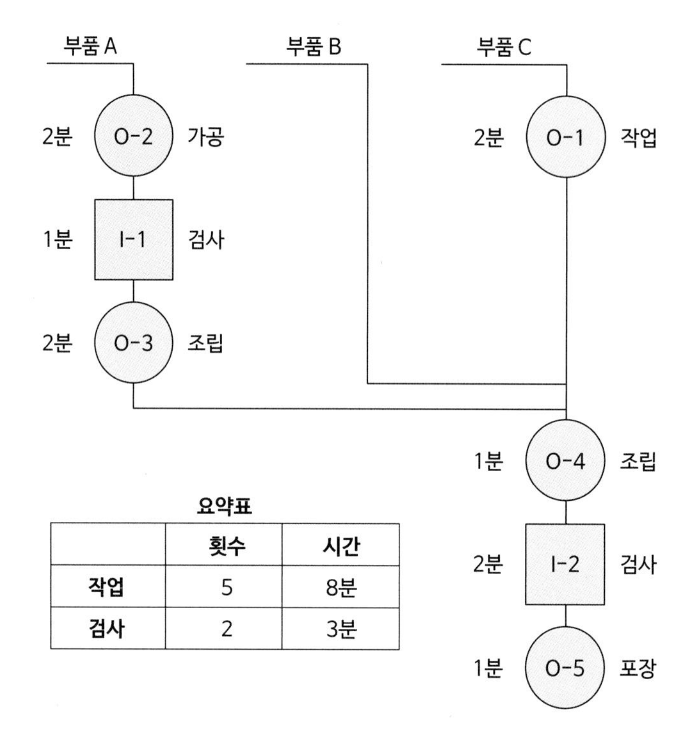

4 인간의 의식수준을 뇌파 형태, 의식의 상태, 의식의 작용, 신뢰성과 연관하여 단계별로 설명하시오.

풀이

(1) 뇌파 형태

가. δ(델타)파: 4 Hz 이하의 진폭이 크게 불규칙적으로 흔들리는 파
나. θ(세타)파: 4~8 Hz의 서파
다. α(알파)파: 8~14 Hz의 규칙적인 파
라. β(베타)파: 14~30 Hz의 저진폭
마. γ(감마)파: 30 Hz 이상의 파

(2) 의식의 상태, 작용, 신뢰성

단계	의식의 모드	의식의 작용	행동상태	신뢰성	뇌파 형태
제0단계	무의식, 실신	없음(zero)	수면, 뇌발작	0	δ파
제I단계	정상 이하, 의식둔화(의식 흐림)	부주의(inactive)	피로, 단조로움, 졸음	0.9 이하	θ파

제II단계	정상(느긋한 기분)	수동적(passive)	안정된 행동, 휴식, 정상작업	0.99~0.99999	α파
제III단계	정상(분명한 의식)	능동적(active), 위험예지, 주의력 범위 넓음	판단을 동반한 행동, 적극적 행동	0.999999 이상	$\alpha \sim \beta$파
제IV단계	과긴장, 흥분상태	주의의 치우침, 판단정지	감정흥분, 긴급, 당황과 공포반응	0.9 이하	β파

5 작업장 설계 및 개선에 관한 내용으로 아래 물음에 답하시오.

(1) 그림의 조립 작업장에서 인간공학적 측면의 문제점과 개선방안을 설명하시오.

(2) 작업장에서 좌식작업, 입식작업, 입좌식작업으로 분류하였을 때 각각 작업장 특성을 설명하시오.

(3) 입식작업에 비해 좌식작업의 상대적 장점을 설명하시오.

풀이

(1) 가. 인간공학적 측면의 문제점

1. 작업대
   - 작업에 필요한 기구를 적절하게 배치할 수 없는 작업대 넓이
   - 작업자의 다리 주변에 충분한 공간을 미확보
   - 높이가 조절되지 않는 작업대
2. 의자
   - 불안정적이며, 이동이 부자유
   - 높이가 조절되지 않는 의자
   - 등받이가 없음

–팔걸이가 없음
–불충분한 의자 깊이 및 폭

3. 기타
–발받침이 없음
–손목지지대 없음

나. 인간공학적 측면의 개선방안

1. 작업대
–작업에 필요한 기구를 적절하게 배치할 수 있도록 충분한 넓이
–작업자의 다리 주변에 충분한 공간을 확보
–높이가 조절되지 않는 경우에는 바닥면에서 작업대 높이가 60~70 cm 범위에 있는 것을 선택
–높이조절이 가능한 경우에는 바닥면에서 작업대 표면까지의 높이가 65 cm 전후에서 작업자의 체형에 알맞도록 조절하여 고정

2. 의자
–안정적이며, 이동과 회전이 자유롭고 미끄러지지 않는 구조
–바닥면에서 앉는 면까지 높이는 눈과 손가락의 위치를 조절할 수 있도록 적어도 35~45 cm (40 ± 5 cm)의 범위 내에서 조절
–충분한 넓이의 등받이 높이 및 각도의 조절
–조절 가능한 팔걸이
–끝부분에서 등받이까지의 깊이가 38~42 cm, 의자의 앉는 면은 미끄러지지 않는 재질과 구조, 폭 40~45 cm

3. 기타
–각도와 높이 조절 가능한 발받침 제공
–연약한 피부 주변 반복압박에 좋은 손목지지대 제공

(2) 작업유형에 따른 작업자세 선택흐름도

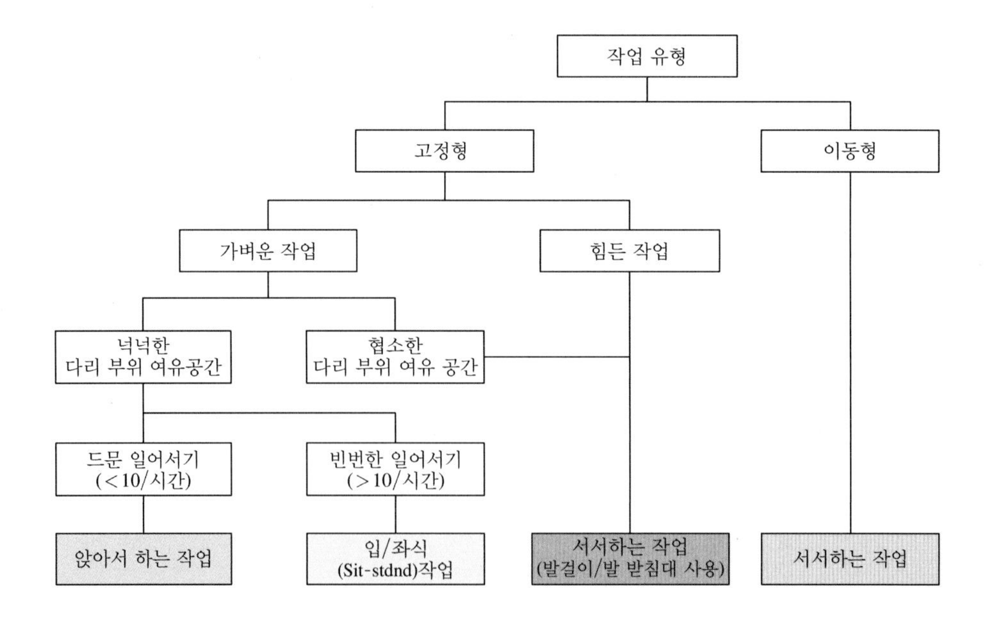

(3) 입식작업에 비해 좌식작업의 상대적 장점은 다음과 같다.
가. 정밀함을 필요로 하는 작업에 적합
나. 작업자로 하여금 작업에 필요한 안정된 자세를 갖게하여 작업에 직접 필요치 않은 신체 부위(다리, 발, 몸통 등)를 휴식시킬 수 있음

6 근골격계 부담작업 범위와 관련된 다음 물음에 답하시오.

(1) 근골격계 부담작업 11가지 중 들기작업과 관련된 내용을 일일무게 및 작업빈도를 포함하여 3가지에 대하여 설명하시오.

(2) NIOSH에서 권장무게한계(RWL, Recommended Weight Limit)와 관련하여 들기지침의 주요 평가 계수 중 HM, VM, AM, DM에 관해서 각각 환산공식 및 계수가 "0"이 되는 조건을 포함하여 설명하시오.

(3) NIOSH의 NLE(NIOSH Lifting Equation)를 적용할 수 없는 작업조건에 대하여 10가지를 쓰시오.

풀이

(1) 들기작업과 관련된 11가지 근골격계 부담작업 중 들기작업과 관련된 내용은 다음과 같다.
가. 근골격계 부담작업 제8호: 하루에 10회 이상 25 kg 이상의 물체를 드는 작업
나. 근골격계 부담작업 제9호: 하루에 25회 이상 10 kg 이상의 물체를 무릎 아래에서 들거나, 어깨 위에서 들거나, 팔을 뻗은 상태에서 드는 작업
다. 근골격계 부담작업 제10호: 하루에 총 2시간 이상, 분당 2회 이상 4.5 kg 이상의 물체를 드는 작업

(2) NIOSH 권장무게한계(RWL, Reccommended Weight Limit) 상수 설명은 다음과 같다.
가. HM(수평계수, Horizontal Multiplier): 발의 위치에서 중량물을 들고 있는 손의 위치까지의 수평거리
$HM = 25/H, (25 \text{ cm} \le H \le 63 \text{ cm})$
$= 1, (H \le 25 \text{ cm})$
$= 0, (H > 63 \text{ cm})$
나. VM(수직계수, Vertical Multiplier): 바닥에서 손까지의 수직거리
$VM = 1-(0.003 \times |V-75|), (0 \text{ cm} \le \text{V} \le 175 \text{ cm})$
$= 0, (V > 175 \text{ cm})$
다. AM(비대칭계수, Asymmetric Multiplier): 중량물이 몸의 정면에서 몇 도 어긋난 위치에 있는지 나타내는 각도
$AM = 1-0.0032 \times A, (0° \le A \le 135°)$
$= 0, (A > 135°)$
라. DM(거리계수, Distance Multiplier): 중량물을 들고 내리는 수직방향의 이동거리의 절댓값
$DM = 0.82 + 4.5/D, (25 \text{ cm} \le D \le 175 \text{ cm})$
$= 1, (D \le 25 \text{ cm})$
$= 0, (D > 175 \text{ cm})$

(3) NLE를 적용할 수 없는 작업조건은 다음과 같다.

가. 한 손으로 중량물을 취급하는 경우

나. 8시간 이상 중량물을 취급하는 작업을 계속하는 경우

다. 앉거나 무릎을 굽힌 자세로 작업을 하는 경우

라. 균형이 맞지 않는 중량물을 취급하는 경우

마. 운반이나 밀거나 당기는 작업에서의 중량물 취급

바. 빠른 속도로 중량물을 취급하는 경우(약 75 cm/초를 넘어가는 경우)

사. 바닥면이 좋지 않은 경우(지면과의 마찰계수가 0.4 미만의 경우)

아. 온도/습도 환경이 나쁜 경우(온도 19~26℃, 습도 35~50%의 범위에 속하지 않는 경우)

자. 제한된 공간에서 작업

차. 손수레나 삽으로 작업

인간공학기술사 2019년 1교시 문제풀이

※ 다음 문제 중 10문제를 선택하여 설명하시오. (각 문제당 10점)

1 **인간-기계 시스템에서 직렬성분(Components in Series)과 병렬성분(Components in Parallel)이 무엇인지 설명하고, 전체 시스템의 신뢰도 측면에서 두 성분을 비교하시오.**

풀이

(1) 직렬성분

제어계가 n개의 요소로 만들어져 있고 각 요소의 고장이 독립적으로 발생하는 것이면, 어떤 요소의 고장도 제어계의 기능을 잃은 상태로 있다고 할 때에 신뢰성 공학에는 직렬이라 하고 다음과 같이 나타낸다.

$$R_S = R_1 \cdot R_2 \cdot R_3 \cdots R_n = \prod_{i=1}^{n} R_i$$

(2) 병렬성분

항공기나 열차의 제어장치처럼 한 부분의 결함이 중대한 사고를 일으킬 염려가 있을 경우에는 병렬연결을 사용한다. 이는 결함이 생긴 부품의 기능을 대체시킬 수 있는 장치를 중복 부착시켜 두는 시스템이다. 합성된 요소 또는 시스템의 신뢰도는 다음 식으로 계산된다.

$$R_p = 1 - \{(1-R_1)(1-R_2) \cdots (1-R_n)\} = 1 - \prod_{i=1}^{n}(1-R_i)$$

(3) 전체 시스템의 신뢰도 측면에서 두 성분을 비교

가. 직렬 시스템의 경우 요소 중 어느 하나가 고장나면 시스템 전체가 고장나며, 병렬 시스템의 경우 요소 중 어느 하나가 정상이면 시스템은 정상으로 작동된다.

나. 시스템의 높은 신뢰도를 안정적으로 유지하기 위해서는 직렬 시스템보다 병렬 시스템으로 설계하여야 한다.

다. 요소의 개수가 증가 할수록 병렬 시스템의 신뢰도는 증가하지만 직렬 시스템의 경우 시스템의 신뢰도가 감소한다.

라. 일반적으로 병렬 시스템으로 구성된 시스템은 직렬 시스템으로 구성된 시스템보다 비용이 증가한다.

마. 병렬 시스템의 경우 요소의 중복도가 늘수록 시스템의 수명은 늘어나지만 직렬 시스템의 경우 수명은 감소한다.

2 인간공학의 연구방법을 묘사연구, 실험연구, 평가연구로 나눌 때 각 연구방법의 목적을 설명하시오.

풀이

(1) 묘사연구(descriptive study): 현장 연구로 인간기준을 사용
현상이나 모집단의 특성에 대한 분포발생빈도 등의 특성을 파악하여 관련 변수들 사이의 상호관계 정도를 파악하는 데 목적이 있다.

(2) 실험연구(experimental research): 작업성능에 대한 모의실험
통제된 상황에서 독립변수를 인위적으로 조작하여 그것이 종속변수에 어떠한 영향을 미치는가를 객관적인 방법으로 측정 및 분석하여 변수들 간의 인과관계를 밝히는 데 목적이 있다.

(3) 평가연구(evaluation research): 체계성능에 대한 man-machine system이나 제품 등을 평가
정보를 수집하고 분석하는 과정을 통해 어떤 특정 프로그램의 성공 여부를 판단하는 데 목적이 있다.

3 인간공학적인 수공구의 설계원리 5가지를 쓰시오.

풀이

인간공학적인 수공구의 설계원리는 다음과 같다.
가. 수동공구 대신에 전동공구를 사용한다.
나. 가능한 손잡이의 접촉면을 넓게 한다.
다. 제일 강한 힘을 낼 수 있는 중지와 엄지를 사용한다.
라. 손잡이의 길이가 최소한 10 cm는 되도록 설계한다.
마. 손잡이가 두 개 달린 공구들은 손잡이 사이의 거리를 알맞게 설계한다.
바. 손잡이의 표면은 충격을 흡수할 수 있고, 비전도성으로 설계한다.
사. 공구의 무게는 2.3 kg 이하로 설계한다.

4 다음과 같이 4가지 버너를 사용할 때, 그림 I 버너가 가장 오류가 적었으나 사용자는 그림 II 버너를 가장 선호하였다. 다음 물음에 답하시오.

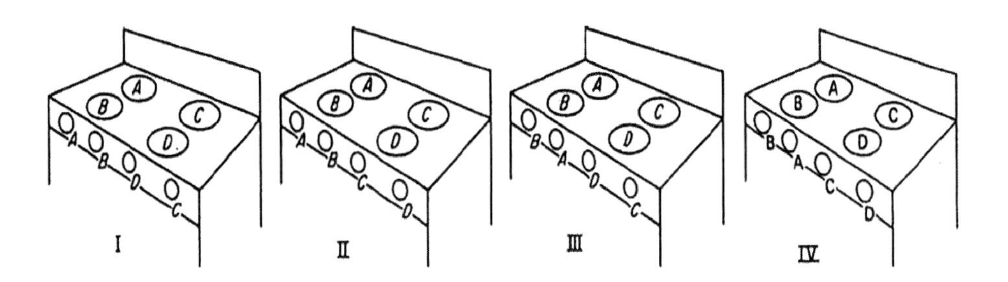

(1) 이와 관련된 양립성의 종류와 정의를 쓰시오.
(2) 객관적인 오류와 주관적인 선호도의 결과가 다를 경우, 이를 해결하기 위한 방안을 설명하시오.

풀이

(1) 공간양립성: 공간적 구성이 인간의 기대와 양립하는 것을 의미한다.

(2) 조절장치의 설계 시 표시장치와 이에 대응하는 조절장치 간의 실체적(physical) 유사성이나 이들의 배열 혹은 비슷한 표시(조절)장치군들의 배열 등을 고려하여 객관적 오류와 주관적 선호도를 일치하도록 개선이 필요하다. 즉, 사용자에게 각 불판이 어느 조절장치를 사용하면 될 것인가에 대한 암시를 줄 수 있도록 조절장치의 위치를 불판의 위치와 일직선상에 있도록 재설계하여 단순화하여야 한다.

5 다음 물음에 답하시오.

(1) Swain이 제시한 휴먼에러(Human Error) 분류 방법에 따른 5가지 에러 유형을 설명하시오.
(2) 실수(Slip)와 착오(Mistake)의 차이를 설명하시오.

풀이

(1) Swain의 에러 유형은 다음과 같다.
가. 부작위 에러, 누락에러(omission error): 필요한 작업 또는 절차를 수행하지 않는 데 기인한 에러
나. 시간에러(time error): 필요한 작업 또는 절차의 수행 지연으로 인한 에러
다. 작위에러, 행위에러(commission error): 필요한 작업 또는 절차의 불확실한 수행으로 인한 에러
라. 순서에러(sequential error): 필요한 작업 또는 절차의 순서 착오로 인한 에러
마. 불필요한 행동에러(extraneous error): 불필요한 작업 또는 절차를 수행함으로써 기인한 에러

(2) 가. 실수(Slip): 의도는 올바른 것이지만 반응의 실행이 올바른 것이 아닌 경우
나. 착오(Mistake): 부적합한 의도를 가지고 행동으로 옮긴 경우

6 광삼(Irradiation) 현상에 대하여 설명하시오.

풀이

흰 모양이 주위의 검은 배경으로 번져 보이는 현상을 말한다.

7 다음 물음에 답하시오.

(1) 작업공간 포락면과 파악한계의 의미를 설명하시오.
(2) 정상 작업역과 최대 작업역의 차이를 설명하시오.

풀이

(1) 가. 작업공간 포락면: 한 장소에서 앉아서 수행하는 작업활동에서 사람이 작업하는 데 사용하는 공간을 말한다. 포락면을 설계할 때에는 물론 수행해야 하는 특정 활동과 공간을 사용할 사람의 유형을 고려하여 상황에 맞추어 설계해야 한다.
나. 파악한계: 앉은 작업자가 특정한 수작업기능을 편히 수행할 수 있는 공간의 외곽 한계이다.

(2) 가. 정상 작업역: 상완(上腕)을 자연스럽게 수직으로 늘어뜨린 채, 전완(前腕)만으로 편하게 뻗어 파악할 수 있는 구역(34~45 cm)이다.
나. 최대 작업역: 전완과 상완을 곧게 펴서 파악할 수 있는 구역(55~65 cm)이다.

8 사용자의 특성 이해를 위한 페르소나(Personas)에 대하여 설명하시오.

풀이

페르소나는 어떤 제품 혹은 서비스를 사용할 만한 목표 인구 집단 안에 있는 다양한 사용자 유형들을 대표하는 가상의 인물이다. 페르소나는 어떤 제품이나 혹은 서비스를 개발하기 위하여 시장과 환경 그리고 사용자들을 이해하기 위해 사용되는데, 어떤 특정한 상황과 환경 속에서 어떤 전형적인 인물이 어떻게 행동할 것인가에 대한 예측을 위해 실제 사용자 자료를 바탕으로 개인의 개성을 부여하여 만들어진다. 페르소나는 가상의 인물을 묘사하고 그 인물의 배경과 환경 등을 설명하는 문서로 꾸며지는데 가상의 이름, 목표, 평소에 느끼는 불편함, 그 인물이 가지는 필요(needs) 등으로 구성된다. 소프트웨어 개발, 가전제품 개발, 인터랙션 디자인 개발 등의 분야에서 사용자 연구의 한 방법과 마케팅 전략 수립을 위한 자료로 많이 이용되고 있다.

9 음량의 측정 척도로 사용되는 Phon과 Sone에 대하여 설명하시오.

풀이

(1) Phon
가. 두 소리가 있을 때 그중 하나를 조정해 나가면 두 소리를 같은 크기가 되도록 할 수 있는데, 이러한 기법을 사용하여 정량적 평가를 하기 위한 음량수준척도를 만들 수 있다. 이때의 단위가 phon이다.
나. 어떤 음의 음량수준을 나타내는 phon값은 이 음과 같은 크기로 들리는 1,000 Hz 순음의 음압수준

(dB)을 의미한다.

다. phon은 여러 음의 주관적 등감도(equality)는 나타내지만, 상이한 음의 상대적 크기에 대한 정보는 나타내지 못하는 단점을 지니고 있다(예: 40 phon과 20 phon 음 간의 크기 차이 정도).

(2) Sone

가. 다른 음의 상대적인 주관적 크기에 대해서는 sone이라는 음량척도를 사용한다.

나. 40 dB의 1,000 Hz 순음의 크기(40 phon)를 1 sone이라 한다. 그리고 이 기준음에 비해서 몇 배의 크기를 갖느냐에 따라 음의 sone값이 결정된다. 기준음보다 10배 크게 들리는 음이 있다면 이 음의 음량은 10 sone이다.

다. 음량(sone)과 음량수준(phon) 사이에는 다음과 같은 공식이 성립된다.

sone값$=2^{(\text{phon값}-40)/10}$, (20 phon 이상의 순음 또는 복합음의 경우)

10 고용노동부 고시에 따른 근골격계 부담작업 제8호에 대하여 설명하시오.

풀이

하루에 10회 이상 25 kg 이상의 물체를 드는 작업을 말한다.

11 인간의 감각기능별 Weber비에 대하여 설명하시오.

풀이

상대식별: Weber의 법칙

물리적 자극을 상대적으로 판단하는 데 있어 특정 감각의 변화감지역은 기준자극의 크기에 비례한다. Weber비가 작을수록 감각의 분별력이 뛰어나다.

$$\text{Weber비}=\frac{\text{변화감지역}}{\text{기준자극의 크기}}$$

여기서, 변화감지역(Just Noticeable Difference; JND)은 두 자극 사이의 차이를 식별할 수 있는 최소 강도의 차이를 말한다.

12 근육 내의 포도당이 분해되어 근육 수준에 필요한 에너지를 만드는 과정은 산소의 이용여부에 따라 유기성 대사와 무기성 대사로 구분된다. 아래에 있는 대사과정에서 ( ) 안에 적절한 용어 또는 화학식을 쓰시오.

(1) 유기성 대사: 근육 내 포도당+산소 → (①)+(②)+열+에너지

(2) 무기성 대사: 근육 내 포도당+수소 → (③)+열+에너지

풀이

(1) 유기성 대사과정
   가. 산소가 충분히 공급되면 피루브산은 물과 이산화탄소로 분해되면서 많은 양의 에너지를 방출한다. 이 과정에 의해 공급되는 에너지를 통해 비교적 긴 시간 동안 작업을 수행할 수 있다.
   나. 유기성 대사: 근육 내 포도당+산소 → (CO_2)+(H_2O)+열+에너지

(2) 무기성 대사과정
   가. 충분한 산소가 공급되지 않을 때, 에너지가 생성되는 동안 피루브산이 젖산으로 바뀐다. 활동 초기에 순환계가 대사에 필요한 충분한 산소를 공급하지 못할 때 일어난다.
   나. 무기성 대사: 근육 내 포도당+수소 → (젖산)+열+에너지

13 NIOSH의 직무스트레스 요인을 3가지로 분류하고, 각 요인별로 2가지씩 예를 드시오.

풀이

(1) 작업요구: 작업부하, 작업속도/과정에 대한 조절권한, 교대근무
(2) 조직적 측면의 요인: 역할 모호성/갈등, 역할요구, 관리 유형, 의사결정 참여, 경력/직무 안정성, 고용의 불확실성
(3) 물리적인 환경: 소음, 한랭, 환기불량/부적절한 조명

인간공학기술사 2019년 2교시 문제풀이

※ 다음 문제 중 4문제를 선택하여 설명하시오. (각 문제당 25점)

1 표시장치로 나타낼 수 있는 다음 정보들을 설명하시오.

(1) 정량적 정보(Quantitative Information)
(2) 정성적 정보(Qualitative Information)
(3) 상황 정보(Status Information)
(4) 경고 정보(Warning Information)
(5) 묘사 정보(Representational Information)

풀이

(1) 정량적 정보(Quantitative Information): 변수의 정량적인 값

(2) 정성적 정보(Qualitative Information): 가변변수의 대략적인 값, 경향, 변화율, 변화방향 등

(3) 상황 정보(Status Information): 체계의 상황 혹은 상태

(4) 경고 정보(Warning Information): 비상 혹은 위험상황의 존재유무

(5) 묘사 정보(Representational Information): 사물, 지역, 구성 등을 사진, 그림 혹은 그래프로 묘사

2 **그림은 인간이 정보를 처리하는 단계를 나타낸 모델이다. 다음의 단계를 설명하시오.**

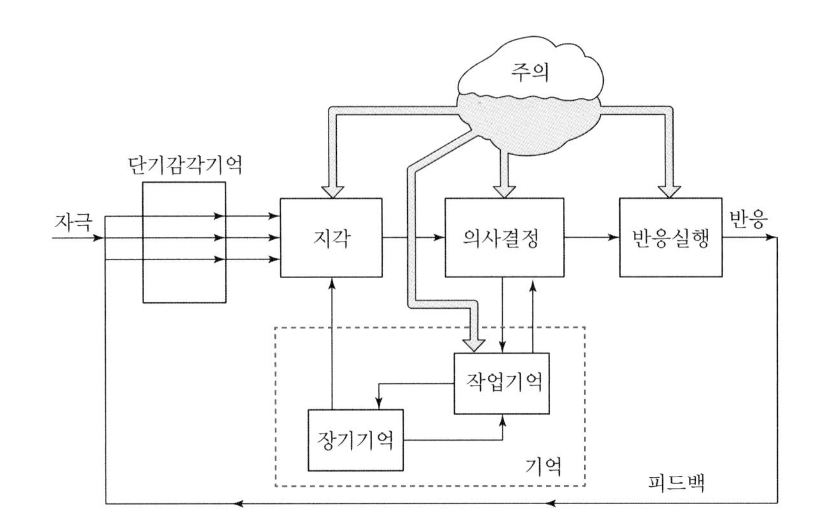

(1) 지각
(2) 작업기억
(3) 장기기억
(4) 의사결정
(5) 주의

풀이

(1) 지각
감각 수용기를 통해 입력된 정보에 의미를 부여하고 해석하는 과정을 지각이라 한다. 입력 정보들은 선택, 조직, 해석하는 과정을 통하여 자극을 감지하고 의미를 부여함으로써 종합적으로 해석된다.

(2) 작업기억
감각기관을 통해 입력된 시각적, 청각적 정보 등을 복송, 시공간 스케치북, 음운고리 등의 암호화를 통해 단기적으로 기억하며, 능동적으로 이해하고 조작하는 단계이다.

(3) 장기기억
작업기억 내의 정보는 의미론적으로 암호화되어 그 정보에 의미를 부여하고 장기기억에 이미 보관되어 있는 정보와 관련되어 장기기억에 이전된다.

(4) 의사결정
지각된 정보는 어떻게 행동할 것인지 의사결정을 해야 한다. 의사결정은 즉각 이루어질 수도 있으나, 지각된 정보를 바탕으로 계산, 추론, 유추 등의 복잡한 정보처리 과정이 요구되기도 한다.

(5) 주의
지각, 인지, 반응 선택 및 실행 과정에서의 정신적 노력으로, 주의 자원의 제한으로 필요에 따라 선택적으로 적용된다.

3 NASA(National Aeronautics and Space Administration)에서 개발한 작업부하 척도(Task Load Index)인 NASA-TLX의 평가 지표를 설명하시오.

풀이

(1) NASA-TLX는 1980년대 초반에 미 항국우주국(NASA)에서 개발한 주관적 작업부하 평가방법으로서, 해당 직무를 경험한 작업자에게 직접 질문을 하여 작업자가 느끼는 작업부하를 평가하는 방법이다.

(2) NASA-TLX의 6가지 척도는 다음과 같다.
가. 정신적 요구(Mental Demand)
나. 육체적 요구(Physical Demand)
다. 일시적 요구(Temporal Demand)
라. 수행(Performance)
마. 노력(Effort)
바. 좌절(Frustration)

4 Jakob Nielsen이 말한 사용편의성(Usability)의 5가지 속성에 대하여 설명하시오.

풀이

사용편의성(Usability)의 5가지 속성은 다음과 같다.
가. 학습용이성(learnability): 초보자가 제품의 사용법을 얼마나 배우기 쉬운가를 나타낸다.
나. 효율성(efficiency): 숙련된 사용자가 원하는 일을 얼마나 빨리 수행할 수 있는가를 나타낸다.
다. 기억용이성(memorability): 오랜만에 다시 사용하는 재사용자들이 사용방법을 얼마나 기억하기 쉬운가를 나타낸다.
라. 에러 빈도 및 정도(error frequency and severity): 사용자가 실수를 얼마나 자주 하는가와 실수의 정도가 큰지 작은지 여부, 그리고 실수를 쉽게 만회할 수 있는지를 나타낸다.
마. 주관적 만족도(subjective satisfaction): 제품에 대해 사용자들이 얼마나 만족하게 느끼고 있는가를 나타낸다.

5 신체의 열 생산과 주변 환경 사이의 열교환방정식을 쓰고, 고열작업자를 보호하기 위한 방안을 3가지 제시하시오.

풀이

(1) $\triangle S$(열축적) = M(대사) − E(증발) ± R(복사) ± C(대류) − W(수행한 일)
가. 신체가 열적 평형상태에 있으면 $\triangle S$는 0이다.
나. 불균형조건이면 체온이 상승하거나($\triangle S > 0$) 하강한다($\triangle S < 0$).

다. 대사에 의한 열 발생량 M은 항상 (+)를 나타내며, 증발 과정에서 E는 (−)를 나타낸다.
라. 열교환 과정은 기온이나 습도, 공기의 흐름, 주위의 표면 온도에 영향을 받는다. 뿐만 아니라 작업자가 입고 있는 작업복은 열교환 과정에 큰 영향을 미친다.

(2) 고열작업자를 보호하기 위한 방안은 다음과 같다.
가. 발생원에 대한 공학적 대책: 방열재를 이용한 방열방법, 작업장 내 공기를 환기시키는 전체 환기, 특정한 작업장 주위에만 환기를 하는 국소환기, 복사열의 차단, 냉방 등
나. 방열보호구에 의한 관리대책: 방열복과 얼음(냉각)조끼, 냉풍조끼, 수냉복 등의 보조냉각보호구 사용 등
다. 작업자에 대한 보건관리상의 대책: 개인의 질병이나 연령, 체질, 고온순화능력 등을 고려한 적성배치, 작업자들을 점진적으로 고열작업장에 노출시키는 고온순화, 작업주기단축 및 휴식시간, 휴게실의 설치 및 적정온도유지, 물과 소금의 적절한 공급 등

6 어느 생산현장의 작업공정 중 부품이 (a)와 같은 형태로 조립되어야 하나 일용 작업자 ㄱ씨가 (b)와 같이 조립하여 불량이 발생되었다. 다음 물음에 답하시오.

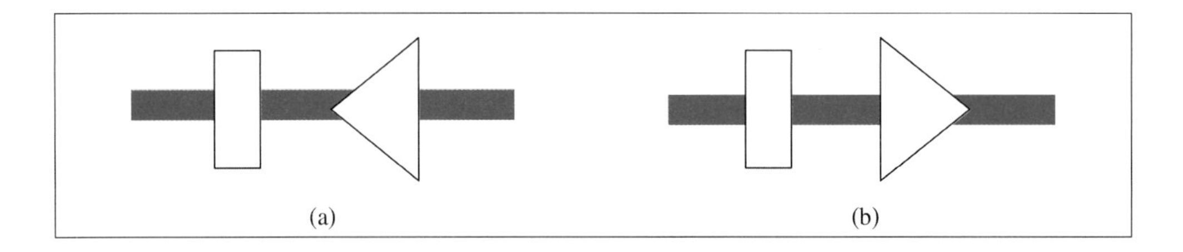

(1) 발생된 불량의 근본 원인에 대하여 설명하시오.
(2) 이러한 휴먼에러를 예방하기 위한 방안을 Reason의 스위스 치즈 모델을 이용하여 설명하시오.

풀이

(1) 작업자의 휴먼에러로 인해 불량품이 발생하였으며, 그 원인을 심리적인 요인과 물리적인 요인으로 분류할 수 있다. 먼저 심리적인 요인으로는 작업에 대한 지식 부족, 부주의와 소홀함, 태만, 걱정, 피로 등이 있으며, 물리적인 요인으로는 양립성(왼쪽 사각형에서 오른쪽으로 향하는 화살표를 암시하여 양립성 위배), 작업의 단조로움, 작업의 난이도, 기기의 공간적 배치 등을 원인으로 뽑을 수 있다.

(2) Reason의 스위스 치즈 모델에 의하면 보통 사고는 연속된 일련의 휴먼에러에 의해 발생하는 것이 일반적이고, 사고 이전에 오래전부터 사고 발생과 관련한 전조가 있게 마련이다. 다행히 시간축 상에서 사고방지를 위한 안전장치 등 방지체계가 잘 작동하면 휴먼에러와 사고는 방지될 수 있다. 그러나 방지체계나 인간은 완벽하지 않기에 결함(치즈의 구멍)이 있게 마련이고, 이러한 구멍들을 통해 일련의 사건이 전개된다면 그것이 최종적인 휴먼에러를 통해 사고로 이어지게 된다. 이 모델에서는 사고의 방지를 위해 휴먼에러 방지를 가장 우선시한다. 따라서, 휴먼에러의 방지를 위해서는 안전장치와 방치체계(시스템)들의 결함을 최소화하여, 인간의 휴먼에러 발생을 최소화 해야 한다.

해당 사고의 경우 휴먼에러를 근본적으로 없애기 위한 방안은 다음과 같다.
가. Fool Proof: 부품의 배치를 오류가 난 상태로는 아예 조립이 되지 않도록 한다.
나. Fail Safe: 부품의 배치를 오류가 난 상태로도 작동이 되도록 방향성을 없앤다.
다. 양립성: 아예 부품의 배치를 오류가 난 상태가 되도록 설계를 바꾼다.

인간공학기술사 2019년 3교시 문제풀이

※ 다음 문제 중 4문제를 선택하여 설명하시오. (각 문제당 25점)

1 신호탐지이론(Signal Detection Theory)은 작업자가 신호를 탐지할 때 영향을 미치는 요소인 민감도(Sensitivity)와 반응편중(Response Bias)을 정량적으로 측정하는 방법이다. 민감도와 반응편중의 정량화된 측정 방법에 대해 설명하시오.

풀이

(1) 민감도 측정 방법

민감도는 반응기준과는 독립적이며, 두 분포의 떨어진 정도(separation)를 말한다. 민감도는 d로 표현하며, 두 분포의 꼭짓점의 간격을 분포의 표준편차 단위로 나타낸다.

(2) 반응편중 측정 방법

반응기준을 나타내는 값을 반응편중(반응편향, 응답편견척도, response bias, β)이라고 하며, 반응기준점에서의 두 분포의 높이의 비로 나타낸다.

$\beta = b/a$

여기서,

a = 판정기준에서의 소음분포의 높이

b = 판정기준에서의 신호분포의 높이

반응기준선에서 두 곡선이 교차할 경우 $\beta = 1$이다.

반응기준이 교차점에서 오른쪽으로 이동할 경우($\beta > 1$) 이러한 사람은 보수적 성향이며,

반응기준이 교차점에서 왼쪽으로 이동할 경우($\beta < 1$) 이러한 사람은 모험적 성향이다.

2 정보이론에 대하여 다음 물음에 답하시오.

(1) 정보의 정의에 대하여 쓰시오.

(2) 1 bit의 의미를 쓰시오.

(3) 확률이 동일한 4가지 대안의 정보량을 계산하시오.

(4) 중복율(Redundancy)의 의미를 쓰시오.

(5) 밴드폭(Bandwidth)의 의미를 쓰시오.

풀이

(1) 정보란 관찰이나 측정을 통하여 수집한 자료를 실제 문제에 도움이 될 수 있도록 정리한 지식 또는 그 자료를 말한다.

(2) bit란 실현가능성이 같은 2개의 대안 중 하나가 명시되었을 때 우리가 얻는 정보량으로 정의된다. 대안이 2가지뿐이면 정보량은 1 bit이다.

(3) 실현가능성이 같은 n개의 대안이 있을 때 총 정보량: $H = \log_2 n$
실현가능성이 같은 4개의 대안이 있을 때 총 정보량: $H = \log_2 4 = 2$

(4) 데이터를 전송할 때 데이터의 정보를 중복해서 여러 번 같은 데이터를 송신하는 것을 의미하며, 이 정보를 중복률이라고 한다.

(5) 밴드폭이란 어떤 매체나 기기를 경유하여 정보를 전송할 때, 신호에 포함된 성분 주파수의 최고 주파수와 최저 주파수 사이의 주파수 영역을 의미한다.

3 정신적, 육체적 피로(Fatigue)의 측정방법 및 방지대책에 대하여 설명하시오.

풀이

(1) 정신부하 측정방법: 부정맥, 점멸융합주파수, 전기피부 반응, 눈 깜박거림, 뇌파 등

(2) 육체부하 측정방법: 근전도(EMG), 심전도(ECG), 산소소비량, 에너지소비량 등

(3) 피로의 방지대책은 다음과 같다.
가. 휴식과 수면을 취한다(가장 좋은 방법).
나. 충분한 영양(음식)을 섭취한다.
다. 산책 및 가벼운 체조를 한다.
라. 음악 감상, 오락 등에 의해 기분을 전환한다.
마. 목욕, 마사지 등의 물리적 요법 등을 행한다.

4 UX(User Experience) 디자인과 UI(User Interface) 디자인을 정의하고, UX/UI 디자인의 상호 관계성을 설명하시오.

풀이

(1) UX(User Experience) 디자인
제품의 외관에 관한 디자인뿐만 아니라 소비자들의 행동양식과 심리, 제품사용을 종합적으로 추적해 그 결과를 제품에 반영하는 것을 말한다.

(2) UI(User Interface) 디자인
사용방법에 관한 설계에서 인간을 고려하는 문제로 사용자 상호작용(user interface) 또는 사용자 인터페이스, 지적 인터페이스로 불린다. 물건을 사용하는 순서나 방법 등에 관한 설계에서는 사용자의 행동에 관한 특성정보를 이용하여야 한다.

(3) UX/UI 디자인의 상호 관계성
사용자 입장을 고려하고 사용자 경험을 바탕으로 사용자에게 '어떻게 보이고, 어떻게 작용하며, 무엇을 경험할 수 있는가'에 초점을 두고, 제품과 상호작용하는 데 영향을 줄 수 있는 인터페이스 요소와 interaction 요소까지를 고려하여 설계하는 과정이라고 할 수 있다.

5 카라섹(Karasek)의 직업성 긴장 모델(Job strain model)을 설명하고, 다음 그림의 집단 구분(A~D) 중 다른 세 집단보다 많은 직무스트레스를 경험하게 될 수 있는 집단을 고르시오.

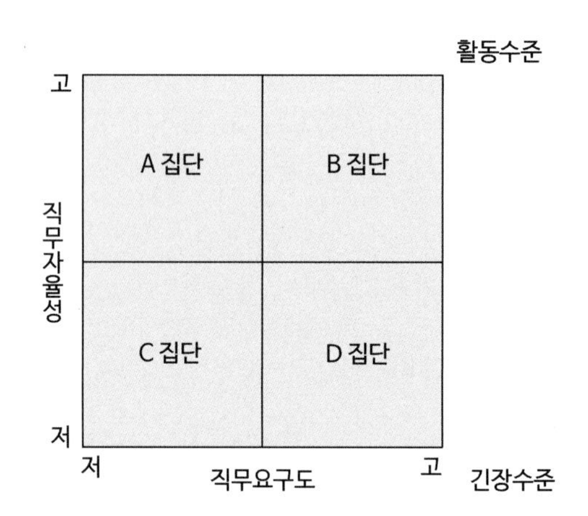

풀이

(1) 카라섹(Karasek)의 직업성 긴장 모델(Job strain model)
카라섹(Karasek)은 직무스트레스 및 그로 인한 생리적·정신적 건강에 대한 직무긴장도(Job Strain) 개념 및 모델을 개발하였다. 이에 따르면 직무스트레스는 작업환경의 단일측면으로부터 발생되는 것이 아니라, 작업상황의 요구정도와 그러한 요구에 직면한 작업자의 의사결정의 자유 범위의 관련된 부분으로 발생한다. 즉, 직무스트레스의 발생은 직무요구도와 직무재량의 불일치에 의해 나타난다고 보았다.

(2) 다른 세 집단보다 많은 직무스트레스를 경험하게 될 수 있는 집단
D집단(고긴장 집단)으로 직무요구도가 높고 직무자율성이 낮은 직업적 특성을 가지고 있다.

6 작업현장에서 청각장치의 사용이 시각장치의 사용보다 유리한 경우를 설명하시오.

풀이

청각장치가 시각장치보다 이로운 경우는 다음과 같다.

가. 전달정보가 간단하고 짧을 때
나. 전달정보가 후에 재참조되지 않을 경우
다. 전달정보가 시간적인 사상(event)을 다룰 때
라. 전달정보가 즉각적인 행동을 요구할 때
마. 수신자의 시각 계통이 과부하 상태일 때
바. 수신장소가 너무 밝거나 암조응 유지가 필요할 때
사. 직무상 수신자가 자주 움직이는 경우

인간공학기술사 2019년 4교시 문제풀이

※ 다음 문제 중 4문제를 선택하여 설명하시오. (각 문제당 25점)

1 **인간의 눈이 가지고 있는 다음의 능력에 대하여 설명하시오.**

(1) 조절능
(2) 시력
(3) 대비감도
(4) 순응
(5) 색 식별

풀이

(1) 조절능
눈의 수정체가 망막에 빛의 초점을 맞추는 능력을 말한다. 인간이 정상적인 조절능력을 가지고 있다면, 멀리 있는 물체를 볼 때는 수정체가 얇아지고, 가까이 있는 물체를 볼 때에는 수정체가 두꺼워진다.

(2) 시력
시력은 세부적인 내용을 시각적으로 식별할 수 있는 능력을 말한다. 여러 유형의 시력은 주로 망막 위에 초점이 맞추어지도록 수정체의 두께를 조절하는 눈의 조절능력에 달려 있다. 눈의 조절능력이 불충분한 경우 근시 또는 원시가 된다.

(3) 대비감도
물체의 배경으로부터 두드러지지 않는 물체를 뚜렷하게 식별해서 볼 수 있도록 하는 능력을 말한다.

(4) 순응
순응은 동공의 축소, 확대라는 기능에 의해 이루어진다. 갑자기 어두운 곳에 들어가면 아무것도 보이지 않게 되며, 또한 밝은 곳에 갑자기 노출되면 눈이 부셔서 보기 힘들다. 그러나 시간이 지나면 점차 사물의 현상을 알 수 있다. 이러한 새로운 광도수준에 대한 적응을 '순응'이라고 한다.

(5) 색 식별
색을 지각하는 것을 의미하며, 망막의 원추세포에 의해 일어난다. 적, 녹, 청의 삼원색에 대응하는 빛의 파장범위에 민감하며, 색을 인식하려면 원추세포가 활성화되어야 하기 때문에 어두운 상황에서는 그 기능이 감소하게 된다.

2 사람이 수행할 수 있는 다음의 동작에 대하여 각각 설명하시오.

(1) 독립동작(Discrete Movement)
(2) 반복동작(Repetitive Movement)
(3) 순차동작(Sequential Movement)
(4) 연속동작(Continuous Movement)
(5) 정치동작(Static Positioning)

풀이

(1) 독립동작(Discrete Movement)
얼마 동안의 시간 간격을 두고 행하였다가 쉬었다 하는 동작을 말한다.

(2) 반복동작(Repetitive Movement)
작업에 있어 작업자의 특정 신체부위를 사용하여 같은 동작을 반복하는 것을 말한다.

(3) 순차동작(Sequential Movement)
해당 작업의 정해진 순서 및 방법에 따라 작업자가 차례대로 동작해 가는 것을 말한다.

(4) 연속동작(Continuous Movement)
시간 간격을 두지 않고 연속해서 하는 동작을 말한다.

(5) 정치동작(Static Positioning)
고정하거나 지탱하는 등 움직이지 않는 동작을 말한다.

3 사고조사 수행의 일반적인 4단계에 대하여 설명하시오.

풀이

(1) 1단계: 사실의 확인
사고발생 상황을 피해자, 목격자 기타 관계자에 대하여 현장조사를 함으로써 작업의 개시부터 사고가 발생할 때까지의 경과 가운데 사고와 관계가 있었던 사실을 분명히 한다.

(2) 2단계: 직접원인과 문제점 발견
파악된 사실에서 사고의 직접원인을 확정함과 동시에 그 직접원인과 관련시켜 사내의 기준에 어긋난 문제점의 유무와 그 이유를 분명히 한다.

(3) 3단계: 기본원인과 문제점 해결
불안전상태 및 불안전행동의 배후에 있는 기본원인을 4M의 생각에 따라 분석·결정하여야 한다.

(4) 4단계: 대책 수립
대책을 수립하는 단계로, 대책은 최선의 효과를 가져올 수 있도록 구체적이며, 실시 가능한 대책이어야 한다.

4 최근에 개정된 산업안전보건법의 개정 취지 중 '법의 보호대상 확대'에 대하여 설명하시오.

풀이

산업안전보건법상 제1조(목적)에서는 '근로자의 안전과 보건을 유지·증진함'을 목적으로 하고 있으나, 최근에 개정된 산업안전보건법의 '법의 보호대상 확대'의 개정안에서는 '노무를 제공하는 자의 안전 및 보건을 유지·증진함을 목적으로'하여 보호 대상의 범위를 확대하였다.

특수형태근로종사자의 산업재해 예방을 위하여 그로부터 노무를 제공받는 자는 특수형태근로종사자에 대하여 필요한 안전조치 및 보건조치를 하도록 하고, 이동통신단말장치로 물건의 수거·배달 등을 중개하는 자는 물건을 수거·배달 등의 노무를 제공하는 자의 산업재해 예방을 위하여 필요한 안전조치 및 보건조치를 하도록 하였다. 또한, 가맹본부는 가맹점사업자에게 가맹점의 설비나 기계, 원자재 또는 상품 등을 공급하는 경우에 가맹점사업자와 그 소속 근로자의 산업재해 예방을 위하여 가맹점의 안전 및 보건에 관한 프로그램을 마련·시행하도록 하는 등 일정한 조치를 하도록 해야 한다.

5 근골격계 부담작업 유해요인조사의 목적과 방법, 활용에 대하여 설명하시오.

풀이

(1) 근골격계 부담작업 유해요인조사의 목적
근골격계질환 발생을 예방하기 위해 안전보건규칙에 따라 근골격계질환 유해요인을 제거하거나 감소시키는 데 있다.

(2) 근골격계 부담작업 유해요인 조사의 방법
유해요인조사는 작업자와의 면담, 증상설문조사, 인간공학적인 작업평가로 이루어진다.

유해요인 기본조사는 작업자와의 면담 등을 통해 조사개요, 작업장 상황조사, 작업조건 조사를 실시하며, 작업조건 조사를 실시할 때 추가로 필요하다고 판단되는 경우 인간공학적 작업분석·평가도구를 활용하여 조사대상 근골격계 부담작업 또는 작업자의 근골격계질환 유해요인에 대해 분석·평가한다.

근골격계질환 증상 설문조사는 근골격계질환 증상조사표를 활용하여 근로자의 직업력, 근무형태, 근골격계질환의 징후 또는 증상 특징 등의 정보를 파악한다.

유해도평가는 작업이 해당 작업자에게 미치는 유해의 정도를 평가하는 것으로, 유해요인 기본조사 총점수가 높거나 근골격계질환 증상 호소율이 다른 부서에 비해 높은 경우에는 유해도가 높다고 할 수 있다.

(3) 근골격계 부담작업 유해요인조사의 활용
유해요인조사 결과에 따라 개선 우선순위를 결정하고, 개선대책 수립과 실시 등의 유해요인 관리와 개선효과 평가에 활용된다.

유해요인조사 결과를 바탕으로 근골격계질환이 발생할 우려가 있는 작업에 대해 근골격계질환 예방·관리 프로그램(의학적 조치, 교육 및 훈련, 작업환경 개선활동 등)의 정책수립에 활용할 수 있다.

단, 유해요인조사 결과를 근골격계질환의 이환을 부정 또는 입증하는 근거나 반증자료로 사용할 수 없다.

6 VDT 증후군(Visual Display Terminal Syndrome)의 종류와 예방법에 대하여 설명하시오.

풀이

VDT는 비디오 영상표시 단말장치(Video Display Terminal)로 컴퓨터, 각종 전자기기, 비디오 게임기 등의 모니터를 일컫는다.

(1) VDT 증후군의 종류: 경견완장애, 수근관증후군, 근막동통증후군, 근골격계질환, 요통, 눈의 피로, 피부증상, 정신신경계증상 등.

(2) VDT 증후군의 예방법
가. VDT 작업의 지속적인 수행을 금하도록 하고, 다른 작업을 병행하도록 하는 작업확대 또는 작업순환을 하도록 한다.
나. 1회 연속 작업시간이 1시간을 넘지 않도록 한다.
다. 연속작업 1시간당 10~15분 휴식을 제공한다.
라. 한 번의 긴 휴식보다는 여러 번의 짧은 휴식이 더 효과적이다.
마. 휴식장소를 제공하도록 하고 휴식시간에 스트레칭이나 체조를 실시한다.
바. 작업자의 자세는 편안하고 움직임에 제약이 없는 자세를 취할 수 있어야 하며 작업자가 필요한 경우 적절히 조절할 수 있도록 한다.
사. 지나치게 밝은 조명·채광 또는 깜박이는 광원 등이 직접 작업자의 시야 내로 들어오지 않도록 한다.
아. 작업실내의 온도를 18~24℃, 습도는 40~70%를 유지하고 실내의 환기·공기정화 등을 위하여 필요한 설비를 갖춘다.
자. 작업자는 작업개시 전 또는 휴식시간에 조명기구·화면·키보드·의자 및 작업대 등을 점검하여 조정하도록 하고 작업장소·모니터 등을 청소함으로써 항상 청결을 유지한다.

인간공학기술사 2018년 1교시 문제풀이

※ 다음 문제 중 10문제를 선택하여 설명하시오. (각 문제당 10점)

1 **작업장의 조명을 설계할 때, 표면의 반사율은 작업장 밝기를 결정하는 데 중요한 고려요소이다. 보통 바닥에서 천장으로 갈수록 반사율이 높게 설계되어야 한다. 이때 표면의 반사율에 대하여 조도와 휘도의 개념을 활용하여 설명하시오.**

풀이

조도는 어떤 물체나 표면에 도달하는 광의 밀도를 말하며, 휘도는 단위면적당 표면에서 반사 또는 방출되는 광량을 말한다.

$$\text{반사율}(\%) = \frac{\text{휘도(광도)}}{\text{조도(조명)}} = \frac{fL}{fc} \text{ 혹은 } \frac{cd/m^2 \times \pi}{lux}$$

2 **금형공장에서 전기톱을 1분 간격으로 가동(1분 가동, 1분 중단)하고 있고, 작업장소에서 측정한 소음수준은 가동 시 95 dB이고, 중단 시 90 dB이었다. 근로자가 작업장소에서 일하는 시간은 7시간이고, 휴식은 15분씩 2회, 점심시간은 1시간이었다. 휴식하고 점심을 먹는 장소의 소음수준은 80 dB보다 작았다. 이때 소음노출량과 시간가중평균치(TWA)를 구하시오.**

풀이

총 작업시간 7시간 중 점심시간 1시간과 휴식시간 15분씩 2회를 제외하면 5시간 30분이다. 그중 가동시간과 중단시간은 각각 1분씩 번갈아 가며 전기톱을 가동하였으므로, 95 dB일 때 2시간 45분, 90 dB일 때 2시간 45분 소음에 노출되었다.

먼저 소음노출량을 구하면 $(\frac{2.75}{4} \times 100) + (\frac{2.75}{8} \times 100) = 103.125\%$

이고, 시간가중평균치 TWA는 $16.61\log(1.03) + 90\ \text{dB} = 90.21\ \text{dB}$이 된다.

3 인간의 정보처리 모형과 컴퓨터의 정보처리 과정의 유사성을 설명하시오.

풀이

(1) 입력: 인간은 시각, 청각, 촉각과 같은 여러 종류의 감각기관을 이용하여 정보를 수용하며, 컴퓨터는 마우스, 키보드, 터치패드 등의 입력장치를 통해 정보를 받아들인다.

(2) 정보처리: 컴퓨터는 실행할 프로그램이나 연산 결과를 기억하는 주기억장치와 연산장치를 통해 정보의 보관, 정보처리 및 의사결정을 실행하며, 이는 인간의 두뇌와 같은 역할을 한다.

(3) 출력: 컴퓨터는 모니터, 프린터 등의 출력장치를 통해 정보처리 결과를 표현하며, 인간은 손, 발 등을 통해 출력결과를 표현한다.

4 신호탐지이론(signal detection theory)을 나타낸 아래 그림을 참조하여 관찰자가 신호를 탐지할 때 발생할 수 있는 사건의 종류 4가지와 관찰자 감각기관으로 들어오는 자극의 역치가 감소될 때 증가하는 것 2가지를 쓰시오.

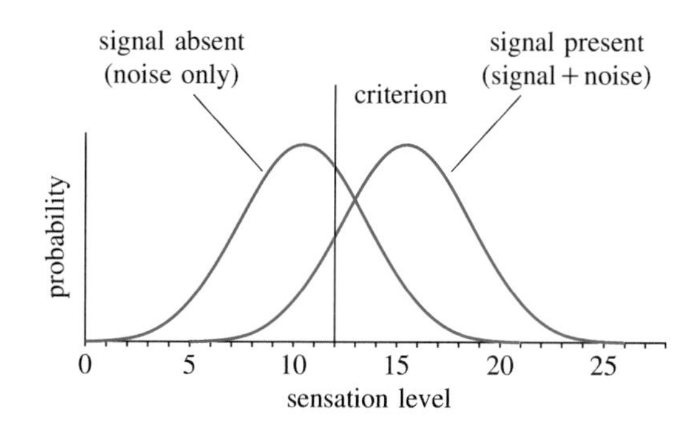

풀이

(1) 사건의 종류 4가지는 다음과 같다.
가. 신호의 정확한 판정(Hit): 신호가 나타났을 때 신호라고 판정, P(S/S)
나. 허위경보(False Alarm): 잡음을 신호로 판정, P(S/N)
다. 신호검출 실패(Miss): 신호가 나타났는데도 잡음으로 판정, P(N/S)
라. 잡음을 제대로 판정(Correct Noise): 잡음만 있을 때 잡음이라고 판정, P(N/N)

(2) 관찰자 감각기관으로 들어오는 자극의 역치가 감소될 때 증가하는 2가지는 다음과 같다.
가. 신호의 정확한 판정(Hit): P(S/S)
나. 허위경보(False Alarm): P(S/N)

5 인간의 정신모형(mental model), 또는 스테레오타입에 부합한 설계를 할 때 기대되는 이점을 설명하시오.

풀이

인간의 정신모형과 스테레오타입에 부합한 설계를 할 때, 발생할 수 있는 문제점을 미리 파악하고 통합적인 서비스 이해를 바탕으로 해결 방안을 도출할 수 있으며, 사용자와 사업 측면에서 올바른 의사결정을 내릴 수 있게 한다. 또한 적은 정보만으로 많은 정보를 처리할 수 있게 하는 높은 효율성도 가지고 있다.

6 주어진 여러 가설을 평가할 때 정보가 더 진단적임에도 불구하고 자신의 가설을 확증해 주는 정보들만 찾으려는 경향이 있다. 이를 무엇이라 하며, 그 반대증거를 찾지 않는 이유를 설명하시오.

풀이

(1) 확증편향(Confirmation bias): 주어진 여러 가설을 평가할 때 정보가 더 진단적임에도 불구하고 자신의 가설을 확증해 주는 정보들만 찾으려는 경향을 '확증편향'이라고 한다.

(2) 반대증거를 찾지 않는 이유는 확증편향은 본인이 이미 가지고 있는 입장이나 생각을 강화하는 정보만을 선택적으로 받아들이는 경향이 있기 때문이다. 예를 들어 어떠한 문제에 대해 서로 반대되는 입장을 가진 두 사람이 같은 증거를 보더라도 이들은 서로 자신의 입장을 강화하는 증거로 받아들이게 된다.

7 인적오류의 연구자인 리즌(Reason)이나 라스무센(Rasmussen)의 인적오류 분류체계 중 의도된 행동(intended action)에 기인한 불안전한 행위(unsafe acts) 2가지를 설명하시오.

풀이

(1) 인적오류 분류체계
  가. 지식기반 에러(knowledge based error)
  나. 규칙기반 에러(rule based error)
  다. 숙련기반 에러(skill based error)

(2) 의도된 행동(intended action)에 기인한 불안전한 행위(unsafe acts)는 다음과 같다.
  가. 지식기반 에러(knowledge based error): 처음부터 장기기억 속에 관련 지식이 없는 경우는 추론이나 유추로 지식처리 과정 중에 실패 또는 과오로 이어지는 에러이다. 예로 외국에서 도로 표지판을 이해하지 못하여 교통위반을 하는 경우이다.
  나. 규칙기반 에러(rule based error): 잘못된 규칙을 기억하거나, 정확한 규칙이라도 상황에 맞지 않게 잘못 적용한 경우이다. 예로 일본에서 자동차를 우측 운행하다가 사고를 유발하거나, 음주 후 도로 차선을 착각하여 역주행하다가 사고를 유발하는 경우이다.

8 인간의 눈(目) 망막에는 간상세포와 원추세포가 있다. 간상세포와 원추세포의 중요한 역할을 설명하시오.

풀이

(1) 원추세포: 낮처럼 조도수준이 높을 때 기능을 하며 색을 구별한다. 원추체가 없으면 색깔을 볼 수 없다.

(2) 간상세포: 밤처럼 조도수준이 낮을 때 기능을 하며 흑백의 음영만을 구분한다.

9 항공기는 밤에 착륙할 경우 기내를 어둡게 하는데, 그 이유는 무엇인지 설명하시오.

풀이

인간의 눈은 홍채와 조리개 등을 통해 빛의 변화에 적응하는 능력을 가지고 있다. 하지만 급격한 빛의 변화에 적응하는 데는 시간이 필요하다. 밝은 곳에서 어두운 곳으로 이동할 때의 순응을 암순응이라 하며, 완전 암순응에는 보통 30~40분 정도의 시간이 걸린다. 밝은 곳에서의 순응을 명순응이라 하며, 이는 어두운 곳에 있는 동안 빛에 아주 민감하게 된 시각계통을 강한 광선이 압도하게 되기 때문에 일시적으로 안 보이게 되는 것을 말한다. 명순응은 몇 초밖에 걸리지 않으며, 넉넉잡아 1~2분 정도의 시간이 걸린다. 따라서, 항공기가 밤에 착륙할 때 기내를 어둡게 하는 이유는 착륙 시 비상상황이 발생하여 기내의 전원 공급이 끊겨 어두워질 경우를 대비하여 승객들을 어둠에 적응시켜 어두운 곳에서도 신속한 대피와 조치를 하기 위함이다.

10 의자 좌판의 높이를 조절식으로 설계할 때, 적용되어야 하는 인체치수 항목과 조절범위에 대한 적용원리를 설명하시오.

풀이

(1) 의자 좌판의 높이를 조절식으로 설계할 경우 적용되어야 하는 인체치수 항목은 오금 높이, 무릎 뒤 길이(엉덩이－무릎간격), 팔꿈치 높이, 엳둔부 폭, 무릎내각 등이 있다.

(2) 조절식 설계 범위에 대한 적용원리는 통상 5%값에서 95%값까지의 90% 범위를 수용대상으로 설계하는 것이 관례이다.

11 자극에 대한 인간의 반응시간과 관련하여 힉스의 법칙(Hick's Law)에 대해 설명하시오.

풀이

Hick-Hyman의 법칙에 의하면 인간의 반응시간(RT; Reaction Time)은 자극정보의 양에 비례한다고 한다.

즉, 가능한 자극-반응 대안들의 수(N)가 증가함에 따라 반응시간(RT)이 대수적으로 증가한다. 이것은 $RT = a + b\log_2 N$의 공식으로 표시될 수 있다.

12 병렬적으로 시각 정보를 탐색하는 경우, 작업자의 주의(attention)를 끌기 위한 표적의 속성 3가지를 설명하시오.

풀이

(1) 광원의 크기, 광속 발산도 및 노출시간: 섬광을 검출할 수 있는 절대역치는 광원의 크기, 광속 발산도, 노출시간의 조합에 관계된다.

(2) 색광: 효과척도가 빠른 순서는 적색, 녹색, 황색, 백색의 순서이다.

(3) 점멸속도: 점멸등의 경우 점멸속도는 깜박이는 불빛이 계속 켜진 것처럼 보이게 되는 점멸융합주파수보다 훨씬 적어야 한다. 주의를 끌기 위해서는 초당 3~10회의 점멸속도에 지속시간 0.05초 이상이 적당하다.

13 노브(knob)의 반지름이 2 cm인 원형 스위치를 회전시키기 위하여 최소 3 N의 힘을 필요로 한다면, 그 스위치의 노브 크기를 3 cm로 변경할 때 스위치를 회전시키기 위하여 필요한 최소의 힘은 얼마인지 구하시오. (단, 크기 이외의 요소는 회전력에 어떠한 영향도 주지 않음)

풀이

노브를 돌리기 위한 비틂 모멘트는 반지름×힘이며, 크기 이외에 회전력에 어떠한 영향도 주지 않는다고 했으니, 반지름×힘이 일정하다.

따라서, 반지름이 2 cm인 경우
반지름×힘 = 2 cm×3 N = 6 N·cm

반지름이 3 cm인 경우
반지름×힘 = 3 cm×x N = 3x N·cm
6 N·cm = 3x N·cm이므로
$x = 2$

즉, 반지름이 커지면 최소의 힘은 2 N으로 감소한다.

인간공학기술사 2018년 2교시 문제풀이

※ 다음 문제 중 4문제를 선택하여 설명하시오. (각 문제당 25점)

1 근골격계부담작업 유해요인조사 지침(KOSHA CODE H-30-2003)에 따라 사업주가 유해요인조사를 실시한 후, 중증유증상호소자에 대한 의학적 관리 업무 흐름도를 도식화하고 설명하시오.

풀이

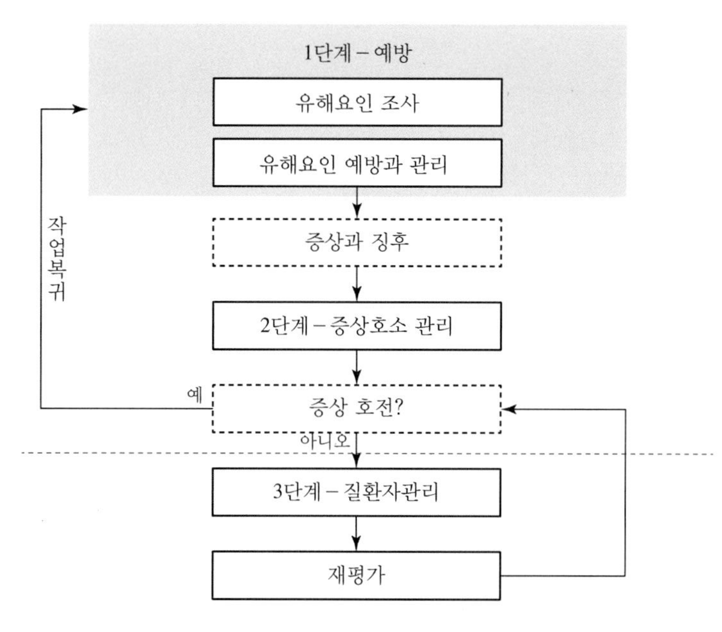

[의학적 관리 흐름도]

(1) 1단계: 예방
의학적 관리 예방단계에서는 근골격계부담작업 유해요인조사 지침(KOSHA CODE -H30-2003)에 따라 유해요인 기본조사, 근골격계질환 증상조사 등을 실시한다. 또한 조사결과에 따른 유해요인 원인을 분석하여 공학적 또는 관리적 개선을 실시한다.

(2) 2단계: 증상호소 관리
사업주는 근골격계질환 증상과 증상호소자의 조기발견체계를 구축하고, 증상의 징후가 있는 근로자가 즉시 관리감독자에게 보고할 수 있도록 해야 한다. 보고를 받을 경우엔 7일 이내에 적절한 조치를 취해 주고 필요한 경우엔 의학적 진단과 치료를 받도록 한다. 또한 사업주는 근골격계질환 증상호소자에 대한 조치가 완료될 때까지 그 작업을 제한하거나 근골격계 부담이 적은 작업으로의 전환 등을 실시할 수 있다.

(3) 3단계: 질환자 관리
사업주는 건강진단에서 근골격계질환자로 판정된 자는 즉시 소견서에 따른 의학적 조치를 한다. 또한 사업주는 건강증진활동프로그램, 면담, 질환의 재발을 방지하기 위한 업무제한 등 질환자의 치료와 회복 상태를 파악하여 근로자가 빠른 시일 내에 업무에 복귀하도록 한다.

(4) 재평가: 예방·관리프로그램의 평가
사업주는 매년 해당 부서 또는 사업장 전체를 대상으로 근골격계질환 증상자의 발생빈도, 근로손실일수의 비교, 근로자의 만족도 변화, 제품 불량률 변화 등을 활용하여 예방·관리프로그램 평가를 실시할 수 있다. 문제점이 발견된 경우에는 다음 연도 예방·관리 프로그램에 이를 보완하여 개선한다.

2 작업환경개선을 위한 ECRS와 SEARCH 방법을 비교 설명하시오.

풀이

(1) 개선의 ECRS 원칙은 다음과 같다.
가. 제거(Eliminate): 이 작업은 꼭 필요한가? 제거할 수 없는가?
(불필요한 작업·작업요소의 제거)
나. 결합(Combine): 이 작업을 다른 작업과 결합시키면 더 나은 결과가 생길 것인가?
(다른 작업·작업요소와의 결합)
다. 재배열(Rearrange): 이 작업의 순서를 바꾸면 좀 더 효율적이지 않을까?
(작업순서의 변경)
라. 단순화(Simplify): 이 작업을 좀 더 단순화할 수 있지 않을까?
(작업·작업요소의 단순화, 간소화)

(2) 개선의 SEARCH 원칙은 다음과 같다.
가. S: Simplify operations(작업의 단순화)
나. E: Eliminate unnecessary work and material(불필요한 작업이나 자재의 제거)
다. A: Alter sequence(순서의 변경)
라. R: Requirements(요구조건)
마. C: Combine operations(작업의 결합)
바. H: How often(얼마나 자주, 몇 번인가?)

3 다음 그림은 핸드툴을 사용하는 자세이다. 다음 물음에 답하시오.

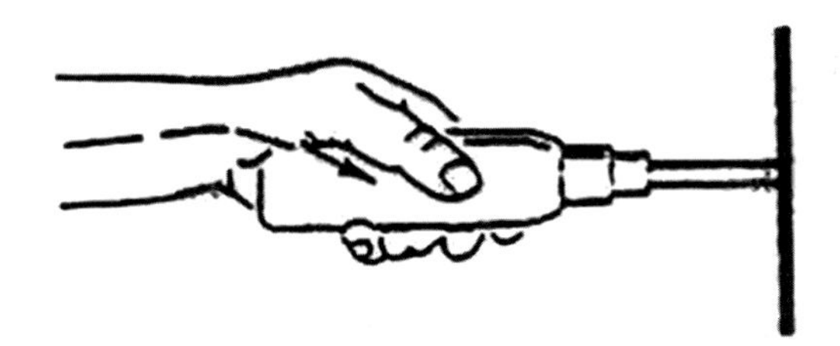

(1) 인간공학적 측면에서 어떠한 문제점이 있는지 설명하시오.

(2) 이러한 자세에서 사용하기 적합한 디자인을 그림으로 표현하시오.

(3) 핸드툴의 인간공학적 디자인 원칙을 3가지 설명하시오.

풀이

(1) 수공구를 이용하여 작업할 경우 작업자가 수공구에 느끼는 스트레스를 최소화 할 수 있도록 설계되어야 한다. 그림과 같은 핸드툴을 사용할 경우 핸드툴의 손잡이가 꺾이지 않고 손목이 꺾임으로써 손목 부위에 부하 및 부자연스런 자세가 발생하게 된다.

(2) 아래 그림에서와 같이 핸드툴을 사용할 때는 손목을 곧게 유지하며, 손목을 꺾지 않고 수공구의 손잡이가 꺾이도록 핸드툴을 설계해야 된다.

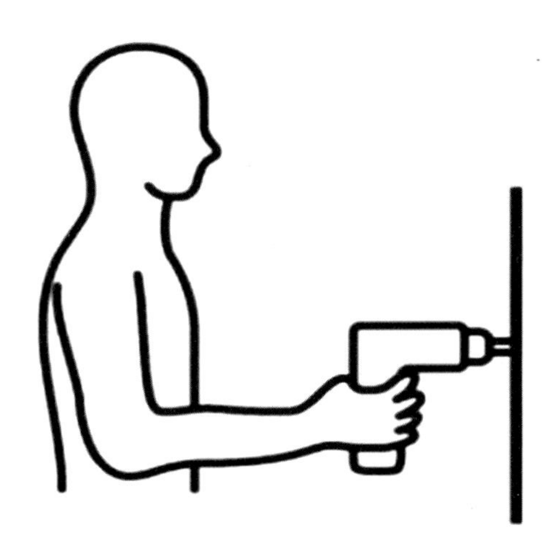

(3) 핸드툴의 인간공학적 디자인 원칙은 다음과 같다.

가. 자세에 관한 수공구 개선

1. 손목을 곧게 유지한다(손목을 꺾지 말고 손잡이를 꺾어라).
2. 힘이 요구되는 작업에는 파워그립(power grip)을 사용한다.

3. 지속적인 정적 근육부하(loading)를 피한다.
4. 반복적인 손가락 동작을 피한다.
5. 양손 중 어느 손으로도 사용이 가능하고 적은 스트레스를 주는 공구를 개인에게 사용되도록 설계한다.

나. 수공구의 기계적인 부분 개선

1. 수동공구 대신에 전동공구를 사용한다.
2. 가능한 손잡이의 접촉면을 넓게 한다.
3. 제일 강한 힘을 낼 수 있는 중지와 엄지를 사용한다.
4. 손잡이의 길이가 최소한 10 cm는 되도록 설계한다.
5. 손잡이가 두 개 달린 공구들은 손잡이 사이의 거리를 알맞게 설계한다.
6. 손잡이의 표면은 충격을 흡수할 수 있고, 비전도성으로 설계한다.
7. 공구의 무게는 2.3 kg 이하로 설계한다.

4 A사는 최근 스마트폰에 사용될 수 있는 새로운 방식의 문자입력방식을 개발하였다. 새롭게 개발된 문자입력방식이 기존의 방식과 비교하여 더 효과적인지를 실험적으로 연구하고자 할 때, 다음 물음에 답하시오.

(1) 독립변수를 정의하시오.

(2) 2가지 문자입력방식의 우수성을 비교평가하기 위하여 작업성능기준을 활용할 때, 작업성능기준의 개념에 대하여 설명하고, 작업성능기준에 해당하는 종속변수를 1가지 제시하시오.

(3) 2가지 문자입력방식의 우수성을 비교평가하기 위하여 인간기준을 활용할 때, 인간기준의 개념에 대하여 설명하고, 인간기준에 해당하는 종속변수를 1가지 제시하시오.

풀이

(1) 독립변수(independent variable)란 연구자가 실험에 영향을 줄 것이라고 판단하는 변수로서 그 효과를 검증하기 위한 조작변수이다. 위 문제에 대한 독립변수는 스마트폰 문자입력방식의 종류, 키패드 배열 크기 등이 있다. 예를 들어 기존에 사용하고 있는 천지인 키보드, 나랏글 키보드의 문자입력방식을 일상생활에 사용하고 있는 컴퓨터 키보드 형태인 쿼티(QWERTY) 키보드로 변경하는 것이 효과적인지 비교하여 분석, 연구할 때 독립변수는 문자입력방식의 종류가 된다.

(2) 가. 작업성능기준이란 작업의 결과에 관한 효율을 나타내며, 일반적으로 작업에 따른 출력의 양(Quantity of output)이나 출력의 질(Quality of output), 작업시간(Performance time) 등이 작업의 성능을 나타내는 데 이용된다.

나. 종속변수(dependent variable)란 독립변수의 영향을 받아 변화될 것이라고 보는 변수이자 결과값이다. 즉, 독립변수에 대한 반응으로서 측정되거나 관찰이 된 변수를 말하므로 종속변수는 독립변수에 의해 항상 영향을 받는 변수이다. 위 문제의 종속변수는 문자입력방식에서 단위 시간당 얼마나 많은 문자를 입력하는지 출력의 양에 대한 기준과 얼마나 많은 오타가 있는지 출력의 질에 관한 기준, 그리고 특정 문자입력 양을 얼마 동안의 시간 안에 끝냈는지의 작업시간 등이 있다.

(3) 가. 인간기준이란 작업실행 중 인간의 행동과 응답을 다루는 것으로서 빈도수, 강도, 반응시간, 지속성 등의 인간성능 척도, 신체활동에 관한 육체적, 정신적 활동 정도를 측정하는 데 사용되는 생리학적 지표, 피실험자의 의견이나 평가를 나타내는 주관적 반응 등으로 측정한다.

나. 인간기준에 해당하는 종속변수는 기존 방식과 새로운 방식의 문자입력방식을 비교하여 문자입력방식의 편의성과 스마트폰 키패드 배열 크기에 대한 선호도 등을 종속변수를 나타낼 수 있다.

5 아래 그림을 참조하여 입체감이나 깊이 지각(depth perception)을 주는 회화적 단서들에 대해 예를 들어 설명하시오.

풀이

회화적 단서란 그림에서 묘사될 수 있는 중첩, 상대적 크기, 상대적 높이와 같은 깊이 단서를 말하며 2차원 그림을 그릴 때나 볼 때 사용된다. 위 그림의 회화적 단서에 대한 예를 설명하면 다음과 같다.

가. 도로를 기준으로 좌측에 있는 농토의 작물이 중첩되게 표현됨으로써 지각자는 회화적으로 다른 물체를 가리고 있는 물체가 가까이 있는 것으로 지각하게 되며, 가려진 물체는 멀리 있는 것으로 지각하게 된다.

나. 도로 위 2대의 화물트럭 크기를 상대적으로 다르게 표현함으로써 지각자는 회화적으로 크기가 작은 트럭이 큰 트럭보다 앞에 있는 것으로 지각하게 된다.

다. 도로 끝 지평선을 기준으로 각각 좌, 우에 산이나 언덕을 표현함에 따라 지각자는 회화적으로 도로, 평지, 농토의 높이와 산, 언덕의 높이가 상대적으로 차이가 있다는 것으로 지각하게 된다.

라. 도로 옆 건물 2개의 크기를 상대적으로 다르게 표현하고, 일부는 중첩되어, 지각자는 회화적으로 크기가 큰 건물이 작은 건물보다 앞에 있는 것으로 지각하게 된다.
마. 트럭과 빌딩의 그림자를 같은 방향으로 표현하고, 그림자의 크기를 상대적으로 다르게 표현하며, 건물의 그림자가 트럭과 중첩되어, 지각자는 회화적으로 트럭과 건물의 깊이를 지각하게 된다.
바. 도로와 차선의 폭이 변하게 표현하여, 지각자는 회화적으로 도로가 앞뒤 방향으로 있는 것으로 지각하게 된다.

6 기억재료(MTBR, Material To Be Remembered)가 기억에 남아있는 비율, 즉 파지(retention)의 정도를 측정하는 방법을 설명하시오.

풀이

의식된 인지적 내용이든 그렇지 않은 내용이든 경험에 의하여 얻은 내용들을 저장하는 것을 '기억'이라고 한다. 그러나 기억하고 있는 것이 전부 재생되지는 않으며, 기억하고 있는 것 중에 재생되는 것을 '파지'라 한다. 비록 재생되지 않는 것일지라도 동일한 내용을 다시 학습할 경우 기억해 둔 잠재적 효과가 나타나 학습을 용이하게 하는 현상 또한 '파지'라 한다. 파지의 정도를 측정하는 방법은 재인법, 재생법, 재구성법, 재학습법이 있으며, 설명은 다음과 같다.

가. 재인법: 이전에 학습한 재료를 새로운 재료와 함께 제시하여 그 가운데서 이미 학습한 재료를 선택하게 하는 방법
나. 재생법: 기억 실험에서 언어·문장·도형·숫자 따위를 학습시키고 일정한 시간이 지난 뒤에 이를 재생시켜서 얼마나 기억하고 있는가를 측정하는 방법
다. 재구성법: 기억 실험에서 학습 재료를 일정한 순서로 제시한 다음에 학습한 재료를 뒤섞어 놓고 다시 처음 순서대로 찾아 배열하게 하는 방법
라. 재학습법: 기억 실험에서 재학습에 소요된 시간이나 횟수를 이전의 학습과 대비하여 기억에 관한 여러 현상을 연구하는 방법

인간공학기술사 2018년 3교시 문제풀이

※ 다음 문제 중 4문제를 선택하여 설명하시오. (각 문제당 25점)

1 작업관련성 근골격계질환 예방을 위한 유해요인조사에서 활용하는 다음의 정량적 평가도구 5가지를 설명하시오.

(1) RULA
(2) REBA
(3) OWAS
(4) NIOSH 들기작업 평가
(5) JSI

풀이

(1) RULA
가. 어깨, 팔목, 손목, 목 등 상지에 초점을 맞추어서 작업 자세로 인한 작업부하를 쉽고 빠르게 평가하기 위해 만들어진 기법이다.
나. 조립작업, VDT작업, 기타 비특이적인 작업 등의 분석에 적합하다.
다. 작업성 근골격계질환(직업성 상지질환: 어깨, 팔꿈치, 손목, 목 등)과 관련한 유해인자에 대한 개인 작업자의 노출정도를 신속하게 평가하는 방법을 제공한다.
라. 근육의 피로를 유발할 수 있는 부적절한 작업 자세, 힘, 그리고 정적이거나 반복적인 작업과 관련한 신체적인 부담요소를 파악하고 그에 따른 보다 포괄적인 인간공학적 평가를 위한 결과를 제공한다.

(2) REBA
가. 근골격계 질환과 관련한 유해인자에 대한 개인작업자의 노출정도를 평가한다.
나. 예측하기 힘든 다양한 자세에서 이루어지는 서비스업에서의 전체적인 신체에 대한 부담정도와 유해인자의 노출정도를 분석하기 위해 개발
다. RULA가 상지에 국한되어 평가하는 단점을 보완한 도구이다.
라. 전신의 작업자세, 작업물이나 공구의 무게도 고려하고 있다.

(3) OWAS
가. 육체작업에 있어서 부적절한 작업 자세를 구별하기 위한 목적으로 개발한 평가기법이다.

나. 특별한 기구 없이 관찰에 의해서만 작업 자세를 평가할 수 있다.
다. 현장에서 기록 및 해석의 용이함 때문에 많은 작업장에서 작업 자세를 평가한다.
라. 평가기준을 완비하여 분명하고 간편하게 평가할수 있다.
마. 현장성이 강하면서도 상지와 하지의 작업분석이 가능하며, 작업 대상물의 무게를 분석요인에 포함한다.

(4) NIOSH 들기작업 평가
가. 들기작업에 대한 권장무게한계(RWL)를 쉽게 산출하도록 하여 작업의 위험성을 예측하고 인간공학적인 작업방법의 개선을 통해 작업자의 직업성 요통을 사전에 예방하는 것이다.
나. 취급중량과 취급횟수, 중량물 취급위치, 인양거리, 신체의 비틀기, 중량물 들기 쉬움 정도 등 여러 요인을 고려한다.
다. 정밀한 작업평가, 작업설계에 이용한다.
라. 중량물 취급에 관한 생리학, 정신물리학, 생체역학, 병리학의 각 분야에서의 연구 성과를 통합한 결과이다.
마. 들기작업 시 안전하게 작업할 수 있는 작업물의 중량을 계산할 수 있다.
바. 인간공학적 작업부하, 작업 자세로 인한 부하, 생리학적 측면의 작업부하 모두를 고려한 것이다.
사. 공식: RWL = LC(23 kg)*HM*VM*DM*AM*FM*CM

(5) JSI
가. 생리학, 생체역학, 상지질환에 대한 병리학을 기초로 한 정량적 평가도구이다.
나. 상지질환(근골격계질환)의 원인이 되는 위험요인들이 작업자에게 노출되어 있거나 그렇지 않은 상태를 구별하는 데 사용된다.
다. 이 기법은 상지질환에 대한 정량적 평가기법으로 근육사용 힘(강도), 근육사용 기간, 빈도, 자세, 작업속도, 하루 작업시간 등 6개의 위험요소로 구성되어 있으며, 이를 곱한 값으로 상지질환의 위험성을 평가한다.
라. 적용 가능 작업으로는 자료입력/처리, 검사업, 손목의 움직임이 많은 작업, 포장업, 재봉업 등이 있다.

2 VDT 작업에서 발생 가능한 유해요인을 설명하고, VDT 작업 관련성 질환을 예방할 수 있는 개선방안 3가지를 설명하시오.

풀이

(1) VDT 작업에서 발생 가능한 유해요인
가. 개인적 요인
나이, 시력, 경력, 작업수행도
나. 작업환경 요인
1. 책상, 의자, 키보드 등에 의한 정적이거나 부자연스러운 작업 자세
2. 조명, 온도, 습도 등의 부적절한 실내/작업 환경
3. 부적절한 조명과 눈부심, 소음
다. 작업조건 요인
1. 연속적이고 과도한 작업시간
2. 과도한 직무스트레스

3. 반복적인 작업/동작

(2) VDT 작업 관련성 질환을 예방할 수 있는 개선방안

가. VDT 작업의 지속적인 수행을 금하도록 하고, 다른 작업을 병행하도록 하는 작업확대 또는 작업순환을 하도록 한다.

나. 1회 연속 작업시간이 1시간을 넘지 않도록 한다.

다. 컴퓨터 작업을 반복적으로 수행하는 작업자는 작업 중 적정한 휴식시간을 갖는다.

라. 컴퓨터 및 키보드, 마우스는 적정한 성능을 가진 것으로 지급하고 가급적 인간공학적 기능이 있는 제품을 이용한다.

마. 작업장의 창·벽면 등은 반사되지 않는 재질로 하여야 하며, 조명은 화면과 명암의 대조가 심하지 않도록 한다. 특히 화면을 바라보는 시간이 많은 작업일수록 화면 밝기와 작업대 주변 밝기의 차를 줄이도록 하고, 작업 중 시야에 들어오는 화면·키보드·서류 등의 주요 표면 밝기를 가능한 같도록 유지한다.

바. 작업자의 자세는 편안하고 움직임에 제약이 없는 자세를 취할 수 있어야 하며 작업자가 필요한 경우 적절히 조절할 수 있도록 한다.

사. 지나치게 밝은 조명·채광 또는 깜박이는 광원 등이 직접 작업자의 시야 내로 들어오지 않도록 한다.

아. 작업실내의 온도를 18~24℃, 습도는 40~70%를 유지하고 실내의 환기·공기정화 등을 위하여 필요한 설비를 갖춘다.

자. 작업자는 작업개시 전 또는 휴식시간에 조명기구·화면·키보드·의자 및 작업대 등을 점검하여 조정하도록 하고 작업장소·모니터 등을 청소함으로써 항상 청결을 유지한다.

3 인간의 기억 능력을 증진시키는 방법인 기억술(mnemonics) 3가지를 설명하고, 각 기억술에 대하여 생활 속에 적용 가능한 구체적인 예를 제시하시오.

풀이

(1) 이야기법: 이야기를 짜서 기억하고 싶은 대상을 등장시키는 방법. 기억하고 싶은 항목을 시간적으로 배열하는 것이다. 연쇄결합법이라고도 불린다.

(2) 영상화기법: 이야기법과 마찬가지로 기억하고 싶은 대상을 가지고 스토리를 만드는 방법이지만, 가장 큰 차이점은 '언어 정보'인 스토리만 사용하는 것이 아닌, 최종적으로 시각 등 '감각 정보'인 영상으로 만들어 기억하는 방법이다. 특성상 스토리 기억법보다 연습량이 요구되고, 비교적 적은 정보를 기억할 때 장소법보다 유리하다.

(3) 장소법: 장소를 떠올려 냄으로써 그것에 기억하고 싶은 대상을 배치하는 방법. 기억하고 싶은 대상을 자신이 머리에 떠올린 공간에 배치하는 것. 기억하고 싶은 대상이 추상적인 경우 치환법을 써서 이미지화하기 쉬운 대상으로 변환해 기억한다. 예를 들어, 궁전의 이미지를 사용해 한국 근현대사를 암기한다고 가정하면, 복도와 긴 계단을 지나 연회실과 여러 개의 방이 시각화된다. 이때 각각의 방마다 일제강점기, 광복, 한국전쟁과 같은 사건들을 배치하고 각각의 방에 관련된 상세 내용들을 저장한다. 그리고 후에 암기한 내용들을 다시 복기할 때 순서대로 각각의 방문에 멈춰서 해당 내용들을 떠올리는 것이다.

4 초보자들이 지식을 학습하고 습득하는 과정에서 전문지식(expertise)을 형성하는 인지적 과정을 단계별로 설명하시오.

풀이

피츠(Fitts)의 기술 습득 3단계 이론은 다음과 같다.

가. 인지 단계: 학습자에게 수행 과제에 대해 정보를 전달하거나 설명을 제공하는 단계이다. 인지 단계에서의 학습은 보통 지면에 쓰인 제시문을 읽는다거나, 말로 설명을 듣는다거나, 그림과 같이 학습을 돕는 보조 도구를 이용하여 이루어진다. 학습의 가장 초기 단계이므로 수행을 하면서 학습자는 오류를 가장 많이 범하며, 수행 방식도 매우 다양하게 나타난다. 따라서 학습자가 인지 단계에 있을 때 교육자는 훈련 시간에 학습자의 수행에 대해 피드백을 제공하기도 한다.

나. 연합 단계: 이 단계에서는 수행의 정확한 패턴이 무한히 반복되는데, 이 과정은 오류가 없어질 때까지 지속된다. 연합 단계의 초기 단계에도 인지 단계와 마찬가지로 잘못된 수행에 대한 피드백이 제공될 수 있지만 이 단계에서 중요한 점은 학습자가 자신의 수행에 대해 정확히 평가할 수 있도록 자기 점검(self-monitoring)을 점차 늘려 가야 한다는 것이다. 즉, 연합 단계에서는 자신의 수행에 대해 스스로 오류를 판별할 수 있는 능력을 기르거나, 다양한 방식의 수행을 시도하는 것을 넘어 본인에게 가장 적합한 연습 방법에 대한 특정 지침을 갖는 것이 요구된다.

다. 자동화 단계: 자동화 단계에 도달한 개인은 기술 수행이 자동적이고 습관적으로 이루어지므로 기술 수행에 특별한 노력과 주의를 기울이지 않고 아무 생각 없이 이를 수행할 수 있는 경지에 이른다. 반복되는 연습과 경험을 통해 자동화 단계에 이른 학습자는 외부로부터 오는 정보나 스트레스 요인에 휘둘리지 않는 저항성을 갖추게 된다. 또한 자동화 단계에 이른 수행 과제와 동시에 진행되는 다른 수행 과제를 다룰 수 있는 능력 또한 증가한다.

5 작업장에서의 소음은 작업성능의 저하와 근로자의 청력 손실 등을 유발할 수 있기 때문에 적절한 관리가 필요하다. 다음과 같은 방법으로 소음을 관리할 때, 물음에 답하시오.

(1) 창문을 닫으면 외부로부터의 소음을 10 dB 감소시킬 수 있다고 할 때, 음압은 어떻게 변화하는지 구하시오.

(2) 귀마개와 귀덮개를 동시에 사용하면 음압수준이 30 dB 낮아진다고 할 때, 음압은 어떻게 변화하는지 구하시오.

풀이

(1) $SPL(\mathrm{dB}) = 20\log(\frac{P_1}{P_0})$

$10\ \mathrm{dB} = 20\log(\frac{P_1}{P_0})$

$\frac{P_1}{P_0} = 10^{\frac{1}{2}}$

따라서, 소음이 10 dB 감소할 때 음압은 $10^{\frac{1}{2}}$배 만큼 감소한다.

(2) $SPL(\mathrm{dB}) = 20\log(\frac{P_1}{P_0})$

$30\ \mathrm{dB} = 20\log(\frac{P_1}{P_0})$

$\frac{P_1}{P_0} = 10^{\frac{3}{2}}$

따라서, 소음이 30 dB 감소할 때 음압은 $10^{\frac{3}{2}}$배 만큼 감소한다.

6 조종장치와 표시장치의 레이아웃과 관련하여 다음 물음에 답하시오.

(1) 조종장치와 표시장치 레이아웃과 관련된 원칙을 4가지 제시하고, 그에 대해 설명하시오.

(2) 맹목위치동작(blind positioning)에 대하여 설명하시오.

(3) 범위효과(range effect)에 대하여 설명하시오.

풀이

(1) 표시장치와 조종장치를 포함하는 작업장을 설계할 때 따를 수 있는 지침은 다음과 같다.
가. 1순위: 주된 시각적 임무
나. 2순위: 주시각 임무와 상호작용하는 주조종장치
다. 3순위: 조종장치와 표시장치 간의 관계
라. 4순위: 순서적으로 사용되는 부품의 배치
마. 5순위: 체계 내 혹은 다른 체계의 여타 배치와 일관성 있게 배치
바. 6순위: 자주 사용되는 부품을 편리한 위치에 배치

(2) 조종장치를 눈으로 보지 않고 손을 뻗어 잡을 때와 같이 손이나 발을 공간의 한 위치에서 다른 위치로 이동하는 동작을 말한다. 맹목위치동작은 정면 방향이 정확하고 측면은 부정확하다.

(3) 눈으로 보지 않고 손을 수평면상에서 움직이는 경우에 짧은 거리는 지나치고 긴 거리는 못 미치는 경향을 범위(사정)효과라 한다.

인간공학기술사 2018년 4교시 문제풀이

※ 다음 문제 중 4문제를 선택하여 설명하시오. (각 문제당 25점)

1 근골격계질환 유발가능성이 높은 부담작업의 유해요인 개선방법을 공학적·관리적 측면에서 설명하시오.

풀이

(1) 공학적 개선은 다음의 재배열, 수정, 재설계, 교체 등을 말한다.
가. 공구·장비
나. 작업장
다. 포장
라. 부품
마. 제품

(2) 관리적 개선은 다음을 말한다.
가. 작업의 다양성 제공
나. 작업일정 및 작업속도 조절
다. 회복시간 제공
라. 작업습관 변화
마. 작업공간, 공구 및 장비의 정기적인 청소 및 유지보수
바. 운동체조 강화 등

2 작업과 관련된 스트레스 요인을 설명하고, 이와 같은 요인들이 전형적으로 작업자에게 미치는 스트레인(strain)의 유형 4가지를 쓰시오.

풀이

(1) 작업과 관련된 스트레스 요인
가. 직무요구도: 일에 영향을 주는 모든 스트레스 인자를 포함하는데, 예를 들어 직무과중, 시간을 다투

는 단순공정작업 등으로 인해 발생하는 부담을 말한다.

나. 직무자율성: 숙련기술의 사용여부, 시간분배조절 능력, 조직 정책 결정의 참여 등과 같은 직무내용을 말한다.

(2) 스트레인의 유형

가. 직무요구도와 직무자율성은 각각 고·저 2군으로 나누어 그 조합에 의하여 각 대상자의 특징을 아래의 그림과 같이 네 군으로 구분할 수 있다.

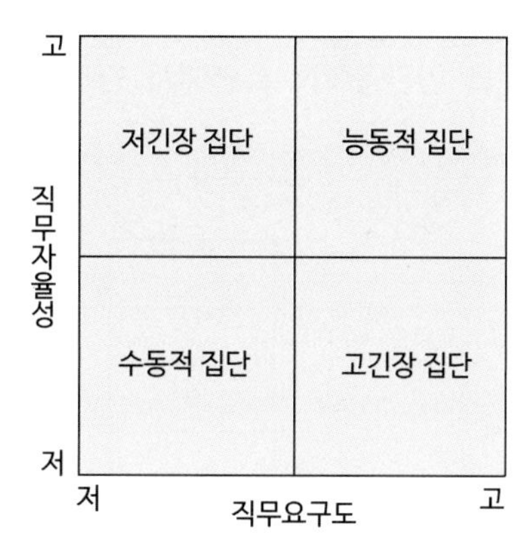

나. 저긴장 집단: 직무요구도가 낮고 직무자율성이 높은 직업적 특성을 갖는 집단(예: 사서, 치과의사, 수선공 등)

다. 능동적 집단: 직무요구도와 직무자율성 모두가 높은 직업적 특성을 갖는 집단(예: 지배인, 관리인 등)

라. 수동적 집단: 직무요구도와 직무자율성 모두가 낮은 직업적 특성을 갖는 집단(예: 경비원 등)

마. 고긴장 집단: 직무요구도가 높고 직무자율성이 낮은 직업적 특성을 갖는 집단(예: 조립공, 호텔·음식점 등에서 일하는 종업원, 창구 업무 작업자, 컴퓨터 단말기 조작자 등)

3 작업자가 신호에 대한 탐지 과제를 수행할 때 반응편중(response bias)의 정도가 이론적인 수치보다 실제로는 덜 편중하게 되는데 그 이유를 설명하시오.

풀이

반응기준을 나타내는 값을 반응편중(반응편향, 응답편견척도, response bias, β)이라고 하며, 반응기준점에서의 두 분포의 높이의 비로 나타낸다.

$\beta = b/a$

여기서,

a = 판정기준에서의 소음분포의 높이

b = 판정기준에서의 신호분포의 높이

반응기준선에서 두 곡선이 교차할 경우 $\beta = 1$이다.

반응기준이 교차점에서 오른쪽으로 이동할 경우($\beta > 1$) 이러한 사람은 보수적 성향이며, 반응기준이 교차점에서 왼쪽으로 이동할 경우($\beta < 1$) 이러한 사람은 모험적 성향이다.

따라서, 작업자가 모험적 성향을 가지고 있기 때문에 덜 편중하게 된다.

4 다음 그림과 같이 지시계를 설계할 때 이동지침(moving pointer)과 이동눈금(moving scale) 사용의 장·단점을 인간공학적 측면에서 원리를 설명하시오.

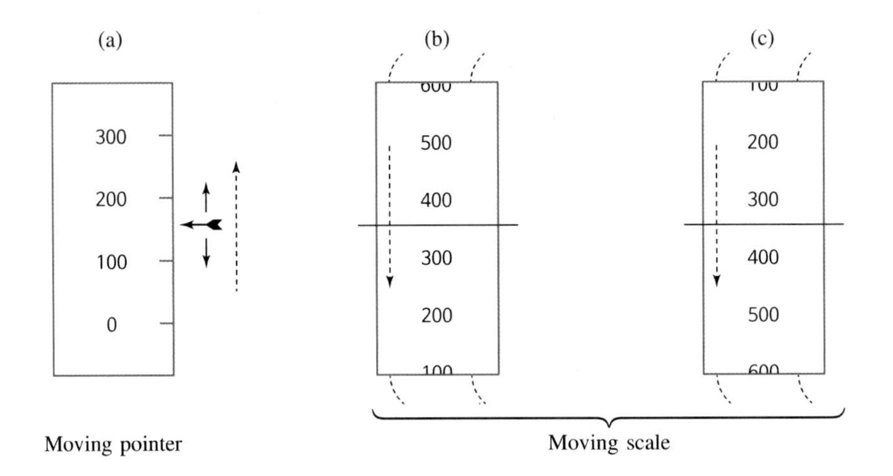

풀이

(1) 동침(moving pointer)형: 눈금이 고정되고 지침이 움직이는 형
　가. 장점
　　1. 일정한 범위에서 수치가 자주 또는 계속 변하는 경우 가장 유용한 표시장치이다.
　　2. 목표치와의 차이 판독에 유리하다.
　　3. 변화율(방향과 속도) 판독이 가능하다.
　나. 단점
　　1. 정확한 수치를 판단하지 못한다.
　　2. 표시장치의 면적이 동목형에 비해 크다.

(2) 동목(moving scale)형: 지침이 고정되고 눈금이 움직이는 형
　가. 장점
　　1. 표시장치의 면적을 최소화할 수 있는 장점이 있다.
　　2. 변화율(방향과 속도) 판독이 가능하다.
　나. 단점
　　1. 빠른 인식을 요구하는 경우에 적합하지 않다.
　　2. 정확한 수치를 판단하지 못한다.

5 **이삿짐을 운반하는 작업자의 배기를 더글라스(Douglas)낭을 사용하여 10분간 수집한 후 표본을 뽑아 가스 분석기로 성분을 분석한 결과, $O_2\%=15$, $CO_2\%=5$였다. 그리고 배기 전부를 가스 미터에 통과시킨 결과 배기량은 200 L였다. 다음 물음에 답하시오.**

(1) 분당 산소소비량과 에너지가를 구하시오.

(2) 위의 이삿짐 운반작업을 60분간 지속할 때 포함되어야 할 휴식시간을 구하시오.

풀이

(1) 산소소비량 $= 21\% \times$ 흡기부피 $- O_2\% \times$ 배기부피

에너지가 $=$ 분당 산소소비량 $\times$ 5 kcal/L

분당배기량 $= \dfrac{200\text{ L}}{10\text{분}} = 20\text{ L/분}$

분당흡기량 $= \dfrac{(100\% - 15\% - 5\%)}{79\%} \times 20\text{ L/분} = 20.253\text{ L/분}$

산소소비량 $= 21\% \times 20.253\text{ L/분} - 15\% \times 20\text{ L/분} = 1.253\text{ L/분}$

에너지가 $= 1.253\text{ L/분} \times 5\text{ kcal/L} = 6.265\text{ kcal/분}$

(2) Murrel의 공식: $R = \dfrac{T(E-S)}{E-1.5}$

R: 휴식시간(분), T: 총 작업시간(분)

E: 평균에너지소모량(kcal/분)

S: 권장 평균에너지소모량(kcal/분)

남자 $R = \dfrac{60(6.265-5)}{6.265-1.5} = 15.929$ 분

여자 $R = \dfrac{60(6.265-3.5)}{6.265-1.5} = 34.816$ 분

6 **조종장치의 설계에서 여러 가지의 암호화(coding) 방법을 활용함으로써 조종장치에 대한 식별과 사용방법을 사용자에게 쉽게 전달할 수 있다. 이러한 목적으로 활용할 수 있는 암호화 방법을 4가지를 제시하고, 각각에 해당하는 사례를 1가지씩 제시하시오.**

풀이

코딩(암호화)의 종류

가. 색코딩: 색에 특정한 의미가 부여될 때(예를 들어, 비상용 조종장치에는 적색) 매우 효과적인 방법이 된다.

나. 형상코딩: 조종장치는 시각뿐만 아니라 촉각으로도 식별 가능해야 하며, 날카로운 모서리가 없어야 한다. 조종장치에 대한 형상코딩의 주요 용도는 촉감으로 조종장치의 손잡이나 핸들을 식별하는 것이다.

다. 크기코딩: 운용자가 적절한 조종장치를 선택하기 전에 촉감으로 구별하지 못할 때는 조종장치의 크기를 두 종류 혹은 많아야 세 종류만 사용하여야 한다(지름 1.3 cm, 두께 0.95 cm 차이 이상이면 촉각에 의해서 정확하게 구별할 수 있다).

라. 촉감코딩: 표면의 촉감을 달리하는 코딩을 할 수 있다. 흔히 사용되는 표면가공 중 매끄러운 면, 세로 홈, 깔쭉면 표면의 3종류로 정확하게 식별할 수 있다.

마. 위치코딩: 유사한 기능을 가진 조종장치는 모든 패널에서 상대적으로 같은 위치에 있어야 하며, 운용자는 조종장치가 그들의 정면에 있을 때 위치를 좀 더 정확하게 구별할 수 있다.

바. 작동방법코딩: 작동방법에 의해서 조종장치를 암호화하면 각 조종장치는 고유한 작동방법을 갖게 된다. 예를 들면, 하나는 밀고 당기는 종류이고, 다른 것은 회전식인 경우이다.

인간공학기술사 2017년 1교시 문제풀이

※ 다음 문제 중 10문제를 선택하여 설명하시오. (각 문제당 10점)

1 인간공학의 필요성, 철학적 배경을 각각 설명하시오.

풀이

(1) 인간공학의 필요성: 작업환경 등에서 작업자의 신체적인 특성이나 행동하는 데 받는 제약조건 등이 고려된 시스템을 디자인하여 인간과 기계 및 작업환경과의 조화가 잘 이루어질 수 있도록 하여 작업자의 안전, 작업능률향상, 생산성 및 품질향상, 사용편의성 증대, 오류감소를 위한 것이다.

(2) 철학적 배경: 시스템이나 기기를 개발하는 과정에서 필수적인 한 공학분야로서 인간공학이 인식되기 시작한 것은 1940년대부터이며, 인간공학이 시스템의 설계나 개발에 응용되어 온 역사는 비교적 짧지만 많은 발전을 통해 여러 관점의 변화를 가져왔다.
가. 기계 위주의 설계철학: 기계가 존재하고 여기에 맞는 사람을 선발하거나 훈련
나. 인간 위주의 설계철학: 기계를 인간에게 맞춤(fitting the task to the man)
다. 인간–기계 시스템 관점: 인간과 기계를 적절히 결합시킨 최적 통합체계의 설계를 강조
라. 시스템, 설비, 환경의 창조과정에서 기본적인 인생의 가치기준(human values)에 초점을 두어 개인을 중시

2 문자-숫자 표시장치에 대한 인간공학적 기준으로 가독성(legibility)을 정의하고, 가독성에 영향을 미치는 요인에 대하여 설명하시오.

풀이

가독성이란 얼마나 더 편리하게 읽힐 수 있는가를 나타내는 정도이다. 인쇄, 타자물의 가독성(읽힘성)은 활자모양, 크기, 대비, 행 간격, 행의 길이, 주변 여백 등 여러 가지 인자의 영향을 받는다.

3 인체 측정치를 제품이나 환경 설계에 적용하기 위한 응용원리로서 백분위수(Percentile)를 정의하고, 남녀 공용으로 작업에 사용할 설비를 조절식으로 설계할 경우 조절범위를 설명하시오.

풀이

백분위수(퍼센타일)란 측정한 특성치를 순서대로 나열하였을 때 백분율로 나타낸 순서수 개념이다. 예를 들면 10퍼센타일이란 순서대로 나열하였을 때 100명 중 작은 쪽에서 10번째에 해당하는 수치를 의미한다. 조절식 설계 개념에 의한 설계 치수는 사용자 그룹 중에서 작은 사람의 치수에서 큰 사람의 치수까지를 포함할 수 있도록 5퍼센타일에서 95퍼센타일 값을 조절범위로 사용하는 것이 보통이다.

4 인간의 기억체계 중 작업기억(working memory)을 정의하고, 작업기억 중에 유지할 수 있는 최대항목수를 설명하시오.

풀이

작업기억이란 주의 집중에 의해 기록된 방금 일어난 일에 대한 정보와 장기기억에서 인출된 실제 작업을 수행하는데 필요한 일시적 정보를 말한다. 작업기억 중에 유지할 수 있는 최대항목수는 5~9가지이다. 이러한 정보량을 Magic Number 7 ± 2라고 한다.

5 ILO(International Labour Organization)의 국제노동통계가회의에 의해 산업재해의 정도를 부상의 결과 생긴 노동 기능의 저하 정도에 따라 구분하는 방법을 4가지만 설명하시오.

풀이

노동 기능의 저하 정도에 따라 구분하는 방법

가. 사망
나. 영구 전 노동 불능상해(신체장애등급 1~3등급)
다. 영구 일부노동 불능상해(신체장애등급 4~14등급)
라. 일시 전 노동 불능상해: 장해가 남지 않는 휴업상해
마. 일시 일부노동 불능상해: 일시 근무 중에 업무를 떠나 치료를 받는 정도의 상해
바. 구급처치 상해: 응급처치 후 정상작업을 할 수 있는 정도의 상해

6 골격계(skeletal system)의 기능 5가지를 설명하시오.

풀이

(1) 인체의 지주역할을 한다.

(2) 가동성 연결, 즉 관절을 만들고, 골격근의 수축에 의해 운동기로서 작용한다.

(3) 체강의 기초를 만들고 내부의 장기들을 보호한다.

(4) 골수는 조혈기능을 갖는다.

(5) 칼슘, 인산의 중요한 저장고가 되며, 나트륨과 마그네슘 이온의 작은 저장고 역할을 한다.

7 근골격계 부담작업에 관련된 다음 용어를 설명하시오.

(1) 단위작업
(2) 동일작업

풀이

(1) 단위작업이란 특정 작업이나 공정의 내용이 둘 이상의 동작이나 자세가 서로 연결되는 둘 이상의 세부작업(사이클타임, Cycle Time)으로 구분이 가능할 때의 그 세부작업 각각을 말한다.

(2) 동일작업이란 동일한 작업설비를 사용하거나 작업을 수행하는 동작이나 자세 등 작업방법이 같다고 객관적으로 인정되는 작업을 말한다.

8 산업현장에서는 재해가 발생하면 당황하지 말고 다음 그림의 내용과 같이 재해발생 시 순서에 따라 신속하게 조치를 행하여야 한다. 다음 그림의 각각의 번호(①~④)에 알맞은 내용에 대하여 설명하시오.

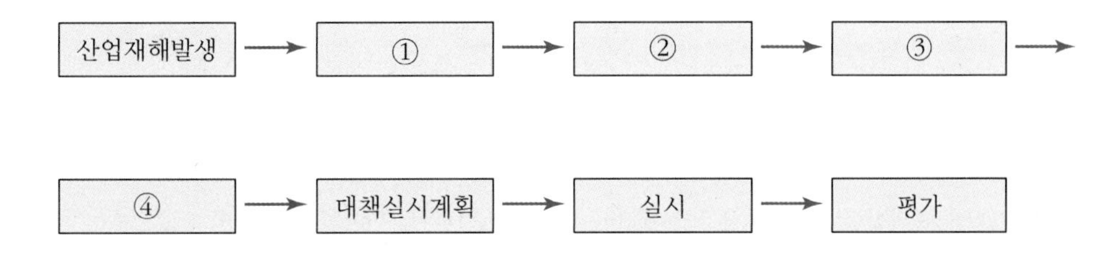

풀이

산업재해발생 → ① 긴급조치 → ② 재해조사 → ③ 원인결정(분석) → ④ 대책수립 → 대책실시계획 → 실시 → 평가

9 호손실험(Hawthorne experiment)에 대하여 설명하시오.

풀이

미국 호손공장에서 실시된 실험으로 물리적인 조건(조명, 휴식시간, 근로시간 단축, 임금 등)이 생산성에 영향을 주는 것이 아니라 인간관계가 생산성에 절대적인 요소로 작용함을 강조한다.

10 프레스 공정에서 소음측정 결과 95 dB일 때, 근로자는 귀덮개(NRR-17)를 착용하고 있다. 미국산업안전보건청(OSHA) 계산방법을 이용하여 차음효과와 노출되는 음압수준을 계산하시오.

풀이

(1) 차음효과 = (NRR − 7)×50%
즉 (17 − 7)×50% = 5 dB(A)
실제로 5 dB(A) 정도 차음된다.

(2) 음압수준
95 dB(A) − 5 dB(A) = 90 dB(A)
근로자가 노출되는 음압수준은 90 dB(A)이다.

11 유니버설 디자인(universal design)에 대하여 설명하시오.

풀이

유니버설 디자인이란 장애의 유무나 연령 등에 관계없이 모든 사람들이 제품, 건축, 환경, 서비스 등을 보다 편하고 안전하게 이용할 수 있도록 설계하는 것으로, 영국의 셀윈 골드스미스에 의해 처음 개념이 정립되었으며 미국의 로널드 메이스에 의해 널리 알려지게 되었다. "모두를 위한 설계"(Design for All)라고도 한다. 이는 배리어 프리나 접근성 디자인, 보조과학기술로부터 나타났으며, 예를 들어 쥐는 힘이 약한 사람들을 위해 레버식 문 손잡이 등을 설계하는 것 등을 유니버설 디자인이라고 한다.

유니버설 디자인은 다음과 같은 원칙이 있다.

가. 공평한 사용(equitable use)
누구라도 차별감이나 불안감, 열등감을 느끼지 않고 공평하게 사용 가능한가?
1. 모든 사용자들에게 같은 사용 방법을 제공하라. 가능할 경우 똑같게, 그렇지 않을 경우 동등하게 하라.
2. 가능한 언제나 동일하게, 그렇지 못할 때는 그에 상응하게 어떤 사용자든지 분리하거나 비난하는 것을 피하라.
3. 프라이버시와 안전을 위한 규정은 모든 사용자들에게 동등하게 적용되어야 한다.
4. 디자인을 모든 사용자들에게 어필되도록 하라.

나. 사용상의 융통성(flexibility in use)
서두르거나, 다양한 생활환경 조건에서도 정확하고 자유롭게 사용 가능한가?
1. 사용방법의 선택권을 제공한다.
2. 왼손-오른손잡이의 접근과 사용을 위한 방법을 도모하라.
3. 사용자의 정확성과 정밀도를 용이하게 하라.
4. 사용자의 보조를 맞출 수 있도록 하라.

다. 간단하고 직관적인 사용(simple and intuitive)
직감적으로 사용방법을 간단히 알 수 있도록 간결하고, 사용 시 피드백이 있는가?
1. 불필요한 복잡함을 제거하라.
2. 사용자의 기대와 직관력에 일치되게 하라.
3. 광범위한 문자와 언어 기술에 부합되도록 하라.
4. 중요도에 일치하도록 정보를 정리하라.
5. 작업이 완료된 후나 그 진행 중에라도 실질적인 응답과 반응을 제공하라.

라. 정보 이용의 용이(perceptive information)
정보구조가 간단하고, 복수의 전달수단을 통해 정보입수가 가능한가?
1. 필수적인 정보를 충분히 나타낼 수 있도록 다양한 그림, 언어, 촉감 등을 사용하라.
2. 필수적인 정보와 주변 정보와의 적절한 비교를 제공하라.
3. 필수적인 정보는 최대한 쉽게 알 수 있도록 하라.
4. 묘사될 수 있는 여러 방법으로 그 요소를 구별하라. 즉, 지시하거나 방향을 나타내는 것을 쉽게 하라.
5. 감각에 장애를 가진 사람들이 사용하는 다양한 기구나 기술들에 호환성을 제공하라.

마. 오류에 대한 포용력(tolerance for error)
사고를 방지하고, 잘못된 명령에도 원래 상태로 쉽게 복귀가 가능한가?
1. 위험과 실수를 최소화하도록 요소를 배열하라. 대부분 쉽게 알아챌 수 있고 이미 사용된 적 있는 요소를 사용하며, 위험한 요소는 제거하거나 막아 놓아라.
2. 위험하거나 실수를 유발시키는 것에 대한 경고를 제공하라.
3. 안전성이 실패할 것을 대비하라.
4. 주의를 요하는 일에서 무의식적인 행동을 못하도록 하라.

바. 적은 물리적 노력(low physical effort)
무의미한 반복동작이나, 무리한 힘을 들이지 않고 자연스런 자세로 사용이 가능한가?
1. 사용자들에게 적절한 자세를 유지할 수 있도록 하라.
2. 합리적으로 작동하는 힘을 사용하라.
3. 되풀이되는 동작을 최소화하라.
4. 지속적으로 힘을 가하는 동작을 최소화하라.

사. 접근과 사용을 위한 충분한 공간(size and space for approach and use)
이동이나 수납이 용이하고, 다양한 신체조건의 사용자와 도우미가 함께 사용이 가능한가?
1. 중요한 요소들은 앉아있는 사람이나 서있는 사람 모두에게 확실하게 보이도록 하라.
2. 모든 물건이 앉아있는 사람이나 서있는 사람 모두에게 편하게 닿을 수 있도록 하라.
3. 손이나 손잡이 크기의 변동을 고려하라.
4. 보조장치나 보조원의 도움을 받을 수 있는 적절한 공간을 제공하라.

12 주의력의 특성 3가지를 설명하시오.

풀이

(1) 선택성
가. 주의력의 중복집중의 곤란(주의는 동시에 두 개 이상의 방향을 잡지 못한다)
나. 사람은 한 번에 여러 종류의 자극을 지각하거나 수용하지 못하며, 소수의 특정한 것으로 한정해서 선택하는 기능을 말한다.
다. 1점 집중성: 돌발상황 발생 시 충격에 의해 주의가 한곳에 집중되며 순간 판단정지, 혼란 등 평소보다 대응능력이 저하되는 특성을 말한다.

(2) 변동성
가. 주의력의 단속성(고도의 주의는 장시간 지속할 수 없다)
나. 주의는 리듬이 있어 언제나 일정한 수준을 지키지는 못한다.

(3) 방향성
가. 한 지점에 주의를 하면 다른 곳의 주의는 약해진다.
나. 주의를 집중한다는 것은 좋은 태도라고 볼 수 있으나 반드시 최상이라고 할 수는 없다.
다. 공간적으로 보면 시선의 초점에 맞았을 때는 쉽게 인지되지만 시선에서 벗어난 부분은 무시되기 쉽다.

13 미국 국립산업안전보건연구원(NIOSH)에서 제시한 직무스트레스 모형에서 직무스트레스 요인에 대하여 설명하시오.

풀이

직무스트레스 요인에는 크게 작업요구, 조직적 요인 및 물리적 환경 등으로 구분될 수 있으며,
가. 작업요구에는 작업과부하, 작업속도 및 작업과정에 대한 작업자의 통제(업무 재량도)정도, 교대근무 등이 포함된다.
나. 조직적 요인으로는 역할모호성, 역할갈등, 의사결정의 참여도, 승진 및 직무의 불안정, 인력감축에 대한 두려움, 조기퇴직, 고용의 불확실성 등의 경력개발 관련요인, 동료·상사·부하 등과의 대인관계

다. 물리적 환경에는 과도한 소음, 열 혹은 냉기, 환기불량, 부적절한 조명 및 인체공학적 설계의 결여 등이 포함된다.

똑같은 작업환경에 노출된 개인들이 지각하고 그 상황에 반응하는 방식에서의 차이를 가져오는 개인적이고 상황적인 특성이 많이 있는데 이것을 '중재요인'이라고 한다.

가. 개인적 요인: A형 행동양식이나 강인성, 불안 및 긴장성 성격 등과 같은 개인의 성격, 경력개발 단계, 연령, 성, 교육정도, 수인, 의사소통 기술의 부족, 자기주장 표현의 부족 등

나. 조직 외 요인: 가족 및 개인적 문제, 일상생활사건(사회적, 가족적, 재정적 스트레스요인 등), 대인관계, 결혼, 자녀양육 관련 스트레스 요인 등 재정상태, 가족상황

다. 완충요인: 사회적 지원, 특히 상사와 배우자, 동료 작업자로부터의 지원, 대처전략, 업무숙달 정도, 자아존중감 등

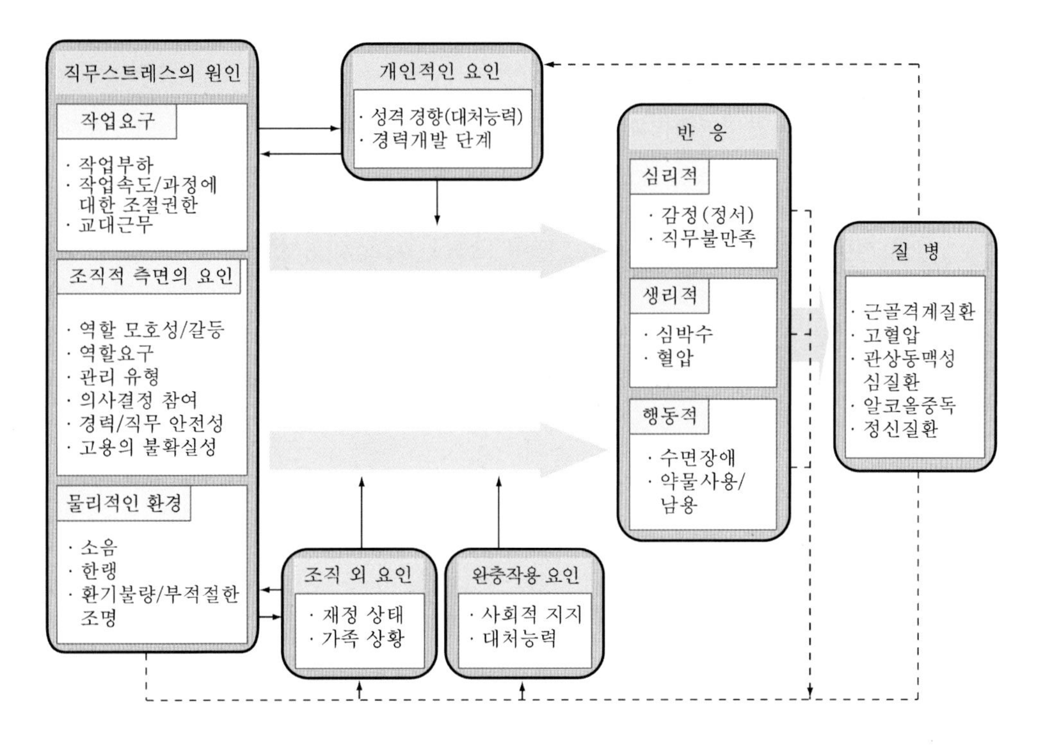

인간공학기술사 2017년 2교시 문제풀이

※ 다음 문제 중 4문제를 선택하여 설명하시오. (각 문제당 25점)

1 근골격계 부담작업 평가기법에 대한 다음 물음에 설명하시오.

(1) REBA(Rapid Entire Body Assessment) 평가에 필요한 평가항목을 모두 설명하고, 평가결과에 따른 REBA Score, Risk Level, Action 순서로 설명하시오.

(2) OWAS(Ovako Working Posture Analysis System) 평가에 필요한 평가항목을 모두 설명하고, 평가결과에 따른 위험수준과 평가내용을 설명하시오.

풀이

(1) REBA는 그룹 A에서는 허리, 목, 다리에 대한 점수를 score A로, 그룹 B에서는 위팔, 아래팔, 손목에 대한 점수와 손잡이에 따른 점수로 score B를 구한다. score A와 score B를 이용해 score C를 구해 거기에 행동 점수를 더해 최종 점수를 구한다.

REBA Score 평가과정

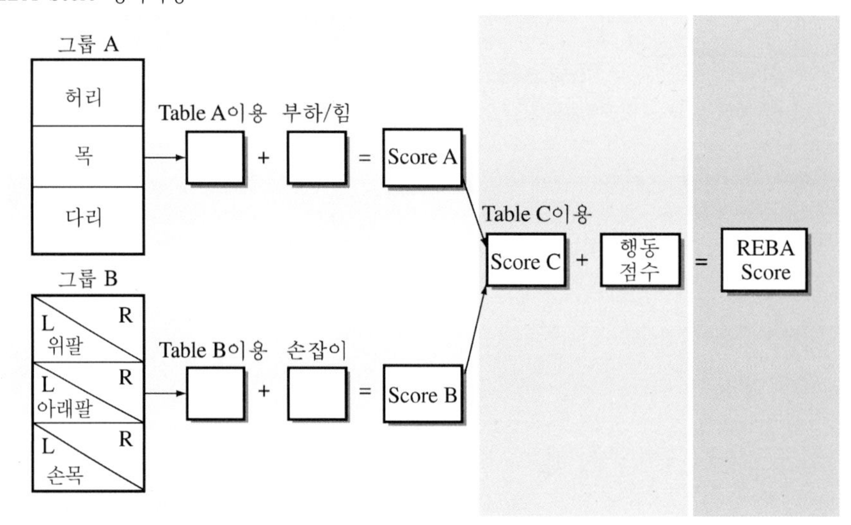

REBA 위험수준 및 조치단계의 결정

조치단계	REBA score	위험수준	조치(추가정보 조사 포함)
0	1	무시해도 좋음	필요 없음
1	2~3	낮음	필요할지도 모름
2	4~7	보통	필요함
3	8~10	높음	곧 필요함
4	11~15	매우 높음	지금 즉시 필요함

(2) 작업시작점의 작업 자세를 허리, 팔, 다리, 작업물의 무게의 4개 항목으로 나누어 크게 4수준으로 분류하여 기록한다. 이 자세의 분류는 불쾌감의 주관적 평가, 자세에 의한 건강영향, 실용가능성을 고려해 결정된 것이다. OWAS의 평가항목은 허리, 팔, 다리, 하중이며, Action category 1은 개선이 불필요하며, Action category 2는 가까운 시일 내에 개선, Action category 3은 가능한 빠른 시일 내에 개선, Action category 4는 즉시 개선해야 하는 작업 자세이다.

2 '근골격계질병 업무상 질병 조사 및 판정지침(2015)'에 대한 다음 물음에 설명하시오.

(1) 신체부담작업 현장조사 시 전문가와 공동조사를 실시한다. 전문가의 범위에 대하여 설명하시오.

(2) 신체부담작업 확인을 위해 수집하여 조사하여야 할 자료에 대하여 설명하시오.

풀이

(1) 인간공학 전문가, 산업위생 전문가, 직업환경의학 전문의와 공동조사를 실시하여야 한다.

(2) 신체부담작업을 확인하기 위해 수집 및 조사하여야 할 자료는 다음과 같다.

가. 재해발생경위 및 이와 관련된 근로관계 등에 대한 신청인, 보험가입자, 동료 근로자 등의 진술 또는 확인

나. 재해 근로자의 직업력(해당 사업장 채용 전 재해 관련 직력 포함)을 확인할 수 있는 자료

다. 해당 부서 또는 동일 유사 작업에 종사하는 동료 근로자의 유사질병 발생 현황

라. 출근부, 업무일지 등 업무내용, 업무량 및 업무시간 등을 확인할 수 있는 자료

마. 업무수행 자세, 동작, 작업방법 등을 확인할 수 있는 자료

바. 작업공정 관련 동영상(사진) 또는 자료

사. 유해요인조사 결과

아. 진료기록과 의학적 소견서

자. 건강보험 진료내역 등 과거병력 자료

차. 그 밖에 업무내용과 신체부담업무 수행 여부와 정도를 확인할 수 있는 자료

3 양립성(Compatibility)은 인간의 기대와 모순되지 않는 자극들 간의, 반응들 간의 관계를 말한다. 다음 물음에 설명하시오.

(1) 양립성의 3가지 유형(Type)을 예를 들어 설명하시오.
(2) 다음 그림에서 양립성과 관련지어 나타나는 문제점과 개선책에 대하여 설명하시오.

풀이

(1) 양립성의 유형

가. 개념양립성: 사람들이 가지고 있는 개념적 연상에 관한 기대와 일치하는 것
예) 냉온수기에서 빨간색은 온수, 파란색은 냉수가 나오도록 설계

나. 운동양립성: 조종장치의 방향과 표시장치의 움직이는 방향이 사용자의 기대와 일치하는 것
예) 조종장치를 오른쪽으로 돌리면 표시장치의 지침이 오른쪽으로 이동

다. 공간양립성: 물리적 형태 및 공간적 배치가 사용자의 기대와 일치하는 것
예) 가스버너의 오른쪽 조리대는 오른쪽 스위치로, 왼쪽 조리대는 왼쪽 스위치로 조정하도록 배치

(2) 그림은 운동의 양립성에 해당되는 문제로서, 문제점은 보통 게이지는 시계방향으로 움직이면서 증가를 하는데, 반대로 되어있어 인간의 혼돈을 야기시킨다. 따라서 개선책으로는 왼쪽에 0이 오도록 하면서 시계방향으로 움직이면서 증가를 하도록 한다.

4 근골격계질환과 관련하여 다음 물음에 답하시오.

(1) 근골격계질환을 정의하여 설명하시오.
(2) 근골격계질환 예방관리프로그램을 수립해야 하는 경우를 설명하시오.
(3) 근골격계질환 예방관리프로그램 주요내용(종합계획에 반영할 사항)을 설명하시오.

풀이

(1) 근골격계질환이란 반복적인 동작, 부적절한 작업 자세, 무리한 힘의 사용, 날카로운 면과의 신체접촉, 진동 및 온도 등의 요인에 의하여 발생하는 건강장해로서 목, 어깨, 허리, 팔·다리의 신경·근육 및 그 주변 신체조직 등에 나타나는 질환을 말한다.

(2) 아래의 사업장은 근골격계질환 예방관리프로그램을 수립해야 한다.
가. 근골격계질환자: 10명 이상/년
나. 5명 이상 발생: 총 근로자수 10% 이상
다. 노사 간 이견이 지속되는 사업장: 고용노동부장관이 인정 명령

(3) 근골격계질환 예방관리프로그램의 주요내용은 다음과 같다.
가. 근골격계 유해요인조사 및 작업 평가
나. 예방·관리정책 수립
다. 교육 및 훈련실시
라. 초기증상자 및 유해요인 관리
마. 작업환경 등 개선활동 및 의학적 관리
바. 프로그램 평가

5 주유소에서 차량의 주유 과정에서 경유를 사용하는 차량에 휘발유를 주입하는 혼유 사고가 종종 발생하고 있다. 혼유 사고를 예방하기 위한 대책을 주유기 시설 측면, 차량연료 주입구 측면, 주유원(사람) 측면에서 각각 설명하시오.

풀이

(1) 주유기 시설 측면
가. 색깔을 통한 구분
나. 휘발유 라인과 경유 라인 분리 운영

(2) 차량 연료 주입구 측면
가. Fool Proof: 차량의 연료 주입구와 주유기의 연료 주입구의 모양을 각 연료의 종류(휘발유, 경유)별로 다르게 하여 상이한 종류의 연료에 주입구가 맞지 않도록 설계
나. 차량의 연료 주입구에 감지장치를 부착하여 다른 유종이 들어오기 시작하면 주입구를 폐쇄하여 혼유를 근본적으로 차단

(3) 주유원 측면
가. 맞잠금(interlock)을 이용하여 유종에 대한 버튼을 눌러야 연료가 나오도록 설계
나. 주유할 때도 복창을 통해서 고객과 주유원 모두가 지금 주유하는 유종에 대해서 다시 한 번 확인

6 자동차 계기판, 각종 기계의 계기판 등의 물리적 공간에서 조종장치나 표시장치의 배치는 시스템 효율성과 안전에서 중요하다.

(1) 각종 기계설비의 계기판 구성요소(조종장치, 표시장치) 배치 원칙을 설명하시오.

(2) 다음 그림을 보고 배치 원칙에서 나타난 문제점과 개선대책에 대하여 설명하시오.

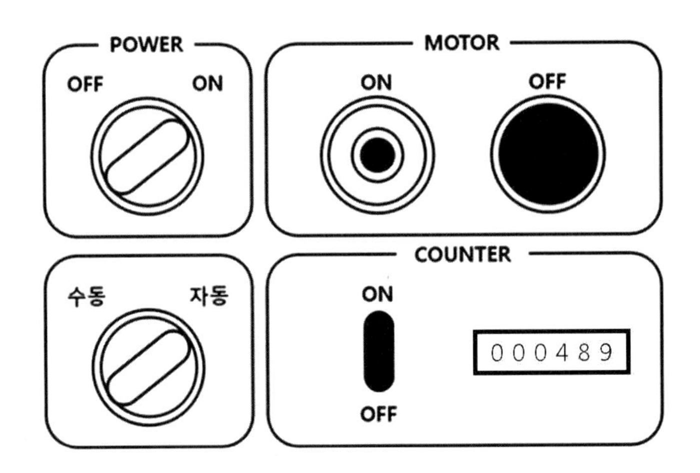

풀이

(1) 기계설비의 계기판 구성요소 배치 원칙은 다음과 같다.

가. 중요도의 원칙
부품이 작동하는 성능이 목표달성에 중요한 정도에 따라 우선순위 설정

나. 사용빈도의 원칙
부품을 사용하는 빈도에 따라 우선순위 결정

다. 기능별 배치의 원칙
기능적으로 관련된 부품들을 모아서 배치

라. 사용순서의 원칙
사용순서에 따라 장치들 가까이 배치

마. 일관성의 원칙
동일한 구성요소들은 기억에 의한 찾는 시간을 줄이기 위하여 동일한 지점에 배치

바. 조종장치와 표시장치의 양립성의 원칙
1. 조종장치와 관련된 표시장치들은 근접하게 위치시킴
2. 조종장치와 표시장치 관계를 쉽게 알아볼 수 있도록 배치

(2) 배치 원칙에서 나타난 문제점과 개선대책은 다음과 같다.

가. 어디가 표시장치인지 어디가 조종장치인지 모호하므로 표시장치와 조종장치가 확실히 구별되도록 설계

나. 아래/위의 ON/OFF 표기 방법이 좌우, 상하가 다르므로 ON/OFF 표기 방법을 일치

다. ON/OFF 조종장치가 수동/자동 조종장치와 동일하여 혼동을 유발하므로 수동/자동 조종장치는 다른 방식으로 설계

라. COUNTER의 수치가 어느 장치의 수치인지 모호하므로 Power인지, Motor인지, 어느 것의 수치인지에 따라 근접해서 배치

인간공학기술사 2017년 3교시 문제풀이

※ 다음 문제 중 4문제를 선택하여 설명하시오. (각 문제당 25점)

1 근골격계질환 발생원인과 관계되는 진동에 대해 다음 물음에 답하시오.

(1) 인체에 전달되는 진동을 전신진동과 국소진동으로 구분하여 설명하시오.
(2) 진동공구를 사용하는 근로자의 손가락에 나타날 수 있는 레이노증후군(Raynaud's phenomenon)의 증상을 설명하시오.
(3) 전신진동이 인간의 성능에 미치는 영향을 설명하시오.

풀이

(1) 가. 전신진동: 인체 전체가 진동하는 경우이다.
사람이 탑승하는 교통 수단(운송차량, 선박, 항공기, 기중기, 지게차) 등에서 발생하며, 2~100 Hz에서 장해유발
나. 국소진동: 외부의 움직임이 인체의 일부와 접촉하여 인체의 일부가 진동하는 경우이다.
착암기, 휴대용 연마기, 자동식 톱 등에서 발생하며, 8~1,500 Hz에서 장해유발

(2) 레이노증후군(백색수지증, White Finger)
가. 발생원인
진동으로 인하여 손과 손가락으로 가는 혈관이 수축하고, 추운 환경에서 진동을 유발하는 진동공구를 사용하는 경우에 발생
나. 증상
손가락이 하얗게 되며 저리고 아프고 쑤시는 현상이 발생
손가락의 감각과 민첩성이 떨어지고 혈류의 흐름이 원활하지 못하며, 악화되면 손 끝에 괴사가 일어남

(3) 진동수가 클수록, 또 가속도가 클수록 전신장해와 진동감각이 증대하는데 이러한 진동이 만성적으로 반복되면 천장골좌상이나 신장손상으로 인한 혈뇨, 자각적 동요감, 불쾌감, 불안감 및 동통을 호소하게 된다.
전신장해의 경우 진동수에 따른 통증부위는 다음과 같다.
가. 진동수 4~10 Hz: 흉부와 복부에 고통

나. 진동수 8~12 Hz: 요통
다. 진동수 10~20 Hz: 두통, 안정 피로, 장과 방광의 자극

2 서블릭(Therblig)에 대한 다음 물음에 답하시오.

(1) 서블릭(Therblig) 분석법의 개념을 설명하시오.
(2) '책상 위에 있는 펜으로 문서에 서명하는 동작'을 서블릭(Therblig) 문자기호로 설명하시오.

풀이

(1) 서블릭(Therblig)의 정의: 작업자의 작업을 요소동작으로 나누어 관측용지에 18종류의 서블릭 기호로 분석·기록하는 방법으로 '목시동작분석'이라고도 한다. 지금은 찾아냄(F)이 생략되었다.

(2) 가. 찾음(SH): 펜을 찾다.
나. 빈손이동(TE): 펜으로 손을 이동하다.
다. 쥐다(G): 펜을 손으로 집다.
라. 찾음(SH): 문서를 찾다.
마. 운반(TL): 펜을 잡고 문서로 이동하다.
바. 사용(U): 서명을 하다.
사. 운반(TL): 펜을 잡고 문서 밖으로 이동하다.
아. 내려놓기 (RL): 펜을 내려놓다.

3 작업자 A가 시스템(기계) 정비, 보수, 청소 등의 작업을 실시할 때, 그 사실을 모르는 작업자 B가 시스템(기계)을 가동시켜서 작업자 A가 사망하는 사고가 발생하였다. 시스템(기계) 설계단계에서 안전사고를 예방하기 위한 안전장치의 종류 3가지만 예를 들어 설명하시오.

풀이

(1) Fool Proof
풀(fool)은 어리석은 사람으로 번역되며, 제어장치에 대하여 인간의 오동작을 방지하기 위한 설계를 말한다. 미숙련자가 잘 모르고 제품을 사용하더라도 고장이 발생하지 않도록 하거나 작동하지 않도록 하여 안전을 확보하는 방법이다. 예를 들면, 사람이 아무리 잘못된 조작을 해도 시스템이나 장치가 동작하지 않고 올바른 조작에만 응답하도록 한다든가, 사람이 잘못하기 쉬운 순서조작을 순서회로에 의해서 자동화하여 시동 버튼을 누르면 자동적으로 올바른 순서로 조작해 가는 방법이다.

(2) Fail Safe
고장이 발생한 경우라도 피해가 확대되지 않고 단순고장이나 한시적으로 운영되도록 하여 안전을 확보

하는 개념이다. 즉, 시스템의 일부에 고장이 발생해도 안전한 가동이 자동적으로 취해질 수 있는 구조로 설계하는 방식이다. 예들 들면, 과전압이 흐르면 내려지는 차단기나 퓨즈 등을 설치하여 시스템을 운영하는 방법이다.

(3) Tamper Proof
작업자들은 생산성과 작업용이성을 위하여 종종 안전장치를 제거한다. 따라서 작업자가 안전장치를 고의로 제거하는 것을 대비하는 예방설계를 tamper proof라고 한다. 예를 들면, 화학설비의 안전장치를 제거하는 경우에 화학설비가 작동되지 않도록 설계하는 것이다.

4 인간의 정보처리모델(Wickens 모델)에서 감각과정, 지각과정, 의사결정(인지)을 설명하고, 인지특성을 반영한 설계원리를 4가지만 설명하시오.

풀이

(1) 감각과정: 시각, 청각, 후각, 촉각, 미각 등의 자극은 인간의 감각 수용기를 통하여 감지된다.

(2) 지각과정: 감각 수용기를 통해 입력된 정보에 의미를 부여하고 해석하는 과정을 지각이라 한다. 입력정보들은 선택, 조직, 해석하는 과정을 통하여 자극을 감지하고 의미를 부여함으로써 종합적으로 해석된다.

(3) 의사결정(인지): 인간의 정보처리 과정에는 작업기억(단기기억), 장기기억 등이 동원되며, 지각된 정보를 바탕으로 계산, 추론, 유추 등을 통하여 어떻게 행동할 것인지 의사결정을 하는 과정을 인지과정이라 한다.

(4) 인지특성을 반영한 설계원리는 다음과 같다.
가. 좋은 개념모형을 제공하라.
1. 설계자의 개념모형과 사용자의 개념모형을 일치하도록 설계해야 한다.
2. 사용자는 주로 경험과 훈련, 지시 등을 통하여 얻은 개념으로 제품에 대한 개념모형을 형성하는데 설계자는 이러한 개념을 고려하여 설계해야 한다.

나. 단순하게 하라.
1. 제품의 사용방법은 체계적으로 구성하면 단순화 될 수 있으며, 작업내용이 단순화되면 사용자의 부담은 줄어든다.
2. 무관한 항목들 5개 이상을 한 번에 기억하도록 요구해서는 안되며, 기억해야 할 것을 도와주는 기능을 두어 기억의 부담을 줄인다.
예) 끈을 매는 신발을 찍찍이로 간단하게 변환

다. 가시성(Visibility)
사용자가 제품의 작동상태나 작동방법 등을 쉽게 파악할 수 있도록 중요기능을 노출하는 것을 가시성이라고 한다.
예) 건전지 사용용량 표시, 야간의 자동차 창문조절장치 표시불 등

라. 피드백(Feedback)의 원칙
제품의 작동결과에 관한 정보를 사용자에게 알려주는 것을 의미한다.
예) 경고등, 점멸, 문자, 강조 등의 시각적 표시장치, 음향이나 음성표시장치, 촉각적 표시장치 등

마. 양립성(Compatibility)의 원칙

1. 양립성이란 자극 및 응답과 인간의 예상과의 관계가 일치하는 것을 말한다.
2. 양립성에 위배되도록 설계할 경우 제품의 작동방법을 배우고 조작하는 데 많은 시간이 걸리며 실수도 증가하게 된다.
3. 아무리 연습을 하여도 억지로 작동방법을 익혔다 하더라도 긴박한 상황에서는 원래 인간이 가지고 있는 양립성의 행동이 나타나게 된다.

바. 제약과 행동유도성

1. 물건에 물리적 또는 의미적인 특성을 부여하여 사용자의 행동에 관한 단서를 제공하는 것을 행동유도성(Affordance)이라고 한다.
2. 제품에 사용상 제약을 주어 사용방법을 유인하는 것도 바로 행동유도성에 관련되는 것이다.
   예) 전기콘센트의 삽입구, USB 투입구, 자동차의 정지등

5 자극에 대한 인간의 반응시간(reaction time)에 대한 다음 물음에 답하시오.

(1) 반응시간의 분류 3가지를 설명하시오.

(2) Hick의 법칙(Hick's law)을 설명하시오.

풀이

(1) 반응시간의 분류

가. 단순반응시간

1. 하나의 특정자극에 대해 반응을 시작하는 시간으로 항상 같은 반응을 요구한다.
2. 통제된 실험실에서의 실험을 수행하는 것과 같은 상황을 제외하고 단순반응 시간과 관련된 상황은 거의 없다. 실제상황에서는 대개 자극이 여러 가지이고, 이에 따라 다른 반응이 요구되며, 예상도 쉽지 않다.
3. 단순반응 시간에 영향을 미치는 변수에는 자극양식(강도, 지속시간, 크기 등), 공간주파수(spatial frequency), 신호의 대비 또는 예상, 연령, 자극위치, 개인차 등이 있다.

나. 선택반응시간

1. 여러 개의 자극을 제시하고, 각각에 대해 서로 다른 반응을 요구하는 경우의 반응시간이다.
2. 일반적으로 정확한 반응을 결정해야 하는 중앙처리 시간 때문에 자극과 반응의 수가 증가할수록 반응시간이 길어진다. Hick-Hyman의 법칙에 의하면 인간의 반응시간(Reaction Time; RT)은 자극정보의 양에 비례한다고 한다. 즉, 가능한 자극－반응 대안들의 수(N)가 증가함에 따라 반응시간(RT)이 대수적으로 증가한다. 이것은 $RT = a + b\log_2 N$(a는 상수, b는 로그함수의 상수, N은 자극정보의 수)의 공식으로 표시될 수 있다.

다. 인지반응시간: 여러 가지의 자극이 주어지고 이 중에서 특정한 신호에 대해서만 반응할 때 소요되는 시간을 의미한다.

(2) RT(선택반응시간) $= a + b\log_2 N$

가. 선택반응시간은 일반적으로 선택 대안의 수(N)가 증가할수록 비례한다.

나. 디자인의 단순화를 강조하는 원리이다.

다. 대형할인 매장에서 49여 개의 잼을 진열하여 파는 것보다 3~4종류만 진열하여 판매하는 것이 고객의 선택을 단순화시켜 판매량이 좋을 수 있다.

6 어떤 작업자가 그림과 같이 손에 전동공구를 쥐고 있는 동안에 주관절(elbow joint)에서 등척성 근육의 힘이 발휘되고 있을 때 다음 물음에 답하시오. (단, 그림과 같은 자세로 평형상태에 있다고 가정한다.)

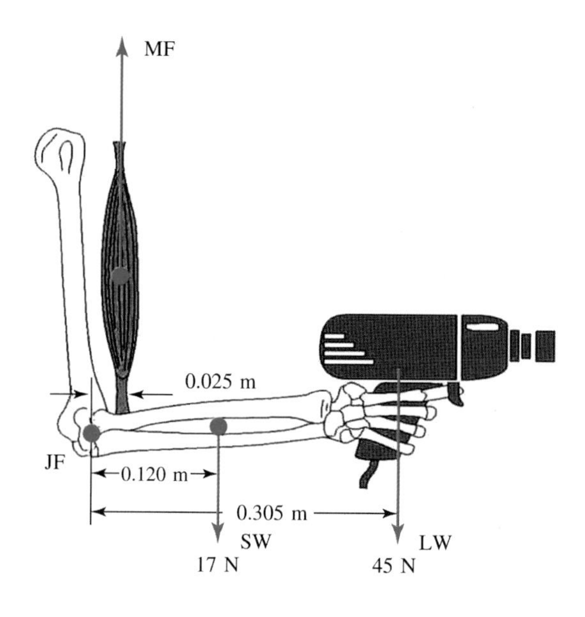

(1) 내적인 근육에 의해 생성되는 모멘트를 계산하시오.

(2) 정적인 자세로 전완을 유지하는 데 요구되는 상완이두근의 힘(MF)을 계산하시오.

(3) 주관절에서의 관절반작용력(JF)을 계산하시오.

풀이

(1) $\Sigma M = 0$

$(-45\ \text{N} \times 0.305\ \text{m}) + (-17\ \text{N} \times 0.120\ \text{m}) + M_E = 0$

따라서, $M_E = 15.765\ \text{Nm}$

(2) $\sum M = 0$

$(-45\ \text{N} \times 0.305\ \text{m}) + (-17\ \text{N} \times 0.120\ \text{m}) + (MF \times 0.025\ \text{m}) = 0$

$MF \times 0.025\ \text{m} = 15.765$

따라서, $MF = \dfrac{15.765}{0.025} = 630.6\ \text{N}$

(3) $\sum F = 0$

$JF + MF - SW - LW = 0$

$JF = -MF + SW + LW$

$\quad = -630.6 + 17 + 45$

$\quad = -568.6$

따라서, $JF = -568.6\ \text{N}$

인간공학기술사 2017년 4교시 문제풀이

※ 다음 문제 중 4문제를 선택하여 설명하시오. (각 문제당 25점)

1 조종장치와 표시장치 간의 연속위치 또는 정량적으로 맞추는 조종장치를 사용하는 경우에 있어서 2가지 동작을 수반하게 된다. 조종-반응비(control-response ratio)에 따른 이동동작에 소요되는 시간과 조종동작에 소요되는 시간과의 관계를 다음 그림으로 나타내었다. 다음 물음에 답하시오.

(1) 그림 안의 각각의 번호(①~③)에 알맞은 내용을 설명하시오.

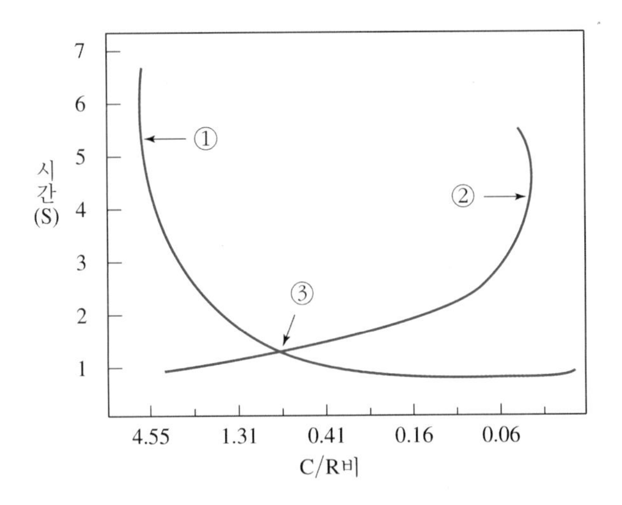

(2) 민감한 C/R비를 가진 조종장치의 경우와 둔감한 C/R비를 가진 조종장치의 경우를 비교하여 설명하시오.

(3) 레버(lever)의 최적 C/R비와 노브(knob)의 최적 C/R비를 설명하시오.

(4) 최적 C/R비 값에 영향을 미치는 시스템 매개변수를 설명하시오.

풀이

(1) ①: 이동시간
②: 조종시간
③: 최적 C/R비

(2)

민감도	민감하다	둔감하다
C/R비	작다	크다
조종시간	길다	짧다
이동시간	짧다	길다

(3) 노브의 최적 C/R비는 0.2~0.8이며, 레버의 최적 C/R비는 2.5~4.0이다.

(4) 이동시간과 조종시간의 합을 최소화시키는 최적 C/R비 값은 제어장치의 종류나 표시장치의 크기, 제어 허용오차 및 지연시간 등에 의해 달라진다.

2 다음 그림은 근육의 구조를 나타낸 것이다. 다음 물음에 답하시오.

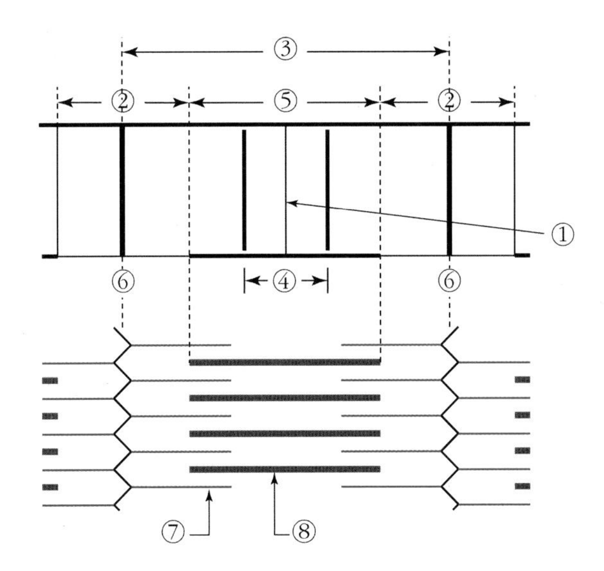

(1) 그림의 각각의 번호(①~⑧)에 알맞은 내용을 설명하시오.

(2) 자극에 따른 근수축 기전(muscle contraction mechanism) 전개 시 변화를 그림에 근거하여 설명하시오.

풀이

(1) ① M선: H대의 중앙부에 위치한 가느다란 선
② I대: 액틴 존재, 밝게 보임
③ 근섬유분절
④ H대: A대의 중앙부, 약간 밝은 부분 미오신만 존재
⑤ A대: 액틴과 미오신이 중첩된 부분, 어둡게 보임
⑥ Z선: I대의 중앙부에 위치한 가느다란 선
⑦ 액틴
⑧ 미오신

(2) 근육은 자극을 받으면 수축을 하는데, 이러한 수축은 근육의 유일한 활동으로 근육의 길이는 단축된다. 근육이 수축할 때 짧아지는 것은 미오신 필라멘트 속으로 액틴 필라멘트가 미끄러져 들어간 결과이다.
가. 액틴과 미오신 필라멘트의 길이는 변하지 않는다.
나. 근섬유가 수축하면 I대와 H대가 짧아진다. 최대로 수축했을 때는 Z선이 A대에 맞닿고 I대는 사라진다.
다. 각 섬유는 일정한 힘으로 수축하며, 근육 전체가 내는 힘은 활성화된 근섬유 수에 의해 결정된다.

3 다음 그림은 근골격계 부담작업 유해요인조사지침의 유해요인조사 흐름도이다. 다음 물음에 답하시오.

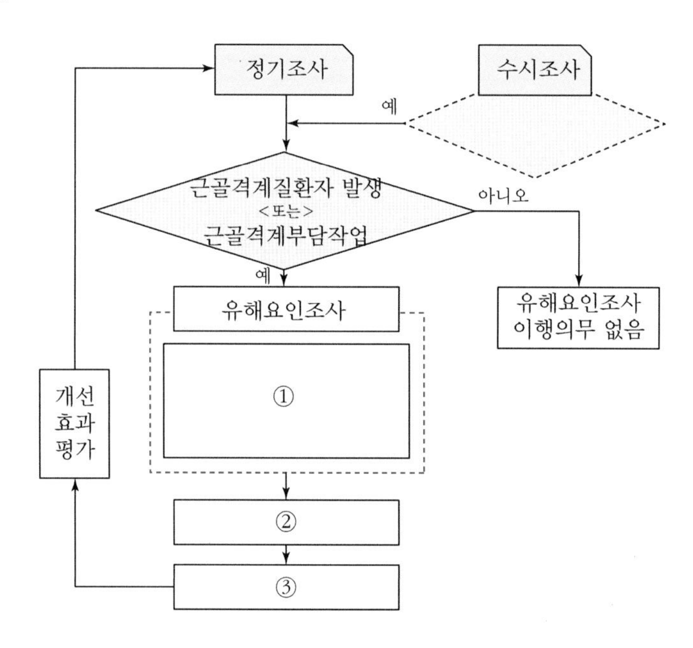

(1) 그림의 각각의 번호(①~③)에 알맞은 내용을 설명하시오.
(2) 유해요인조사 시기에 대하여 설명하시오.
(3) 유해요인조사 내용에 대하여 설명하시오.

풀이

(1) ①: 유해요인 기본조사(근골격계질환 증상조사)
가. 유해요인 기본조사표와 근골격계질환 증상표를 사용한다.
나. 조사결과 추가적인 정밀평가가 필요하다면 작업분석 도구(OWAS, RULA, NLE 등)를 사용한다.
②: 개선우선순위 결정
가. 유해도가 높은 작업 또는 특정작업자 중에서도 다음 사항에 따른다.
1. 다수의 작업자가 유해요인에 노출되고 있거나 증상 및 불편을 호소하는 작업
2. 비용 편익효과가 큰 작업
③: 개선대책 수립 및 실시
가. 근골격계 부담작업에 대하여 전수조사를 원칙으로 한다.
나. 동일한 작업조건의 근골격계 부담작업이 존재하는 경우에는 일부 작업에 대해서 유해요인조사를 수행할 수 있다.

(2) 유해요인조사 시기는 다음과 같다.
가. 정기조사
근로자가 근골격계 부담작업을 하는 경우에 3년마다 다음 각 호의 사항에 대한 유해요인조사를 하여야 한다. 다만, 신설되는 사업장의 경우에는 신설일부터 1년 이내에 최초의 유해요인조사를 하여야 한다.
나. 수시조사
다음 각 호의 어느 하나에 해당하는 사유가 발생하였을 경우에 지체 없이 유해요인조사를 하여야 한다.
1. 근골격계질환자가 발생하였거나 근로자가 근골격계질환으로 업무상 질병으로 인정받은 경우
2. 근골격계 부담작업에 해당하는 새로운 작업·설비를 도입한 경우
3. 근골격계 부담작업에 해당하는 업무의 양과 작업공정 등 작업환경을 변경한 경우

(3) 유해요인조사 내용은 다음과 같다.
가. 설비·작업공정·작업량·작업속도 등 작업장 상황
나. 작업시간·작업자세·작업방법 등 작업조건
다. 작업과 관련된 근골격계질환 징후 및 증상 유무 등

4 인체와 환경과의 열교환과정에 대한 다음 물음에 설명하시오.

(1) 인체에서 생성된 열은 주변 환경에 따라 높아지거나 낮아 질 수 있다. 다음 제시된 변수들을 이용하여 열균형 방정식을 나타내시오.

- ΔS 열축적(인체내 열함량 변화)
- M 대사 열발생량
- W 수행한 일
- R 복사에 의한 열교환량
- C 대류에 의한 열교환량
- E 증발에 의한 열교환량

(2) 인체에 눈에 띌 만한 발한(發汗) 없이도 인체의 피부와 허파로부터 하루에 1,000 g 정도의 수분이 무감증발(insensible evaporation) 된다. 이 무감증발로 인한 열 손실률을 산출하시오.
(단, 37℃의 물 1 g을 증발시키는 데 필요한 에너지는 2,410 J/g(=575 cal/g)임)

풀이

(1) △S(열이득)=M(대사)−E(증발)±R(복사)±C(대류)−W(수행한 일)
가. 신체가 열적 평형상태에 있으면 △S는 0이다.
나. 불균형조건이면 체온이 상승하거나(△S>0) 하강한다(△S<0).
다. 대사에 의한 열 발생량 M은 항상 (+)를 나타내며, 증발 과정에서 E는 (−)를 나타낸다.
라. 열교환 과정은 기온이나 습도, 공기의 흐름, 주위의 표면 온도에 영향을 받는다. 뿐만 아니라 작업자가 입고 있는 작업복은 열교환 과정에 큰 영향을 미친다.

(2) $\text{열손실률}(R) = \dfrac{\text{증발에너지}(Q)}{\text{증발시간}(t)} = \dfrac{1{,}000\ \text{g} \times 2{,}410\ \text{J/g}}{60 \times 60\ \text{sec} \times 24} = 27.89\ \text{J/s} = 27.89\ \text{W}$

5 다음 그림은 인간-기계 통합 체계의 인간 또는 기계에 의해서 수행되는 기본 기능의 유형을 나타낸 것이다. 다음 그림의 각각의 번호(①~④)에 알맞은 내용을 설명하시오.

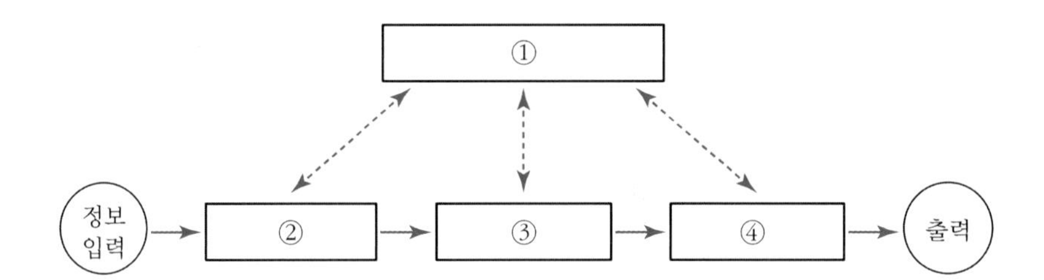

풀이

①: 정보보관
인간기계 시스템에 있어서의 정보보관은 인간의 기억과 유사하며, 여러 가지 방법으로 기록된다. 또한, 대부분은 코드화나 상징화된 형태로 저장된다.
가. 인간: 인간에 있어서 정보보관이란 기억된 학습내용과 같은 말이다.
나. 기계: 기계에 있어서 정보는 펀치카드, 형판, 기록, 자료표 등과 같은 물리적 기구에 여러 가지 방법으로 보관할 수 있다. 나중에 사용하기 위해서 보관되는 정보는 암호화되거나 부호화된 형태로 보관되기도 한다.

②: 감지(정보수용)
가. 인간: 시각, 청각, 촉각과 같은 여러 종류의 감각기관이 사용된다.
나. 기계: 전자, 사진, 기계적인 여러 종류가 있으며, 음파탐지기와 같이 인간이 감지할 수 없는 것을

감지하기도 한다.

③: 정보처리 및 의사결정
인간의 정보처리 과정은 그 과정의 복잡성에 상관없이 행동에 대한 결정으로 이어진다. 기계에 있어서는 정해진 절차에 의해 입력에 대한 예정된 반응으로 이루어진다.

④: 행동 기능(신체제어 및 통신)
시스템에서의 행동기능이란 결정 후의 행동을 의미한다. 이는 크게 어떤 조종기의 조작이나 수정, 물질의 취급 등과 같은 물리적인 조종행동과 신호나 기록 등과 같은 전달행동으로 나눌 수 있다.

6 작업관찰 및 유해요인조사 결과, 근골격계질환이 발생할 우려가 있는 경우 작업환경 개선을 해야 한다. 작업환경 개선 시 공학적 개선, 관리적 개선에 대하여 각각 설명하시오.

풀이

(1) 공학적 개선은 다음의 재배열, 수정, 재설계, 교체 등을 말한다.
가. 공구·장비
나. 작업장
다. 포장
라. 부품
마. 제품

(2) 관리적 개선은 다음을 말한다.
가. 작업의 다양성 제공
나. 작업일정 및 작업속도 조절
다. 회복시간 제공
라. 작업습관 변화
마. 작업공간, 공구 및 장비의 정기적인 청소 및 유지보수
바. 운동체조 강화 등

인간공학기술사 2016년 1교시 문제풀이

※ 다음 문제 중 10문제를 선택하여 설명하시오. (각 문제당 10점)

1 인간-기계 시스템에서 인간-기계 인터페이스 설계에 필요한 인간요소 자료의 원천(sources) 중 2가지를 설명하시오.

풀이

인간요소 자료의 원천(sources)은 다음과 같다.

가. 감지(sensing: 정보의 수용): 시각, 청각, 촉각, 후각, 미각과 같은 여러 종류의 감각기관

나. 행동(action function): 결정 후의 행동을 의미하며, 이는 크게 어떤 조종기기의 조작이나, 수정, 물질의 취급 등과 같은 물리적인 조종행동과 신호나 기록 등과 같은 전달행동으로 나눌 수 있다.

2 최근 생산공정의 작업이 자동화됨에 따라 인간의 직무가 시스템을 감시하는 임무로 변화하는 추세이다. 인간의 감시 작업성능에 영향을 주는 주요 요인을 설명하시오.

풀이

(1) 내적요인: 개인의 건강상태, 인지능력, 흥미, 집중력, 교육훈련 상태

(2) 외적요인: 작업환경(온도, 습도, 작업장 상황), 휴식시간 부여여부, 직무스트레스 완화를 위한 관리 등

3 인간의 정보처리 경로용량을 그래프를 이용하여 설명하고, 경로용량을 제한하는 근본원인을 설명하시오.

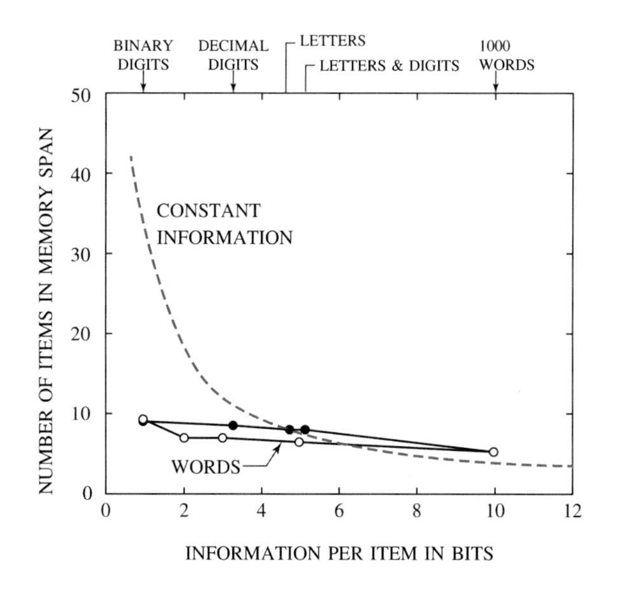

풀이

항목당 정보가 2개인 경우, 정보처리 경로용량은 10개 수준이다.
이는 단일 자극의 판별범위는 보통 5~9가지라고 하는 Miller의 Magical number 7±2(5~9)라고도 알려져 있다. 항목당 정보가 증가하는 경우, 정보처리 경로용량이 서서히 감소하는데, 항목당 정보가 10개 정도가 되는 단어의 경우 정보처리 경로용량은 5~6개 수준이다. 이렇게 경로용량이 제한되는 이유는 인간의 단기 기억량에 한계가 있기 때문이며, 이는 chunking과 같은 기억술(mnemonic) 기법을 동원해서 일부 증가시킬 수 있다.

4 B회사는 연평균 사무직종사자가 50명(정규직 40명, 계약직 10명), 생산직종사자가 500명(정규직 400명, 계약직 100명)이다. B회사에서 지난 1년간 계약직 생산직종사자 중 산재환자가 5명 발생하여 노동손실일수가 1인당 평균 100시간씩 발생하였다. B회사의 재해율과 천인율을 구하시오.

풀이

(1) 재해율 = (재해자수 / 총 근로자수) × 100 = (5명 / 550명) × 100 = 0.91

(2) 천인율 = (재해자수 / 총 근로자수) × 1,000 = (5명 / 550명) × 1,000 = 9.1

5 수행도 평가계수로 영국표준협회(British Standard Institute)가 제안한 평가계수가 사용되고 있다. 수행도 평가계수에 대하여 설명하시오.

풀이

수행도 평가(performance rating, 레이팅): 작업자가 수행한 작업속도를 표준속도와 비교하여 관측 평균 시간치를 보정해 주는 과정

가. 속도 평가법: 기본 표준 작업(걷기, 벽돌 운반 등)을 설정하고 이것과 실제 작업시간과의 비율을 적용하는 방법으로 단순히 속도만을 고려하기 때문에 적용하기가 쉽고 보편적임.
   1. 레이팅 계수(수행도 평가계수)=기준 작업시간/ 실제 작업시간
   2. 정미시간=관측 시간치의 평균×레이팅 계수

나. Westinghouse 시스템 방법: 작업의 수행도를 숙련도, 노력, 작업환경, 작업시간의 일관성 네 가지 측면으로 각각 평가한 뒤에 이를 합산하여 레이팅 계수를 구하는 방법
   1. 평가계수의 합(레이팅 계수)=숙련도+노력+환경+일관성(보통을 0, 보통보다 좋으면 +값, 나쁘면 −값)
   2. 정미시간=관측 시간치의 평균×(1+평가계수의 합)

다. 객관적 평가법: 속도 평가법이 단순히 속도만을 고려하는 단점을 보완하여, 속도와 작업의 난이도를 동시에 고려하는 방법
   1. 작업 난이도 계수(%)=사용신체 부위+족답 페달+양손 사용 여부+눈과 손의 조합+취급의 주의 정도+중량(보통보다 어려울 경우 +값)
   2. 정미시간=관측 시간치의 평균×속도평가계수×(1+작업 난이도 계수)

6 C회사는 2시간 간격으로 10분씩 휴식을 취한다. 표준시간 산정 시 고려하는 일반여유의 3가지 종류를 쓰고 설명하시오.

풀이

일반여유: 모든 작업에서 일반적으로 부여

가. 인적여유: 작업자의 생리적, 심리적 요구에 의해 발생하는 지연시간을 보상하기 위한 여유(화장실 가기, 물 마시기 등)

나. 피로여유: 정신적, 육체적 피로를 회복시키기 위해 부여하는 여유

다. 불가피한 지연 여유: 설비의 보수, 기계의 정지, 조장의 작업 지시 등과 같이 작업자와 관계없이 발생하는 지연시간을 보상하기 위한 여유

7 계획공수 산정을 위하여 국내 기업에서 많이 사용하는 MODAPTS(MODular Arrangement of Predetermind Time Standard)와 RWF(Ready Work Factor)에 대하여 설명하시오.

풀이

(1) MODAPTS: MODAPTS(Modular Arrangment Of Predetermined Time Standard)법은 사람의 작업동작을 신체 각 부분동작에 따라 거리의 비로 나타내어 시간 Data Card에 준해 정미시간을 산출한다.

(2) RWF법(Ready Work Factor): 사람의 작업동작을 8개의 기본요소로 분해, 각 요소마다 작업동작을 수행할 때 그 난이도에 따라 Work Factor수를 결정하여 Time Table에 의해 정미시간을 산출한다.

8 근골격계질환인 좌상(strain)과 염좌(sprain)에 대하여 각각 설명하시오.

풀이

(1) 좌상(strain): 근육(musle) 또는 힘줄(tendon)의 손상을 좌상(strain)이라고 한다.

(2) 염좌(sprain): 인대(ligament)의 찢어짐을 염좌(sprain)이라고 한다.

9 결함수 분석법(FTA)의 최소 컷세트(minimal cut set)와 최소 패스세트(minimal path set)의 용어를 구분하여 설명하시오.

풀이

(1) 최소 컷세트(minimal cut set)란 모든 기본사상이 일어났을 때 Top 사상을 발생시키는 기본사상의 최소 집합이라 정의할 수 있으며 그 기본사상을 집중 관리함으로써 Top 사상의 재해발생 확률을 효과적이고 경제적으로 감소시킬 수 있는 것이다. 즉, 사고(Top 사상)가 발생할 최소의 집합이다.

(2) 최소 패스세트란 여기에 포함되어 있는 기본사상이 일어나지 않으면 정상사상이 발생하지 않는 기본사상의 집합이라고 정의할 수 있다. 즉, 사고(Top 사상)가 발생하지 않을 최소의 집합이다.

10 사람이 관여한 시스템에서는 평가척도를 어떤 것으로 정하느냐에 따라 시스템의 목표를 왜곡하는 방향으로 구성요소들이 작용할 수 있으므로 평가척도를 정하는 것이 매우 중요하다. 평가척도가 갖추어야 되는 일반적인 요건을 설명하시오.

풀이

(1) 실제적 요건(practical requirement)
현실성을 가지고 있어야 하며, 실질적으로 이용하기가 용이하여야 한다. Meister(1985)는 기준 척도가 ① 객관적이고, ② 정량적이고 ③ 강요적이지 않고, ④ 수집이 쉬우며, ⑤ 자료 수집 기법이나 기기가 특수하지 않고, ⑥ 돈이나 실험자의 수고가 적게 드는 것이어야 한다고 하였다.

(2) 타당성(validity), 적절성(relevance)
측정하고자 하는 평가척도가 시스템의 목표를 잘 반영하는가에 대한 것

(3) 신뢰성(repeatability)
신뢰성은 결과에 대한 반복성을 의미하는 것으로 비슷한 환경에서 평가를 반복할 경우에 일정한 결과를 나타내야 함

(4) 무오염성(freedom from contamination)
무오염성은 측정하고자 하는 변수가 아닌 다른 외적 변수들에 의해 영향을 받지 않는 성질

(5) 측정의 민감도(sensitivity of measurement)
측정의 민감도는 기대되는 차이에 적합한 정도의 단위로 측정이 가능해야 함

11 오류방지를 위한 강제적 기능은 크게 맞잠금(interlock), 안잠금(lock-in), 바깥잠금(lock-out)으로 구분하는데 각각 구체적인 예를 들어 설명하시오.

풀이

(1) interlock(맞잠금): 안전을 확보하기 위하여 모든 조건들이 만족될 경우에만 작동되도록 설계
예) 전자레인지 도어가 열리면 기능을 멈춤

(2) lockin(안잠금): 작동을 계속 유지시킴으로써 작동이 멈춤으로 오는 피해를 막기 위한 기능
예) 문서 작업 종료 버튼을 누를 경우 '저장' 여부를 확인하는 기능

(3) lockout(바깥잠금): 위험한 상태로 들어가거나 사건이 일어나는 것을 방지하기 위하여 들어가는 것을 제한 또는 방지하는 기능
예) 에스컬레이터가 1층에서 지하로 연결될 때 방향을 다른 곳에 배치

12 문제해결 절차에서 대안을 도출하기 위하여 사용하는 ECRS와 SEARCH 원칙에 대하여 설명하시오.

풀이

(1) ECRS원칙은 다음과 같다.
가. 제거(eliminate): 꼭 필요한가?
나. 결합(combination): 다른 작업과 결합하면 더 나은가?
다. 재배열(rearrange): 작업 순서를 바꾸면 효율적인가?
라. 단순화(simplify): 좀 더 단순화할 수 있는가?

(2) SEARCH원칙은 다음과 같다.
가. S(Simplify operations): 작업의 단순화
나. E(Eliminate unnecessary work and material): 불필요한 작업, 자재 제거

다. A(Alter sequence): 순서의 변경
라. R(Requirements): 요구 조건
마. C(Combine operations): 작업의 결합
바. H(How often): 몇 번인가?

13 리더십(leadership)과 헤드십(headship)의 차이를 설명하시오.

풀이

개인과 상황변수	헤드십	리더십
권한행사	임명된 헤드	선출된 리더
권한부여	위에서 위임	밑으로부터 동의
권한근거	법적 또는 공식적	개인능력
권한귀속	공식화된 규정에 의함	집단목표에 기여한 공로인정
상관과의 부하와의 관계	지배적	개인적인 영향
책임귀속	상사	상사와 부하
부하와의 사회적 간격	넓음	좁음
지위형태	권위주의적	민주주의적

인간공학기술사 2016년 2교시 문제풀이

※ 다음 문제 중 4문제를 선택하여 설명하시오. (각 문제당 25점)

1 주택건축 현장에서 감독을 맡고 있는 P씨는 7.2 kg 무게의 자갈을 삽질하는 남성 작업자가, 목공 작업을 하는 남성 작업자와 동일한 휴식시간을 갖는 것에 대하여 불평하는 것을 들었다. 자료조사를 통해 목공 작업의 평균 에너지소비율은 6.8 kcal/min이고, 7.2 kg 무게의 삽질 작업의 평균 에너지소비율은 분당 8.5 kcal/min임을 알았다.

(1) Murrell의 휴식시간 산출공식을 이용한다면, 근무시간에 포함되어야 할 삽질 작업자의 휴식시간은 목공 작업자의 몇 배가 되어야 하는가 설명하시오. (단, 주택건축 현장의 모든 작업자의 근무시간은 동일하고 8시간 작업의 경우, 남성 작업자의 신체작업능력은 5.0 kcal/min이며, 휴식 시 에너지소비율은 1.5 kcal/min으로 가정한다.)

(2) 휴식시간 추가 이외에 삽질 작업자의 피로를 줄이기 위한 공학적 개선 방법과 관리적 개선 방법을 각각 1가지만 설명하시오.

풀이

(1) 가. 휴식시간 산출공식 = $T(E-S)/(E-1.5)$

T: 총 작업시간(분)

E: 해당 작업 중 평균 에너지 소비량(kcal/min)

S: 권장 평균 에너지 소비량(남성: 5 kcal/min, 여성: 3.5 kcal/min)

7.2 kg 무게의 자갈을 삽질하는 작업자의 휴식시간(R)

$R = 480(8.5-5)/(8.5-1.5) = 240$분

목공 작업자의 휴식시간(R)

$R = 480(6.8-5)/(6.8-1.5) = 163$분

나. 전체 작업시간을 480분으로 가정 시 7.2 kg 무게의 자갈을 삽질하는 사람의 휴식시간은 240분이며, 목공의 휴식시간은 163분으로 삽질하는 사람은 목공보다 1.47배 휴식시간을 더 제공 받아야 한다.

(2) 가. 공학적 개선방법: 1회 삽질하는 자갈의 무게를 3 kg 이하로 줄인다.

나. 관리적 개선방법: 작업자를 1명 추가하여 2인 1조로 교대하며 근무한다.

2 P팀장은 근무시간 내내 VDT 기기(컴퓨터 모니터, 키보드, 서류받침대 사용) 작업을 하는 팀원들로부터 신체적 불편함을 측정하는 설문조사를 시행하였다. 증상의 빈도분석 결과 (1) 눈의 피로, (2) 어깨의 통증, (3) 허리의 통증, (4) 오금의 저림의 순서로 신체의 불편함이 조사되었다. P팀장은 각각의 불편함의 원인을 현재 사용하고 있는 VDT 기기, 의자(좌판 및 팔걸이 높낮이 조절가능, 요추지지대 없음) 및 키보드 받침대(높낮이 조절가능)에서 찾아보고 이에 대한 사용 지침을 작성하기로 하였다.

(1) P팀장이 생각하는 4가지 불편함의 원인에 대하여 각각 설명하시오.

(2) VDT 기기, 의자 및 키보드 받침대의 사용 지침을 제시하시오.

풀이

(1) 4가지 불편함의 원인은 다음과 같다.

가. 눈의 피로: VDT 기기의 휘도수준이 높아 눈부심 등으로 발생

나. 어깨의 통증: 의자의 팔걸이의 높이가 적절하지 않을 경우 부적절한 자세로 발생

다. 허리의 통증: 의자의 요추지지대가 없을 경우 부적절한 자세로 발생

라. 오금의 저림: 의자높이가 무릎내각이 90°가 되지 않는 낮은 높이로 설정되어 있어 발생

(2) VDT 기기, 의자 및 키보드 받침대의 사용 지침은 다음과 같다.

가. 영상표시단말기 취급근로자의 시선은 화면상단과 눈높이가 일치할 정도로 하고 작업 화면상의 시야는 수평선상으로부터 아래로 10° 이상 15° 이하에 오도록 하며 화면과 근로자의 눈과의 거리(시거리: Eye-Screen Distance)는 40 cm 이상을 확보할 것

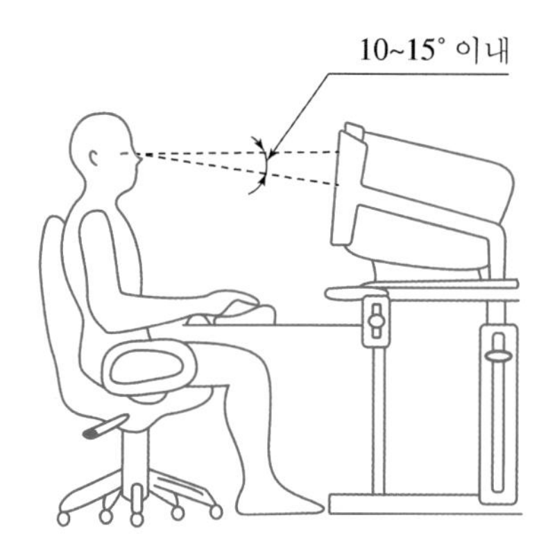

나. 윗팔(Upper Arm)은 자연스럽게 늘어뜨리고, 작업자의 어깨가 들리지 않아야 하며, 팔꿈치의 내각은 90° 이상이 되어야 하고, 아래팔(Forearm)은 손등과 수평을 유지하여 키보드를 조작할 것

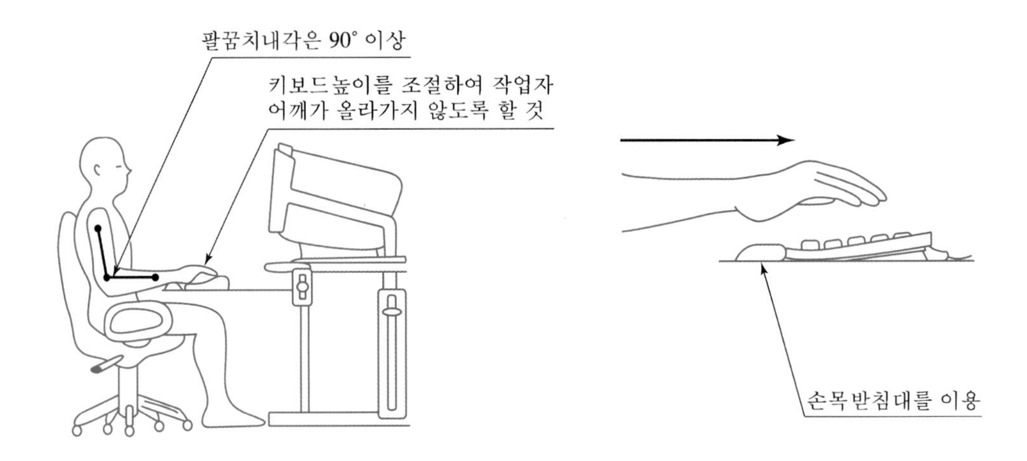

다. 연속적인 자료의 입력 작업 시에는 서류받침대(Document Holder)를 사용하도록 하고, 서류받침대는 높이·거리·각도 등을 조절하여 화면과 동일한 높이 및 거리에 두어 작업할 것

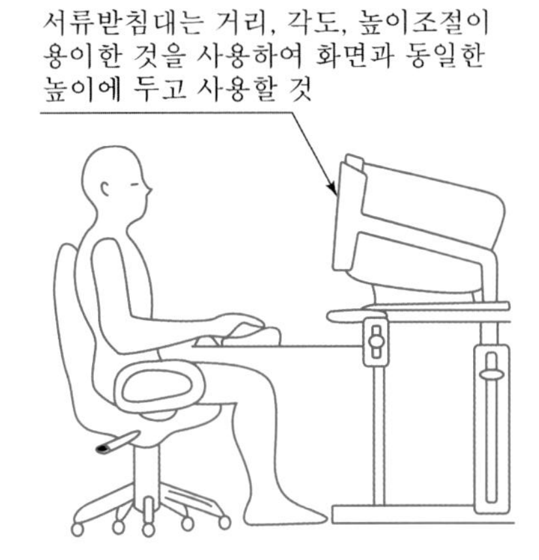

라. 의자에 앉을 때는 의자 깊숙이 앉아 의자등받이에 등이 충분히 지지되도록 할 것

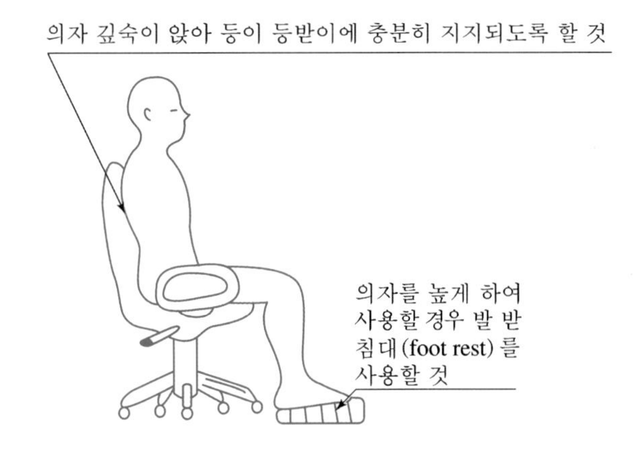

마. 영상표시단말기 취급근로자의 발바닥 전면이 바닥면에 닿는 자세를 기본으로 하되, 그러하지 못할

때에는 발 받침대(Foot Rest)를 조건에 맞는 높이와 각도로 설치할 것

바. 무릎의 내각(Knee Angle)은 90° 전후가 되도록 하되, 의자의 앉는 면의 앞부분과 영상표시단말기 취급근로자의 종아리 사이에는 손가락을 밀어 넣을 정도의 틈새가 있도록 하여 종아리와 대퇴부에 무리한 압력이 가해지지 않도록 할 것

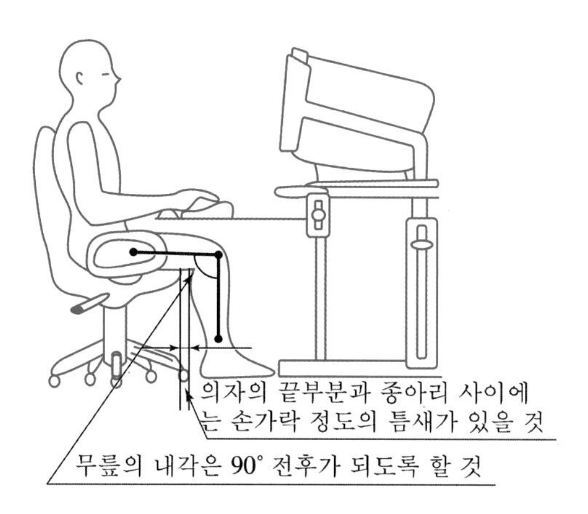

사. 키보드를 조작하여 자료를 입력할 때 양 손목을 바깥으로 꺾은 자세가 오래 지속되지 않도록 주의할 것

아. 빛이 작업화면에 도달하는 각도는 화면으로부터 45° 이내일 것

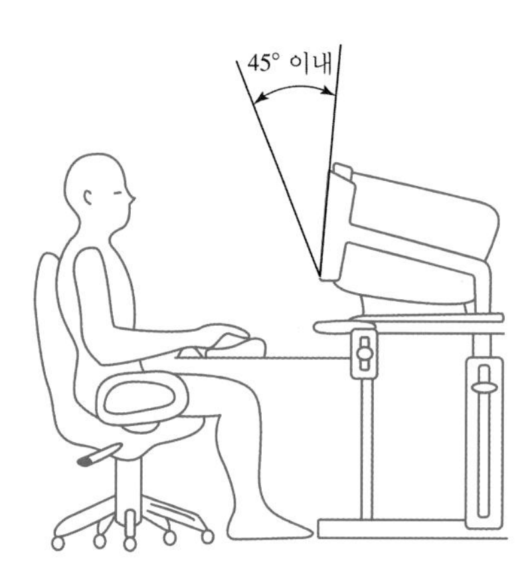

3 리처드 머더(Richard Muther)가 제시한 체계적 배치계획(systematic layout planning, SLP) 단계에 해당하는 다음 항목에 대하여 각각 설명하시오.

(1) 기초자료(P, Q, R, S, T)

(2) 상호관계도

풀이

(1) 기초자료(P, Q, R, S, T)
   가. 제품(Product): 최종제품, 원료 구입부품, 가공품, 외주품, 서비스 등
   나. 수량(Quantity): 제품별 계획 생산수량
   다. 경로(Routing): 제조공정, 설비, 작업내용, 작업순서
   라. 시설(Service): 생산을 간접적으로 보조해주는 시설
   마. 시간(Timing)
      1. 수량의 표현: 생산량/1년과 같이 시간개념이 결부
      2. 배치대안의 작성시한도 시간개념

(2) 상호관계도
   자재의 흐름분석과 생산활동 상호관계도의 분석을 실시한 다음에, 이 두 가지의 결합이 흐름/활동 상호관계도의 형식으로 도식화된다. 이 상호관계도는 각종 생산활동에 실제로 필요한 면적을 고려하지 않고, 단지 생산활동의 상대적 관련성의 위치를 표시한다. 아래의 그림은 상호관계도의 예시를 나타낸다.

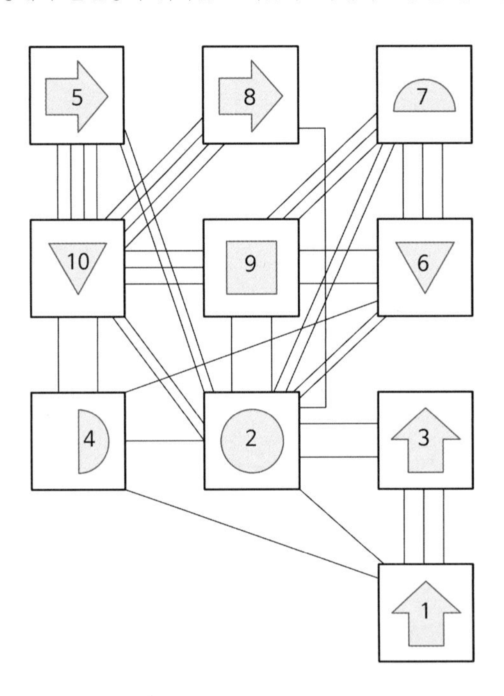

4 안전보건공단의 근골격계질환 예방을 위한 작업환경 개선지침에서 제안하는 입식작업, 좌식작업, 입좌식작업의 선정 기준을 각각 설명하고, 국내 제조업에서 입식작업을 선호하는 이유를 설명하시오.

풀이

(1) 작업 시 빈번하게 이동해야 하는 경우 서서 하는 작업형태가 좋다.

(2) 제한된 공간에서의 작업 중 힘을 쓰는 작업은 서서 하는 작업형태가 좋다. 이때, 발걸이 또는 발 받침대를 함께 사용한다.

(3) 제한된 공간에서의 가벼운 작업 중 빈번하게 일어나야 하는 경우에는 입/좌식 작업형태가 좋다.

(4) 제한된 공간에서의 가벼운 작업 중 일어나기가 거의 없는 경우에는 앉아서 하는 작업형태가 좋다.

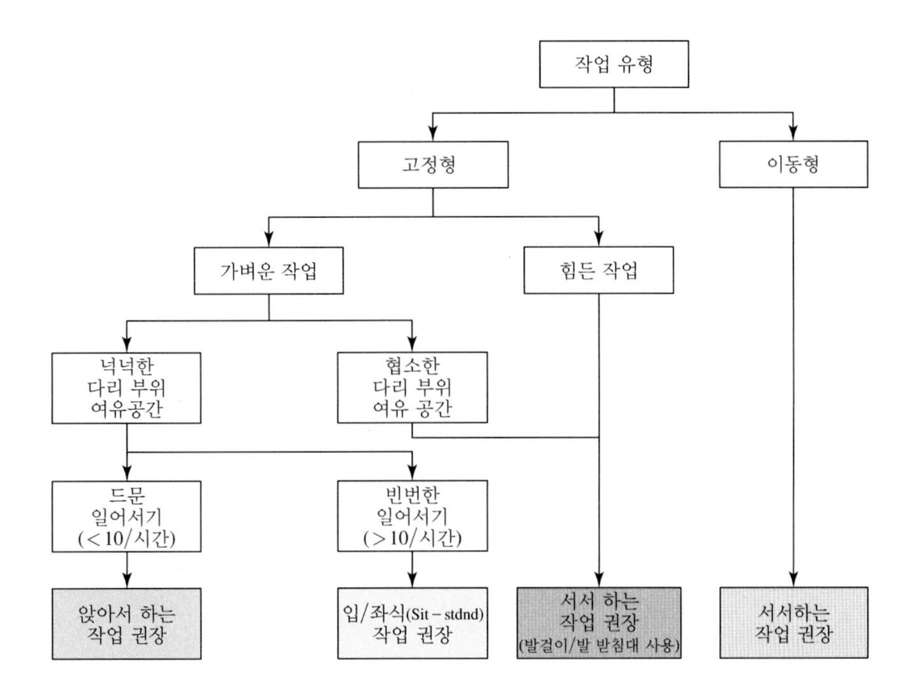

(5) 국내 제조업에서 입식작업을 선호하는 이유는 작업공간이 작으면서 유동적인 작업방식의 공정이 많기 때문이다.

5 교대 부적응 증후군(shiftwork maladaptation syndrome)과 관련된 증상에 대하여 설명하고, 교대작업자를 위한 작업설계 시 고려사항에 대하여 설명하시오.

풀이

(1) 교대 부적응 증후군

가. 급성 교대 부적응 증후군(1개월 이내)

1. 불면증
2. 작업 시 과도한 졸음
3. 감정 장애
4. 실수 증가
5. 사고 증가
6. 가족, 사회적 문제

나. 만성 교대 부적응 증후군(5년 이상)

1. 수면장애와 만성적인 피로감
2. 변비, 설사와 같은 위장관계 질환
3. 불면증 자가 증세 완화를 위한 약물 또는 알코올 남용
4. 사고와 실수의 높은 빈도수와 장기 결근
5. 우울증, 피로, 감정 장애, 권태감, 인격변화
6. 대인관계의 어려움(별거, 이혼 등)

(2) 교대작업자를 위한 작업설계 시 고려사항

가. 2교대 근무는 가급적 피해야 한다.

격일제, 2조 2교대, 3조 2교대 근무는 가급적 피하고, 충분한 휴식시간을 가질 수 있는 전진근무방식의 3조 3교대 근무나 4조 3교대근무가 바람직함(1일 2교대 근무가 불가피한 경우는 연속 2~3일을 초과하지 말아야 함)

나. 잔업은 최소화한다.

교대근무 시의 잔업은 피로를 가중시키고, 상대적으로 휴식시간을 단축시키므로 근로자의 건강과 작업·생산능력을 높이기 위해서는 잔업을 최소화하는 것이 바람직함. 특히, 야간근무시간은 8시간 이내가 바람직함

다. 고정적 혹은 연속적인 야간교대작업은 줄인다.

1. 교대근무로 인한 신체적·정신적 부담 및 기능저하는 야간근무 개시 후 2일째까지 그리 크지 않지만, 3일째부터 시작되어 4일째 가장 심하게 나타남
2. 이 기간이 지나면 고통은 적어지지만, 정상적인 생체리듬이 흔들리기 시작되어 생리기능의 저하가 점차 심해짐
3. 그러므로, 연속 3일 이상 야간근무를 하는 것은 가급적 피하고 특히, 상시 야간작업과 같은 고정적인 교대제 도입은 바람직하지 않음

라. 교대순환은 전진근무방식이 좋다.

1. 신체적·정신적 부담은 야간근무 시 가장 높고, 그 다음은 저녁근무, 주간근무의 순서이므로 야간근무 때의 누적피로를 회복하기 위하여는 역교대 방식보다 정교대 방식이 바람직함
2. 근무시간표는 순차적으로 편성하는 것이 바람직함(단, 4조 3교대는 예외)
3. 전진근무방식의 예: 주간근무조 → 저녁근무조 → 야간근무조 → 주간근무조

마. 근무시간 종료 후 11시간 이상의 휴식시간을 두어야 한다.

근무간격이 최소 14시간 이상이어야 8시간 수면을 취할 수 있으며, 야간 근무 후 다음 근무조로 갈 때 휴식시간이 24시간 이내일 경우 재해발생율이 높아지는 것으로 나타나므로 같은 날(달력으로 같은 날) 주간근무에서 저녁근무로 가는 등 7~10시간의 짧은 휴식시간을 두는 것은 피하는 것이 바람직하며, 특히 야간근무 후 다른 근무조로 가기 전에 최소한 24~48시간의 휴식을 두어야 한다.

바. 야간근무 시 운동 등을 위한 휴식시간을 둔다.

1. 야간작업 시 피로감이 가장 심한 새벽 3시와 5시 사이에는 운동 등의 휴식을 취할 수 있으므로 시설 설치 및 휴식시간 배치를 해야 하며 조명을 밝게 유지하는 등 쾌적한 작업환경을 유지해야 함
2. 아주 졸리지 않다면 휴식시간에 수면을 취하지 않는 것이 좋음(특히, 3번 이상 연속 밤 근무를 하는 경우)

사. 근무 교대시간(시작시간 및 종료시간)은 근로자의 수면을 방해하지 않도록 정한다.

1. 야간교대시간은 자정 이전으로 하고, 아침교대시간은 밤잠이 모자라는 5~6시를 피하는 등 교대시간을 근로자의 편리를 도모하는 방향으로 정하는 것이 바람직함
2. 교대근무자는 사회활동참여, 다양한 친교생활에 제한을 받으므로, 자녀 양육시간, 교통, 가정생

활관습, 식사 등을 배려하여야 함

3. 교대제를 시행하는 대부분의 병원은 야간조와 주간조의 교대시간을 오전 7시, 저녁조와 야간조의 교대시간을 오후 11시로 하고 있음

아. 교대근무일수, 업무내용 등을 탄력적으로 조정한다.

야간근무 시에는 수면부족, 생체리듬 불규칙 등으로 인하여 민첩성이 감소하고 육체적·정신적 기능의 저하, 작업능률의 저하 및 안전사고의 위험성이 증가하므로 중노동, 정신적 노동, 지루한 일 등은 주간에 배치하고, 이른 아침이나 한밤중에는 과도하고 위험한 일이 배치되지 않도록 해야 하며 근무시간이 긴 근무조는 가벼운 일을 하도록 하는 등 업무내용 및 업무량을 조정해야 한다.

자. 교대일정은 정기적이고 근로자가 예측 가능하도록 해야 한다.

1. 교대근무자들이 가정활동 및 사회활동과 관련된 일들을 계획할 수 있도록 교대일정에 대하여 근로자가 미리 알려주고, 변경시에는 당해 근로자의 의견을 반영해야 함
2. 확정된 교대일정을 바꾸는 것 또한 근로자의 직장생활과 가정생활의 모든 면을 고려해야 함

차. 기타 권고사항

1. 교대시간 중에 고정된 식사 및 휴식시간을 갖도록 한다.
2. 매점이나 뜨거운 음식과 음료를 제공해 주는 이용시설을 갖추도록 해야 한다.
3. 출퇴근 시 교통수단을 제공한다.
4. 구급 의약품을 준비하고, 건강에 대해 지도·감독해야 한다.
5. 최소한 월 1회 이상은 주말에 휴식시간이 포함될 수 있도록 배려하여야 한다.

6 D회사의 근골격계 증상에 대한 빈도분석을 하여 다음과 같은 결과를 얻었다.

증상 종류	빈도
수근관증후군	2
팔꿈치터널증후군	1
드퀘르뱅증후군	5
요통	75
견통	10
합계	93

(1) 위 표에 대하여 파레토 차트(pareto chart)를 작성하시오.

(2) 증상 80%를 차지하는 주요 항목에 대한 대책을 제시하시오.

풀이

(1) 파레토 차트(pareto chart)

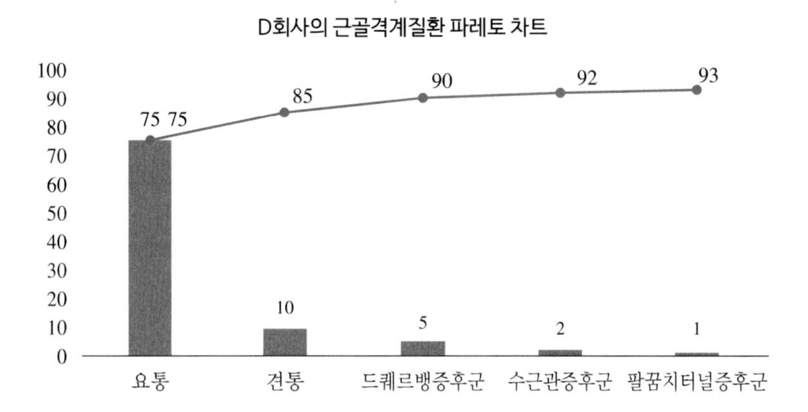

(2) 가. 공학적 대책

1. 요통재해 원인을 분석하기 위하여 유해요인조사를 실시
2. 유해요인조사 시 정밀평가도구를 사용하여 실시
3. 중량물취급공정은 자동화공정으로 대체할 수 있도록 개선
4. 중량물취급 시 정상작업범위에서 작업자가 작업을 할 수 있도록 작업대, 설비위치 등을 설정
5. 중량물취급 시 이동식대차, 수레 등 운반도구를 이용

나. 관리적 대책

1. 근골격계질환의 유해성을 주지
2. 요통 등 근골격계질환자 올바른 작업자세, 작업설비 취급 교육
3. 근로자 적절한 휴식시간 부여
4. 중량물 무게 및 취급주의 표지 부착
5. 증상호소자 조기치료 및 관리

인간공학기술사 2016년 3교시 문제풀이

※ 다음 문제 중 4문제를 선택하여 설명하시오. (각 문제당 25점)

1 인터넷 쇼핑몰을 운영하는 A사는 컴퓨터 화면에 보이는 여러 개의 자사 제품의 아이콘을 클릭할 때마다 음높이로 구별되는 효과음이 발생하도록 하는 방안을 검토 중이다. 사용자 인터페이스에서 이러한 효과음을 추가함으로써 얻어지는 장·단점을 각각 2가지씩 설명하시오.

풀이

(1) 장점 1: 사용자가 음의 높이로 제품을 구별이 가능하다.

(2) 장점 2: 제품에 대한 중복코딩 효과로 다른 제품 선택의 에러를 방지한다.

(3) 단점 1: 청각장애인에게는 적용이 불가능하다.

(4) 단점 2: 특정 제품의 경우 큰 음소리로 인한 청각장애의 위험이 있다.

2 공장내 주 소음원으로부터 직선거리로 10 m 떨어진 곳에 설치된 간이 휴게소(휴식용 의자와 탁자만 있음)의 음압이 4 N/m^2이었다. 이 공장의 총무팀장이 간이 휴게소의 음압을 현재의 1/4 수준으로 낮추려고 할 때, 다음 물음에 답하시오.

(1) 간이 휴게소의 위치를 변경한다면, 주 소음원으로부터 직선거리로 얼마나 멀리 배치하여야 하는지 설명하시오. (단, 주 소음원과 간이 휴게소 사이에 존재하는 다른 소음원의 소음 수준은 무시할 수 있는 정도라고 가정한다.)

(2) 간이 휴게소의 위치를 변경하지 않고 소음 수준을 낮출 수 있는 방안을 2가지만 제시하시오.

풀이

(1) 음압이 4 N/㎡는 dB단위로 변경하기 위하여 다음의 공식이 사용된다.
 가. 20log(P1/P0), 단위: dB
 나. P1: 주어진 음의 강도(음압), P0: 1,000 Hz음의 가청최소(청력역치)음압: 0.00002 N/㎡
 다. 20log(4N/㎡/0.00002N/㎡) = 106.02 dB
 라. 20log(1N/㎡/0.00002N/㎡) = 93.97 dB(1/4 수준)
 마. 배치거리 공식: dB2 = dB1 − 20log(d2/d1) 따라서, d2 = 40 m

(2) 소음방지대책

분류	방법	예시
소음원 대책	발생원인의 제거 발생원의 저소음화 차음 소음 방진 제진 능동제어 운전방법의 개선	부조합 조정, 부품 교환 저소음형 기계의 사용 방음커버 소음기, 흡음덕트 방진고무 사용 제진재 장착 소음기, 덕트, 차음벽 사용 자동화 도입
전파경로 대책	거리감쇠 차폐효과 흡음 능동제어	변경배치 차폐물, 방음창, 방음실 건물내부 흡음처리 소음기, 덕트, 차음벽 이용
수음자 대책	차음 작업방법의 개선 귀의 보호	방음감시실 작업스케줄의 조정, 원격조작 귀마개, 귀덮개

3 작업자는 등척성 수축(isometric contraction), 등속성 수축(isokinetic contraction), 등장성 수축(isotonic contraction), 구심성 수축(concentric contraction), 원심성 수축(eccentric contraction)을 사용하여 일을 한다. 이 수축들을 정적근력(static muscle strength)과 동적근력(dynamic muscle strength)으로 분류하고, 각각의 수축에 대하여 설명하시오.

풀이

(1) 정적 근력
 등척성 수축: 근육의 길이에 변화는 없지만 장력은 발생하는 수축. 손에 무거운 물건을 들고 다닐 때 팔의 근육이나 기마자세로 가만히 서있다면 다리 근육의 등척성 수축이다.

(2) 동적 근력
 가. 등장성 수축: 근육에 주는 부하는 변하지 않지만, 근육 자체의 길이가 짧아지는 수축이다.
  1. 구심성 수축: 근육의 길이가 짧아지면서 수축하는 형태

2. 원심성 수축: 근육이 수축하고 있음에도 불구하고, 결과적으로 늘어나는 형태

나. 등속성 수축: 관절 각도가 일정한 속도로 최대한 수축하는 현상

4 근골격계 부담작업 유해요인조사 시, 사용할 수 있는 작업분석평가도구 중 5가지를 선정하여 각각의 특징을 설명하시오.

풀이

(1) NLE(NIOSH Lifting Equation)

가. 미국의 국립산업안전보건원(NIOSH)에서 들기작업에 대한 안전작업지침으로 (Action Limit, AL), 최대허용무게(Maximum Permissible Limit, MPL), RWL을 제시하여 들기작업에서 위험요인을 찾아 제거할 수 있도록 한 것.

나. 공식: $RWL = LC(23\ kg) \times HM \times VM \times DM \times FM \times AM \times CM$

다. 평가대상 작업: 들기작업

(2) RULA(Rapid Upper Limb Assessment)

가. RULA는 어깨, 팔목, 손목, 목 등 상지(upper limb)에 초점을 맞추어서 작업자세로 인한 작업부하를 쉽고 빠르게 평가하기 만들어진 기법

나. 장점으로는 특별한 장비가 필요 없이 단지 펜과 종이만 가지고도 쉽게 작업부하를 평가할 수 있다.

다. 평가대상 작업: 조립작업, VDT작업, 기타 비특이적인 작업

(3) OWAS(Ovako Working-posture Analysis system)

가. 배우기 쉽고 현장에 적용하기 쉬운 장점 때문에 많이 이용되고 있으나, 작업자세를 너무 단순화했기 때문에 세밀한 분석에 어려움이 있고, 분석 결과도 작업자세 특성에 대한 정성적인 분석만 가능

나. 평가대상 작업: 조선업 및 의료서비스업과 같이 비특이적인 작업자세가 문제되는 작업

(4) REBA(Rapid Entire Body Assessment)

가. 예측하기 힘든 다양한 자세에서 이루어지는 서비스업에서의 전체적인 신체에 대한 부담 정도와 유해인자의 노출 정도를 분석하기 위해 개발됨.

나. 분석 가능한 유해요인

1. 작업자세
2. 반복성/정적 동작
3. 힘(하중)
4. 손잡이 상태
5. 행동점수

다. 적용신체부위: 손/손목, 아래팔, 팔꿈치, 어깨, 목, 허리, 다리

라. 평가대상 작업: 병원종사자 등과 같이 비특이적인 작업을 주로하는 서비스업, VDT작업

(5) QEC(Quick Exposure checklist)

가. QEC 시스템은 작업시간, 부적절한 자세, 무리한힘, 반복된 같은 근골격계질환을 유발시키는 작업장 위험 요소를 평가하는 데 초점이 맞추어져있다.

나. QEC는 분석자의 분석 결과와 작업자의 설문 결과가 조합되어 평가가 이루어진다.

5 **현금자동인출기(ATM)는 인간공학적으로 잘 설계된 예이다. ATM기에 적용되어 있는 다음 인간공학적인 설계 원리의 구체적인 예를 각각 설명하시오.**

(1) Interlock
(2) 인체측정 및 응용원리
(3) 중복 코딩(redundancy coding)
(4) 행동유도성

풀이

(1) Interlock
안전을 확보하기 위하여 모든 조건들이 만족될 경우에만 작동되도록 설계
예) 카드 및 통장이 입력되어야 하고 알맞은 비밀번호가 입력되어야 작동이 된다.
예) 현금을 인출할 시 현금만 챙기고 카드를 두고 오는 휴먼에러를 줄이기 위해 카드를 챙겨야 현금이 나오도록 한다.

(2) 인체측정 및 응용원리
현금자동인출기(ATM)를 조절식으로 설계하는 것은 현실적으로 어렵다. 따라서, 대다수의 사용자가 사용하기 편리하게 인체 치수의 평균치를 이용하여 설계한다.
예) 통장/카드 삽입구 높이를 평균치를 이용하여 설계한다.
예) 모니터 높이를 평균치를 이용하여 설계한다.

(3) 중복 코딩(redundancy coding)
단일 자극이 아닌 여러 차원의 자극을 조합하여 설계하는 것을 중복 코딩이라 한다.
예) 인출과 취소 버튼의 색을 초록색, 빨간색으로 표현함으로써 인간의 오류를 막는다.
예) 스크린에 표시되는 시각뿐 아니라, 스피커에서 안내방송이나 효과음이 나도록 하여 시각과 청각, 이중 감각을 사용한다.

(4) 행동유도성
가. 물건에 물리적 또는 의미적인 특성을 부여하여 사용자의 행동에 관한 단서를 제공하는 것을 행동유도성(affordance)이라고 한다.
나. 제품에 사용상 제약을 주어 사용 방법을 유인하는 것도 바로 행동유도성에 관련되는 것이다.
예) 통장/카드를 삽입해야 할 경우, 통장/카드의 오삽입을 막기 위해서 통장/카드의 방향을 보여주는 애니메이션을 시각적 표시장치에서 보여준다.
예) 통장/카드를 삽입해야 삽입구에서 불이 반짝 거린다.
예) 현금을 놓고 가는 경우를 막기 위해서 현금 입출금 구멍에서 불이 반짝 거린다.

6 **보통 사람들은 대부분의 정보를 시각을 통하여 받아들인다. 시각적 표시장치는 표시되는 정보의 특성에 따라 정량적 표시장치, 정성적 표시장치, 묘사적 표시장치, 상태 표시장치 등으로 분류할 수 있다. 각 분류에 대하여 예를 각각 4가지씩 쓰고, 설명하시오.**

풀이

(1) 정량적 표시장치

가. 정량적 표시장치는 정확한 계량치를 제공하는 것이 목적이며, 읽기 쉽도록 설계되어야 한다. 정량적 표시장치는 기계식과 전자식으로 구분되며, 기계식 표시장치는 원형, 수평형, 수직형 등의 아날로그 표시장치와 디지털 표시장치로 구분된다. 아날로그 표시장치는 눈금이 고정되고 지침이 움직이는 동침형과 지침이 고정되고 눈금이 움직이는 동목형으로 구분할 수 있다.

예) 아날로그 시계, 디지털 시계, 저울, 온도계 등

(2) 정성적 표시장치

가. 정성적 표시장치는 정량적 자료를 정성적으로 판단하거나 상태를 점검하는 데에 이용된다. 정량적 자료를 정성적으로 판단하는 경우는 자동차 온도계의 고온, 보통, 저온의 설정 범위에서 온도가 어떤 상태에 있는가를 식별하거나, 바람직한 범위를 유지하는 경우 또는 변화 추세나 변화율에 관심을 가질 때 이용한다.

예) 온도계의 고온, 보통, 저온의 표시, 속도계의 저속, 중속, 고속의 표시, 압력계의 저압, 중압, 고압의 표시, RPM게이지의 저속, 중속, 고속의 표시 등

(3) 묘사적 표시장치

가. 묘사적 표시장치는 항공기 표시장치와 게임 시뮬레이터의 3차원 표현장치 등과 같이 배경에 변화하는 상황을 중첩하여 나타내는 표시장치로 상황을 효과적으로 파악하는 데에 목적이 있다.

나. 항공기 이동형 표시장치: 항공기 밖에서 안을 보는 외견형(bird's eye)

다. 지평선 이동형 표시장치: 항공기 안에서 밖을 보는 내견형(pilot's eye), 대부분 항공기의 표시 방법

라. 보정추적 표시장치: 목표와 추종요소의 상대적 위치의 오차만 좌표계에 표시

마. 추종추적 표시장치: 목표와 추종요소의 이동을 좌표계에 모두 표시. 상대적으로 더 우월하다.

예) 항공기 이동형 표시장치, 지평선 이동형 표시장치, 좌표계, 레이더 등

(4) 상태 표시장치

가. 엄밀한 의미에서 상태 표시장치는 on-off 또는 교통신호의 멈춤, 주의, 주행과 같이 별개의 이산적 상태를 나타낸다. 그리고 정량적 계기가 상태 점검 목적으로만 사용된다면, 정량적 눈금 대신에 상태표시기를 사용할 수 있다.

예) 신호등의 빨강·노랑·초록불, 멀티탭 전원스위치 On/Off, 택시의 빈차/예약 표시, 식당의 영업 준비중 푯말 등

인간공학기술사 2016년 4교시 문제풀이

※ 다음 문제 중 4문제를 선택하여 설명하시오. (각 문제당 25점)

1 **작업장에서 사용되는 표시장치와 조종장치 간의 정돈되지 않은 배치는 각종 휴먼에러(human error)의 원인이 된다. 휴먼에러 감소를 위한 작업장의 여러 표시장치와 조종장치 간 배치의 우선순위 지침에 대하여 설명하시오.**

풀이

(1) 중요도 원칙
시스템의 목적을 달성하는 데 상대적으로 더 중요한 요소들은 사용하기 편리한 지점에 위치

(2) 사용빈도의 원리
가장 빈번하게 사용되는 요소들은 가장 사용하기 편한 곳에 배치

(3) 기능성 원리
비슷한 기능을 갖는 구성요소들끼리 한데 모아서 서로 가까운 곳에 위치

(4) 사용순서의 원리
연속해서 사용하여야 하는 구성요소들은 서로 옆에 놓여야 하고, 조작의 순서를 반영하여 배열

(5) 일관성 원리
동일한 구성요소들은 기억이나 찾는 것을 줄이기 위하여 같은 지점에 위치

(6) 조종장치와 표시장치의 양립성 원리
조종장치와 관련된 표시장치들이 근접하여 위치해야 하고, 여러 개의 조종장치와 표시장치들이 사용되는 경우에는 조종장치와 표시장치들의 관계를 쉽게 알아볼 수 있도록 배열 형태를 반영

2 **텔레마케팅 부서의 A팀장은 텔레마케팅 작업 개선을 위해 먼저 텔레마케터가 테이블 위에 놓인 전화기를 들어 통화하는 과정을 서블릭 분석을 하였다. 아래와 같은 서블릭 분석표가 작성되었다고 가정하고 물음에 답하시오.**

작업내용	서블릭
1) 전화기로 손을 뻗침	1) 빈손이동(TE)
2) 송수화기를 잡음	2) 쥐기(G)
3) 송수화기를 얼굴쪽으로 이동	3) 운반(TL)
4) 수화기를 귀에 댐	4) 바로놓기(P)
5) 번호패드에서 통화상대방의 전화번호 고르기	5) 고르기(St)
6) 통화	6) 잡고있기(H)
7) 통화 종료후 송수화기를 원래 위치로 이동	7) 바로놓기(P)
8) 송수화기를 내려놓음	8) 내려놓기(RL)
9) 손을 원래 위치로 이동	9) 빈손이동(TE)

(1) 위의 서블릭 분석표에서 효율적인 서블릭과 비효율적인 서블릭을 각각 설명하시오.

(2) 비효율적 서블릭에 근거하여 작업방법 개선안을 제시하시오.

풀이

(1) 가. 효율적인 서블릭

1. 쥐기(G): 대상물을 손 또는 손가락으로 잡는 동작
2. 빈손이동(TE): 빈손이 자유로이 대상물로 접근 또는 멀어짐
3. 운반(TL): 손으로 물건을 움직이는 동작
4. 내려놓기(RL): 대상물을 손에서 놓는 동작

나. 비효율적인 서블릭

1. 바로놓기(P): 의도한 위치에 대상물 놓도록 방향바꿈/위치잡기
2. 선택(ST): 2개 이상의 비슷한 물건 중에 하나를 고를 때
3. 잡고있기(H): 손으로 대상물을 잡아 그 위치를 고정

(2) 작업방법 개선안은 다음과 같다.

가. 수화기를 귀에 대는 행동을 없애기 위하여 헤드셋형 전화기를 도입

나. 번호패드에서 통화 상대방의 전화번호를 고르는 행위를 없애기 위하여 목록화 된 전화번호부를 통하여 이름을 입력 후 바로 전화번호가 입력되는 전산시스템을 도입

다. 통화 시 수화기를 잡는 작업을 없애기 위하여 헤드셋형 전화기를 도입

라. 통화 종료 후 송수화기를 원래 위치로 이동하는 작업을 없애기 위하여 헤드셋형 전화기를 도입하고 종료 시 헤드셋에 종료 버튼이 장착하도록 할 것

3 **근골격계질환 예방을 위한 관리적 개선책(administrative control)중 하나로 작업자 선정(worker selection)이 있다. 작업자 선정의 목적과 방법을 각각 설명하고, 문제점을 제시하시오.**

풀이

(1) 작업자 선정의 목적
해당 작업에 적합한 능력, 신체치수, 체력 등을 가진 근로자를 배치함으로써 근골격계질환 예방뿐만 아니라 생산효율을 높이는 데 목적을 둔다.

(2) 선정 방법
근로자를 해당 업무에 배치하기 전 연령, 체중, 신장, 작업력 및 작업제한 경력·과거 질병력, 당해 작업자의 체력 및 유연성, 기능 등 작업자의 특성이 작업의 특성과 잘 부합되는지를 종합적으로 평가 후 선정한다.

(3) 문제점
가. 근본적인 공학적인 개선이 이루어지지 않아 배치된 근로자가 근골격계질환이 발생할 잠재위험성이 있다.
나. 특정 근로자만 해당 공정에 배치됨에 따라 조직 내 갈등을 조성할 수 있다.

4 손가락으로 스위치를 누를 때 손가락 첫 마디 관절에 걸리는 힘과 모멘트를 구하시오. (단, 중력가속도는 9.8 m/s^{2}이고, ◎는 손가락 첫 마디 관절, Ⓖ는 손가락 첫 마디의 무게중심, ●는 스위치를 누르는 힘의 작용점을 나타낸다.)

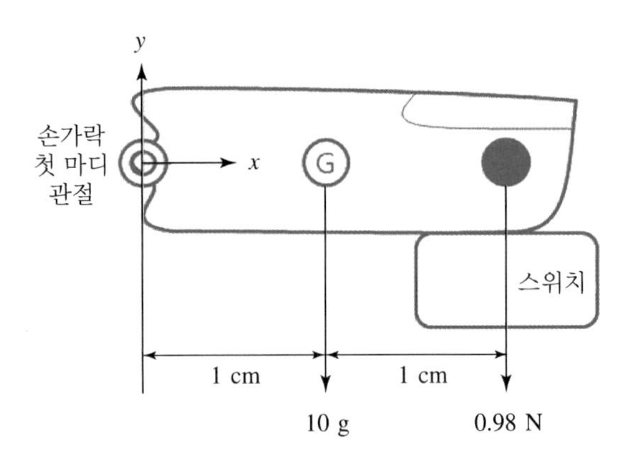

풀이

(1) 힘(RE): $\Sigma F=0$, 중력 가속도가 9.8 m/s^{2}이므로 10 g$=$0.01 kg$\times$9.8 m/s$^2=$0.098 N
0.98 N$-$0.098 N$+$RE$=$0, RE$=-$0.882 N

(2) 모멘트(ME): $\Sigma M=0$
(0.98 N)(0.02 m)$+$($-$0.098 N)(0.01 m)$+$ME$=$0, ME$=-$0.0186 Nm

5 터널 안의 조명을 설치하려고 한다. 터널의 진입 전과 후의 인간의 시각 기능 변화를 설명하고, 조명 설치 시 고려사항을 설명하시오.

풀이

(1) 인간의 시각 기능 변화

가. 주간의 상황: 밝은 상태에서 어두운 터널에 들어가게 되면 갑자기 시력이 저하되는 현상이 발생한다. 이러한 빛의 감도 감소에 대해서 눈이 적응되는 시간이 필요하며, 이를 암순응이라고 한다. 색상을 주로 감지하는 원추체의 순응에는 약 5분이 소요되며, 명암을 주로 감지에는 간상체의 순응에는 약 30~35분 정도 소요된다. 따라서, 터널 내부에 조명을 설치하여 이러한 빛의 감도 감소에 따른 시력 저하 현상을 최소화해야 한다. 자동차의 전조등과 후미등, 비상등을 켜도록 하고, 색안경을 벗도록 유도하여 빛의 감도 감소를 최소화해야 한다.

나. 야간의 상황: 어두운 상태에서 밝은 터널에 들어가게 되면 처음에는 눈이 부시다가 차차 적응하여 정상 상태로 돌아가는 현상이 발생하다. 이러한 빛의 감도 증가에 대해서 눈이 적응되는 시간이 필요하며, 명순응이라고 한다. 명순응은 암순응에 비해서 빨리 진행되며 약 5분 정도 소요된다. 따라서, 터널 출구에도 가로등을 설치하여 이러한 빛의 감도 증가에 따른 시력 저하 현상을 최소화해야 한다.

(2) 조명 설치 시 고려사항은 다음과 같다.

가. 터널 내부의 조명을 500 lux 정도 될 수 있도록 조명을 설치한다.

나. 터널 외부의 조명 환경이 변화함에 따라 터널 내부와 외부의 휘도 비율을 유지하기 위해 종종 단계조정(changing steps)을 실시할 필요가 있다. 단계조정은 조명기구의 수와 램프의 소비전력을 각 단계 내에서 조정하거나 시스템의 회로설계를 바꿈으로써 가능하다.

1. 주간에는 터널의 입구와 출구에 조명의 양을 늘리고, 내부에는 줄인다.
2. 야간에는 터널의 입구와 출구에 조명의 양을 줄이고, 내부에는 늘린다.

다. 경계부와 이행부 구간 사이의 급격한 휘도차로 인해 터널 벽면에 진한 그림자가 생기는 현상을 방지하기 위하여 휘도를 단계적으로 낮추거나 조명기구의 간격을 점진적으로 길게 하는 방법을 채택할 수도 있다.

라. 눈이 터널 휘도에 적절히 순응하기 위해서는 터널 내부 표면의 휘도가 균등할 필요가 있다. 터널의 휘도는 포장도로, 벽면, 천장의 영향을 받으며 터널 내부의 휘도 상태를 고려하여 조명을 설치하여야 한다.

6 고령근로자의 신체 및 인지적 특성에 대하여 각각 설명하고, 고령근로자가 작업할 때 위험성이 높아지는 '고령근로자 취약작업'의 종류를 5가지 설명하시오.

풀이

(1) 고령근로자의 신체 및 인지적 특성

기능	감소 정도	비고
집중력	48%	눈·손·발의 협응성이 떨어져 빠른 속도 작업의 어려움 → 감김·끼임의 위험성

순발력	32%	넘어짐 및 감김, 끼임의 위험
근력	20~30%	– 사용빈도와 운동 등에 영향을 많이 받음 – 다리가 팔보다 더 많이 감소 → 넘어지거나 떨어질 위험 높음
민첩성	20%	넘어짐 및 감김. 끼임의 위험
지구력	14%	–
유연성	감소	여성이 남성보다 유연함
평형성	감소	유지시간이 매우 짧음 → 넘어지거나 잘 미끄러짐. 추락 위험 높음
시력	30 cm 근거리 시력과 시야 감소	– 조도가 낮으면 잘 보이지 않음 – 색감의 감별능력이 저하됨: 보라색, 남색, 파란색 구별이 어려움
청력	감퇴	– 노인성 난청 현상이 옴 – 남성이 여성보다 일찍 나타남. 50대 지나면 더 빨라짐

(2) 고령근로자 취약작업

가. 고소 작업

나. 넘어질 위험이 높은 작업

다. 중량물 운반 작업

라. 급격한 동작 및 부자연스러운 작업 자세를 필요로 하는 작업

마. 낮은 조도 및 소음 작업장에서의 작업

바. 신속하고 정확한 동작이 요구되는 작업

사. 작업내용이 다양하고 복잡한 작업

인간공학기술사 2015년 1교시 문제풀이

※ 다음 문제 중 10문제를 선택하여 설명하시오. (각 문제당 10점)

1 Fail Safe와 Fool Proof를 정의하고, 예를 들어 설명하시오.

풀이

(1) Fail Safe: 고장이 발생한 경우라도 피해가 확대되지 않고 단순고장이나 한시적으로 운영되도록 하여 안전을 확보하는 개념이다. 즉, 시스템의 일부에 고장이 발생해도 안전한 가동이 자동적으로 취해질 수 있는 구조로 설계하는 방식이다. 예들 들면, 과전압이 흐르면 내려지는 차단기나 퓨즈 등을 설치하여 시스템을 운영하는 방법. 예) 다경로(중복)구조, 교대구조

(2) Fool Proof: 풀(fool)은 어리석은 사람으로 번역되며, 제어장치에 대하여 인간의 오동작을 방지하기 위한 설계를 말한다. 미숙련자가 잘 모르고 제품을 사용하더라도 고장이 발생하지 않도록 하거나 작동을 하지 않도록 하여 안전을 확보하는 방법이다. 예를 들면, 사람이 아무리 잘못된 조작을 해도 시스템이나 장치가 동작하지 않고 올바른 조작에만 응답하도록 한다든가, 사람이 잘못하기 쉬운 순서조작을 순서회로에 의해서 자동화하여 시동 버튼을 누르면 자동적으로 올바른 순서로 조작해 가는 방법. 예) 격리, 기계화, lock(시건장치)

2 재해예방의 4원칙을 쓰고, 각각에 대하여 설명하시오.

풀이

(1) 예방가능의 원칙: 천재지변을 제외한 모든 인재는 예방이 가능하다.

(2) 손실우연의 원칙: 사고의 결과 손실의 유무 또는 대소는 사고 당시의 조건에 따라 우연적으로 발생한다.

(3) 원인연계의 원칙: 사고에는 반드시 원인이 있고 원인은 대부분 복합적 연계원인이다. 손실과 사고와의 관계는 우연적이지만 사고와 원인과의 관계는 필연적이다.

(4) 대책선정의 원칙: 재해의 원인은 각기 다르므로 원인을 정확히 규명해서 대책을 선정해야 한다.

3 산업안전보건법령상 근로자가 근골격계 부담작업을 하는 경우 사업주가 근로자에게 알려야 하는 사항을 3가지 이상 설명하시오.

풀이

(1) 사업주는 근로자가 근골격계 부담작업을 하는 경우에 다음의 사항을 근로자에게 알려야 한다.
가. 근골격계 부담작업의 유해요인
나. 근골격계질환의 징후와 증상
다. 근골격계질환 발생 시의 대처요령
라. 올바른 작업자세와 작업도구, 작업시설의 올바른 사용방법
마. 그 밖에 근골격계질환 예방에 필요한 사항

4 조종장치나 표시장치를 효율적으로 배치하기 위한 원칙을 4가지 이상 나열하고, 각각에 대하여 설명하시오.

풀이

(1) 중요성의 원칙: 부품을 작동하는 성능이 체계의 목표달성에 긴요한 정도에 따라 우선순위를 설정한다.

(2) 사용빈도의 원칙: 부품을 사용하는 빈도에 따라 우선순위를 설정한다.

(3) 기능별 배치의 원칙: 기능적으로 관련된 부품들(표시장치, 조종장치 등)을 모아서 배치한다.

(4) 사용순서의 원칙: 사용순서에 따라 장치들을 가까이에 배치한다.

5 근수축(muscle contraction)의 3가지 유형(type)을 인체동작과 연관 지어 설명하시오.

풀이

(1) 등장성 수축(isotonic contraction): 수축할 때 근육이 짧아지며 동등한 내적 근력을 발휘한다.

(2) 등척성 수축(isometric contraction): 수축 과정 중에 근육의 길이가 변하지 않는다.

(3) 등속성 수축(isokinetic contraction): 관절각이 동일한 속도로 움직이는 근수축이다.

6 **그림은 정적 근육피로 한도시간과 근력발휘수준의 관계를 나타내는 Rohmert 곡선(Rohmert curve)이다. 다음 각 물음에 답하시오.**

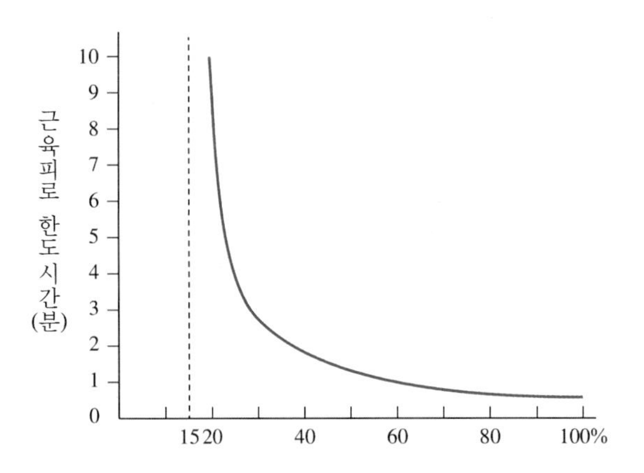

(1) 근력(Strength)을 정의(Definition)하시오.

(2) 지구력(enduance)에 대하여 위 그림과 관련하여 설명하시오.

풀이

(1) 근력: 근력이란 한 번의 수의적인 노력에 의하여 근육이 등척성(isometric)으로 낼 수 있는 힘의 최대값이며, 손, 팔, 다리 등의 특정 근육이나 근육군마다 다르다.

(2) 그래프의 X축은 근력의 크기를 나타내며, 지구력에 대한 설명은 다음과 같다.
가. 지구력(endurance)이란 근력을 사용하여 특정 힘을 유지할 수 있는 능력이다.
나. 지구력은 힘의 크기와 관계가 있다.
다. 최대근력으로 유지할 수 있는 것은 몇 초이며, 최대근력의 50% 힘으로는 약 1분간 유지할 수 있다. 최대 근력의 15% 이하의 힘에서는 상당히 오래 유지할 수 있다. 그래프에서 보면 최대근력 100%일 때는 근육피로 한도시간은 1분 미만이며, 최대근력의 50% 힘으로는 약 1분간, 최대 근력의 15% 이하의 힘에서는 상당히 오래 유지할 수 있다.

7 **심박출량(cardiac output)과 근피로(muscle fatigue)에 대하여 설명하시오.**

풀이

(1) 심박출량(cardiac output): 1분당 좌심실에서 뿜어져 나오는 혈액의 양이며, 근육 활동에 대한 생리적 요구는 심박출량을 변화시킨다. 심장이 심박출량을 증가시키는 방법에는 두 가지가 있는데, 하나는 분당 심박수(심박률, heart rate)를 증가시키는 것이고, 다른 하나는 심장 박동마다 혈액의 양(박출량, stroke volume)을 증가시키는 것이다.
심박출량(cardiac output) = 심박률(heart rate) × 박출량(stroke volume)

(2) 근피로(muscle fatigue): 육체작업으로 인하여 발생하는 근육의 피로로서 근육이 힘을 내는 능력이 감소한 상태를 근피로(muscle fatigue)라고 한다. 육체적으로 격렬한 작업에서는 충분한 양의 산소가 근육활동에 공급되지 못해 무기성 환원 과정에 의해 에너지가 공급되기 때문에 근육에 젖산이 축적되어 근육의 피로를 유발하게 된다.

8 그림은 들기 작업에 대한 1991년 NLE(NIOSH Lifting Equation) 적용 시 사용되는 커플링 계수(coupling multiplier)의 적용 절차를 나타낸 것이다. (1)~(3)에 해당되는 내용을 쓰고, 각각에 대하여 설명하시오.

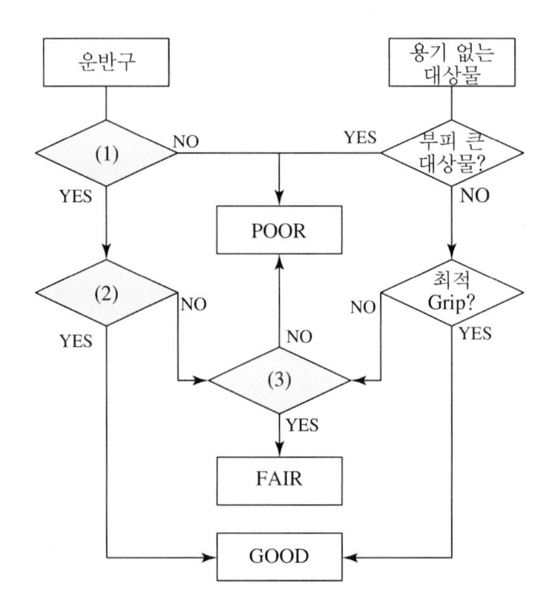

풀이

(1) 최적 운반구(optimal container): 운반구(상자 등)의 설계가 사람이 잡는 데 최적화되었는가?

(2) 최적 손잡이(optimal handles): 손잡이 또는 손으로 잡기 편하게 최적화되어 물체를 잡기 좋은 상태인가?

(3) 손가락을 90° 굽힘(fingers flexed 90 degrees): 손가락을 90° 굽혀서 잡을 수 있는 형태인가?

9 인간공학에 대하여 초점, 목표 및 접근방법의 세 관점에서 정의하시오.

풀이

(1) 초점: 인간공학의 초점은 인간이 만들어 생활의 여러 가지 면에서 사용하는 물질, 기구 또는 환경을 설

계하는 과정에서 인간을 고려하는 데 있다.

(2) 목표: 인간이 만든 물건, 기구 또는 환경의 설계 과정에서 인간공학의 목표는 2가지이다. 첫째, 사람이 잘 사용할 수 있도록 실용적 효능을 높이고 건강, 안정, 만족과 같은 특정한 인간의 가치 기준을 유지하거나 높이는 데 있다. 둘째, 인간의 복지향상이다.

(3) 접근방법: 인간공학의 접근방법은 인간이 만들어 사람이 사용하는 물질, 기구 또는 환경을 설계하는 데 인간의 특성이나 행동에 관한 적절한 정보를 체계적으로 적용하는 것이다.

10 빛에 관한 다음 용어에 대하여 설명하시오.

(1) 조도(illuminance)

(2) 반사율(reflectance)

풀이

(1) 조도(illuminance): 조도는 어떤 물체나 표면에 도달하는 광의 밀도를 말한다. 단위: lux

$$조도 = \frac{광량}{거리^2}$$

(2) 반사율(reflectance): 표면에 도달하는 빛과 결과로서 나오는 광도와의 관계이다. 빛을 완전히 발산 및 반사시키는 표면의 반사율은 100%가 된다. 그러나 실제로는 거의 완전히 반사하는 표면에서 얻을 수 있는 최대반사율은 약 95% 정도이다.

$$반사율(\%) = \frac{광도}{조도} = \frac{fL}{fC} \text{ 혹은 } \frac{\mathrm{cd/m^2} \times \pi}{\mathrm{lux}}$$

11 인체계측에 있어서 구조적 치수(structural dimension)와 기능적 치수(functional dimension)에 대하여 설명하고, 측정한 인체계측 자료를 실생활에 적용하기 위한 3가지 원칙을 열거하시오.

풀이

(1) 구조적 치수(structural dimension): 형태학적 측정이라고도 하며, 표준자세에서 움직이지 않는 피측정자를 인체측정기로 구조적 치수를 측정하여 특수 또는 일반적 용품의 설계에 기초자료로 활용한다.

(2) 기능적 치수(functional dimension): 동적 인체측정이라고도 하며, 상지나 하지의 운동, 신체의 움직임에 따른 상태에서 측정하는 것이다. 동적 인체측정은 실제의 작업 혹은 실제 조건에 밀접한 관계를 갖는 현실성 있는 인체치수를 구하는 것이다.

(3) 극단치를 이용한 설계: 특정한 설비를 설계할 때, 어떤 인체측정 특성의 한 극단에 속하는 사람을 대상으로 설계하면 거의 모든 사람을 수용할 수 있는 경우가 있다.

가. 최대집단값에 의한 설계

1. 통상 대상집단에 대한 관련 인체측정 변수의 상위 백분위수를 기준으로 하여 90, 95 혹은 99% 값이 사용된다.
2. 문, 탈출구, 통로 등과 같은 공간여유를 정하거나 줄사다리의 강도 등을 정할 때 사용한다.
3. 예를 들어, 95%값에 속하는 큰 사람을 수용할 수 있다면, 이보다 작은 사람은 모두 사용된다.

나. 최소집단값에 의한 설계

1. 관련 인체측정 변수분포의 1%, 5%, 10% 등과 같은 하위 백분위수를 기준으로 정한다.
2. 선반의 높이, 조종장치까지의 거리 등을 정할 때 사용된다.
3. 예를 들어, 팔이 짧은 사람이 잡을 수 있다면, 이보다 긴 사람은 모두 잡을 수 있다.

(4) 조절식 설계: 체격이 다른 여러 사람에게 맞도록 조절식으로 만드는 것을 말한다.

가. 자동차 좌석의 전후조절, 사무실 의자의 상하조절 등을 정할 때 사용한다.

나. 통상 5% 값에서 95% 값까지의 90% 범위를 수용대상으로 설계하는 것이 관례이다.

(5) 평균치를 이용한 설계

가. 인체측정학 관점에서 볼 때 모든 면에서 보통인 사람이란 있을 수 없다. 따라서, 이런 사람을 대상으로 장비를 설계하면 안 된다는 주장에도 논리적 근거가 있다.

나. 특정한 장비나 설비의 경우, 최대집단값이나 최소집단값을 기준으로 설계하기도 부적절하고 조절식으로 하기도 불가능할 경우 평균값을 기준으로 하여 설계하는 경우가 있다.

다. 평균 신장의 손님을 기준으로 만들어진 은행의 계산대가 키가 작거나 큰 사람을 기준으로 해서 만드는 것보다는 대다수의 일반손님에게 덜 불편할 것이다.

12 두께가 1 cm, 면적이 5 ㎡인 유리창문이 있다. 외부온도가 −10℃이고, 실내온도가 18℃일 때, 이 유리창을 통한 열유동율을 구하시오. (단, 열전도율 K=0.8 watt/m·℃이다.)

풀이

$$\text{열유동율}(Q) = KA\frac{\Delta T}{L}$$

여기서, K : 열전도율, A : 단면적, L : 두께, ΔT : 온도차

$$\text{열유동율}(Q) = 0.8\text{watt/m}\cdot℃ \times 5\text{m}^2 \times \frac{28℃}{0.01\text{m}} = 1.12\text{watt}$$

13 인간의 식별능력을 높일 수 있는 방법인 "Chunking"에 대하여 설명하시오.

풀이

입력정보를 의미가 있는 단위인 chunk로 배합하고 편성하는 것을 말한다. 예를 들어, 전화번호를 7604122로 기억하는 것보다 760-4122와 같이 두 개의 단위로 나누어 기억을 하면 쉽게 기억할 수 있다.

인간공학기술사 2015년 2교시 문제풀이

※ 다음 문제 중 4문제를 선택하여 설명하시오. (각 문제당 25점)

1 **근골격계질환 예방관리 프로그램을 정의하고, 시행시기 및 주요내용을 설명하시오.**

풀이

(1) 근골격계질환 예방관리 프로그램의 정의: 근골격계질환 예방관리 프로그램이란 유해요인 조사, 작업환경 개선, 의학적 관리, 교육·훈련, 평가에 관한 사항 등이 포함된 근골격계질환을 예방관리하기 위한 종합적인 계획을 말한다.

(2) 근골격계질환 예방관리 프로그램의 시행시기는 다음과 같다.
가. 근골격계질환으로 인해 업무상 질병으로 인정받은 근로자가 연간 10명 이상 발생한 사업장 또는 5명 이상 발생한 사업장으로서 발생비율이 그 사업장 근로자 수의 10퍼센트 이상인 경우
나. 근골격계질환 예방과 관련하여 노사 간 이견(異見)이 지속되는 사업장으로서 고용노동부장관이 필요하다고 인정하여 근골격계질환 예방관리 프로그램을 수립하여 시행할 것을 명령한 경우

(3) 근골격계질환 예방관리 프로그램의 주요내용은 다음과 같다.
가. 근골격계 유해요인 조사 및 작업평가
나. 예방·관리 정책수립
다. 교육 및 훈련 실시
라. 초진증상자 및 유해요인 관리
마. 작업환경 등 개선활동 및 의학적 관리
바. 프로그램 평가 등

2 **인지특성을 고려한 설계원리로서 양립성(compatibility)의 3가지 종류에 대하여 설명하고, 다음 그림에서 양립성에 따른 문제점과 개선방안을 제시하시오.**

풀이

(1) 양립성의 3가지 종류는 다음과 같다.

가. 개념 양립성(conceptual compatibility): 코드나 심벌의 의미가 인간이 갖고 있는 개념과 양립
예) 정수기 빨간색 버튼－뜨거운 물, 파란색 버튼－차가운 물

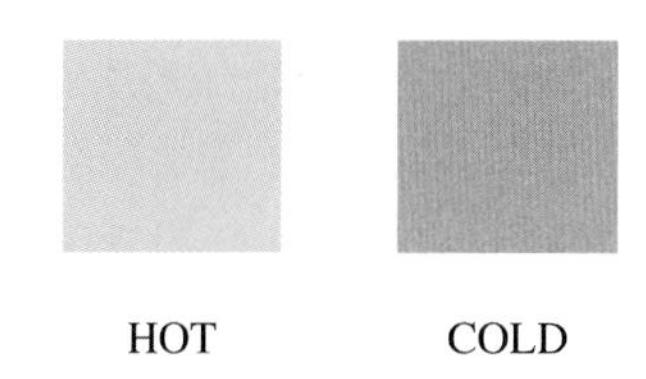

나. 운동 양립성(movement compatibility): 조종기를 조작하여 표시장치상의 정보가 움직일 때 반응 결과가 인간의 기대와 양립
예) 라디오의 음량을 줄일 때 조절장치를 반시계 방향으로 회전

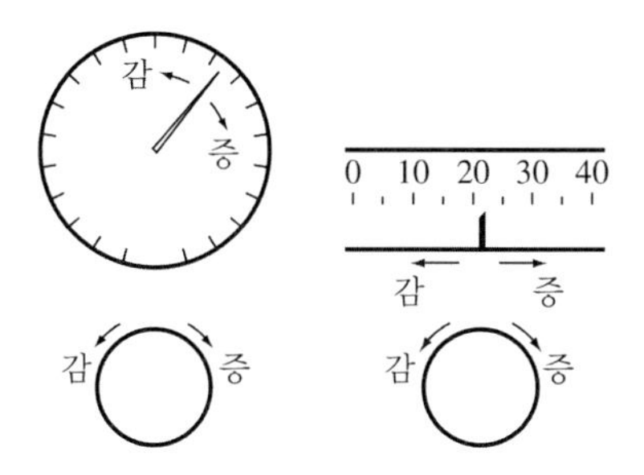

다. 공간 양립성(spatial compatibility): 공간적 구성이 인간의 기대와 양립
예) button의 위치와 관련 display의 위치가 양립

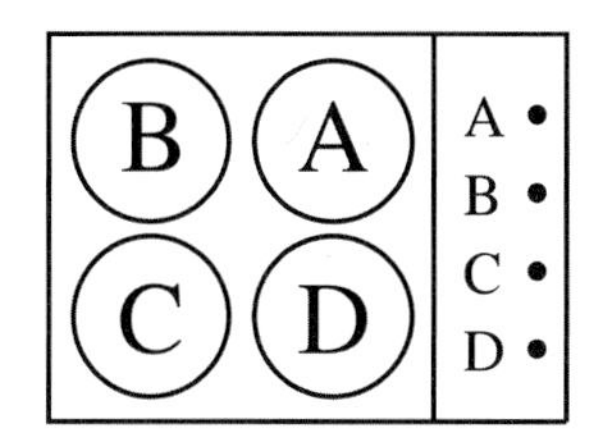

(2) 그림의 문제점 및 해결방안: 위 그림에서 오른쪽 표시장치(계기판)가 왼쪽에 위치하고 있어 공간 양립성이 위배되었다. 따라서, 아래 그림과 같이 표시장치(계기판)의 위치를 서로 바꿔주면 사용자가 직관적으로 계기판의 수치를 인지할 수 있다.

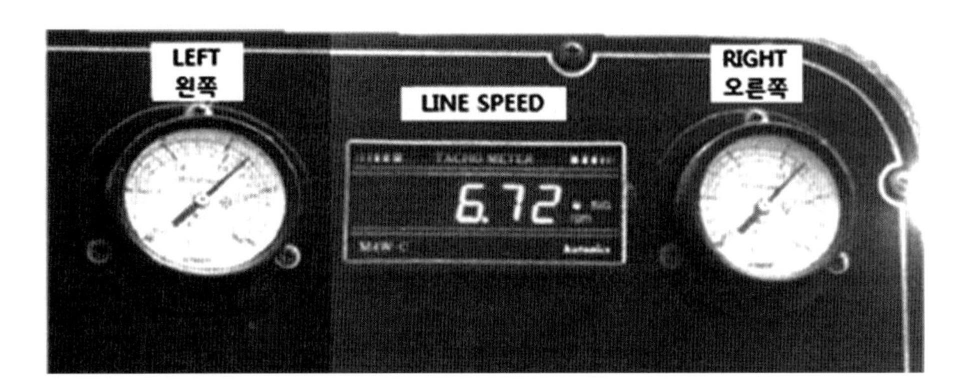

3 작업자 A를 대상으로 하루(480분 작업)에 100회씩, 5일 동안 총 500번의 워크샘플링(work sampling)을 실시하였다. 관측일별 유휴횟수와 생산량은 다음 표와 같다. 레이팅(rating)계수 90%, 여유율은 정미시간의 18%라고 할 경우 표준시간을 구하시오.

작업일	1	2	3	4	5
유휴횟수	9	11	10	11	10
생산량(개)	100	90	110	120	100

풀이

(1) 가. 유휴비율 $= \dfrac{\text{총 유휴횟수}}{\text{총 관측횟수}} = \dfrac{9+11+10+11+10}{100\times 5} = 0.102$

나. 실제작업시간 = 총작업시간 × 가동율 = 2,400 × 0.898 = 2,155분

* 가동률 = (1 − 유휴비율)

다. 평균생산시간 = 실제총작업시간/총생산량 = 2,155분/520개 = 4.14분/개

라. 정미시간 = 평균생산시간 × 레이팅계수 = 4.14분/개 × 0.9 = 3.73분/개

마. 표준시간 = 정미시간 × (1 + 여유율) = 3.73분/개 × (1 + 0.18) = 4.40분/개

4 그림은 책상과 의자 설계 시 인체측정치를 적용하는 것과 관련된 것을 나타낸 것이다. 책상과 의자의 치수와 관련된 번호(1~3)를 주요 설계요소로 고려한 설계 절차에 대하여 설명하시오.

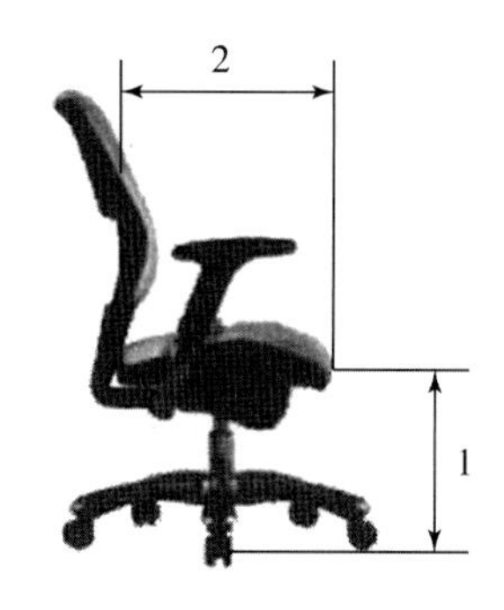

풀이

구분(절차)	1(의자 높이)	2(의자 깊이)	3(책상 높이)
설계에 필요한 인체치수의 결정	여자 5%ile~ 남자 95%ile (오금 높이)	여자 5%ile~ 남자 95%ile (엉덩이에서 무릎 뒤까지 길이)	여자 5%ile~ 남자 95%ile (지면에서 앉은 팔꿈치 높이)
설비를 사용할 집단의 정의	남여공용	남여공용	남여공용
적용할 인체자료 응용원리를 결정	조절식설계	조절식설계	조절식설계
적절한 인체측정 자료의 선택	여자 5%ile~ 남자 95%ile 신체치수	여자 5%ile~ 남자 95%ile 신체치수	여자 5%ile~ 남자 95%ile 신체치수
특수복장 착용에 대한 적절한 여유를 고려함	설계치 $+\alpha$(신발높이 등)	설계치 $+\alpha$(피복두께 등)	설계치 $+\alpha$(신발높이 등)
설계할 치수의 결정	–	–	–
모형을 제작하여 모의실험	모형제작 후 평가	모형제작 후 평가	모형제작 후 평가

5 인간의 호흡 능력에 관한 다음 각 물음에 답하시오.

(1) 런닝머신 위를 달리고 있는 사람의 배기를 5분간 수집하였다. 수집된 배기량은 100 L이었고, 가스분석기로 성분 분석한 결과, O2% = 16, CO2% = 4이었다. 이때 분당 산소 소비량을 구하시오.

(2) 산소빚(oxygen debt)과 최대산소소비능력(Maximal Aerobic Power)에 대하여 각각 설명하시오.

풀이

(1) 가. 흡기부피 $= (100 - O_2\% - CO_2\%) \times$ 배기부피$/79$

나. 흡기부피 $= (100 - 16 - 4) \times 20$ L/min$/79 = 20.25$ L/min

다. 산소소비량 = 21% × 흡기부피 − O_2% × 배기부피

라. 산소소비량 = 21% × 20.25 L/min − 16% × 20 L/min = 1.05 L/min

(2) 가. 산소빚(oxygen debt): 평상시보다 활동이 많아지거나 인체활동의 강도가 높아질수록 산소의 공급이 더 요구되는데, 이런 경우 호흡수를 늘리거나 심박수를 늘려서 필요한 산소를 공급한다. 그러나 활동수준이 더욱 많아지면 근육에 공급되는 산소의 양은 필요량에 비해 부족하게 되고 혈액에는 젖산이 축적된다. 이렇게 축적된 젖산의 제거속도가 생성속도에 미치지 못하면 작업이 끝난 후에도 남아 있는 젖산을 제거하기 위하여 산소가 필요하며 이를 산소빚이라고 한다. 그 결과 산소빚을 채우기 위해서 작업종료 후에도 맥박수와 호흡수가 휴식상태의 수준으로 바로 돌아오지 않고 서서히 감소하게 된다.

나. 최대산소소비능력(Maximal Aerobic Power): 작업의 속도가 증가하면 산소소비량이 증가하여 일정한 수준에 이르게 되고, 작업의 속도가 증가하더라도 산소소비량은 더 이상 증가하지 않고 일정하게 되는 수준에서의 산소소모량이다.

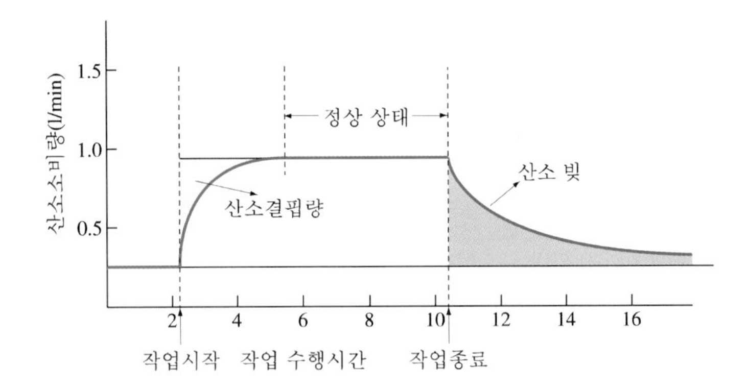

6 그림은 조종장치(control)의 움직임 각도(°)에 따른 표시장치의 지침 이동을 나타낸 것이다. 다음 각 물음에 답하시오.

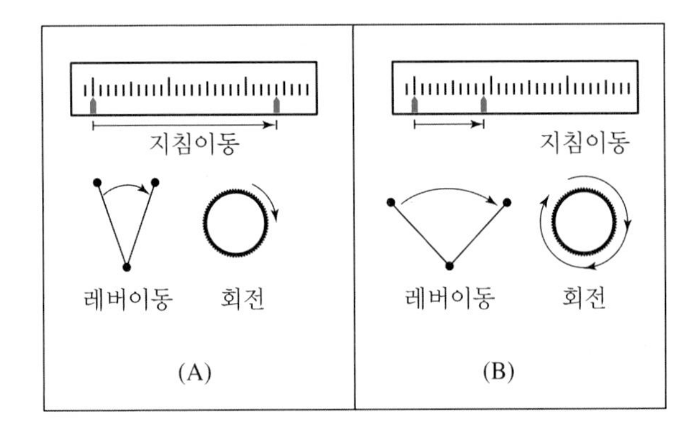

(1) (A)와 (B) 사이에서 C/R비, 민감도, 미세조종시간, 이동시간을 비교하여 설명하시오.

(2) 노브(knob)와 레버(lever)의 최적 C/R비와 최적 C/R비에 영향을 미치는 매개변수를 설명하시오.

(3) 어떤 작업자가 다음 그림과 같은 길이가 12 cm인 레버(lever)를 30° 회전하면 표시장치 지침이 2.5 cm 이동하는 통제기기를 조작하고 있다. 통제기기의 C/R비를 산출하고 적합성 여부를 판정하시오.

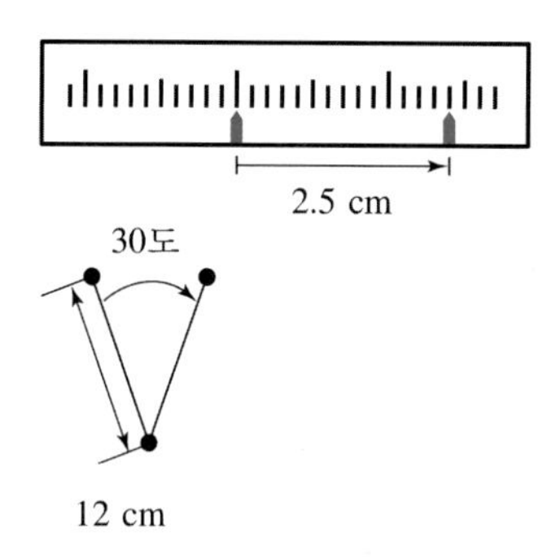

풀이

(1)

구분	A	B
C/R비	작다	크다
민감도	민감하다	둔감하다
미세조종시간	길다	짧다
이동시간	짧다	길다

(2) 가. knob(노브)의 최적 C/R비는 0.2~0.8이며, 레버의 최적 C/R비는 2.5~4.0이다.

나. 최적 C/R비에 영향을 미치는 매개변수: 미세조종시간과 이동시간이며, 최적 C/R비는 미세조종시간과 이동시간을 합친 값이 제일 작을 때의 C/R비가 된다. 아래의 C/R비 그래프에서는 미세조종시간 곡선과 이동시간곡선이 만나는 점이 된다.

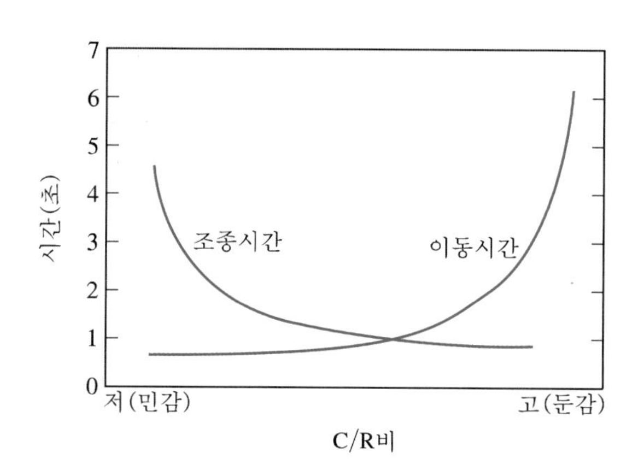

(3) 가. C/R비 $= \dfrac{(a/360) \times 2\pi L}{\text{표시장치 이동거리}}$ (L: 지레의 길이, a: 조종장치가 움직인 각도)

나. C/R비 $= \dfrac{(30/360) \times 2 \times \pi \times 12\ \text{cm}}{2.5\ \text{cm}} = 2.5$

다. C/R비 적합성 여부: 레버의 최적 C/R비인 2.5~4.0 안에 들어감으로 적합하다.

인간공학기술사 2015년 3교시 문제풀이

※ 다음 문제 중 4문제를 선택하여 설명하시오. (각 문제당 25점)

1 휴먼에러 예방을 위한 잠금장치의 종류를 쓰고, 적용 사례를 들어 설명하시오.

풀이

(1) 맞잠금(interlock): 조작들이 올바른 순서대로 일어나도록 강제하는 것을 말한다.
예) 전자레인지 문이 열리면 자동으로 기능을 멈춤

(2) 안잠금(lockin): 작동하는 시스템을 계속 작동시킴으로써 작동이 멈추는 것으로부터 오는 피해를 막기 위한 것을 말한다.
예) 컴퓨터 작업자가 파일을 저장하지 않고 종료할 때 파일을 저장할 것이냐고 물어 피해를 예방하는 것

(3) 바깥잠금(lockout): 위험한 상태로 들어가거나 사건이 일어나는 것을 방지하기 위하여 들어가는 것을 제한하는 것을 말한다.
예) 에스컬레이터가 1층에서 지하로 연결될 때 방향을 다른 곳에 배치하는 것

2 청력보존 프로그램을 정의하고, 시행시기 및 소음저감 조치에 대하여 설명하시오.

풀이

(1) 청력보존 프로그램 정의: "청력보존 프로그램"이란 소음노출 평가, 소음노출 기준 초과에 따른 공학적 대책, 청력보호구의 지급과 착용, 소음의 유해성과 예방에 관한 교육, 정기적 청력검사, 기록·관리 사항 등이 포함된 소음성 난청을 예방·관리하기 위한 종합적인 계획을 말한다.

(2) 시행시기
가. 소음의 작업환경 측정 결과 소음수준이 90 dB을 초과하는 사업장
나. 소음으로 인하여 근로자에게 건강장해가 발생한 사업장

(3) 소음저감 조치

가. 소음원의 통제: 기계의 적절한 설계, 적절한 정비 및 주유, 기계에 고무받침대(mounting) 부착, 차량에는 소음기(muffler)를 사용한다.

나. 소음의 격리: 덮개(enclosure), 방, 장벽을 사용(집의 창문을 닫으면 약 10 dB 감음된다.)

다. 차폐장치(baffle) 및 흡음재료 사용

라. 능동제어: 감쇠 대상의 음파와 동위상인 신호를 보내어 음파 간에 간섭현상을 일으키면서 소음이 저감되도록 하는 기법

마. 적절한 배치(layout)

바. 방음보호구 사용: 귀마개와 귀덮개

1. 차음보호구 중 귀마개의 차음력은 2,000 Hz에서 20 dB, 4,000 Hz에서 25 dB의 차음력을 가져야 한다.
2. 귀마개와 귀덮개를 동시에 사용해도 차음력은 귀마개의 차음력과 귀덮개의 차음력의 산술적 상가치(相加置)가 되지 않는다. 이는 우리 귀에 전달되는 음이 외이도만을 통해서 들어오는 것이 아니고 골 전도음도 있으며, 새어 들어오는 음도 있기 때문이다.

사. BGM(Back Ground Music): 배경음악(60 ± 3 dB)

3 A 제품의 조립공정은 다음과 같이 5개의 작업으로 구성되어 있고, 각 작업은 작업자 1명이 담당하고 있다.

1작업 →	2작업 →	3작업 →	4작업 →	5작업
(4분)	(5분)	(7분)	(3분)	(8분)

(1) 주기시간을 구하시오.

(2) 시간당 생산량을 구하시오.

(3) 2작업의 균형지연(유휴시간)을 구하시오.

(4) 전체 라인에 대한 균형손실을 구하시오.

(5) 전체 라인의 균형효율을 구하시오.

풀이

(1) 주기시간: 가장 긴 작업이 8분이므로 8분이다.

(2) 시간당 생산량: 1개에 8분 걸리므로 $\frac{60\text{분}}{8\text{분}} = 7.5\text{개/hr}$

(3) 2작업의 균형지연(유휴시간): 주기시간이 8분이므로 3분이 균형지연(유휴시간)이다.

(4) 균형손실(공정손실) $= \frac{\text{총유휴시간}}{\text{작업자수} \times \text{주기시간}}$

$$= \frac{4분+3분+1분+5분+0분}{5 \times 8분} \times 100 = 32.5\%$$

(5) 균형효율(공정효율) $= \frac{총작업시간}{총작업자수 \times 주기시간}$

$$= \frac{4분+5분+7분+3분+8분}{5 \times 8분} \times 100 = 67.5\%$$

4 Norman의 7단계 모델과 GOMS 모델에 대하여 각각 설명하시오.

풀이

(1) Norman의 행위 7단계 모형

가. 개요: 인지심리학자인 Norman(1989)은 인터페이스를 통하여 시스템과 상호 작용하는 사용자는 7단계의 인지과정을 거친다고 생각하고, 다음과 같은 행위의 7단계 모형을 제안하였다.

1. 목표 설정
2. 의도의 형성
3. 행위의 명세화
4. 행위의 실행
5. 시스템 상태의 변화 지각
6. 변화된 상태의 해석
7. 목표나 의도의 관점에서 시스템 상태를 평가

나. 사용자의 목표와 물리적 시스템은 일종의 만(gulf)의 형태를 형성하며 사용자의 목표를 실행으로 옮기는 실행의 다리교각(execution bridge)에 의해 연결되어 있다. 잘 설계된 인터페이스는 사용자들의 목표와 물리적 시스템을 잘 연결 지어 줌으로써 두 상태 사이의 전환이 쉽고 분명하도록 해준다. 반면, 열악하게 설계된 인터페이스는 이러한 전환에 필요한 지식이나 신체적 능력을 갖지 못하게 하여 결과적으로 성공적인 과제 수행을 이끌어내지 못한다. 일단 행위들이 실행하게 되면 사용자들은 원래의 목표를 시스템의 상태와 비교해야 한다. 이 과정은 평가의 만(gulf of evaluation)에서 평가의 다리를 통하여 이루어진다. 시스템 디스플레이들이 잘 설계되어 있다면 사용자들이 비교적 쉽게 시스템의 상태를 확인하고 원래의 목표와 비교할 수 있을 것이다.

(2) GOMS 모델

가. 개요: 숙련된 사용자가 인터페이스에서 특정작업을 수행하는 데 얼마나 많은 시간을 소요하는지 예측할 수 있는 모델이다. 또한 하나의 문제 해결을 위하여 전체문제를 하위문제로 분해하고 분해된 가장 작은 하위문제들을 모두 해결함으로써 전체문제를 해결한다는 것이 GOMS 모델의 기본 논리이다.

나. 4가지 구성요소: GOMS는 인간의 행위를 목표(goals), 연산자 또는 조작(operator), 방법(methods), 선택규칙(selection rules)으로 표현한다.

다. 장점

1. 실제 사용자를 포함시키지 않고 모의실험을 통해 대안을 제시할 수 있다.
2. 사용자에 대한 별도의 피드백 없이 수행에 대한 관찰 결과를 알 수 있다.
3. 실제로 사용자가 머릿속에서 어떠한 과정을 거쳐서 시스템을 이용하는지 자세히 알 수 있다.

라. 문제점

1. 이론에 근거하여 실제적인 상황이 고려되어 있지 않다.
2. 개인을 고려하고 있어서 집단에 적용하기 어렵다.
3. 결과가 전문가 수준이므로 다양한 사용자 수준을 고려하지 못한다.

5 **그림은 인체의 해부학적 기본동작과 관련된 운동 기본면(cardinal plane)과 운동 회전축(axial of rotation)을 표기한 것이다. (1)~(6)에 해당하는 내용을 서로 관련지어 예를 들어 설명하시오.**
(단, 그림 중 (1)~(3)은 면, (4)~(6)는 축을 표기한 것이다.)

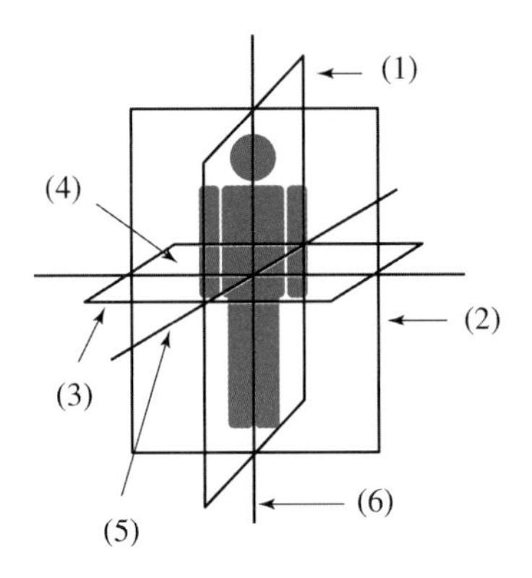

풀이

(1) 시상면(sagittal plane): 인체를 좌우로 양분하는 면. x축과 z축으로 이루어지는 면이다.

(2) 관상면(frontal 또는 coronal plane): 인체를 전후로 나누는 면. y축과 z축으로 이루어지는 면이다.

(3) 횡단면, 수평면(transverse 또는 horizontal plane): 인체를 상하로 나누는 면. x축과 y축으로 이루어지는 면이다.

(4) y축: 인체의 중심에서 좌우로 향하는 축. 관상면과 횡단면이 만나는 선이다.

(5) x축: 인체의 중심에서 앞뒤로 향하는 축. 시상면과 횡단면이 만나는 선이다.

(6) z축: 인체의 중심에서 위아래로 향하는 축. 시상면과 관상면이 만나는 선이다.

6 **그림은 작업대상물을 들고 있는 작업자의 모습이다. 이 작업자는 허리를 굽히고, 양손을 어깨 아래로 내린 상태로, 두 다리를 펴고 서 있으며 무게가 20 kg 이상의 작업 대상물을 취급하고 있다. 다음 각 물음에 답하시오.**

AC값		(1)			(2)			(3)			(4)			(5)			(6)			(7)		
		(1)	(2)	(3)	(1)	(2)	(3)	(1)	(2)	(3)	(1)	(2)	(3)	(1)	(2)	(3)	(1)	(2)	(3)	(1)	(2)	(3)
(1)	(1)	1	1	1	1	1	1	1	1	1	2	2	2	2	2	2	1	1	1	1	1	1
	(2)	1	1	1	1	1	1	1	1	1	2	2	2	2	2	2	1	1	1	1	1	1
	(3)	1	1	1	1	1	1	1	1	1	2	2	3	2	2	3	1	1	1	1	1	2
(2)	(1)	2	2	3	2	2	3	2	2	3	3	3	3	3	3	3	2	2	2	2	3	3
	(2)	2	2	3	2	2	3	2	3	3	3	4	4	3	4	4	3	3	4	2	3	4
	(3)	3	3	4	2	2	3	3	3	3	3	4	4	4	4	4	4	4	4	2	3	4
(3)	(1)	1	1	1	1	1	1	1	1	2	3	3	3	4	4	4	1	1	1	1	1	1
	(2)	2	2	3	1	1	1	1	1	2	4	4	4	4	4	4	3	3	3	1	1	1
	(3)	2	2	3	1	1	1	2	3	3	4	4	4	4	4	4	4	4	4	1	1	1
(4)	(1)	2	3	3	2	2	3	2	2	3	4	4	4	4	4	4	4	4	4	2	3	4
	(2)	3	3	4	2	3	4	3	3	4	4	4	4	4	4	4	4	4	4	2	3	4
	(3)	4	4	4	2	3	4	3	3	4	4	4	4	4	4	4	4	4	4	2	3	4

(1) OWAS(Ovako Working Posture Analysis System) 방법으로 신체 부위별 자세코드에 따른 조치수준 평가표를 활용하여 평가하고, 자세분류코드와 위험조치수준(AC)에 대하여 설명하시오.

(2) OWAS 방법에 대한 장·단점을 설명하시오.

풀이

(1) 가. 자세분류코드

자세코드 / 신체 부위	1	2	3	4	5	6	7
허리 (Back)							
팔 (Arms)							
다리 (Legs)							
하중 (Weight)	10 kg 이하	10~20 kg	20 kg 초과				

허리: 2(굽힘), 팔: 1(양팔 어깨 아래), 다리: 2(두 다리로 섬), 하중: 3(20 kg 이상)

AC 값		(1)			(2)			(3)			(4)			(5)			(6)			(7)		
		(1)	(2)	(3)	(1)	(2)	(3)	(1)	(2)	(3)	(1)	(2)	(3)	(1)	(2)	(3)	(1)	(2)	(3)	(1)	(2)	(3)
(1)	(1)	1	1	1	1	1	1	1	1	1	2	2	2	2	2	2	1	1	1	1	1	1
	(2)	1	1	1	1	1	1	1	1	1	2	2	2	2	2	2	1	1	1	1	1	1
	(3)	1	1	1	1	1	1	1	1	1	2	2	3	2	2	3	1	1	1	1	1	2
(2)	(1)	2	2	3	2	2	3	2	2	3	3	3	3	3	3	3	2	2	2	2	3	3
	(2)	2	2	3	2	2	3	2	3	3	3	4	4	3	4	4	3	3	4	2	3	4
	(3)	3	3	4	2	2	3	3	3	3	3	4	4	4	4	4	4	4	4	2	3	4
(3)	(1)	1	1	1	1	1	1	1	1	2	3	3	3	4	4	4	1	1	1	1	1	1
	(2)	2	2	3	1	1	1	1	1	2	4	4	4	4	4	4	3	3	3	1	1	1
	(3)	2	2	3	1	1	1	2	3	3	4	4	4	4	4	4	4	4	4	1	1	1
(4)	(1)	2	3	3	2	2	3	2	2	3	4	4	4	4	4	4	4	4	4	2	3	4
	(2)	3	3	4	2	3	4	3	3	4	4	4	4	4	4	4	4	4	4	2	3	4
	(3)	4	4	4	2	3	4	3	3	4	4	4	4	4	4	4	4	4	4	2	3	4

: 허리 : 팔 : 다리 : 하중

나. 위험조치수준

작업자세 수준	평가내용
Action category 1	이 자세에 의한 근골격계 부담은 문제 없다. 개선 불필요하다.
Action category 2	이 자세는 근골격계에 유해하다. 가까운 시일 내에 개선해야 한다.
Action category 3	이 자세는 근골격계에 유해하다. 가능한 한 빠른 시일 내에 개선해야 한다.
Action category 4	이 자세는 근골격계에 매우 유해하다. 즉시 개선해야 한다.

다. 그림내용 평가결과: Action Category 3(가능한 한 빠른 시일 내에 개선해야 한다.)

(2) OWAS 장·단점은 다음과 같다.

가. 장점

현장에서 작업자들의 작업자세를 손쉽고 빠르게 평가할 수 있는 도구이다.

나. 단점

1. 작업자세 분류체계가 특정한 작업에만 국한되기 때문에 정밀한 작업자세를 평가하기 어렵다.
2. 상지나 하지 등 몸의 일부의 움직임이 적으면서도 반복하여 사용하는 작업 등에서는 차이를 파악하기 어렵다.
3. 지속시간을 검토할 수 없으므로 유지자세의 평가는 어렵다.

인간공학기술사 2015년 4교시 문제풀이

※ 다음 문제 중 4문제를 선택하여 설명하시오. (각 문제당 25점)

1 빛의 밝기, 음의 높이, 무게 등 물리적 자극을 상대적으로 판단하는 데 있어서 Weber 법칙과 Fechner 법칙이 널리 알려져 있다.

(1) Weber 법칙에 대하여 설명하시오.
(2) Fechner 법칙에 대하여 설명하시오.
(3) Weber 법칙과 Fechner 법칙에서 일상생활 중 느낄 수 있는 현상을 각각 2개씩 설명하시오.

풀이

(1) Weber 법칙: 물리적 자극을 상대적으로 판단하는 데 있어 특정감각의 변화감지역은 기준자극의 크기에 비례한다. 웨버의 비가 작을수록 감각의 분별력이 뛰어나다.

$$웨버의\ 비 = \frac{변화감지역}{기준자극의\ 크기}$$

(2) Fechner 법칙: 인간의 감각 크기는 자극의 크기의 로그에 비례하여, L: 감각의 크기, E: 자극의 크기, K: 상수로 하면 $L = K \log E$라는 관계가 있다고 한다. 이것을 Fechner의 법칙이라 한다. 따라서 자극강도가 증가함에 따라 감각강도는 증가하더라도 그 증가 속도는 감소한다.

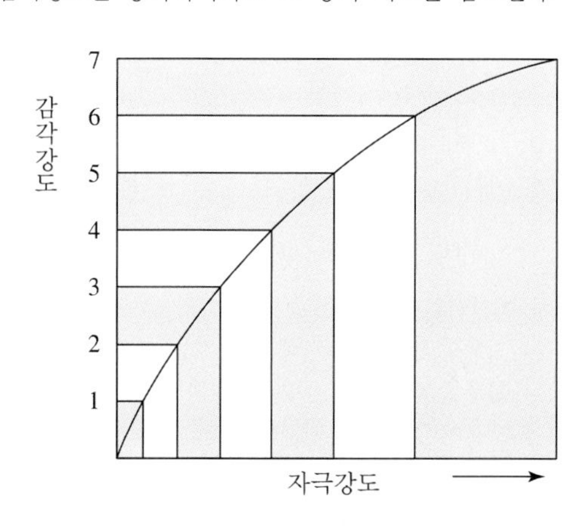

(3) 가. Weber비

1. 무게감지: 웨버의 비가 0.02라면 100 g을 기준으로 무게의 변화를 느끼려면 2 g 정도면 되지만, 10 kg의 무게를 기준으로 한 경우에는 200 g이 되어야 무게의 차이를 감지할 수 있다.
2. 제조과정: 맥주 제조업체들은 계절에 따라 원료의 점도와 효소의 양을 변화감지역의 범위 안에서 조절함으로써 소비자로 하여금 맥주의 맛이 사계절 동일하다고 느끼게 한다.

나. Fechner 법칙

1. 악취농도를 느끼는 체감은 점점 증가하다가 어느 시점부터는 그 체감이 증가하지 않는다.
2. 사람이 느끼는 단맛은 점점 증가하다가 어느 시점부터는 그 느끼는 단맛이 일정하게 된다.

2 인간이 실수하는 이유는 시스템의 설계가 바람직하지 않은 경우가 대부분으로 알려져 있다. 다음 각 물음에 답하시오.

(1) TMI 원전 사고에서 인간의 실수를 유발한 잘못된 설계방식을 설명하시오.
(2) 인간 신뢰도를 정의하시오.
(3) 이산적 직무와 연속적 직무에서의 인간신뢰도는 구체적으로 어떻게 평가되는지 예를 들어 설명하시오.
(4) 인간오류분석기법 중 FTA(Fault Tree Analysis)에 대하여 설명하시오.

풀이

(1) 이 사고는 가압기 릴리프밸브가 개고착(開固着)하고 1차 냉각제가 유출되어 노심의 냉각이 불충분한데다 운전원이 1차 냉각제가 충분하다고 오판한 것에 의한다. 제어실 내에 있었던 정확한 정보를 알아차리지 못하고 사고발생 후 상황의 신뢰할 수 없는 정보에 고집하고 말았다. 즉, 1차 냉각제의 압력과 온도, 릴리프밸브 출구온도, 드레인탱크의 압력과 온도, 격납용기 내압, 펌프수위 등의 지시계에서는 가압기 릴리프밸브로부터 1차 냉각제가 대량으로 유출하여 1차 계통 내 보유량이 감소하고 있음을 지시하고 있었다. 그러나 운전원은 경보신호를 상호 연결하여 생각하지 않고 가압기의 수위가 상승하여 높은 값을 나타내고 있는데만 주목하여 1차 냉각제는 충분하다고 판단하여 비상노심냉각장치(ECCS)를 조기에 정지시키고 말았다. 증기발생기로의 주급수계통 고장에서 발단하여 여러 가지 고장, 오조작이 겹쳐져 방사성 물질이 외부환경으로 방출된 사고였다. 따라서 위 원전사고는 인간에게 냉각제의 유량에 대한 정보를 전달하지 않았으며 경보신호의 상호연동성을 사용자에게 직관적으로 전달하지 못한 시스템의 설계오류라고 볼 수 있다.

(2) 인간신뢰도는 인간이 어떠한 작업을 수행하는 동안 에러를 범하지 않고 작업을 수행할 확률을 의미한다.

(3) 가. 이산적 직무에서 인간신뢰도

1. 이산적 직무는 직무의 내용이 시간에 따라 전개되지 않고 명확한 시작과 끝을 가지고 미리 잘 정의되어 있는 직무를 의미한다. 이와 같은 이산적 직무에서의 신뢰의 기본단위가 되는 휴먼에러확률은 다음과 같이 전체오류 기회에 대한 실제 인간의 오류의 비율로써 추정해 볼 수 있다.

$$휴먼에러확률(HEP) \approx \hat{p} = \frac{실제 인간의 에러 횟수}{전체 에러 기회의 횟수} = 사건당 실패 수$$

2. 인간신뢰도는 직무의 성공적 수행확률로서 정의될 수 있으므로 다음과 같이 인간신뢰도를 계산해 볼 수 있다.

   $인간신뢰도(수행직무의 성공적 수행확률) R = (1 - HEP) = (1 - p)$

   n_1번째 시도부터 n_2번째 작업까지의 규정된 일련의 이산적 직무를 에러 없이 성공할 신뢰도는 아래와 같이 계산할 수 있다.

   $R(n_1, n_2) = (1-p)^{(n_2 - n_1 + 1)}$

나. 연속적 직무에서 인간 신뢰도

1. 연속적 직무란 시간적인 관점에서 연속적인 직무를 의미하며, 따라서 시간에 따라 직무의 내용 및 전개가 변화하는 특징을 가지고 있다. 대표적인 연속적 직무에는 연속적인 모니터링이 필요한 레이더 화면 감시 작업, 자동차 운전 작업 등이 있을 수 있다.
2. 연속적 직무의 신뢰도 모형수립은 이산적 직무의 모형수립과는 다른 형태를 띠게 되며, 전통적인 시간 연속적 신뢰도 모형과 유사한 형태를 가지게 된다.
3. 연속적 직무에서의 휴먼에러는 우발적으로 발생하는 특성 때문에 수학적으로 모형화하는 것이 상당히 어렵지만, 휴먼에러 과정이 이전의 작업들과 독립적으로 발생한다고 가정하게 되면 독립 증분을 따르는 포아송(Poisson) 분포를 따르는 모형으로 설명할 수 있다.
4. 시간 t에서의 휴먼에러확률을 $\lambda(t)$라고 정의하면 이 t와 단위 증분 시간 dt 사이에서의 $\lambda(t)$는 다음과 같이 정의된다.

   $\lambda(t)dt = \mathrm{Prob}[(t, t+dt)$ 내에서 최초로 한 번의 오류 발생$]$

   $= E[(t, t+dt)$ 내에서의 오류 횟수$]$

5. 만일 $\lambda(t)$가 일정한 상수값 λ가 된다고 가정하면, 이 상수값 λ를 재생률(renewal rate)이라고 부르고, 따라서 인간의 에러과정은 균질(homogeneous)해진다. 따라서 상수값 λ는 다음과 같이 전체 직무기간에 대한 휴먼에러 횟수의 비율로 추정해 볼 수 있다.

   $$휴먼에러확률: \lambda \approx \hat{\lambda} = \frac{휴먼에러의 횟수}{전체직무기간}$$

6. 연속적 직무에서의 휴먼에러확률이 계산되면, 이를 사용하여 시간적 연속 직무를 주어진 기간 동안에 성공적으로 수행할 확률(신뢰도)을 계산할 수 있다.
7. 휴먼에러확률이 불변이고 이전의 작업들과 독립적으로 발생한다고 가정한다면, 이때의 에러확률 상수 λ는 $\hat{\lambda}$으로부터 추정될 수 있으며, 주어진 기간 t_1에서 t_2사이의 기간 동안 작업을 성공적으로 수행할 인간신뢰도는 다음과 같다.

   $R(t_1, t_2) = e^{-\lambda(t_2 - t_1)}$

   여기서, 에러확률이 불변일 때, 즉 과거의 성능과 무관하다고 볼 때 $[t_1,\ t_2]$ 동안 직무를 성공적으로 수행할 확률이다.

8. 휴먼에러확률이 상수 λ가 아니라 시간에 따라 변화한다고 가정하게 되면 휴먼에러과정은 비불변(non-stationary)과정이 되며, 이때의 휴먼에러확률은 $\lambda(t)$가 된다. 이와 같은 경우 인간 신뢰도는 다음과 같다.

   $R(t_2, t_1) = e^{-\int_{t_1}^{t_2} \lambda(t)dt}$

   여기서, 이와 같은 모형은 비균질 포아송(Poisson) 과정으로 인간의 학습(learning)을 포함한 인간신뢰도를 설명할 수 있는 모형이 된다.

(4) 가. FTA는 결함수분석법이라고도 하며, 기계설비 또는 인간-기계 시스템의 고장이나 재해발생 요인을 FT 도표에 의하여 분석하는 방법이다. 즉, 사건의 결과(사고)로부터 시작해 원인이나 조건을 찾아 나가는 순서로 분석이 이루어진다.

나. FTA의 특징

1. FTA는 고장이나 재해요인의 정성적인 분석뿐만 아니라 개개의 요인이 발생하는 확률을 얻을 수 있으며, 재해발생 후의 규명보다 재해발생 이전의 예측기법으로서 활용가치가 높은 유효한 방법이다.
2. 정상사상인 재해현상으로부터 기본사상인 재해원인을 향해 연역적인 분석을 행하므로 재해현상과 재해원인의 상호 관련을 해석하여 안전대책을 검토할 수 있다.
3. 정량적 해석이 가능하므로 정량적 예측을 행할 수 있다.

다. FTA에 사용되는 논리기호

등급	기호	명칭	설명
1		결함사상	개별적인 결함사상
2		기본사상	더 이상 전개되지 않는 기본적인 사상
3		통상사상	통상발생이 예상되는 사상 (예상되는 원인)
4		생략사상	정보부족 해석기술의 불충분으로 더 이상 전개할 수 없는 사상작업 진행에 따라 해석이 가능할 때는 다시 속행한다.
5		AND gate	모든 입력사상이 공존할 때만이 출력사상이 발생한다.
6		OR gate	입력사상 중 어느 것이나 하나가 존재할 때 출력사상이 발생한다.
7		전이기호	FT 도상에서 다른 부분에의 연결을 나타내는 기호로 사용한다.

3 산업안전보건법령상 사업주는 근로자가 근골격계 부담작업을 하는 경우에 유해요인조사를 하여야 하는데, 유해요인조사를 실시할 경우 조사 시기와 반드시 포함되어야 할 3가지 항목에 대하여 설명하시오.

풀이

(1) 정기 유해요인조사의 시기는 다음과 같다.
사업주는 근로자가 근골격계 부담작업을 하는 경우에 3년마다 다음 사항에 대한 유해요인조사를 하여야 한다. 다만, 신설되는 사업장의 경우에는 신설일로부터 1년 이내에 최초의 유해요인조사를 하여야 한다.

(2) 수시 유해요인조사의 사유 및 시기는 다음과 같다.
사업주는 다음 각 호의 어느 하나에 해당하는 사유가 발생하였을 경우에 정기 유해요인조사에도 불구하고 지체 없이 유해요인조사를 하여야 한다. 다만, 제1호의 경우는 근골격계 부담작업이 아닌 작업에서 발생한 경우를 포함한다.

가. 법에 따른 임시건강진단 등에서 근골격계질환자가 발생하였거나 근로자가 근골격계질환으로 업무상 질병으로 인정받은 경우

나. 근골격계 부담작업에 해당하는 새로운 작업·설비를 도입한 경우

다. 근골격계 부담작업에 해당하는 업무의 양과 작업공정 등 작업환경을 변경한 경우

(3) 반드시 포함되어야 할 3가지 항목은 다음과 같다.

가. 설비·작업공정·작업량·작업속도 등 작업장 상황

나. 작업시간·작업자세·작업방법 등 작업조건

다. 작업과 관련된 근골격계질환 징후 및 증상 유무 등

4 M 자동차 부품회사의 사업장에서 근무하는 생산직원 L씨는 신입사원인데도 불구하고 작업반장의 지시 없이 가동 중인 선반의 기어박스(gear box) 뚜껑(cover)을 제거하고, 선반을 청소하던 중 기어에 끼어 손가락이 절단된 사고가 발생하였다. 이 재해에 대하여 다음의 재해조사를 위한 재해발생 모델과 관련지어 (1)~(5)의 알맞은 내용을 쓰고 분석하여 설명하시오.

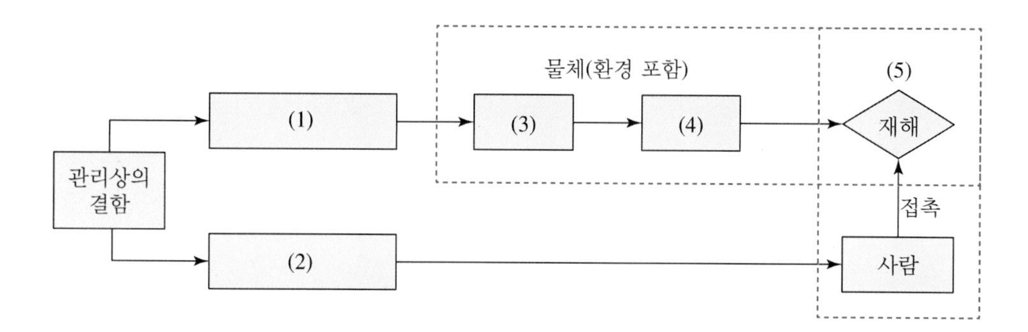

풀이

(1) 물적원인(불안전한 상태): 기어박스 뚜껑 제거 시 선반이 멈추는 interlock 장치가 미설치

(2) 인적원인(불안전한 행동): 작업자가 가동 중인 선반의 기어박스 뚜껑을 제거

(3) 기인물: 그 발생사고의 근원이 된 것, 즉 그 결함을 시정하면 사고를 일으키지 않고 끝나는 물 또는 사상으로 기어박스 뚜껑

(4) 가해물: 사람에게 직접 위해를 주는 것으로 기어

(5) 사고의 형: 기어에 손가락이 끼어 절단되었음으로 끼임

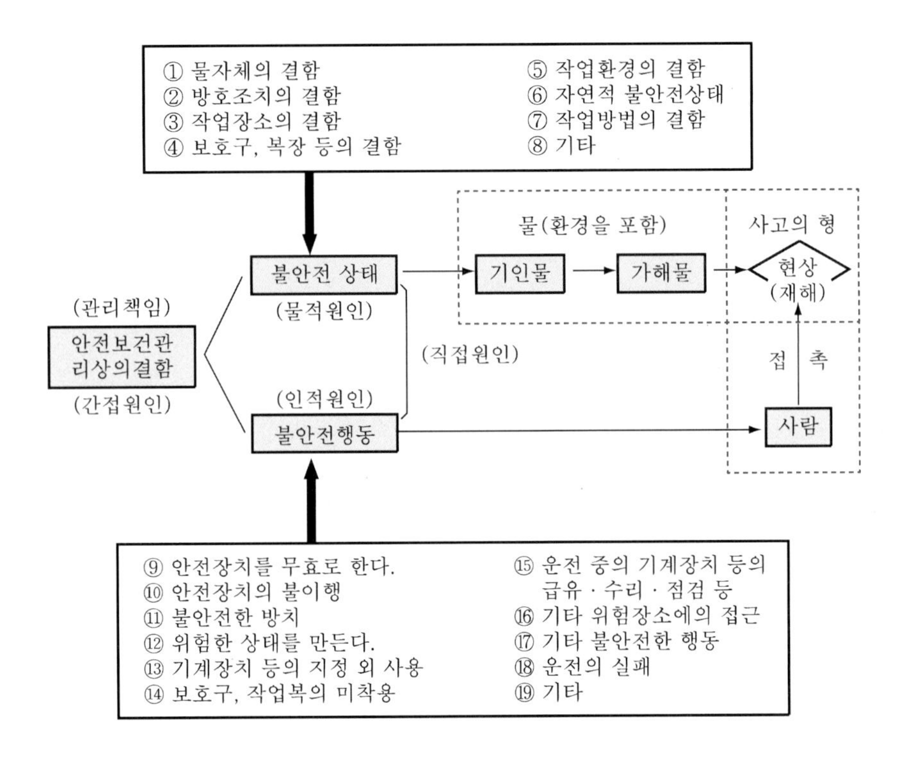

5 그림은 작업활동 중 인체의 에너지 체계를 나타낸 것이다. 다음 각 물음에 답하시오.

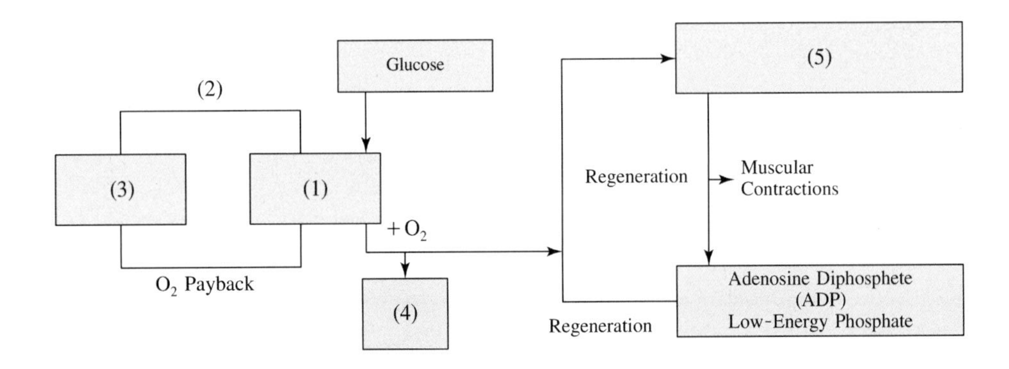

(1) 그림의 (1)~(5)에 해당하는 내용에 대하여 설명하시오.

(2) 대사(metabolism)를 설명하시오.

풀이

(1) ①: Pyruvic acid(피루브산)로 화학식은 $CH_3COCOOH$이며 환원되면 젖산이 되며 생물체 내에서는 물질대사의 중간물질로 매우 중요하다.

②: 환원과정으로 수소전자(H+) 2개를 얻는 과정을 말한다.

③: 젖산(lactic acid)으로 화학식은 $C_3H_6O_3$이며 산소가 부족한 상태에서 피루브산이 수소전자(H+)와 결합하여 생성된다. 젖산이 체내에 축적 시 심한 피로감을 나타내며 운동이 끝난 후에도 호흡이 정상으로 돌아오는데 시간이 걸리는 것은 체내 젖산을 분해하기 위하여 체내에 산소(O_2)를 공급하기 위함이다.

④: 피루브산이 산소(O_2)와 만날 경우 TCA회로 거쳐 전자전달계를 통하여 ATP를 생성하며 이 과정에서 CO_2와 H_2O가 생성된다.

⑤: TCA회로를 거쳐 전자전달계 통해 총 36ATP가 생성되며 이는 신체활동에 주요 에너지로 작용한다.

(2) 구성물질이나 축적되어 있는 단백질, 지방 등을 분해하거나 음식을 섭취하여 필요한 물질을 합성하여 기계적인 일이나 열을 만드는 화학적인 과정이다. 기계적인 일은 내부적으로 호흡과 소화, 그리고 외부적으로 육체적인 활동에 사용되며, 이때 열이 외부로 발산된다.

6 그림은 큰 힘을 발휘해서 조립작업을 하는 장면이다. 근골격계질환 발병원인 중 작업 관련 요인을 4가지 쓰고, 근골격계질환을 유발할 수 있는 문제점과 개선방안을 제시하시오.

풀이

(1) 근골격계 발병원인 중 작업 관련 요인은 다음과 같다.

가. 반복성: 지속적으로 조립작업을 함으로 인해 손가락, 손목, 팔의 반복성이 발생함

나. 부자연스런 또는 취하기 어려운 자세: 시간 앉아서 큰 힘을 발휘해서 조립작업을 함으로 인해 팔, 어깨, 허리 등의 부자연스런 자세가 발생함

다. 과도한 힘: 큰 힘을 발휘해서 조립작업을 함으로 인해 손가락, 손목, 팔, 어깨의 과도한 힘이 발생함

라. 접촉스트레스: 지속적인 조립작업과 작업대 모서리, 작업공구 사용으로 인해 손가락, 손바닥, 팔의 접촉스트레스가 발생함

(2) 그림에서 근골격계질환을 유발할 수 있는 문제점과 개선방안은 다음과 같다.
가. 팔걸이가 없는 의자를 제공하여 부자연스런 자세의 발생 우려가 있다.
개선방안: 팔걸이 기능이 있는 의자를 제공하여 부자연스런 자세를 사전 예방하도록 한다.
나. 의자 등판에 허리를 기대지 않아 부자연스런 자세의 발생 우려가 있다.
개선방안: 의자 좌판 등을 조절할 수 있게 하여 의자 등판에 허리를 지지할 수 있게 한다.
다. 작업자보다 높은 의자가 제공되어 있다.
개선방안: 높낮이 조절이 가능한 의자를 제공하여 발이 지지되도록 조치한다.
라. 작업대 전후에 손을 지지할 곳이 없다.
개선방안: 작업대에 손목을 지지할 곳을 만든다.
마. 작업대 밑에 다리를 넣을 공간이 없다.
개선방안: 작업대에 여유공간을 만들어 다리를 넣을 수 있도록 한다. 혹은 각도와 높이를 조절할 수 있는 발판을 제공한다.
바. 작업자보다 높은 작업대가 제공되어 있다.
개선방안: 작업자에 맞추어 작업대의 높이를 맞추는 작업대를 낮추거나, 조절식 작업대를 사용한다.

인간공학기술사 2014년 1교시 문제풀이

※ 다음 문제 중 10문제를 선택하여 설명하시오. (각 문제당 10점)

1 서블릭(Therblig)의 기본동작을 효율적인 서블릭과 비효율적인 서블릭으로 나누어 5가지씩 쓰고, 각각의 기본동작에 대하여 설명하시오.

풀이

(1) 효율적인 서블릭
　가. 쥐기(G): 대상물을 손 또는 손가락으로 잡는 동작
　나. 빈손이동(TE): 빈손이 자유로이 대상물로 접근 또는 멀어짐
　다. 운반(TL): 손으로 물건을 움직이는 동작
　라. 내려놓기(RL): 대상물을 손에서 놓은 동작
　마. 미리놓기(PP): 대상물을 미리 정해진 장소에 올바르게 놓기

(2) 비효율적인 서블릭
　가. 바로놓기(P): 의도한 위치에 대상물 놓도록 방향바꿈/위치잡기
　나. 검사(I): 대상물의 품질규격 일치성 여부를 판정
　다. 찾음(SH): 눈 또는 손으로 목표물 위치를 알고자 할 때
　라. 선택(ST): 2개 이상의 비슷한 물건 중에 하나를 고를 때
　마. 잡고있기(H): 손으로 대상물을 잡아 그 위치를 고정

2 일반여유의 3가지에 대하여 설명하고, 제조업 현장에서 작업시간 중에 규칙적으로 제공하는 휴식시간을 3가지 여유와 연관 지어 설명하시오.

풀이

(1) 개인여유(생리여유, 용무여유, 인적여유, 수달여유): 작업 중의 용변, 물마시기, 땀 씻기 등 생리적 여유는 보통 3~5%이다.

(2) 피로여유(fatigue allowance): 작업을 수행함에 따라 작업자가 느끼는 정신적·육체적 피로를 회복시키기 위하여 부여하는 여유이다.

(3) 작업여유(물적여유): 작업수행의 과정에서 불규칙적으로 발생하고 정미시간에 포함시키는 것이 곤란하거나 바람직하지 못한 작업상의 지연(재료취급, 기계취급, 지그·공구취급, 작업 중의 청결, 작업 중단)을 보상해 주기 위한 여유이다.

(4) 직장여유(관리여유, 직장관리여유): 직장관리상 필요하거나 관리상의 미비(결함)에 의하여 발생하는 작업상의 지연(재료대기, 지그·공구대기, 설비대기, 지시대기, 관리상의 지연, 사고에 의한 지연)을 보상받기 위한 여유이다.

3 인력운반 작업 시 육체적 작업부하를 평가하기 위한 3가지 접근 방법과 그 한계에 대하여 설명하시오.

풀이

(1) 생리학적 접근(Physiological approach)
빈번하면서 어느 정도 장시간 수행하는 인력 운반 작업을 대상으로 에너지소비와 심장박동수(heart rate) 등의 심장혈관계통에 작용하는 스트레스에 대하여 분석한다. 생리학적 모형에서는 체중, 중량물 무게, 성별, 수직들기의 시점과 종점, 중량물의 크기, 취급빈도 등과 같은 변수에서 에너지 소비량을 토대로 작업의 생리학적 비용을 분석한다.
한계: 2.2~4.7 kcal/min

(2) 생체역학적 접근(Biomechanical approach)
신체를 링크(link)와 관절(joint)의 시스템으로 보고, 역학적 원리를 이용하여 신체의 근골격계에 미치는 역학적 스트레스와 필요한 근육의 힘을 결정하는 방법이다. 생체 역학적 모형에서는 L5/S1 부위에 걸리는 압착력(Compressive Force)에 관심을 갖는다. 생체 역학적 분석은 빈번하지 않은 인력 운반 작업을 대상으로 신체의 근력과 압착력의 허용 범위 이내로 작업 요구량을 제한하는 것이 목표이다.
한계: L5/S1에서의 압축력이 3.4kN 이하

(3) 심물리학적 접근(Psychophysical approach)
사람들이 스트레스를 주관적으로 평가할 때 생체 역학적 스트레스와 심리적 스트레스를 통합하여 판단한다는 사실에 기본을 두고 있다. 심리적 모형에서는 드는 높이, 들기 빈도, 물체 치수, 작업시간 등의 변수에서 작업자가 버틸 수 있는 최대량(또는 취급 빈도)인 최대수용하중 등에 대하여 분석한다.
한계: 남자 중 99%, 여자 중 75%가 이 조건에서 별무리 없이 인력운반작업을 수행할 수 있어야 함

4 운동학(Kinematics)에서 신체분절의 움직임을 분석하기 위해 필요한 6가지 변수를 쓰시오.

풀이

(1) 신체분절의 움직임을 분석하기 위해 필요한 6가지 변수는 다음과 같다.
가. 관절의 위치

나. 동작의 크기
다. 각도
라. 속도
마. 각속도
바. 가속도
사. 각가속도

5 다음 그림은 근력과 근육 수축 속도, 근력과 근육 길이 간의 관계를 나타낸 그래프이다. 이들 간의 관계를 설명하시오.

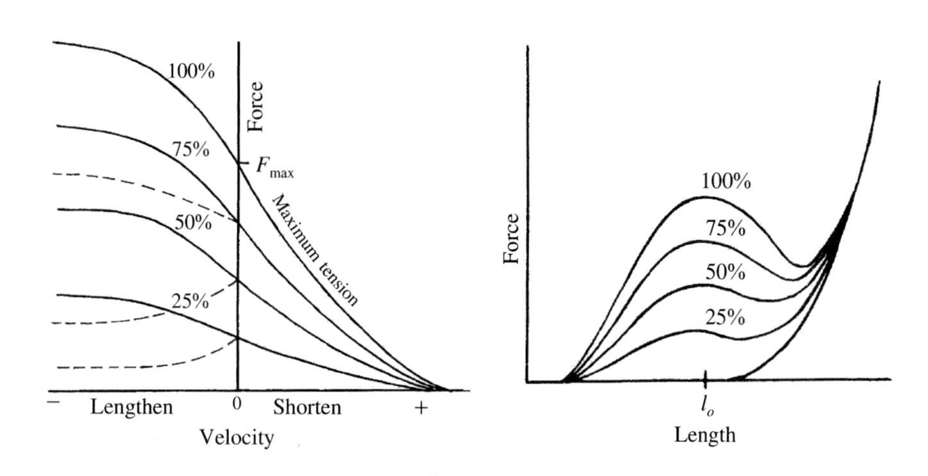

풀이

(1) 근력과 근육 수축 속도간의 관계(왼쪽 그림)
가운데 수직축은 Velocity=0 인, 근육 수축 속도가 없는 등척성 수축(Isometric contraction)을 의미하고 수직축의 오른쪽은 근육이 수축되는 구심성/동심성 수축(Concentric contraction)을 의미하며, 수직축의 왼쪽은 근육이 증가되는 원심성/신장성/편심성 수축(Eccentric contraction)을 의미한다. Concentric contraction인 경우, 근수축 속도가 빠르면 근력은 감소하며, 근수축 속도가 느리면 근력은 증가하여, Isometric contraction과 동일하게 된다. 근수축 속도가 지나치게 빠르면 근력은 거의 0이 된다. Eccentric contraction인 경우, 반대로 근증가 속도가 빠르면 근력은 증가하며, 근증가 속도가 느리면 근력은 감소하여, Isometric contraction과 동일하게 된다. 근증가 속도가 지나치게 빨라지면 근력은 임계점에 다다른 후 거의 증가하지 않게 된다.

(2) 근력과 근육 길이간의 관계(오른쪽 그림)
적당한 길이 l_o에서 큰 근력이 나오고 근육길이가 줄면 근력이 감소하며, 근육길이가 증가하면 근력이 줄었다가 일정 길이 이상 증가하면 다시 근력이 증가한다. 이렇게 근력이 줄었다가 다시 증가하는 경우는 근력을 100% 쓰는 경우에 두드러지며, 근력이 적은 경우에는 그러한 경향이 줄어들어 근력과 근육 길이는 대략 비례 관계가 된다.

6 근골격계질환 예방을 위한 작업환경개선 지침(KOSHA Guide)에서 근로자가 인력으로 중량물을 취급하는 경우 권고하는 6단계의 작업 방법에 대하여 설명하시오.

풀이

근로자는 인력으로 중량물을 취급하는 경우에는 다음 작업 방법에 따라 작업해야 한다.

(1) 중량물에 몸의 중심을 가깝게 한다.

(2) 발을 어깨너비 정도로 벌리고 몸은 정확하게 균형을 유지한다.

(3) 무릎을 굽힌다.

(4) 가능하면 중량물을 양손으로 잡는다.

(5) 목과 등이 거의 일직선이 되도록 한다.

(6) 등을 반듯이 유지하면서 무릎의 힘으로 일어난다.

7 독립변수의 3가지 유형에 대하여 각각의 예를 들어 설명하시오.

풀이

독립변수(independent variable): 다른 변수에 영향을 미치는 변수로서 종속변수에 대응되는 개념이다.

(1) 예측변수(predictor): 회귀분석

(2) 설명변수(explaining): 실험

(3) 원인변수(causal): 인과관계

8 다음과 같이 같은 자극이 숫자 '6'으로도 또는 알파벳 'b'로도 지각될 수 있다. 이와 같은 현상에 대하여 설명하시오.

4 8 6 27

table

풀이

시각작용에 대한 이론 중 구성주의적 이론(constructive theory)은 시각작용이 우리가 이미 알고 있는 지식과 눈으로 들어오는 시각정보가 합해져서 이루어진다고 주장하고 있다. 위의 숫자에서 가운데 부분을 "6"으로, 그리고 알파벳에서 "b"로 읽히는 것은 인식 대상 물체의 주위환경으로부터 영향을 받은 결과이다.

9 비음성 사운드(Non-Speech Sound)를 활용한 인터페이스가 효과적으로 사용될 수 있는 상황을 3가지만 제시하시오.

풀이

비음성 방식은 사람의 음성이 아닌 소리를 이용하며, 청각 아이콘(Auditory Icon)과 이어콘(Earcon), 청각 그래프(Sonification: Auditory Graphs) 등으로 불리고 있다.

(1) 청각 아이콘: 컴퓨터의 휴지통 소리와 같이 바람소리, 유리 깨지는 소리, 물 따르는 소리 등의 일상적인 소리를 이용하며, 실제 표현하고자 하는 대상과 직관적으로 관련이 있는 유사한 소리를 따와서 이용하는 방식이다.

(2) 이어콘: "띵"소리와 같이 악기나 인공적인 소리를 임의적으로 이용하여 표현하는 방식으로 직관적인 연결고리가 없기 때문에 학습이 요구된다. 따라서 짧고 간단해야 하며 이해하기 쉬워야 한다.

(3) 청각그래프: 해석이나 의사소통을 위해 필요한 정보나 자료를 비음성적인 소리의 다양한 특성(주파수, 진폭, 위상, 스펙트럼 등)을 이용하여 나타내는 과정을 의미한다. 예전에는 화재 등 긴급한 상황이 발생하면 직원들만 알 수 있는 방송을 통해 쇼핑객들을 대피시키는 매뉴얼이 있었다. 만일 '불이 났으니 대피 하십시오'라고 그대로 방송한다면 쇼핑객들이 한꺼번에 출입구로 몰리면서 더 큰 사고가 날 수 있기 때문이다. 그러나, 지금은 논란으로 활용되고 있지 않다. 최근에는 백화점 매장에 뜬금없는 음악이 흘러나오는 경우가 있는데, 백화점에서 직원들에게 알려주는 정보로 매출 목표 달성 축하곡, 혹은 고객에게 한 약속을 다시 확인해 보라는 정보 등으로 활용되고 있다.

10 Jacob Nielsen이 말한 사용편의성(Usability)의 5가지 속성에 대하여 설명하시오.

풀이

(1) 학습용이성(Learnability): 초보자가 제품의 사용법을 얼마나 배우기 쉬운가를 나타낸다.

(2) 효율성(Efficiency): 숙련된 사용자가 원하는 일을 얼마나 빨리 수행할 수 있는가를 나타낸다.

(3) 기억용이성(Memorability): 오랜만에 다시 사용하는 재사용자들이 사용방법을 얼마나 기억하기 쉬운가를 나타낸다.

(4) 에러 빈도 및 정도(Error Frequency and Severity): 사용자가 실수를 얼마나 자주 하는가와 실수의 정도가 큰지 작은지 여부, 그리고 실수를 쉽게 만회할 수 있는지를 나타낸다.

(5) 주관적 만족도(Subjective Satisfaction): 제품에 대해 사용자들이 얼마나 만족하게 느끼고 있는가를 나타낸다.

11 인간의 무게에 대한 Weber비(Weber Ratio)가 1/50이라면, 휴대폰의 무게가 100 g일 때 사용자가 느끼지 못하는 무게 변화의 최대값을 구하고, 그 값을 무엇이라 하는지 설명하시오.

풀이

Weber비 = 자극변화감지역/기준 자극의 크기
100 g × 1/50 = 2 g
100 g일 때 무게의 변화를 느끼려면 2 g이 되어야 무게의 차이를 감지할 수 있으며, 그 값을 자극변화감지역이라 한다.

12 양립성(Compatibility)의 3가지 원칙에 대하여 각각의 디자인 사례를 그림으로 표현하여 설명하시오.

풀이

(1) 개념양립성(conceptual compatibility): 코드나 심벌의 의미가 인간이 갖고 있는 개념과 양립
예) 정수기 빨간색 버튼 – 뜨거운 물, 파란색 버튼 – 차가운 물

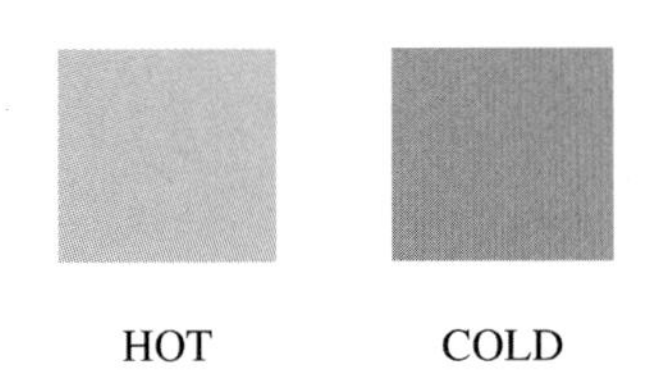

(2) 운동양립성(movement compatibility): 조종기를 조작하여 표시장치상의 정보가 움직일 때 반응결과가 인간의 기대와 양립

예) 라디오의 음량을 줄일 때 조절장치를 반시계 방향으로 회전

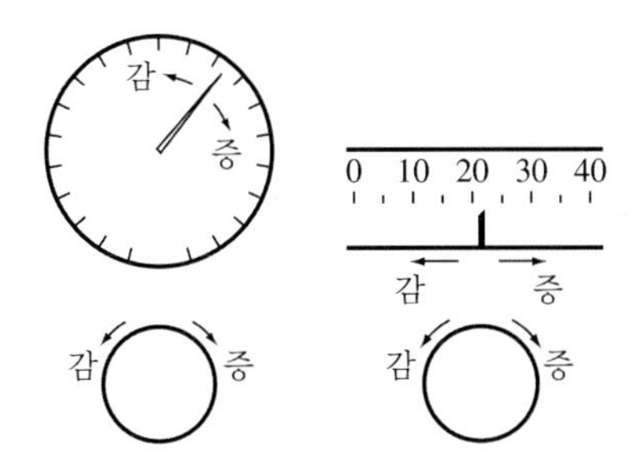

(3) 공간양립성(spatial compatibility): 공간적 구성이 인간의 기대와 양립

예) button의 위치와 관련 display의 위치가 양립

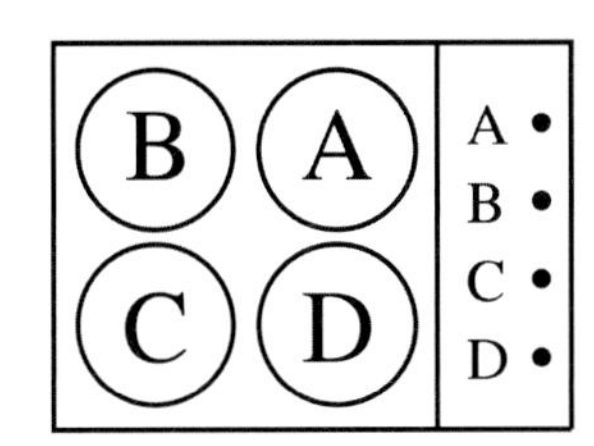

13 정상조명 하에서 5 m 거리에서 볼 수 있는 아날로그 시계를 디자인하고자 할 때, 시계의 눈금단위를 1분 간격으로 표시한다면 눈금표시 중심 간의 최소 간격을 구하고, 설명하시오.

풀이

아날로그 표시장치에서 눈금 간의 간격인 눈금단위 길이는 정상 가시거리인 71 cm를 기준으로 정상 조명에서는 1.3 mm, 낮은 조명에서는 1.8 mm 이상이 권장된다.

1분 간격의 눈금단위 길이를 x라 하면,

$1.3\ \text{mm} : 0.71\ \text{m} = x\ \text{mm} : 5\ \text{m}$

$x = \dfrac{1.3 \times 5}{0.71} = 9.15\ \text{mm}$

인간공학기술사 2014년 2교시 문제풀이

※ 다음 문제 중 4문제를 선택하여 설명하시오. (각 문제당 25점)

1 A공장의 음압수준은 80데시벨(dB)이다. 인근 사무실은 공장에서 들려오는 소음을 차단하기 위한 방음시설을 설치하여 소음 수준을 40데시벨로 줄였다.

(1) 공장에서 나는 소음이 사무실에서의 소음수준으로 낮아지는 위치(d2)를 공장과 사무실과의 거리(d1)로 표현하시오.
(2) 공장에서 발생하는 소음에 대한 대책을 3가지로 구분하여 설명하시오.

풀이

(1) $40\ \text{dB} = 80\ \text{dB} - 20\log(\frac{d_2}{d_1})$

$$20\log(\frac{d_2}{d_1}) = 80 - 40 = 40$$

$$\log(\frac{d_2}{d_1}) = \frac{40}{20} = 2$$

$$\frac{d_2}{d_1} = 10^2 = 100$$

$$d_2 = 100 \times d_1$$

(2) 소음에 대한 대책은 다음과 같다.
가. 소음원의 통제: 기계의 적절한 설계, 적절한 정비 및 주유, 기계에 고무 받침대 부착
나. 소음의 격리: 덮개, 방, 장벽을 사용
다. 차폐장치 및 흡음재료 사용

2 창의개발팀에 새로 부임한 A팀장은 7명(N1-N7)의 팀 구성원 간에 신제품 개발의 주도권을 놓고 내부 갈등이 심각하다고 판단하였다. A팀장은 팀 구성원과의 개발 면담을 통해

다음과 같은 소시오매트릭스(Sociomatrix)를 기록(선호관계는 1, 거부관계는 −1로 표시)하였다. 다음 각 물음에 답하시오.

	N1	N2	N3	N4	N5	N6	N7
N1		1			1		
N2	1						
N3				−1	1		1
N4			−1		1		1
N5			1	1			
N6					1		
N7					1		

(1) 소시오매트릭스를 보고 소시오그램(Sociogram)을 작성하시오.
(단, 선호관계는 실선 화살표, 거부관계는 점선 화살표로 표시하시오.)
(2) 창의개발팀의 비공식리더(Informal Leader)의 선호신분지수를 구하시오.
(3) 창의개발팀의 집단응집성지수를 구하시오.
(4) 창의개발팀에 내재될 수 있는 역할 갈등의 종류를 4가지 나열하시오.

풀이

(1) 소시오그램(Sociogram)

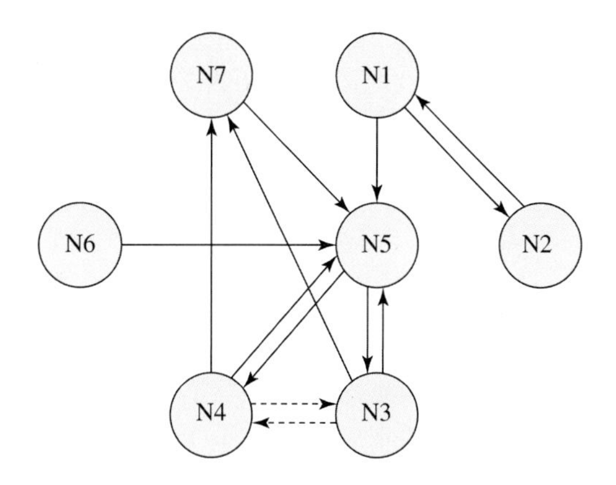

(2) 선호신분지수 = 선호총계/(구성원 수 − 1)

구성원	N1	N2	N3	N4	N5	N6	N7
선호총계	1	1	0	0	5	0	2
선호신분지수	0.17	0.17	0	0	0.83	0	0.33

N5가 가장 높은 선호신분지수 값을 얻어 창의개발팀의 비공식리더이며, N5의 신호신분지수는 0.83 이다.

(3) 집단응집성지수 $= \dfrac{\text{실제 선호상호작용의 수}}{\text{가능한 상호작용의 수}({}_nC_2)} = \dfrac{3}{{}_7C_2} = 0.14$

(4) 가. 역할 모호성
나. 역할 부적합
다. 역할 간 마찰
라. 역할 내 마찰

3 촉각적 표시장치에 대한 다음 각 물음에 답하시오.

(1) 햅틱(Haptic)을 정의하시오.
(2) 햅틱인터페이스의 활용 예를 3가지만 제시하시오.
(3) 조종장치를 촉각적으로 식별 가능하도록 디자인하기 위하여 활용할 수 있는 디자인 요소를 3가지로 설명하시오.

풀이

(1) 햅틱이란 사람의 피부가 물체에 닿아서 느끼는 촉감과 관절과 근육이 움직일 때 느껴지는 근감각적인 힘의 두 가지를 모두 합쳐서 부르는 말이다.

(2) 원격 의료도구, 항공기 및 전투기 시뮬레이터, 첨단 오락기기

(3) 조종장치를 촉각적으로 식별 가능한 디자인 요소는 다음과 같다.
가. 형상코딩: 조종장치는 시각뿐만 아니라 촉각으로도 식별 가능해야 하며, 날카로운 모서리가 없어야 한다. 조종장치에 대한 형상 코딩의 주요 용도는 촉감으로 조종장치의 손잡이나 핸들을 식별하는 것이다.
나. 크기코딩: 운용자가 적절한 조종장치를 선택하기 전에 촉감으로 구별하지 못할 때는 조종장치의 크기를 두 종류 혹은 많아야 세 종류만 사용하여야 한다(지름 1.3 cm, 두께 0.95 cm 차이 이상이면 촉각에 의해서 정확하게 구별할 수 있다).
다. 촉감코딩: 표면의 촉감을 달리하는 코딩을 할 수 있다. 흔히 사용되는 표면가공 중 매끄러운 면, 세로 홈, 깔쭉면 표면의 3종류로 정확하게 식별할 수 있다.

4 손목부터 손끝점까지의 손직선길이(Hand Length)와 팔꿈치부터 손목까지의 아래팔수평길이(Elbow-Wrist Length)를 이용하여 팔꿈치부터 손끝점까지의 팔꿈치손수평길이(Forearm-Hand Length)의 95백분위수(Percentile)를 구하시오.

(단, 세 길이 모두 정규분포를 따른다고 가정하고, 95백분위수에 해당하는 표준정규분포 값은 1.645이다.)

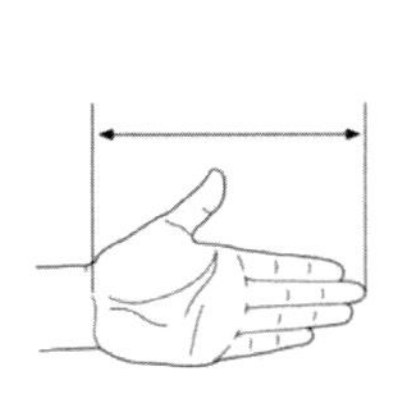

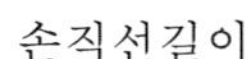

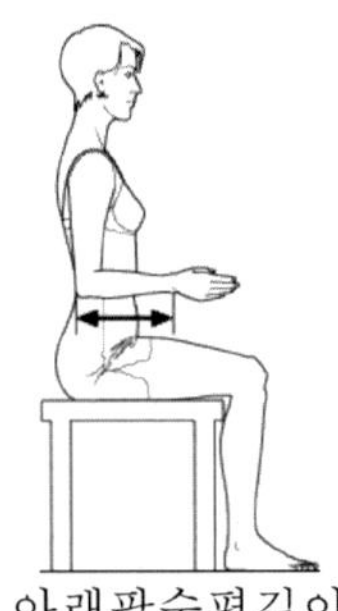

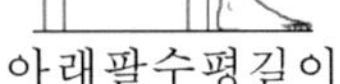

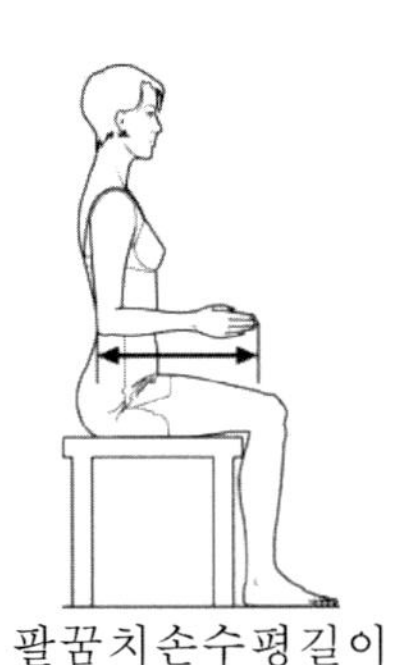

손직선길이 아래팔수평길이 팔꿈치손수평길이

구분	평균(mm)	표준편차	두 길이의 상관계수
손직선길이	177.74	10.29	0.643
아래팔수평길이	257.02	18.26	

풀이

팔꿈치부터 손끝점까지의 팔꿈치손수평길이(Forearm-Hand Length) = 손직선길이(Hand Length) + 아래팔수평길이(Elbow-Wrist Length)

각 수치의 95%ile은 아래와 같다.

손직선길이(Hand Length) = 177.74 + 1.645×10.29 = 177.74 + 16.92 = 194.67

아래팔 수평길이(Elbow-Wrist Length) = 257.02 + 1.645×18.26 = 257.02 + 30.04 = 287.06

그러나, Forearm-Hand Length의 95%ile을 구하기 위해서 두 수치가 동시에 발생할 가능성에 대한 상관계수를 고려해야 한다.

만약, $X \sim N(\mu_X, \sigma_X^2)$, $Y \sim N(\mu_Y, \sigma_Y^2)$이면

$X + Y \sim N(\mu_X + \mu_Y, \sigma_X^2 + \sigma_Y^2 + 2\rho(X, Y)\sigma_X\sigma_Y)$의 분포를 따른다.

팔꿈치부터 손끝점까지의 팔꿈치손수평길이(Forearm-Hand Length) = 손직선길이(Hand Length) + 아래팔수평길이(Elbow-Wrist Length)

$= 177.74 + 257.02 + 1.645 \times \sqrt{(10.29^2 + 18.26^2 + 2 \times \text{상관계수} \times 10.29 \times 18.26)}$

$= 177.74 + 257.02 + 42.93 = 477.69$

따라서, 팔꿈치부터 손끝점까지의 팔꿈치손수평길이의 95%ile은 477.69이다.

5 시각정보의 디자인과 정보처리 과정에 대한 다음 각 물음에 답하시오.

(1) 게스탈트(Gestalt)의 4가지 원칙(근접성, 유사성, 연속성, 폐쇄성)에 대하여 설명하시오.

(2) 게스탈트 4원칙의 각각에 대한 디자인 사례를 그림으로 표시하시오.

(3) 중요한 시각정보에 대한 사용자의 주의(Attention)를 이끌어 내기 위한 디자인 방법을

3가지만 제시하시오.

풀이

(1) 게스탈트(Gestalt)의 4가지 원칙은 다음과 같다.

가. 근접성: 근접성은 서로 더 가까이에 있는 것들을 그룹으로 보려고 하는 법칙이다. 어떤 대상들이 서로 붙어 있거나, 가까이 있거나, 포함되어 있는 형태들을 서로 관계가 있는 것으로 보려 하거나, 하나의 분류 또는 하나의 덩어리로 인지하려는 특징을 말한다.

나. 유사성: 유사성은 모양이나 크기와 같은 시각적인 요소가 유사한 것끼리 하나의 모양으로 보이는 법칙이다. 어떠한 대상들이 서로 유사한 요소를 갖고 있다면, 하나의 덩어리로 인지하려는 특징을 말한다.

다. 연속성: 연속성은 직선의 어느 부분이 가려져 있다 해도 그 직선이 연속되어 보이는 법칙을 말한다. 또한 어떠한 요소가 단절되어 있거나 공백이 있다고 하여도 그 요소의 일부를 전체 속에서 파악하여 하나의 연속적인 대상으로 지각하려는 특징을 말한다.

라. 폐쇄성: 폐쇄성은 불완전한 형태에 부족한 부분을 채워 완전한 형태로 보려는 법칙을 말한다. 인간은 어떠한 지각의 구조나 의미의 완전성을 찾으려 하는 경향이 있어 벌어져 있는 도형을 완결시켜서 인지하려는 특징을 말한다.

(2) 가. 근접성

나. 유사성

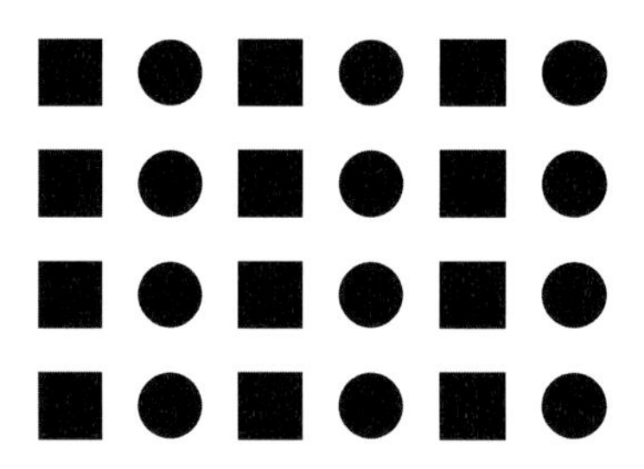

다. 연속성

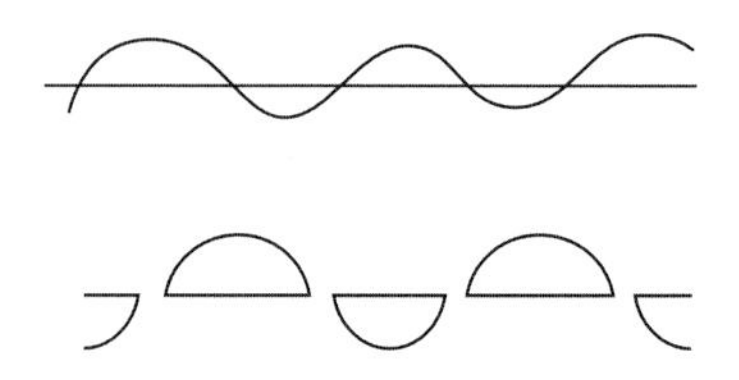

라. 폐쇄성

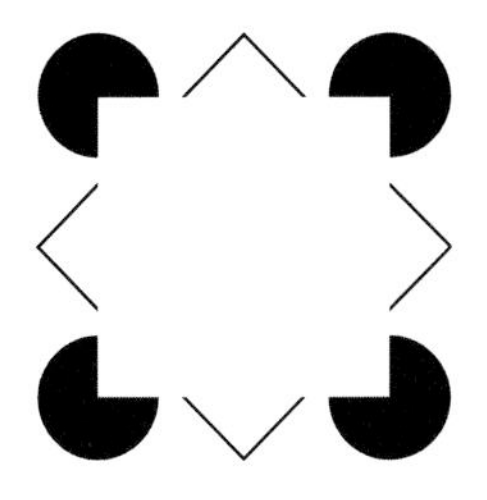

(3) 주의(Attention)를 이끌어 내기 위한 디자인 방법은 다음과 같다.

가. 수평 수직 대칭

가장 일반적인 디자인 방법으로, 잘 정돈되고 또 조화로워 보인다.

나. 황금분할

1:1.618의 황금분할을 활용할 경우, 조화와 안정감이 느껴진다.

다. 3분할 구도

라. 방사형

1. 시선의 방향을 제공한다.
2. 골든 나선형 격자 모양은 포토샵 등의 편집 프로그램에서도 백본으로 제공한다.

마. 액자 구도

프레임 속 프레임

바. 프레임 채우기

사. 의도적 비대칭

흥미롭고 창의적으로 보인다.

6 청소년을 목표사용자로 하는 스마트폰을 새롭게 디자인하였다. 청소년들 중 임의로 추출된 200명을 대상으로 기존 스마트폰(A)과 새로운 스마트폰(B)에 대한 사전 경험과 지식 수준은 동일하다고 가정하고, 각각의 스마트폰에 대한 선호도를 5점 리커트 척도로 평가하였다. 다음 각 물음에 답하시오.

(1) 해당 연구에서 모집단, 표본수, 독립변수, 종속변수(또는 측정변수)를 제시하시오.

(2) 귀무가설과 대립가설을 제시하고, 설명하시오.

(3) 스마트폰 선호도에 대한 분석을 위하여 유의수준 0.05를 적용하고자 할 때 유의수준의 의미를 설명하시오.

(4) 선호도에 대한 평균치를 구한 결과, A는 3.5, B는 3.7의 결과를 얻었고, 분산분석을 통하여 p값(p-value)은 0.07이라는 결과를 얻었다. 유의수준 0.05를 적용하여 스마트폰 디자인의 평균치에 대한 유의성을 분석하시오.

(5) 귀하가 스마트폰 출시에 대한 최종 결정권자라면 위의 분석결과를 토대로 할 때 스마트폰의 출시여부를 판단하고, 그 이유를 설명하시오.

풀이

(1) 가. 모집단: 청소년
나. 표본수: 200명
다. 독립변수: 기존 스마트폰(A)과 새로운 스마트폰(B)의 디자인
라. 종속변수: 선호도 점수

(2) 귀무가설(H_0) : 새로운 스마트폰(B)의 사용성과 기존 스마트폰(A)의 사용성에는 차이가 없다.
대립가설(H_1) : 새로운 스마트폰(B)의 사용성과 기존 스마트폰(A)의 사용성에는 차이가 있다.

(3) 가. 제1종오류: 귀무가설(H_0)이 참임에도 불구하고 귀무가설을 기각할 오류로 실제 "두 제품의 사용성 차이가 없는데 있다"고 나타내는 것이다.
나. 제2종오류: 대립가설(H_1)이 참임에도 불구하고 대립가설을 기각할 오류로 실제 "두 제품의 사용성 차이가 있는데 없다"고 나타내는 것이다.
다. 유의수준: 허용가능한 제1종오류의 최대 허용범위이다. 즉, 가설검정에서 귀무가설이 옳을 때 기각시키고 대립가설을 채택할 확률을 유의수준이라고 한다. 귀무가설이 참임에도 불구하고 귀무가설을 기각할 확률을 말하는데, 일반적으로 이 오류가 일어날 확률을 이 문제에서는 0.05로 제시하고 있다. 유의수준 0.05로 하여 가설검정 한다는 것은 모집단으로부터 추출한 표본 통계량값이 귀무가설이 옳다는 전제하에서는 매우 얻기 힘들다. 즉, 이러한 통계량값을 얻게 될 확률이 5% 미만인 극단적인 값일 경우에만 귀무가설이 잘못되었다고 판단하겠다는 것을 의미한다.

(4) 본 사례는 p값(p-value)이 0.07로 문제에서 제시한 유의수준 0.05를 초과하여 제1종오류가 발생할 가능성이 높다. 따라서, 대립가설(H_1)은 기각이 타당하고, 귀무가설(H_0)이 채택된다.

(5) 비교 실험 결과 두 제품의 사용성에는 차이가 없으므로, 새로운 스마트폰(B)을 출시하지 않는다는 것이 좋다. 그러나, 새로운 제품의 개발에는 비용과 시간이 많이 소요되므로, 비교실험을 면밀히 검토하여 재실험을 해보는 것을 지시한다. 재실험에도 같은 결과가 발생하다면, 제품을 충분히 재검토하여 다른 형태의 스마트폰을 개발하는 결정에 참고해야 한다.

인간공학기술사 2014년 3교시 문제풀이

※ 다음 문제 중 4문제를 선택하여 설명하시오. (각 문제당 25점)

1 원자력발전소 설비에 대한 1년 주기 정기점검에는 증기발생기의 내부를 수리하는 공정(작업공정 A)이 있다. 내부 수리 중 잔류 방사능에 작업자 개인당 피폭되는 양을 최소화하기 위해 작업시간을 최소화하고, 이전에 참가한 작업자는 가급적 동일 작업에 참가하는 것을 배제하는 것이 작업관리의 주요 고려사항 중 하나이다. 작업공정 A는 이전의 통계자료에 따르면 평균 5시간이 소요된다. 신규 작업자에게 모의 증기발생기 모형을 사용하여 작업공정 A에 대한 작업순서, 작업도구 사용법 등을 사전에 학습하고 작업에 임하도록 하였다. 신규 작업자가 증기발생기 모형을 사용하여 학습하는 데 2시간이 소요되었고, 학습 이후 신규 작업자가 실제 증기발생기에 들어가서 소요한 작업시간은 4시간이었다.

(1) 신규 작업자의 학습전이효율(Transfer Effective Ratio)을 구하시오.
(2) 작업공정 A의 평균학습율(R)이 90%라고 가정하고, 지난해 처음으로 작업공정 A에 참여하여 5시간만에 작업을 완수한 작업자를 동일 작업에 재투입할 경우의 작업 단축시간을 예측하시오.
(3) 학습과정에 가장 큰 영향을 주는 인지적 요소에 대하여 설명하시오.
(4) 신규 작업자에게 증기발생기 모형을 사용하여 학습하는 방안과 지난해 작업자를 재투입하는 방안의 장단점을 비교하시오.

풀이

(1) TER(Transfer Effective Ratio) $= (Tc - Te) \ / \ Ts = (5-4) \ / \ 2 = 50\%$
여기서,
Tc: 원래 적응 시간
Te: 가상 교육 후 적응 시간
Ts: 가상 교육 시간

(2) $R = 10^{(b\log 2)}$이므로
$0.9 = 10^{(b\log 2)}$

$$b = \frac{\log 0.9}{\log 2} = -0.15$$

작업수행시간

$T_N = T_1 \times N^b = 5 \times 2^{-0.15} = 4.5$시간

작업수행시간 단축은 $5 - 4.5 = 0.5$시간

(3) 학습과정에 가장 큰 영향을 주는 인지적 요소
가. 좋은 개념 모형을 제공하라
나. 단순하게 하라
다. 가시성(Visibility)
라. 피드백(Feedback)의 원칙
마. 양립성(Compatibility)의 원칙

(4) 가. 신규 작업자에게 증기발생기 모형을 사용하여 학습
1. 장점: 작업시간 단축효과 좋음(1시간)
2. 단점: 2시간의 학습시간에 비용과 시간 소요
나. 지난해 작업자를 재투입하는 방안
1. 장점: 별도의 비용과 시간이 필요하지 않음
2. 단점: 작업시간 단축효과 안 좋음 (0.5시간)

2 근골격계 부담작업의 범위에는 "하루에 총 2시간 이상 머리 위에 손이 있거나, 팔꿈치가 어깨 위에 있거나, 팔꿈치를 몸통으로부터 들거나, 팔꿈치를 몸통 뒤쪽에 위치하도록 하는 상태에서 이루어지는 작업(A)"과"지지되지 않은 상태이거나 임의로 자세를 바꿀 수 없는 조건에서 하루에 총 2시간 이상 목이나 허리를 구부리거나 트는 상태에서 이루어지는 작업(B)"이 포함된다. 다음 각 물음에 답하시오.

(1) 고용노동부 고시를 기준으로 다음 사항을 정의하시오.
가. 하루
나. 팔꿈치를 몸통으로부터 드는 경우
다. 지지되지 않은 상태
라. 임의로 자세를 바꿀 수 없는 조건
마. 목이나 허리의 굽힘
바. 목이나 허리를 튼 상태

(2) 다음의 각 작업에 대해서 근골격계 부담작업 여부를 판정하시오.
(단, 표의 회색 부분은 작업시간을 나타낸다.)

작업(A)요인	하루 작업시간								노출시간
머리 위 손									1시간
팔꿈치 어깨 위									1시간
팔꿈치 몸통 들기									30분
	1	2	3	4	5	6	7	8	

작업(B)요인	하루 작업시간								노출시간
목 굽힘									1시간 30분
목 비틀림									1시간
허리 굽힘									30분
	1	2	3	4	5	6	7	8	

풀이

(1) 가. 하루: 1일 소정근로시간과 1일 연장근로시간 동안 근로자가 수행하는 총 작업시간을 의미한다.

나. 수직상태를 기준으로 위 팔(어깨-팔꿈치)이 중력에 반하여 몸통으로부터 전방 내지 측방으로 45도 이상 벌어져 있는 상태를 말한다.

다. 목이나 허리를 구부리거나 비튼 상태에서 발생하는 신체부담을 해소시켜 줄 수 있는 부담 신체부위에 대한 지지대가 없는 경우를 말한다.

라. 근로자 본인이 목이나 허리를 구부리거나 트는 상태를 취하고 싶지 않아도 작업을 하기 위해서는 모든 근로자가 어쩔 수 없이 그러한 자세를 취할 수밖에 없는 경우를 말한다.

마. 특별한 사정이 없는 한 수직상태를 기준으로 목이나 허리를 전방으로 20도 이상 구부리거나 허리를 후방으로 20도 이상 제치는 경우를 말한다.

바. 특별한 사정이 없는 한 목은 어깨를 고정한 상태에서 20도 이상, 허리는 다리를 고정한 상태에서 20도 이상 좌우로 비튼 상태를 말한다.

(2) 근골격계 부담작업 여부 판정은 다음과 같다.

가. 머리 위 손 1시간+팔꿈치 어깨 위 1시간+팔꿈치 몸통 들기 30분=총 2시간 30분으로 하루에 총 2시간 이상 머리 위에 손이 있거나, 팔꿈치가 어깨 위에 있거나, 팔꿈치를 몸통으로부터 들거나, 팔꿈치를 몸통 뒤쪽에 위치하도록 하는 상태에서 이루어지는 작업으로 근골격계 부담작업 제3호에 해당한다.

나. 목 굽힘 1시간30분+목 비틀림 1시간+허리 굽힘 30분=총 3시간으로 지지되지 않은 상태이거나 임의로 자세를 바꿀 수 없는 조건에서 하루에 총 2시간 이상 목이나 허리를 구부리거나 트는 상태에서 이루어지는 작업으로 근골격계 부담작업 제4호에 해당한다.

3 **다음의 표는 요인분석을 통하여 최종적으로 얻어진 요인부하행렬이다. 다음 각 물음에 답하시오.**

구분	성분		
	1	2	3
고급스런	.954	.248	−.140
귀여운	.426	.834	−.222
대중적인	.460	.859	.076
동적인	.008	−.014	.993
세련된	.926	.333	.099
예쁜	.854	.513	−.056
조화로운	.785	.430	.416
친숙한	.238	.963	.119

(1) 감성분석에서 요인분석을 통하여 얻고자 하는 결과를 설명하시오.

(2) 형용사 어휘 "고급스런"에 대하여 의미미분(Semantic Differential)법을 활용한 설문 문항을 제시하시오.(7점 척도 활용)

(3) 위의 분석 결과를 활용하여 감성어휘를 3개의 감성요인으로 그룹핑하시오.

풀이

(1) 다양하고 복잡한 감성어휘 중 중요한 요인 몇 개만을 추출하거나 그룹핑함으로써 복잡한 구조를 간단하게 만들어 파악한다.

(2)

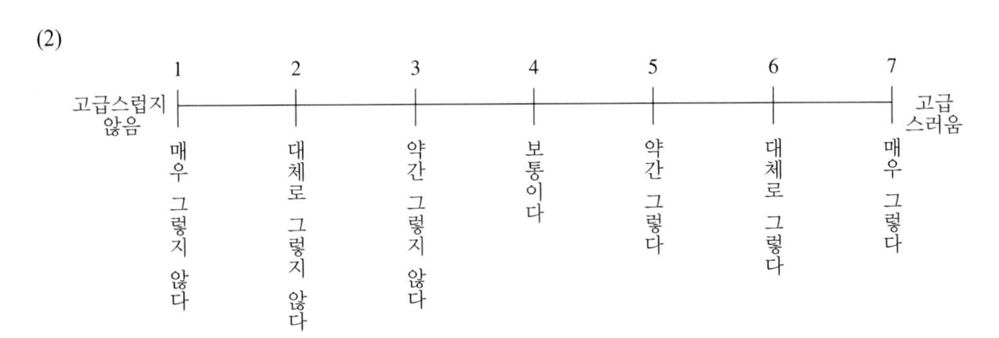

(3) 가. 감성요인1: 고급스런, 세련된, 예쁜, 조화로운
나. 감성요인2: 친숙한, 대중적인, 귀여운
다. 감성요인3: 동적인

4 제품 및 작업 환경 설계에서 손잡이(Handle)의 인간공학적 디자인은 손잡이의 사용 편의성과 편리함을 결정하는 데 중요한 역할을 한다. 손잡이 디자인에 관한 다음 물음에 답하시오.

(1) 행동유도성에 대하여 설명하고, 디자인에서의 중요성을 설명하시오.

(2) 그림은 자동차의 문 손잡이로, 왼쪽은 '여닫이 문'이고, 오른쪽은 "미닫이 문"이다. 행동유도성(Affordance) 측면에서 손잡이 디자인의 부적합 사유를 설명하시오.

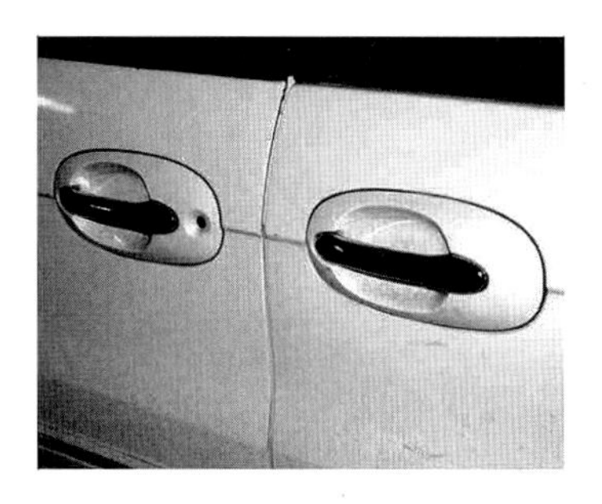

(3) (2)의 그림에서 사용자의 행동유도성을 고려하여 손잡이 디자인의 개선안을 그림으로 표현하시오.

(4) 다음 그림에서 문을 여는 관점에서의 디자인상 문제점을 설명하고 개선방안을 제시하시오.

풀이

(1) 물건에 물리적 또는 의미적인 특성을 부여하여 사용자의 행동에 관한 단서를 제공하는 것을 행동유도성이라 한다. 디자인 시 행동유도성은 행동에 제약을 가하도록 사물을 설계함으로써 특정한 행동만이 가능하도록 유도한다. 물리적 특성에 의존하여 한정된 행위만이 가능하도록 하는 물리적 제약이나, 주어

진 상황의 의미나 문화적 관습에 따라 해석이 가능하도록 하는 제약 등이 제품 설계에서 주로 이용된다.

(2) 자동차 문의 손잡이에서 사용자에게 문을 어떻게 열어야 하는 것에 대하여 제공하고 있는 단서가 아무것도 없다. 사용자가 문을 잡아 당겨야 할지, 아니면 왼쪽/오른쪽으로 열어야 할지 고민하도록 설계되어 있다.

(3) 사용자가 문을 잡아 당겨야 하는 여닫이 문의 경우에는 손잡이를 수평으로 배치하고, 오른쪽으로 열어야 하는 미닫이 문의 경우에는 손잡이를 수직으로 배치한다.

(4) 수평으로 된 직사각형 손잡이는 출입문을 미는 행동유도성을 제공하고 있다. PULL 표지를 보지 못한 사용자라면, 출입문을 밀 것이다. PULL 표지가 붙어 있으니 출입문을 잡아 당겨야 하나, 수평으로 된 날카로운 모서리를 가진 직사각형 손잡이만 부착되어 있어, 잡아당기기 불편하다. 따라서, PULL 표지를 보는 것과 무관하게 출입을 잡아 당기도록 행동유도성을 제공해야 한다. 원형 파이프로 된 손잡이를 수직방향으로 부착한다면, 사용자는 손잡이를 움켜쥐고(power grip) 출입문을 잡아당길 때 행동유도성을 제공받게 된다. 원형 손잡이의 수직길이는 여성이 서서 팔꿈치를 수평으로 뻗었을 때의 수직높이의 5%ile에서 남성이 서서 팔꿈치를 수평으로 뻗었을 때의 수직높이의 95%ile로 한다면, 사용자의 90% 이상이 손잡이를 사용하기에 편리할 것이다.

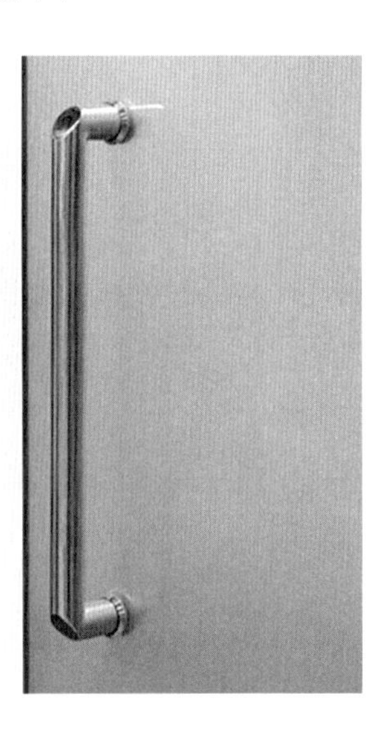

5 KSA ISO 13407:2011 표준의 명칭은 '대화형 시스템을 위한 인간중심 설계프로세스'이다. 이 표준에서 제시하는 인간중심 설계원칙 5가지를 설명하시오.

풀이

(1) 사용자의 적극적 참여와 업무 요구 사항에 대해 명확한 이해
개발 프로세스에 있어서 사용자가 참여하는 것은 사용 정황, 업무 그리고 사용자가 어떤 방식으로 미래의 제품 또는 시스템을 사용하게 될지에 대해 가치 있는 지식의 원천이 되어 준다. 사용자 참여의 효과성은 개발자와 사용자 사이의 상호작용이 커질수록 증대된다. 사용자 개입의 성격은 수행되는 설계 활동에 따라 상이하다.

(2) 사용자와 기술 간의 적절한 기능 분배
가장 중요한 인간중심 설계원칙들 중의 하나가 기능의 적절한 배치에 관계된 것이다. 적절한 기능의 배치란, 어떤 기능들이 사용자에 의해 기술적으로 처리될지를 세부적으로 결정하는 것을 의미한다. 이러한 설계 결정들을 통해 주어진 일, 업무, 기능 또는 책임 중 어느 정도를 자동화하고 어느 정도를 사람의 활동에 맡길지 결정된다.

(3) 설계안들의 반복
반복적 설계 접근법에서는 사용자로부터의 피드백이 결정적인 정보 원칙이다. 적극적인 사용자 개입과 맞물려 단계의 반복은 시스템이 사용자와 조직의 요구 사항(숨겨져 있거나 명시적으로 확정하기 어려운 요구 사항까지 포함하여)과 일치하지 않을 위험성을 줄이기 위한 효과적인 수단을 제공한다. 단계적 반복은 실제 상황에 비추어 초기 설계안들에 대한 평가와 그 결과들을 좀 더 향상된 설계안들에게 반영시킨다.

(4) 다학제적 설계
인간중심 설계는 다양한 기술을 필요로 한다. 설계에 참여하는 요원의 범위는 설계에 관련된 인간적 측면을 포괄할 필요가 있다. 다시 말해, 사용자 중심 설계 프로세스에는 다학제적인 팀이 참여해야 한다는 것을 의미한다. 이 팀은 소규모로 동적인 특성을 지니면서 프로젝트와 그 수명을 같이 해야 한다. 팀의 구성은 기술개발 담당부서와 소비자 간의 관련성을 반영하여 구성되어야 한다.

(5) 일반
컴퓨터 기반의 대화형 시스템의 설계를 위한 표준 방법들은 업계나 지적 자산 측면에서 다수를 찾을 수 있다. 이 규격은 이들 중 어떤 하나의 표준 설계 프로세스를 산정하거나 효율적 시스템 설계를 위해 필요한 모든 활동들을 포함하고 있지는 않다. 국제 표준은 기존 설계방법에 대해 보완하는 입장이며, 다른 형태의 설계 프로세스에 특정 상황에서 적절한 형태로 통합될 수 있는 인간 중심적 관점을 제공하고 있는 것이다.

6 작업장의 조명수준은 작업수행도를 결정하는 데 중요한 요소이다. 작업장 조명설계에 관한 다음 각 물음에 답하시오.

(1) 광속, 조도, 광도의 정의와 단위를 쓰시오.
(2) 작업장 설계에서 천장, 가구, 벽, 바닥에 대하여 반사율이 높은 순서부터 나열하시오.
(3) 작업장 안전표지판의 배경반사율이 80%이고, 표적(안전표지)의 반사율이 10%일 때 배경에 대한 표적의 광도대비를 구하시오.

풀이

(1) 가. 광속(luminous flux): 광원에 의해 초당 방출되는 빛의 전체 양(단위: lm(루멘))
나. 조도(illuminance): 어떤 물체나 표면에 도달하는 광의 밀도(단위: lux(럭스))
다. 광도(luminance): 단위 면적당 표면에서 반사 또는 방출되는 광량을 말하며, 종종 휘도라고도 함(단위: L(람버트))

(2) 천장(80~90%) − 벽(40~60%) − 가구(25~45%) − 바닥(20~40%)

(3) $\text{대비}(\%) = 100 \times \dfrac{L_b - L_t}{L_b}$

L_t = 표적의 광도, L_b = 배경의 광도

$\text{대비}(\%) = 100 \times \dfrac{80 - 10}{80} = 87.5\%$

인간공학기술사 2014년 4교시 문제풀이

※ 다음 문제 중 4문제를 선택하여 설명하시오. (각 문제당 25점)

1 SENIAM(Surface EMG for Non-Invasive Assessment of Muscles)은 표면 근전도를 사용할 경우 다음 사항을 기록하도록 권장하고 있다. 8가지에 대하여 각각 설명하시오.

(1) 전극 특성
(2) 피부처리 방법
(3) Input Impedance
(4) 전극 부착 방법
(5) Gain
(6) CMRR(Common-Mode Rejection Ratio)
(7) 필터링
(8) 샘플링레이트

풀이

(1) 전극 특성
전극 센서를 선택할 때는 타입, 형상, 크기, 내부 전극 간격, 재질과 구성 등이 결정되어야 한다.

(2) 피부처리 방법
가. 센서를 선택한 후에는 환자의 피부는 전극이 잘 접촉될 수 있도록 처리해야 한다.
나. 면도, 알콜 청소, 젤로 문지르기, 사포로 마찰 등 여러 가지 피부 처리 기술이 사용된다.

(3) Input Impedance
가. 전극에서 나오는 신호는 입력 임피던스 증폭기(Low noise, high input impedance amplifier)를 통해서 증폭된다.
나. 증폭기는 잡음이 없어야 하고 고출력을 낼 수 있어야 한다.

(4) 전극 부착 방법
가. 전극 부착 위치가 정해지면 우선 표시해 두고, 전극을 해당 위치에 부착해야 한다.
나. 기준 전극은 신호 교란이 최소화되는 지점에 부착해야 한다. 보통, 활동적이지 않은 근육위에 부착하는 것이 일반적이다.

(5) Gain
Gain은 신호 증폭의 정도를 의미한다. Gain을 올리는 것은 신호의 강도를 높이는 것을 의미하고 Gain

을 내리는 것은 신호의 강도를 약하게 하는 것을 의미한다.

(6) CMRR(Common-Mode Rejection Ratio)
CMRR(Common-Mode Rejection Ratio, 공통모드 제거비)는 차동 증폭기(Differential amplifier)에서 공통모드 신호를 제거하는 능력을 나타낸다.

(7) 필터링: Low-pass(500-1000 Hz) and high-pass(10-20 Hz) filter로 크게 구별된다.
가. 고주파수(High-pass) 필터: 근육 움직임에 따른 저주파수 가짜 신호를 제거하기 위해서 사용된다.
나. 저주파수(Low-pass) 필터: SEMG의 출력의 95%는 400 Hz까지 이며, 그 이상 5%는 전극과 기계 장치에 의한 잡음이 대부분이다. 따라서, 이런 성분을 막기 위해서 저주파수 필터가 사용된다.

(8) 샘플링레이트
샘플링의 정교함을 의미하며 1초 단위 샘플링 횟수를 비율에 따라 표시한다. 샘플링레이트 주파수는 1000 Hz 그 이상이어야 한다.

2 A회사는 태블릿 PC에 들어가는 아이콘의 크기를 결정하는 데 손가락의 이동시간을 고려하기로 하였다. 태블릿 PC 화면상에서 손가락의 이동거리 4 cm로 설정하였다. 직경 0.5 cm 크기의 아이콘까지의 이동시간을 측정하였을 때 평균 500 ms가 소요되었고, 직경 1 cm 크기의 아이콘까지의 이동시간을 측정하였을 때 평균 400 ms가 소요되었다. 손가락에서 목표물까지의 이동시간이 Fitts의 법칙을 따른다고 가정하고, 다음 각 물음에 답하시오.

(1) Fitts의 법칙에 대하여 설명하시오.
(2) 아이콘의 크기를 2 cm로 하였을 때 이동시간(ms)을 예측하시오.

풀이

(1) 표적이 작을수록, 이동거리가 길수록 작업의 난이도와 소요 이동시간이 증가한다. 이를 식으로 표현한 것이 Fitts의 법칙이며, 동작시간(MT) $= a + b \times \mathrm{ID} = a + b \times \log_2(\frac{2A}{W})$로 표현된다. 여기서, MT: 동작시간, A: 움직인 거리, W: 목표물의 너비, a: 이동을 위한 준비시간과 관련된 상수, b: 로그함수의 상수이다.

(2) 가. $ID = \log_2 \frac{2 \times 4}{0.5} = \log_2 16 = \log_2 2^4 = 4$
$500 = a + b \times 4$
나. $ID = \log_2 \frac{2 \times 4}{1} = \log_2 8 = \log_2 2^3 = 3$
$400 = a + b \times 3$
다. $a + 4b = 500$
$a + 3b = 400$
$\therefore a = 100 \text{ ms},\ b = 100 \text{ ms}$

라. $ID = \log_2 \frac{2 \times 4}{2} = \log_2 4 = \log_2 2^2 = 2$

$MT = 100 + 100 \times 2 = 300$ ms

3 **키가 170 cm이고, 몸무게가 70 kg인 사람이 그림과 같이 서 있을 때 몸 전체 무게중심의 좌표를 구하시오.**
(단, 그림에서 표시는 각 신체분절의 무게중심이며, 팔의 무게중심은 어깨에서부터 팔 길이의 0.530에 위치하며, 다리의 무게중심은 고관절에서부터 다리길이의 0.447에 위치하고, 머리, 목, 엉덩이를 포함하는 몸통의 무게중심은 머리에서부터 몸통 길이의 0.660에 위치한다.)

신체분절	몸무게 대비 신체분절무게 비율	신체분절길이 대비 무게중심 위치
팔	0.050	0.530
다리	0.161	0.447
몸통(머리, 목, 엉덩이 포함)	0.578	0.660

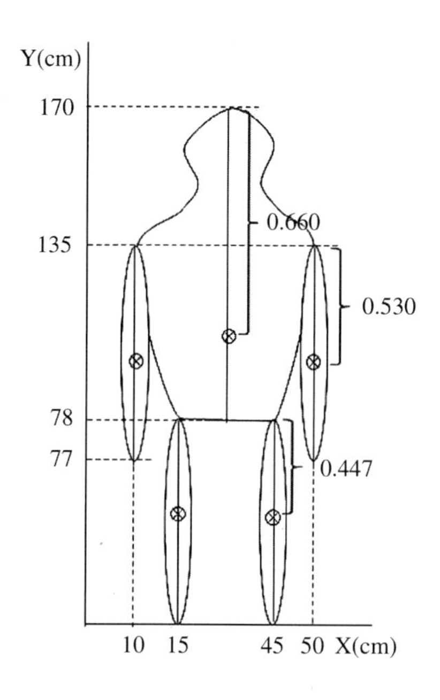

풀이

Σ(몸무게 대비 신체분절무게 비율×신체분절의 무게중심 위치)

(1) X 좌표

팔 0.05×10 cm

다리 0.161×15 cm
몸통 0.578×30 cm
다리 0.161×45 cm
팔 0.05×50 cm
합=30 cm

(2) Y 좌표
다리 0.161×2개×78×(1－0.447)=13.89 cm
팔 0.05×2개×{(135－77)×(1－0.53)＋77}=10.43 cm
몸통 0.578×{(170－78)×(1－0.66)＋78)}=63.16 cm
합=87.48 cm

4 **A공장에서 부품조립, 부품포장, 부품출하의 3개 단위작업으로 구성된 부품처리 공정의 표준시간을 결정하기 위해 표와 같이 워크샘플링(Work Sampling)으로 480분 동안 10회의 예비관측을 수행하였다. 다음 각 물음에 답하시오.**

단위작업	부품조립		부품포장		부품출하	
관측시간	관측	수행도 평가	관측	수행도 평가	관측	수행도 평가
9:06	V	80				
9:52	V	70				
10:44					V	70
11:21			V	80		
13:07					V	120
14:35					V	110
15:18			V	75		
15:59			V	95		
16:43			V	70		
17:30			V	80		

(1) 외경법 여유율이 5%이고, 480분 동안 100개의 부품을 처리하였다면 이 공정의 표준시간을 결정하시오.

(2) 신뢰수준은 95%이고, 절대허용오차가 5%의 시간을 측정하기 위해 몇 회를 더 추가 관측해야 하는지 설명하시오(단, $t_{(9, 0.975)}$ =2.262).

풀이

(1) 가. 레이팅계수=(80＋70＋80＋75＋95＋70＋80＋70＋120＋110) / 10=85
나. 부품 1개당 소요시간=480분 / 100개=4.8분/개

다. 표준시간 = 4.8분/개×레이팅계수 / 100 = 4.8×85 / 100 = 4.08분/개

(2) 관측횟수$(N) = \left(\dfrac{t(n-1, 0.975) \times s}{0.05\bar{x}}\right)^2$

$n = 10,\ \bar{x} = 85,\ s = 16.73,\ t_{9, 0.975} = 2.262$

$N = \left(\dfrac{2.262 \times 16.73}{0.05 \times 85}\right)^2 = 79.29 ≒ 80$회

추후에 70회를 더 관측해야 한다. 70회는 적지 않은 횟수이므로, 10~20회 정도 추가 관측을 한 후 다시 관측횟수를 구하면 필요 관측횟수가 많이 줄어들게 된다.

5 **산업현장에서 부적합하게 설계된 수공구(Hand Tool)를 사용하는 작업자는 근골격계질환이나 신체적 불편함을 경험할 가능성이 높다. 따라서 수공구 디자인에서 인간공학적 원칙을 고려하는 것이 필요하다. 수공구 디자인에 관한 다음 각 물음에 답하시오.**

(1) 그림과 같은 작업자세가 요구될 때, 생체역학적 측면에서의 문제점을 제시하시오.

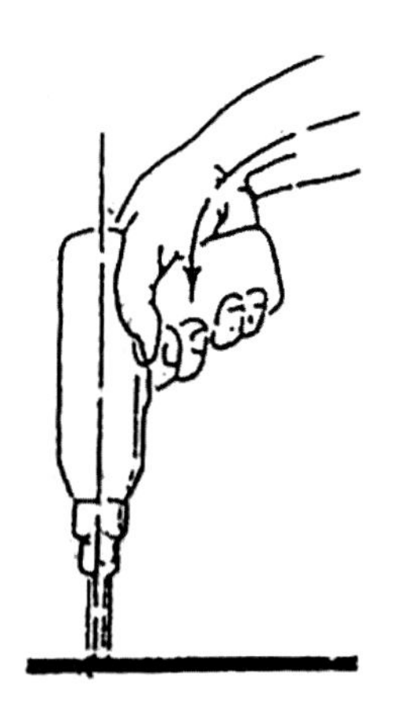

(2) (1)의 그림과 같은 작업자세가 요구되는 경우, 사용하기 적합한 디자인을 그림으로 표현하시오.

(3) 수공구 디자인의 인간공학적 원칙 3가지를 설명하시오.

풀이

(1) 수공구를 사용할 때 손목을 곧게 유지할 수 없는 바람직하지 못한 자세에서 반복적으로 수공구를 사용하게 되면 손목통증, 악력 손실을 가져올 뿐만 아니라 오래 유지되면 손목관을 지나는 정중신경이 반복적이고 과도한 압박을 받아 수근관터널증후군을 유발할 수 있다.

(2) 수평면 작업에 적당한 "1"자형 수공구를 사용하여 손목의 부자연스러운 자세를 제거해야 한다.

이 경우, 중력을 자연스럽게 이용하기 쉬워 손목의 부담뿐 아니라, 팔 전체의 부담을 줄일 수 있다.

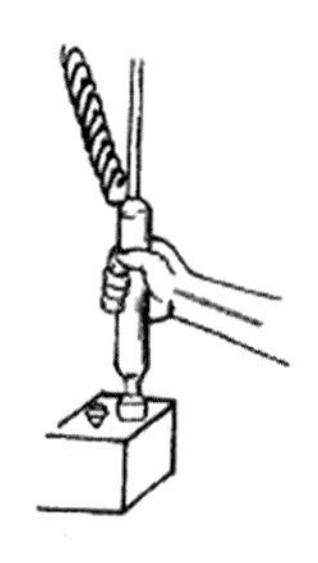

(3) 수공구 디자인의 인간공학적 원칙은 다음과 같다.
가. 수동공구 대신에 전동공구를 사용한다.
나. 가능한 손잡이의 접촉면을 넓게 한다.
다. 제일 강한 힘을 낼 수 있는 중지와 엄지를 사용한다.
라. 손잡이의 길이가 최소한 10 cm는 되도록 설계한다.
마. 손잡이가 두 개 달린 공구들은 손잡이 사이의 거리를 알맞게 설계한다.
바. 손잡이의 표면은 충격을 흡수할 수 있고, 비전도성으로 설계한다.
사. 공구의 무게는 2.3 kg 이하로 설계한다.

6 어떤 지하철 회사에서 운행하던 전동차(A)가 앞서가던 전동차(B)를 추돌하였다. 지하철 회사는 전동차의 추돌을 사전에 감지하고 예고하는 신호시스템을 갖추고 있었다. 전동차 추돌 감지시스템을 운영하는 C씨는 한 달 전 추돌예고 신호시스템의 소프트웨어를 업데이트 한 이후부터 추돌예고 신호시스템으로부터 '허위 경보(False Alarm)'가 여러 번 반복해서 발생하는 것을 확인하였다. 전동차 추돌사고 직전에 모니터상으로 추돌예고 신호가 발생하는 것을 확인하였지만 유사한 허위 경보가 여러 번 반복되었던 사례가 있었으므로 이번 경우에도 '통상적인 허위 경보'로 생각해 아무런 조치도 취하지 않았다.
앞 전동차(B) 기관사 D씨는 사고 직전 문이 정상적으로 닫히지 않아 3차례에 걸쳐 스크린도어를 여닫았다. 이 과정에서 약 2분간 운행이 지연됐지만 D씨는 종합관제소에 이를 보고하지 않았다. 전동차가 한곳에 40초 이상 머물면 관제소에 알려야 하는 규칙이 있었지만 이를 지키지 않았다.

(1) 전동차 추돌 감지시스템 운영자 C씨의 오류를 라스무센(Rasmussen)의 SRK(Skill, Rule, Knowledge) 기반 프로세스와 Reason의 휴먼에러 분류기법을 사용하여 설명하시오.
(2) 앞 전동차(B) 기관사 D씨의 오류를 행위적 관점(Swain과 Guttman)에서 분류하시오.
(3) 휴먼에러를 예방하기 위한 방안을 Reason의 스위스 치즈 모델을 이용하여 제시하시오.

풀이

(1) 지식기반 에러(knowledge based error): 처음부터 잘못된 정보를 기억하고 있다. 지각된 정보를 토대로 추론하고 유추하는 지식 처리 과정 중에 오류가 발생했다.
  예) 전동차 추돌사고 직전에 모니터상으로 추돌예고 신호가 발생하는 것을 확인하였지만 유사한 허위 경보가 여러 번 반복되었던 사례가 있었으므로 이번 경우에도 통상적인 허위 경보로 생각해 아무런 조치도 취하지 않았다.

(2) 부작위 실수(omission error): 필요한 작업 또는 절차를 수행하지 않는데 기인한 에러이다.
  예) 전동차가 한 곳에 40초 이상 머물면 관제소에 알려야 하는 규칙이 있었지만 이를 지키지 않았다.

(3) 스위스 치즈 모델이란 구멍 없이 촘촘한 미국 치즈와 달리 여기저기 구멍이 뚫린 스위스 치즈를 빗대 사고원인을 설명하는 이론이다. 불규칙한 구멍이 나있는 스위스 치즈도 여러 장을 겹쳐 놓으면 구멍이 메워지듯, 위기에 대응할 여러 장치 중 한 가지만이라도 제대로 작동한다면 사고가 이렇게 커지지 않았을 것이라는 이론이다.
  전동차(A)를 운영하는 C씨가 추돌예고 신호시스템의 소프트웨어 업데이트 이후 추돌예고 신호시스템으로부터 허위경보가 여러 번 반복해서 발생하는 것을 확인하였을 때 시스템을 점검하였거나, 전동차 추돌사고 직전에 발생한 추돌예고 신호를 통상적인 허위경보로 생각하지 않고 조치를 취했다면 추돌사고는 일어나지 않았을 것이다. 또한, 전동차(B)를 운영하는 D씨는 전동차가 40초 이상 머물렀을 때 관제소에 보고를 하였더라면 전동차(A)의 추돌예고 시스템이 고장이 났더라도 추돌사고를 예방할 수 있었을 것이다.
  따라서, 추돌예고 신호시스템으로부터 경보가 발생하면 이를 허위경보로 잘못 알고 무시할 수 있으므로 경보발생 시 행동요령(전동차를 멈추거나 관제소에 보고하는 등)을 마련하여 도입하고 강제화해야 한다.
  또한, 전동차가 한 곳에 40초 이상 머물면 관제소에 알려야 하는 규칙이 있었지만 이를 지키지 않았으므로 Fool Proof 개념을 도입하여 이런 상황이 생길 때 자동으로 관제소에 신고 되는 시스템을 도입해야 한다. 이렇게 스위스 치즈가 겹쳐지게 되면 병렬시스템이 되어 양쪽에서의 오류가 겹쳐지는 직렬 상황에서만 사고가 발생하며 사고 확률은 지극히 낮아지게 된다.

REASON의 "SWISS CHEESE" 모델

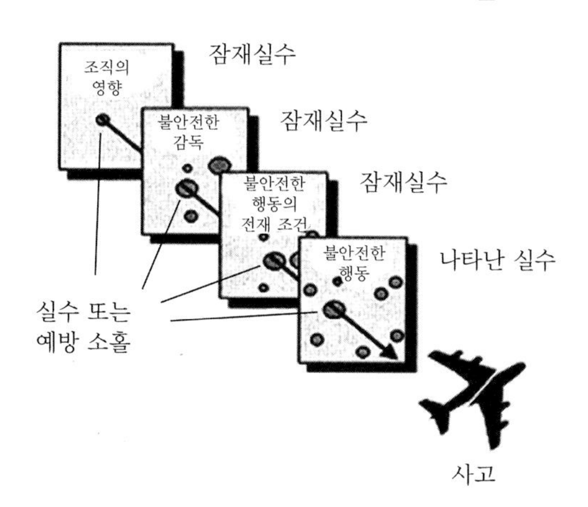

인간공학기술사 2013년 1교시 문제풀이

※ 다음 문제 중 10문제를 선택하여 설명하시오. (각 문제당 10점)

1 인간공학의 정의와 3가지 목표를 설명하시오.

풀이

(1) 인간공학의 정의: 인간 활동의 최적화를 연구하는 학문으로 인간이 작업 활동을 하는 경우에 인간으로서 가장 자연스럽게 일하는 방법을 연구하는 것이며 인간과 그들이 사용하는 사물과 환경 사이의 상호작용에 대해 연구하는 것이다.

(2) 인간공학의 목표는 다음과 같다.
가. 일과 활동을 수행하는 효능과 효율을 향상시키는 것으로, 사용 편의성 증대, 오류 감소, 생산성 향상 등을 들 수 있다.
나. 인간의 능력, 한계, 특성 등을 고려하면서 전체 인간-기계시스템의 효율을 증가시키는 것이다.
다. 바람직한 인간가치를 향상시키고자 하는 것으로 안전성 개선, 피로와 스트레스 감소, 쾌적감 증가, 사용자 수용성 향상, 작업 만족도 증대, 생활질 개선 등을 들 수 있다.

2 다음 신체 부위의 운동 유형 중 5가지를 선택하여 설명하시오.

Abduction	Extension	Lateral Rotation	Pronation
Adduction	Flexion	Medial Rotation	Supination

풀이

(1) Abduction(외전): 팔을 옆으로 들 때처럼 인체 중심선에서 멀어지는 측면에서의 인체부위의 동작
(2) Adduction(내전): 팔을 수평으로 편 위치에서 수직위치로 내릴 때처럼 중심선을 향한 인체부위의 동작
(3) Extension(신전): 굴곡과 반대방향의 동작으로서, 팔꿈치를 펼 때처럼 관절에서의 각도가 증가하는 동작
(4) Flexion(굴곡): 팔꿈치로 팔 굽히기 할 때처럼 관절에서의 각도가 감소하는 인체부위의 동작
(5) Lateral Rotation(외선): 인체의 중심선을 향하여 바깥쪽으로 회전하는 인체부위의 동작

(6) Medial Rotation(내선): 인체의 중심선을 향하여 안쪽으로 회전하는 인체부위의 동작
(7) Pronation(회내, 하향): 손바닥을 아래로 향하는 인체부위의 동작
(8) Supination(회외, 상향): 손바닥을 위로 향하는 인체부위의 동작

3 사업주가 근골격계질환 예방관리 프로그램을 수립·시행하여야 하는 대상 사업장에 대하여 설명하시오.

풀이

근골격계질환 예방관리 프로그램 수립·시행하여야 하는 대상 사업장은 다음 각 호의 어느 하나에 해당하는 경우이다.

가. 근골격계질환으로 인해 업무상질병으로 인정받은 근로자가 연간 10명 이상 발생한 사업장 또는 5명 이상 발생한 사업장으로서 발생 비율이 그 사업장 근로자수의 10퍼센트 이상인 경우
나. 근골격계질환 예방과 관련하여 노사 간 이견이 지속되는 사업장으로서 고용노동부장관이 필요하다고 인정하여 근골격계질환 예방관리 프로그램을 수립하여 시행할 것을 명령한 경우

4 유해요인조사에 있어 정기조사와 수시조사의 실시시기에 대하여 설명하시오.

풀이

유해요인조사 정기조사 및 수시조사의 실시시기는 다음과 같다.

가. 정기조사: 사업주는 근로자가 근골격계 부담작업을 하는 경우에 3년마다 유해요인조사를 실시하여야 한다. 다만, 신설되는 사업장의 경우에는 신설일부터 1년 이내에 최초의 유해요인 조사를 실시하여야 한다.
나. 수시조사: 다음 사항에 해당하는 경우
   1. 산업안전보건법에 의한 임시건강진단 등에서 근골격계질환자가 발생하였거나 근로자가 근골격계질환으로 업무상질병으로 인정받은 경우
   2. 근골격계 부담작업에 해당하는 새로운 작업·설비를 도입한 경우
   3. 근골격계 부담작업에 해당하는 업무의 양과 작업공정 등 작업환경을 변경한 경우

5 기준(평가척도)의 유형 중 인간기준에 대하여 설명하시오.

풀이 인간기준(human criteria)

(1) 인간 성능 척도(performance measure): 여러 가지 감각활동, 정신활동, 근육활동에 의한 빈도척도, 강도척도, 잠복시간 척도, 지속시간 척도, 인간의 신뢰도 등을 사용하다.

(2) 생리학적 지표(physiological index): 심박수, 혈압, 혈액의 성분, 전기 피부 반응, 뇌파, 분당 호흡수, 피부온도, 혈당량 등

(3) 주관적 반응(subjective response): 개인성능의 평점, 체계 설계면의 대안들의 평점, 체계에 사용되는 여러 가지 다른 유형의 정보로 판단된 중요도의 평점

(4) 사고빈도: 사고나 상해 발생 빈도가 적절한 기준

6 Reason에 의한 휴먼에러(Human Error)의 분류에 대하여 설명하시오.

풀이

(1) 숙련기반 에러(skill based error): 숙련상태에 있는 행동을 수행하다가 나타날 수 있는 에러로 실수(slip)와 단기기억의 망각(lapse)이 있다. 실수는 주로 주의력이 부족한 상태에서 발생하는 에러이다. 예로 자동차에서 내릴 때 마음이 급해 창문 닫는 것을 잊고서 내리는 경우이다. 단기기억의 망각 혹은 건망증은 단기기억의 한계로 인해 기억을 잊어서 해야 할 일을 못해 발생하는 에러이다. 예로 전화 통화 중에 상대의 전화번호를 기억했으나 전화를 끊은 후 옮겨 적을 펜을 찾는 중에 기억을 잃어버리는 경우이다.

(2) 규칙기반 에러(rule based error): 처음부터 잘못된 규칙을 기억하고 있거나, 정확한 규칙이라 해도 상황에 맞지 않게 잘못 적용하는 경우의 에러이다. 예로 자동차는 우측 운행을 한다는 규칙을 가지고 좌측 운행하는 나라에서 우측 운행을 하다 사고를 낸 경우이다.

(3) 지식기반 에러(knowledge based error): 처음부터 장기기억 속에 관련 지식이 없는 경우, 인간은 추론(inference)이나 유추(analogy)와 같은 고도의 지식 처리 과정을 수행해야 한다. 이런 과정에서 실패해 오답을 찾은 경우를 지식기반 착오라 한다. 예로 외국에서 자동차를 운전할 때 그 나라의 교통 표지판의 문자를 몰라서 교통규칙을 위반하게 되는 경우이다.

7 자극과 반응 실험에서 카드 모양이 스페이드(♠)인 경우 1번키, 다이아몬드(◆)는 2번키, 하트(♥)는 3번키, 클러버(♣)는 4번키를 누르도록 약속하였다. 이에 따라 키를 누르는 실험을 총 100회 실시하였을 때의 결과는 다음 표와 같다. 제대로 전달된 정보량, Equivocation, Noise 정보량을 구하시오.

자극 \ 반응	1번	2번	3번	4번
♠	25			
◆		50		
♥				
♣				25

풀이

(1) 제대로 전달된 정보량: $T(X, Y) = H(X) + H(Y) - H(X, Y)$

가. $H(X) = 0.25\log_2(1/0.25) + 0.50\log_2(1/0.50) + 0.25\log_2(1/0.25) = 1.5\text{bits}$

나. $H(Y) = 0.25\log_2(1/0.25) + 0.50\log_2(1/0.50) + 0.25\log_2(1/0.25) = 1.5\text{bits}$

다. $H(X, Y) = 0.25\log_2(1/0.25) + 0.50\log_2(1/0.50) + 0.25\log_2(1/0.25) = 1.5\text{bits}$

라. $T(X, Y) = 1.5 + 1.5 - 1.5 = 1.5\text{bits}$

(2) Equivocation: $H(X) - T(X, Y)$

Equivocation $= H(X) - T(X, Y) = 1.5 - 1.5 = 0\text{bits}$

(3) Noise: $H(Y) - T(X, Y)$

Noise $= H(Y) - T(X, Y) = 1.5 - 1.5 = 0\text{bits}$

8 8시간 작업 시 측정된 소음수준의 그래프는 다음과 같다. 소음노출량을 구하고, 해당 보호구가 없을 경우 작업자의 작업허용시간을 구하시오.

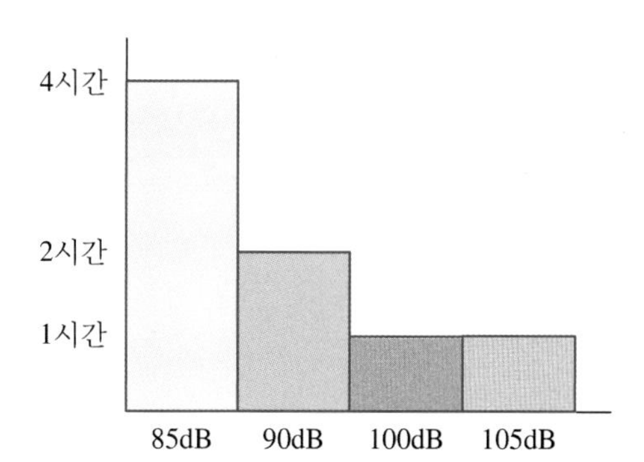

풀이

$$\text{TWA} = 16.61\log\left(\frac{D}{100}\right) + 90(\text{dB(A)})$$

여기서, D: 소음 노출지수

dB(A): 8시간 동안의 평균 소음수준

$D(\%)$ = 발생된 소음의 지속시간(C)/소음폭로의 허용한계 시간(T)×100

소음의 허용기준

1일 폭로시간	허용 음압 dB(A)
8	90
4	95
2	100
1	105
1/2	110
1/4	115

D(소음 노출지수) $= (\frac{2}{8} + \frac{1}{2} + \frac{1}{1}) \times 100 = 175\%$

TWA $= 16.61\log(\frac{175}{100}) + 90$ dB(A) $=$ 약 94 dB(A)

즉, 이 작업장은 8시간 동안 약 94 dB(A) 정도의 소음수준에 노출되었다고 할 수 있다. 만약 청력 보호구를 착용하지 않는다면 허용 음압이 95 dB(A)일 경우, 1일 폭로시간은 4시간이기 때문에 작업 허용시간은 약 4시간이 적당하다.

9 조종장치의 손잡이 길이가 5 cm이고, 90° 를 움직였을 때 표시장치에서 4 cm가 이동하였다. 다음 각 물음에 답하시오.

(1) C/R 비율을 구하시오.

(2) 민감도를 향상시키기 위한 방안 2가지를 설명하시오.

풀이

(1) C/R비 $= \frac{(a/360) \times 2 \cdot \pi \cdot L}{\text{표시장치이동거리}}$

여기서, a: 조종장치가 움직인 각도

L: 반지름(손잡이의 길이)

C/R비 $= \frac{(90/360) \times 2 \cdot 3.14 \cdot 5\text{ cm}}{4\text{ cm}} = 1.96$

(2) C/R비가 작을수록 민감도가 올라간다.

가. 표시장치의 이동거리를 크게 한다.

나. 조종장치의 움직이는 각도를 작게 한다.

10 근력 측정 시 정적근력과 동적근력에 대하여 설명하시오.

풀이

(1) 정적근력: 정적 상태에서의 근력은 피실험자가 고정 물체에 대하여 최대 힘을 내도록 하여 측정한다. AIHA(미국산업위생학회)나 Chaffin에 따르면, 4~6초 동안 정적힘을 발휘하게 하고, 이때의 순간 최대 힘과 3초 동안의 평균 힘을 기록하도록 권장한다.

(2) 동적근력: 동적 근력은 가속과 관절 각도의 변화가 힘의 발휘에 영향을 미치기 때문에 측정에 다소 어려움이 있다. 동적 근력의 측정에 운동속도를 고려해야 하는데, 운동속도는 동적 근력 측정에서 중요한 인자이다. 천천히 움직이면 근력이 커진다.

11 Barnes의 동작경제의 원칙 중 "작업장의 배치에 관한 원칙"에 대하여 설명하시오.

풀이

작업장의 배치에 관한 원칙은 다음과 같다.

가. 모든 공구나 재료는 지정된 위치에 있도록 한다.

나. 공구, 재료 및 제어장치는 사용위치에 가까이 두도록 한다.(정상작업영역, 최대작업영역)

다. 중력이송원리를 이용한 부품상자(gravity feed bin)나 용기를 이용하여 부품을 부품사용 장소에 가까이 보낼 수 있도록 한다.

라. 가능하다면 낙하식 운반(drop delivery)방법을 사용한다.

마. 공구나 재료는 작업동작이 원활하게 수행되도록 그 위치를 정해준다.

바. 작업자가 잘 보면서 작업을 할 수 있도록 적절한 조명을 비추어 준다.

사. 작업자가 작업 중 자세의 변경, 즉 앉거나 서는 것을 임의로 할 수 있도록 작업대와 의자 높이가 조절되도록 한다.

아. 작업자가 좋은 자세를 취할 수 있도록 높이가 조절되는 좋은 디자인의 의자를 제공한다.

12 Brainstorming의 원칙에 대하여 설명하시오.

풀이

(1) 비판금지: 다른 사람의 아이디어는 절대로 비판하지 않는다. 비판 받은 사람은 움츠려 들게 마련이고 이는 다른 모든 이들로 하여금 새로운 아이디어 발상을 제한하게 만든다. 제출된 아이디어를 비판하지 않는다.

(2) 자유분방: 자유분방한 분위기에서 창의적인 아이디어를 환영하며, 시간제한을 두지 않는다. 자유로운 발상으로 아이디어의 한계를 극복해 본다. 어리석게 보이는 아이디어도 의무적으로 제출시킨다.

(3) 질보다 양: 질보다 양을 추구하며 아이디어의 수가 많으면 그 중에 좋은 아이디어가 반드시 있게 마련이다. 가능한 많은 아이디어를 제출시킨다.

(4) Idea에 편승: 모든 아이디어를 참가자들이 볼 수 있도록 기록한다. 이렇게 함으로써 모든 사람이 다른 사람의 아이디어에 편승하여 자신의 아이디어를 발전시키게 된다. 다른 사람의 아이디어를 발전시킨다.

13 개정된 NIOSH 들기 기준은 들기 작업의 최적 조건을 기준으로 RWL(권장무게한계)을 정하였다. 최적 조건에 대하여 설명하시오.

풀이

<table>
<tr><th>계수</th><th>정의</th><th>수식</th></tr>
<tr><td>HM
(수평계수)</td><td>발의 위치에서 중량물을 들고 있는 손의 위치까지의 수평거리이다.</td><td>$HM = 25/H(25\text{cm} \le H \le 63\text{cm})$
$= 1(H < 25\text{cm})$
$= 0(H > 63\text{cm})$</td></tr>
<tr><td>VM
(수직계수)</td><td>바닥에서 손까지의 수직거리(cm)이다.</td><td>$VM = 1 - 0.003 \times \mid V - 75 \mid$
$(0\text{cm} \le V \le 175\text{cm})$
$= 0\ (V > 175\text{cm})$</td></tr>
<tr><td>DM
(거리계수)</td><td>중량물을 들고 내리는 수직 방향의 이동거리의 절대값이다.</td><td>$DM = 0.82 + 4.5/D(25\text{cm} \le V \le 175\text{cm})$
$= 1\ (D > 75\text{cm})$
$= 0\ (D < 25\text{cm})$</td></tr>
<tr><td>AM
(비대칭계수)</td><td>중량물이 몸의 정면에서 몇 도 어긋난 위치에 있는지 나타내는 각도이다.</td><td>$AM = 1 - 0.0032 \times A\ (0° \le A \le 135°)$
$= 0\ (A > 135°)$</td></tr>
<tr><td>FM
(빈도계수)</td><td>분당 드는 횟수, 분당 0.2회에서 분당 16회까지이다.</td><td>표 참조</td></tr>
<tr><td>CM
(결합계수)</td><td>결합타입(coupling type)과 수직위치 V로부터 아래 표를 이용해 구한다.</td><td><table><tr><th></th><th colspan="2">수직거리</th></tr><tr><th></th><th><75</th><th>≥75</th></tr><tr><td>good</td><td>1</td><td>1</td></tr><tr><td>fair</td><td>0.95</td><td>1</td></tr><tr><td>poor</td><td>0.90</td><td>0.90</td></tr></table></td></tr>
</table>

들기 작업 조건의 최적 상태는 발의 위치에서 중량물을 들고 있는 손의 위치까지의 수평거리 거리가 25 cm 이내, 바닥에서 손까지의 거리(cm)가 75 cm, 중량물을 들고 내리는 수직 방향의 이동거리 25 cm 이내, 허리 각도는 0°, 들기 작업 빈도는 0.2회/분 이내이며, 손잡이가 양호(good) 혹은 보통((fair), 수직거리가 75 cm 이상인 경우에 한함) 상태일 때 최적조건이다.

인간공학기술사 2013년 2교시 문제풀이

※ 다음 문제 중 4문제를 선택하여 설명하시오. (각 문제당 25점)

1 인체측정자료의 응용 원리에 대하여 사례를 들어 설명하시오.

풀이

(1) 극단치를 이용한 설계

특정한 설비를 설계할 때, 어떤 인체측정 특성의 한 극단에 속하는 사람을 대상으로 설계하면 거의 모든 사람을 수용할 수 있는 경우가 있다.

가. 최대집단값에 의한 설계

1. 통상 대상 집단에 대한 관련 인체측정 변수의 상위 백분위수를 기준으로 하여 90, 95 혹은 99% 값이 사용된다.
2. 문, 탈출구, 통로 등과 같은 공간 여유를 정하거나 줄사다리의 강도 등을 정할 때 사용한다.
3. 예를 들어, 95%값에 속하는 큰 사람을 수용할 수 있다면, 이보다 작은 사람은 모두 사용된다.

나. 최소집단값에 의한 설계

1. 관련 인체측정 변수분포의 1%, 5%, 10% 등과 같은 하위 백분위수를 기준으로 정한다.
2. 선반의 높이, 조종장치까지의 거리 등을 정할 때 사용된다.
3. 예를 들어, 팔이 짧은 사람이 잡을 수 있다면, 이보다 긴 사람은 모두 잡을 수 있다.

(2) 조절식 설계

체격이 다른 여러 사람에게 맞도록 조절식으로 만드는 것을 말한다.

가. 자동차 좌석의 전후 조절, 사무실 의자의 상하조절 등을 정할 때 사용한다.

나. 통상 5%값에서 95%값까지의 90% 범위를 수용대상으로 설계하는 것이 관례이다.

(3) 평균치를 이용한 설계

가. 인체측정학 관점에서 볼 때 모든 면에서 보통인 사람이란 있을 수 없다. 따라서, 이런 사람을 대상으로 장비를 설계하면 안 된다는 주장에도 논리적 근거가 있다.

나. 특정한 장비나 설비의 경우, 최대집단값이나 최소집단값을 기준으로 설계하기도 부적절하고 조절식으로 하기도 불가능할 경우 평균값을 기준으로 하여 설계하는 경우가 있다.

다. 평균 신장의 손님을 기준으로 만들어진 은행의 계산대가 키가 작거나 큰 사람을 기준으로 해서 만드는 것보다는 대다수의 일반 손님에게 덜 불편할 것이다.

2 작업 시 에너지소모량을 실험한 결과 다음 표와 같았다. 이 결과를 이용하여 다음 각 물음에 답하시오.

성분	흡기(%)	배기(%)
O_2	21	16
N_2	79	80
CO_2	0	4
10분간 배기량 200 L, 산소 소비 1 L당 5 kcal		

(1) 분당 산소소모량과 분당 소모에너지가를 구하시오.
(2) 이 작업을 60분간 진행할 경우 필요한 휴식시간을 구하시오.
(3) 현 작업에 문제가 있다고 판단될 경우 개선방안을 제시하시오.

풀이

(1) 가. $\text{흡기부피} = \dfrac{(100 - O_2\% - CO_2\%) \times \text{배기부피}}{79\%} = \dfrac{(100-16-4) \times 20 \text{ L/min}}{79\%}$
$= 20.25 \text{ L/min}$

나. $\text{분당산소소비량} = 21\% \times \text{흡기부피} - O_2\% \times \text{배기부피}$
$= 0.21 \times 20.25 - 0.16 \times 20 = 1.05 \text{ L/min}$

다. $\text{소모에너지가} = \text{분당산소소비량} \times 5 \text{ kcal/L} = 1.05 \text{ L/min} \times 5 \text{ kcal/L} = 5.25 \text{ kcal/min}$

(2) $\text{남성의 휴식시간}(R) = \dfrac{60(E-5)}{E-1.5} = \dfrac{60(5.25-5)}{5.25-1.5} = 4\text{분}$

$\text{여성의 휴식시간}(R) = \dfrac{60(E-3.5)}{E-1.5} = \dfrac{60(5.25-3.5)}{5.25-1.5} = 28\text{분}$

(3) 현 작업의 소모에너지가는 5.25 kcal/min으로 문제가 있으며, 60분 작업 시 남성의 경우 최소 4분의 휴식시간, 여성의 경우 최소 28분의 휴식시간을 배분하여 작업을 진행하여야 한다.

3 다음은 정보처리과정에서 기억과 Mistake, Slip, Lapse를 나타낸 것이다.

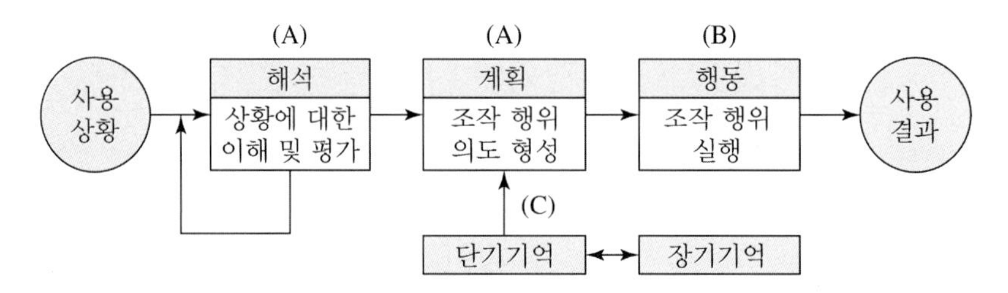

(1) 오류의 유형인 A, B, C에 대하여 설명하시오.

(2) Miller의 "Magical Number 7±2"에 대하여 설명하시오.

(3) 경로용량(Channel Capacity)에 대하여 설명하시오.

풀이

(1) 가. A: Mistake(착오)

착오는 상황 해석을 잘못하거나 목표를 잘못 이해하고 착각하여 행하는 경우를 뜻한다. 즉, 틀린 줄을 모르고 행하는 오류를 의미한다. 착오는 주어진 정보가 불완전하거나 오해하는 경우에 주로 발생한다. 착오에 의한 오류는 틀린 줄을 모르고 발생하기 때문에 중대한 사건이 될 수 있을 뿐만 아니라 오류를 찾아내기도 힘들다.

나. B: Slip(실수)

실수는 상황이나 목표의 해석은 제대로 하였으나 의도와는 다른 행동을 하는 경우에 발생하는 오류이다. 목표와 결과의 불일치로 쉽게 발견되나, 피드백이 있어야 오류의 발견이 가능하다. 실수는 주의산만이나 주의결핍에 의해 발생할 수 있으며, 잘못된 디자인이 원인이 되기도 한다.

다. C: lapse(건망증)

건망증은 여러 과정이 연계적으로 일어나는 행동 중에서 일부를 잊어버리고 안하거나 또는 기억의 실패에 의하여 발생하는 오류이다.

(2) 신비의 수(Magical Number): 인간의 절대적 판단에 의한 단일 자극의 판별 범위는 보통 7 ± 2(5~9가지)이다. 인간이 신뢰성 있게 정보 전달을 할 수 있는 기억은 5가지 미만이며, 감각에 따라 정보를 신뢰성 있게 전달할 수 있는 한계 개수는 5~9가지라는 것이다. 그러나 단일 자극이 아니라 여러 차원을 조합하여 사용하는 경우에는 신뢰성 있게 처리할 수 있는 자극 판별의 수가 증가한다.

(3) 경로용량(Channel Capacity): 절대적 판단에 근거하여 자극에 대해서 줄 수 있는 최대 정보량이며, 입력 정보량을 증가시키면 전달되는 정보량은 처음에는 증가하다가 점차 어떤 값으로 수렴된다.

4 Maslow의 인간욕구 단계설, Alderfer의 ERG이론, 그리고 Herzberg의 2요인론에 대하여 비교, 설명하시오.

풀이

위생요인과 동기요인 (F. Herzberg)	욕구의 5단계 (A. Maslow)	ERG이론 (Alderfer)
위생요인	1단계: 생리적 욕구(종족 보존)	존재 욕구
	2단계: 안전 욕구	
	3단계: 사회적 욕구(친화 욕구)	관계 욕구
동기요인	4단계: 인정받으려는 욕구(승인의 욕구)	
	5단계: 자아실현의 욕구(성취 욕구)	성장 욕구

(1) Herzberg의 2요인론

가. 위생요인(유지 욕구)

1. 회사의 정책과 관리, 감독, 작업조건, 대인관계, 금전, 지위신분, 안전 등이 위생요인에 해당하며, 이들은 모두 업무의 본질적인 면, 즉 일 자체에 관한 것이 아니고, 업무가 수행되고 있는 작업환경 및 작업조건과 관계된 것들이다.
2. 위생요인의 욕구가 충족되지 않으면 직무불만족이 생기나, 위생요인이 충족되었다고 해서 직무만족이 생기는 것이 아니다. 다만, 불만이 없어진다는 것이다.
3. 인간의 동물적 욕구를 반영하는 것으로 매슬로우의 욕구단계에서 생리적, 안전, 사회적 욕구와 비슷하다.

나. 동기요인(만족 욕구)

1. 보람이 있고 지식과 능력을 활용할 여지가 있는 일을 할 때에 경험하게 되는 성취감, 전문직업인으로서의 성장, 인정을 받는 등 사람에게 만족감을 주는 요인을 말하며, 이들 요인들이 직무만족에 긍정적인 영향을 미칠 수 있고, 그 결과 개인의 생산능력의 증대를 가져오기도 한다.
2. 위생요인의 욕구가 만족되어야 동기요인 욕구가 생긴다.
3. 자아실현을 하려는 인간의 독특한 경향을 반영한 것으로 매슬로우의 자아실현 욕구와 비슷하다.

(2) Maslow의 욕구단계설

가. 제1단계(생리적 욕구): 생명 유지의 기본적 욕구, 즉 기아, 갈증, 호흡, 배설, 성욕 등 인간의 의식주에 대한 가장 기본적인 욕구(종족 보존)이다. 이 욕구가 충족되기 시작하면 그보다 높은 단계의 욕구가 중요해지기 시작한다는 것이다.

나. 제2단계(안전과 안정 욕구): 외부의 위험으로부터 안전, 안정, 질서, 환경에서의 신체적 안전을 바라는 자기 보존의 욕구이다.

다. 제3단계(소속과 사랑의 사회적 욕구): 개인이 집단에 의해 받아들여지고, 애정, 결속, 동일시 등과 같이 타인과의 상호작용을 포함한 사회적 욕구이다.

라. 제4단계(자존의 욕구): 자존심, 자기존중, 성공욕구 등과 같이 다른 사람들로부터 존경받고 높이 평가 받고자 하는 욕구이다.

마. 제5단계(자아실현의 욕구): 각 개인의 잠재적인 능력을 실현하고자 하는 욕구(성취욕구)이다.

(3) Alderfer의 ERG이론

가. 존재 욕구(Existence): 생존에 필요한 물적 자원의 확보와 관련된 욕구이다.

1. 신체적인 차원에서 유기체의 생존과 유지에 관련된 욕구
2. 의식주
3. 봉급, 보너스, 안전한 작업조건
4. 직무안전

나. 관계 욕구(Relationship): 사회적 및 지위상의 욕구로서 다른 사람과의 주요한 관계를 유지하고자 하는 욕구이다.

1. 의미 있는 타인과의 상호작용
2. 대인 욕구

다. 성장 욕구(Growth): 내적 자기개발과 자기실현을 포함한 욕구이다.

1. 개인적 발전능력
2. 잠재력 충족

라. 알더퍼 이론이 매슬로우의 이론과 달리 매슬로우의 이론에서는 저차원의 욕구가 충족되어야만 고차원의 욕구가 등장한다고 하지만, ERG이론에서는 동시에 두 가지 이상의 욕구가 작동할 수 있다고 주장하고 있는 점이다.

5 **다음 선행도는 활동의 선후관계와 소요시간을 나타낸 것이다. ( ) 안의 숫자는 위치가중치로 현재 활동에서부터 마지막 활동까지의 일정을 수행하는 데 필요로 하는 최소한의 소요시간을 의미한다. 다음 각 물음에 답하시오.**

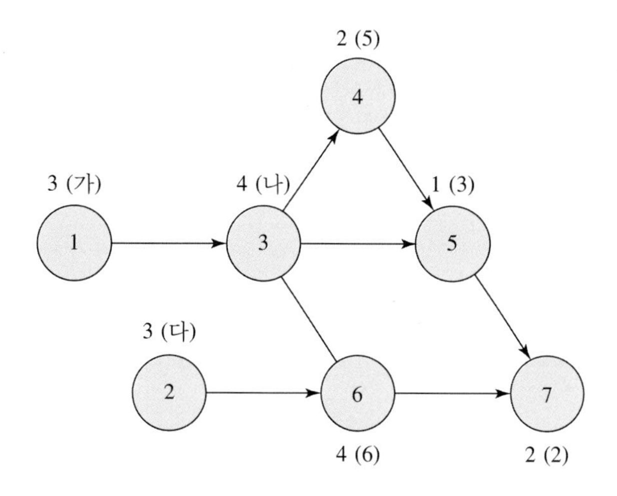

(1) (가), (나), (다)에 맞는 위치가중치를 구하시오.

(2) 전체 일정을 마치는 데 필요한 최소소요시간을 구하시오.

(3) 위치가중치를 고려하여 중요 활동집합을 구하시오.

풀이

(1) (가) －13, (나) －10, (다) －9

(2) 전체 일정을 마치는 데 필요한 최소소요시간은 1번－3번－6번－7번 경로이며, 13시간이다.

(3) critical path: 1번－3번－6번－7번

6 **중량물을 들어 올리는 작업에 대하여 산업안전보건기준에 관한 규칙에서 정하는 사업주의 의무사항을 설명하시오.**

풀이

(1) 중량물의 제한: 사업주는 근로자가 인력으로 들어올리는 작업을 하는 경우에 과도한 무게로 인하여 근로자의 목·허리 등 근골격계에 무리한 부담을 주지 않도록 최대한 노력하여야 한다.

(2) 작업조건: 사업주는 근로자가 취급하는 물품의 중량·취급빈도·운반거리·운반속도 등 인체에 부담을 주는 작업의 조건에 따라 작업시간과 휴식시간 등을 적정하게 배분하여야 한다.

(3) 중량의 표시 등: 사업주는 근로자가 5킬로그램 이상의 중량물을 들어올리는 작업을 하는 경우에 다음 각 호의 조치를 하여야 한다.

가. 주로 취급하는 물품에 대하여 근로자가 쉽게 알 수 있도록 물품의 중량과 무게중심에 대하여 작업장 주변에 안내표시를 할 것

나. 취급하기 곤란한 물품은 손잡이를 붙이거나 갈고리, 진공흡착판 등 적절한 보조도구를 활용할 것

(4) 작업자세 등: 사업주는 근로자가 중량물을 들어올리는 작업을 하는 경우에 무게중심을 낮추거나 대상물에 몸을 밀착하도록 하는 등 신체의 부담을 줄일 수 있는 자세에 대하여 알려야 한다.

인간공학기술사 2013년 3교시 문제풀이

※ 다음 문제 중 4문제를 선택하여 설명하시오. (각 문제당 25점)

1 그림은 물체의 거리와 높이에 따른 시각을 나타낸 것이다. 표지판의 문자높이 크기는 시각이 15~22′ 정도 내에 있기를 권장하고 있다. 최적 시각이 20′ 이라고 하였을 경우 10 m 떨어진 곳에서 최적의 조건으로 볼 수 있는 글씨의 크기(L)를 구하시오.

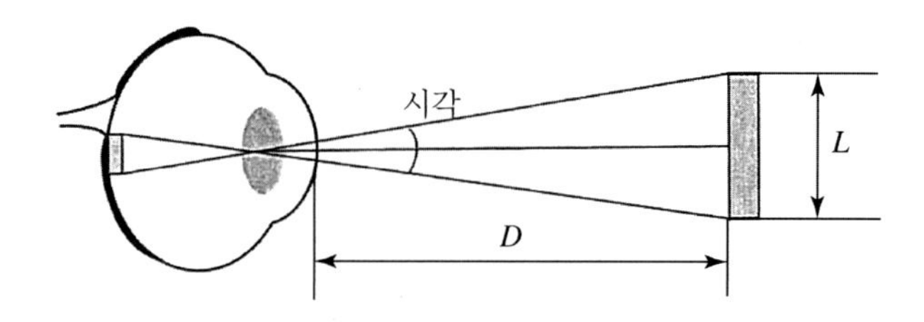

풀이

$$시각(') = \frac{57.3 \times 60 \times H}{D}$$

여기서, H: 시각 자극(물체)의 크기(높이)

D: 눈과 물체 사이의 거리

(57.3)(60): 시각이 600′ 이하일 때 라디안(radian) 단위를 분으로 환산하기 위한 상수

$$20' = \frac{57.3 \times 60 \times \mathrm{H}}{10\ \mathrm{m}}$$

$$H = \frac{200}{57.3 \times 60} = 0.058\ \mathrm{m} = 5.8\ \mathrm{cm}$$

2 NIOSH의 직무스트레스 모형에서, 직무스트레스 요인과 중재요인에 대하여 설명하시오.

풀이

(1) 직무스트레스 요인

직무스트레스 요인에는 크게 작업요구, 조직적 요인 및 물리적 환경 등으로 구분될 수 있다.

가. 작업요구에는 작업 과부하, 작업속도 및 작업과정에 대한 작업자의 통제(업무 재량도) 정도, 교대근무 등이 포함된다.

나. 조직적 요인으로는 역할모호성, 역할갈등, 의사결정에의 참여도, 승진 및 직무의 불안정성, 인력감축에 대한 두려움, 조기퇴직, 고용의 불확실성 등의 경력개발 관련요인, 동료, 상사, 부하 등과의 대인관계 등이 포함된다.

다. 물리적 환경에는 과도한 소음, 열 혹은 냉기, 환기불량, 부적절한 조명 및 인체공학적 설계의 결여 등이 포함된다.

(2) 직무스트레스 중재요인

똑같은 작업환경에 노출된 개인들이 지각하고 그 상황에 반응하는 방식에서의 차이를 가져오는 개인적이고 상황적인 특성이 많이 있는데 이것을 중재요인(moderating factors)이라고 한다. 중재요인은 개인적 요인, 조직 외 요인 및 완충작용 요인 등이 이에 해당된다.

가. 개인적 요인으로는 A형 행동양식이나 강인성, 불안 및 긴장성 성격 등과 같은 개인의 성격, 경력개발 단계, 연령, 성, 교육정도, 수입, 의사소통 기술의 부족, 자기주장 표현의 부족 등이 있다.

나. 조직 외 요인으로는 가족 및 개인적 문제, 일상생활 사건(사회적, 가족적, 재정적 스트레스요인 등), 대인관계, 결혼, 자녀양육 관련 스트레스 요인 등이 포함된다.

다. 완충요인으로는 사회적 지원, 특히 상사와 배우자, 동료 작업자로부터의 지원, 대처전략, 업무숙달 정도, 자아존중감 등이 여기에 포함된다.

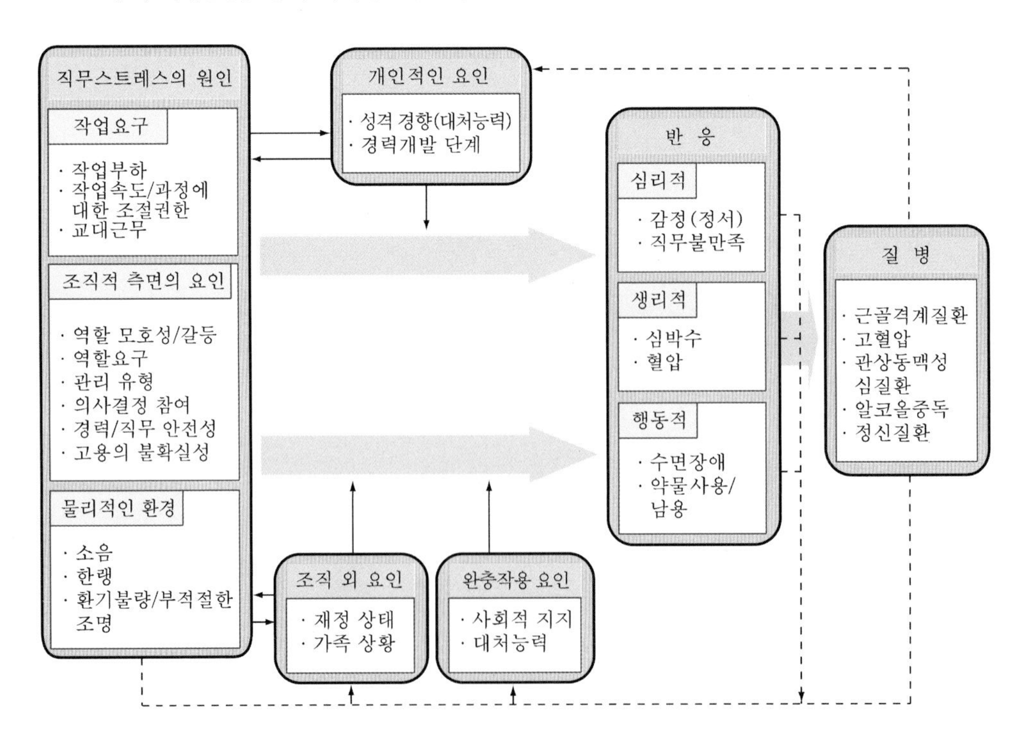

3 한 작업자가 철재구조물에 용접을 하기 위하여, 근처에 있던 빈 드럼통을 가져다가 작업을 하던 중 용접불똥이 빈 드럼통에 안에 있던 잔류가스에 점화, 폭발한 사고가 발생하였다. 이때 작업자가 철재구조물에 부딪혀서 팔이 부러지는 사고가 발생하였다. 다음 각 물음에 답하시오.

(1) 기인물, 가해물, 재해 발생 형태와 상해의 종류를 쓰고, 설명하시오.

(2) 사고의 직접 원인이 되는 불안전한 행동과 불안전한 상태에 대하여 설명하시오.

풀이

(1) 가. 기인물: 용접기
나. 가해물: 철재구조물
다. 재해발생형태: 화재, 폭발
라. 상해의 종류: 골절

(2) 가. 불안전한 행동(인적원인): 잔류가스가 있는 빈 드럼통에 용접 작업 실시
나. 불안전한 상태(물적원인): 빈 드럼통 안에 잔류가스가 존재

4 표는 4시간 동안의 작업내용을 Work Sampling한 내용이다. 다음 각 물음에 대하여 답하시오.

작업	작업 횟수	팔을 어깨 위로 들고 작업하는 횟수	쪼그려 앉아 작업하는 횟수
작업 1	///// /////		
작업 2	///// ///// ///// /////	///	/////
작업 3	///// ///// ///// ///// ///// ///// ///// ///// ///// /////	///// ///// /////	///// /////
작업 4	///// /////	///// /////	/////
유휴 기간	///// /////		
총계	100회	28회	20회

(1) 표를 참고하여 각 작업에 대한 8시간 동안의 추정 작업시간을 구하시오.

(2) 표를 참고하여 8시간 동안의 팔을 어깨 위로 들고 하는 작업과 쪼그려 앉아하는 작업의 추정시간을 구하고, 각 작업의 근골격계 부담작업 해당여부를 설명하시오.

풀이

(1) 각 작업에 대한 8시간 동안의 추정 작업시간을 구한 결과, 작업 1은 0.8시간, 작업 2는 1.6시간, 작업 3은 4.0시간, 작업 4는 0.8시간으로 나타났다.

작업	작업시간
작업 1	가동률×8시간=(10회÷100회)×8시간=0.8시간
작업 2	가동률×8시간=(20회÷100회)×8시간=1.6시간
작업 3	가동률×8시간=(50회÷100회)×8시간=4.0시간
작업 4	가동률×8시간=(10회÷100회)×8시간=0.8시간

(2) 팔을 어깨 위로 들고 하는 작업과 쪼그려 앉아 하는 작업의 추정시간을 구한 결과, 팔을 어깨 위로 드는 작업은 2.2시간으로 2시간 이상이므로 근골격계 부담작업에 해당하며, 쪼그려 앉는 작업은 1.6시간으로 2시간 미만이므로 근골격계 부담작업에 해당하지 않는다.

구분	팔을 어깨 위로 드는 작업	쪼그려 앉는 작업
추정작업시간	28회÷100회×8시간=2.2시간	20회÷100회×8시간=1.6시간
해당여부	2시간 이상이므로 해당	2시간 미만이므로 해당 안됨

5 최근 국내 작업 현장에는 여성작업자가 증가하고 있다. 표의 인체치수를 이용하여 좌식 작업 시, 여성을 위한 고정식 작업대와 의자를 인간공학적으로 설계하시오. (단, 95%ile의 계수는 1.645이다.)

여성	오금높이(cm)	무릎 뒤 길이(cm)	앉은 자세에서의 팔꿈치 높이(cm)	엉덩이 너비(cm)
평균	38.0	44.4	63.2	33.7
표준편차	1.7	2.1	2.1	1.9

풀이

구분	설계원리	설계치수
의자높이	오금높이의 최소집단값에 의한 설계	38.0 cm−1.7×1.645=35.2 cm
의자깊이	무릎 뒤 길이의 최소집단값에 의한 설계	44.4 cm−2.1×1.645=40.95 cm
작업대높이	앉은 자세에서의 팔꿈치 높이의 최소집단값에 의한 설계	63.2 cm−2.1×1.645=59.75 cm
의자너비	엉덩이 너비의 최대집단값에 의한 설계	33.7 cm+1.9×1.645=36.83 cm

6 가스 탱크로부터 가스 누출을 방지하기 위한 밸브가 그림과 같이 설치되어있다. 각 밸브의 고장은 독립적이며, 각 밸브의 고장 확률은 0.1로 모두 동일할 때, 다음 각 물음에 답하시오.

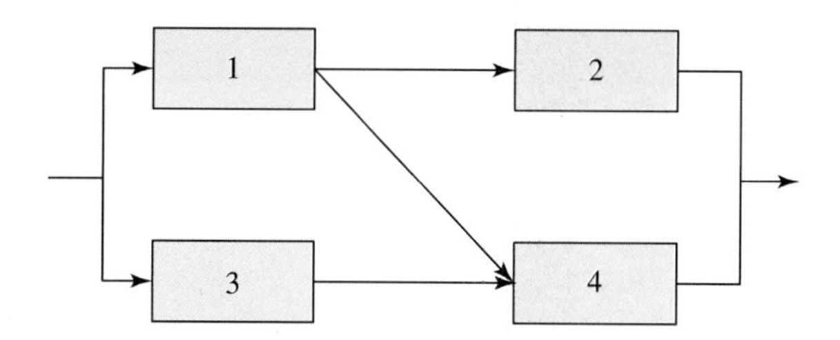

(1) 가스 누출을 정상사상으로 하여 FT(Fault Tree)도를 그리시오.

(2) 가스가 누출될 확률을 구하시오.

풀이

(1) FT(Fault Tree)도

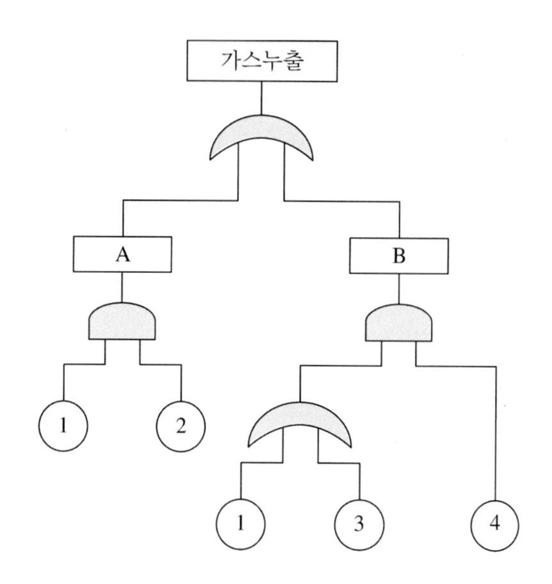

(2) P(A): $0.1 \times 0.1 = 0.01$

P(B): $[1-(1-0.1)(1-0.1)] \times 0.1 = 0.019$

P(A, B): $1-(1-0.01)(1-0.019) = 0.028$

그러므로 가스가 누출될 확률은 0.028

인간공학기술사 2013년 4교시 문제풀이

※ 다음 문제 중 4문제를 선택하여 설명하시오. (각 문제당 25점)

1 정량적 표시장치의 인간공학적 설계원칙에 대하여 설명하시오.

풀이

(1) 눈금의 간격: 눈금 간의 간격인 눈금단위 길이는 정상 가시거리인 71 cm를 기준으로 정상 조명에서는 1.3 mm, 낮은 조명에서는 1.8 mm 이상을 권장한다.

(2) 눈금의 표시: 일반적으로 읽어야 하는 매 눈금 단위마다 눈금 표시를 하는 것이 좋다.

(3) 눈금의 수열: 일반적으로 0, 1, 2, 3, …처럼 1씩 증가하는 수열이 가장 사용하기 쉬우며, 색다른 수열은 특수한 경우를 제외하고는 피해야 한다.

(4) 지침설계
가. (선각이 약 20° 되는) 뾰족한 지침을 사용한다.
나. 지침의 끝은 작은 눈금과 맞닿되 겹치지 않게 한다.
다. (원형 눈금의 경우) 지침의 색은 선단에서 중심까지 칠한다.
라. (시차를 없애기 위해) 지침을 눈금면과 밀착시킨다.

2 소집단 활동의 성장과정을 설명하시오.

풀이

소집단의 발달 단계
가. 사전 단계
집단지도자와 성원이 하나의 집단으로 처음으로 대면하기 이전의 단계
나. 초기 단계
1. 첫 모임에서부터 시작되는 단계
2. 타인에 대한 관심보다는 자신에 대한 의식이 강하다.
3. 접근 회피 갈등이 나타난다.

4. 개인 정보를 표현하기를 꺼리고 적절한 자기표현방식을 찾는다.
5. 행동양식을 탐색해 감에 따라 집단 규범이 형성되기 시작한다.
6. 익숙해짐에 따라 성원 간의 상호작용이 많아지기 시작한다.
7. 자신의 생각과 느낀 것을 표현함으로써 결속력이 생겨나고 신뢰감이 형성되기 시작한다.
8. 자기주장이 강하고 호전적인 성원이 지도력을 가지게 된다.

다. 중간 단계

1. 갈등 및 통합화 단계
   - 집단이 어느 정도 안정화되게 되면 자신들의 욕구나 요구 사항을 충족시키기 위하여 집단을 재구성 하려는 시도를 한다.
   - 성원들이 이전보다 더 많은 권력을 행사하고 보다 높은 지위 확보를 위하여 경쟁한다.
   - 지도자에게 도전하기도 하므로 집단 성원들 간 성원과 지도자 간에 갈등이 생긴다.
   - 집단 목적이 분명해지고 목적 성취를 위한 활동이 증가한다.
   - 역할 분화가 이루어지고 과업 지도자와 사회정서적 지도자로 지도력이 분화된다.
2. 문제 해결 단계
   - 성원들 간의 신뢰와 집단의 결속력이 높고 개방적 의사소통, 환류 및 자기 표출이 이루어지며, 지도력을 공유하게 된다.
   - 갈등이 일어나더라도 직접적이고 효과적인 방식으로 처리하며, 목적 성취를 위한 행동을 취하도록 성원 상호 간에 지지하게 된다.
   - 변화 가능성에 대한 희망을 갖고 집단 내에서 적극적인 변화 노력을 기울인다.
   - 집단 외부에서도 행동 변화를 일으키기 위하여 노력하게 된다.
   - 집단구조와 집단 운영 절차가 안정적이다.
   - 공통의 가치와 규범을 공유하게 됨으로써 집단 특유의 문화가 형성된다.

라. 종결 단계

1. 현실 상황으로 되돌아가야 한다는 것에 대해 불안감을 느낀다.
2. 배운 것을 어떻게 적용할 것인가에 대한 염려가 증가하여 집단 활동을 계속하고 싶어 한다.
3. 활동 참여도가 낮아지고 결속력이 저하되며 사회적 통제 기제의 영향력이 줄어든다.
4. 학습한 것을 적용하기 위한 준비를 하기 위한 활동적 프로그램이 많아진다.
5. 활동에 대한 개인적인 평가를 하며 미래 계획을 수립하고 이에 대한 환류와 지지를 한다.

3 표준시간 산정에 관한 다음 각 물음에 답하시오.

(1) 여유시간에 포함되어야 할 항목에 대하여 설명하시오.

(2) 외경법과 내경법에 대하여 설명하시오.

풀이

(1) 여유시간에 포함되어야 할 항목은 다음과 같다.

가. 일반여유(PDF 여유): 어떤 작업에 대하여도 공통적으로 감안하는 기본적인 여유이다.

1. 개인여유(personal allowance: 생리여유, 용무여유, 인적여유, 수달여유): 작업 중의 용변, 물마시기, 땀 씻기 등 생리적 여유는 보통 3~5%이다.
2. 피로여유(fatigue allowance): 작업을 수행함에 따라 작업자가 느끼는 정신적·육체적 피로를 회복시키기 위하여 부여하는 여유이다.

3. 작업여유(물적 여유): 작업수행의 과정에서 불규칙적으로 발생하고 정미시간에 포함시키는 것이 곤란하거나 바람직하지 못한 작업상의 지연(재료취급, 기계취급, 지그·공구취급, 작업 중의 청결, 작업 중단)을 보상해 주기 위한 여유이다.
4. 직장여유(관리여유, 직장관리여유): 직장관리상 필요하거나 관리상의 불비(결함)에 의하여 발생하는 작업상의 지연(재료대기, 지그·공구대기, 설비대기, 지시대기, 관리상의 지연, 사고에 의한 지연)을 보상받기 위한 여유이다.

나. 특수여유
1. 기계간섭여유: 작업자 1명이 동일한 여러 대의 기계를 담당할 때 발생하는 기계간섭으로 인하여 생산량이 감소되는 것을 보상하는 여유이다.
2. 조(group) 여유, 소로트 여유, 장사이클 여유 및 기타 여유

다. 장려여유

(2) 가. 외경법
1. 정미시간에 대한 비율을 여유율로 사용한다.
2. $여유율(A) = \frac{여유시간의 총계}{정미시간의 총계} \times 100$
3. $표준시간(ST) = 정미시간 \times (1 + 여유율) = NT(1+A) = NT(1+\frac{AT}{NT})$

여기서, NT: 정미시간
AT: 여유시간

나. 내경법
1. 근무시간에 대한 비율을 여유율로 사용한다.
2. $여유율(A) = \frac{(일반)여유시간}{표준시간} \times 100 = \frac{여유시간}{정미시간 + 여유시간} \times 100$
$= \frac{AT}{NT+AT} \times 100$
3. $표준시간(ST) = 정미시간 \times (\frac{1}{1 - 여유율})$

4 근육의 대사과정에 관한 다음 각 물음에 답하시오.

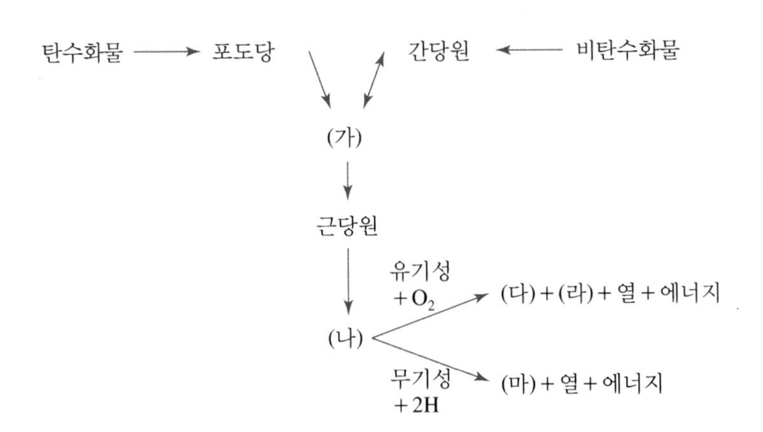

(1) 그림의 (가)~(마)에 해당하는 내용을 쓰시오.

(2) 산소빚(Oxygen Debt)과 기초대사율(Basal Metabolic Rate)에 대하여 설명하시오.

풀이

(1) 가. 혈당
나. pyruvic산
다. CO_2
라. H_2O
마. 젖산

(2) 가. 산소빚(Oxygen Debt): 인체활동의 강도가 높아질수록 산소 요구량은 증가된다. 이때 에너지 생성에 필요한 산소를 충분하게 공급해 주지 못하면 체내에 젖산이 축적되고 작업종료 후에도 체내에 쌓인 젖산을 제거하기 위하여 계속적으로 산소량이 필요하게 되며, 이에 필요한 산소량을 '산소빚'이라 한다. 그 결과 산소 빚을 채우기 위해서 작업종료 후에도 맥박수와 호흡수가 휴식상태의 수준으로 바로 돌아오지 않고 서서히 감소하게 된다.
나. 기초대사율(Basal Metabolic Rate): 생명을 유지하기 위한 최소한의 에너지 소비량을 의미하며, 성, 연령, 체중은 개인의 기초대사량에 영향을 주는 중요한 요인이다.
1. 성인 기초대사량: 1,500~1,800 kcal/일
2. 기초+여가대사량: 2,300 kcal/일
3. 작업 시 정상적인 에너지 소비량: 4,300 kcal/일

5 수공구 설계의 인간공학적 원리에 대하여 실제 사례를 들어 설명하시오.

풀이

(1) 수공구의 무게: 공구는 사용자가 한 손으로 쉽게 공구를 취급할 수 있어야 한다. 무게는 연속해서 반복적으로 사용하는 공구 무게는 1 kg 이하이어야 하며, 대부분의 공구 무게는 2.3 kg 이하로 설계되어야 한다.

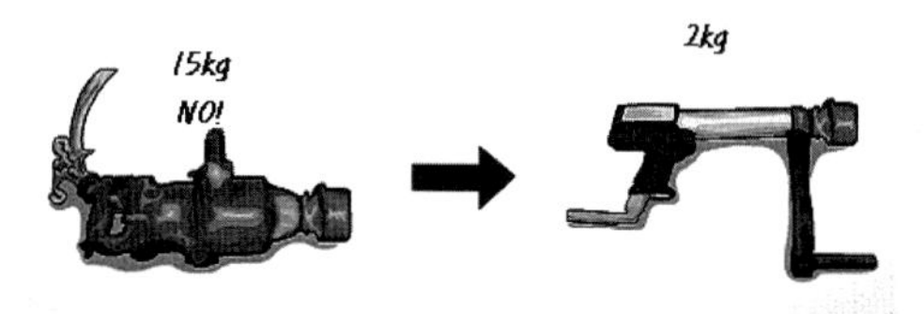

(2) 수공구의 손잡이: 수공구의 손잡이는 사용자가 최대 힘을 내기 위해서 파워 그립 형태의 지름이 32~45 mm가 적당하고, 손잡이 길이는 100 mm 이상이 좋다. 권총모양의 손잡이는 힘이 수평으로 사용하도록 하고, 일자형 손잡이는 힘이 수직으로 가하도록 해야 한다.

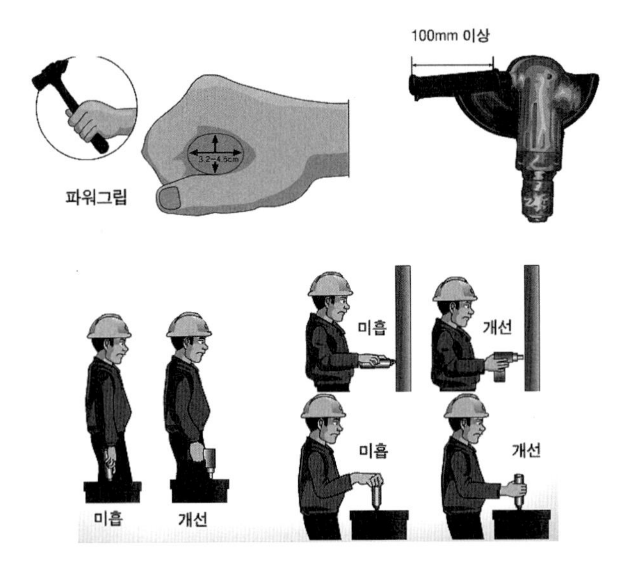

(3) 수공구 손잡이 간의 간격: 작업하기 좋은 수공구 손잡이 간의 간격은 50~65 mm를 권장하고 있다.

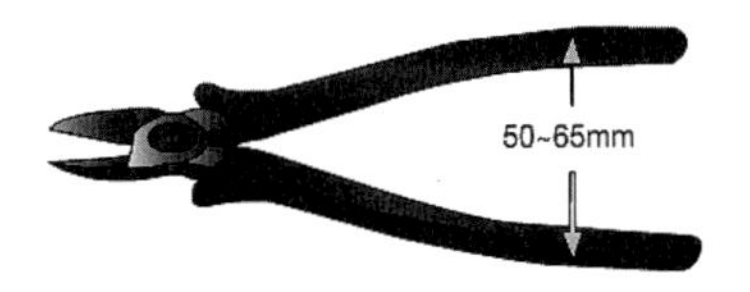

(4) 동력공구의 방아쇠(제동장치): 한 손가락만을 사용하는 방아쇠가 아닌 적어도 세 손가락 또는 네 손가락을 사용하는 것으로 선택 또는 설계해야 한다.

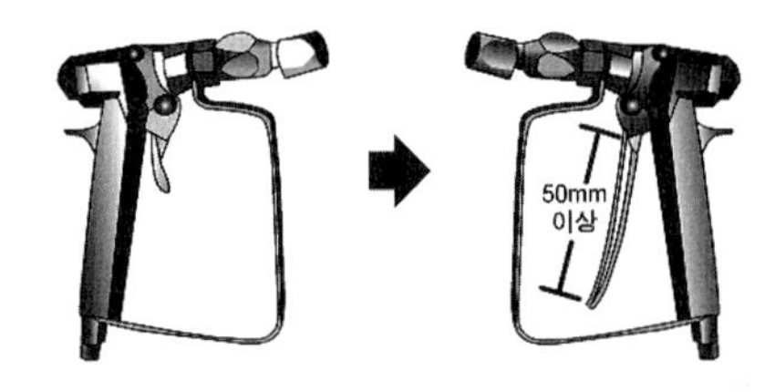

(5) 손잡이 재질 및 질감: 작업장 상황에 의해 불가능할 경우는 고무 재질 등으로 표면처리 하여 미끄러지거나 놓치는 현상 등을 방지하여야 하고, 비전도성의 손잡이 재질을 사용하도록 해야 한다.

(6) 진동: 동력공구를 사용하는 작업에서는 진동이 적게 발생하도록 설계된 동력 공구를 구매하여 사용하도록 해야 하며, 또는 진동방지장갑을 착용하여 진동에 대한 노출을 최소화해야 한다.

인간공학기술사 2012년 1교시 문제풀이

※ 다음 문제 중 10문제를 선택하여 설명하시오. (각 문제당 10점)

1 **일반적으로 연구는 실험연구와 조사연구로 구분된다. 실험연구는 다시 현장연구와 실험실연구로 구분되는데, 현장연구와 실험실연구의 장·단점을 각각 2가지씩 설명하시오.**

풀이

실험연구	장점	단점
현장연구	1. 현장에서 수행하는 연구는 현실성이 있다. 2. 현장연구에서 얻어지는 결과는 일반화할 수 있는 경우가 많다.	1. 현장에서는 실험 단위가 크고, 실험 비용이 많이 들기 때문에 많은 실험을 할 수 없다. 2. 현장의 실험에서는 실험조건을 균일하게 하는 것이 어려워 실험에 관련된 인자의 수가 많아지게 된다.
실험실연구	1. 실험조건을 제어할 수 있다. 2. 실험이 용이하여 반복횟수를 늘릴 수 있으며, 좀 더 정확한 자료를 수집할 수 있다.	1. 제한된 실험조건에 의해 얻어진 결과는 현실성과 일반성이 떨어질 수 있다. 2. 실험실연구 결과는 연구의 한계점 및 현실세계에서의 적용 가능성에 대한 검토가 선행되어야 한다.

2 **단기기억(Short term Memory)의 용량을 의미하는 "매직넘버 7"을 설명하고, 이를 활용한 사례를 설명하시오.**

풀이

신비의 수(Magical Number): 인간의 절대적 판단에 의한 단일 자극의 판별 범위는 보통 7±2(5~9가지)이다. 인간이 신뢰성 있게 정보 전달을 할 수 있는 기억은 5가지 미만이며, 감각에 따라 정보를 신뢰성 있게 전달할 수 있는 한계 개수는 5~9가지라는 것이다. 그러나 단일 자극이 아니라 여러 차원을 조합하여 사용하는 경우에는 신뢰성 있게 처리할 수 있는 자극 판별의 수가 증가한다.

예시)
가. 전화번호 01012345678은 010-1234-5678로 세 개의 단위로 나누어 기억을 하면 쉽게 기억할 수 있다.
나. 영어철자 CARDOGCATRED는 CAR/DOG/CAT/RED의 네 개 단어로 구분하여 기억을 하면 쉽게 기억할 수 있다.

3 피로의 측정방법을 생리적 방법, 생화학적 방법, 심리학적 측면에서 설명하시오.

풀이

(1) 생리적 측정방법
가. 근전도(EMG): 근육활동의 전위차를 기록한다.
나. 심전도(ECG): 심장근육활동의 전위차를 기록한다.
다. 뇌전도(ENG): 뇌활동의 전위차를 기록한다.
라. 안전도(EOG): 안구운동의 전위차를 기록한다.
마. 산소소비량
바. 에너지 소비량(RMR)
사. 피부전기반사(GSR)
아. 점멸융합주파수(플리커법)

(2) 심리학적 방법
가. 주의력 테스트
나. 집중력 테스트 등

(3) 생화학적 방법
가. 혈액
나. 요중 스테로이드양
다. 아드레날린 배설량

4 선 작업자세에서 작업특성(정밀작업, 일반작업, 중작업)에 따른 작업대의 높이 설계 방식을 설명하시오.

풀이

(1) 정밀작업: 전자 조립과 같은 정밀작업은 미세한 조종작업이 필요하기 때문에 최적의 시야 범위인 15°를 더 가깝게 하기 위하여 작업면을 팔꿈치 높이보다 10~20 cm 정도 높게 하는 것이 유리하다. 더 좋은 대안은 약 15° 정도의 경사진 작업면을 사용하는 것이 좋다.

(2) 일반작업: 조립 라인이나 기계적인 작업과 같은 일반작업(손을 자유롭게 움직여야 하는 작업)은 팔꿈치 높이보다 5~10 cm 정도 낮게 한다.

(3) 중작업: 아래로 많은 힘을 필요로 하는 중작업(무거운 물건을 다루는 작업)은 팔꿈치 높이를 10~30 cm 정도 낮게 한다.

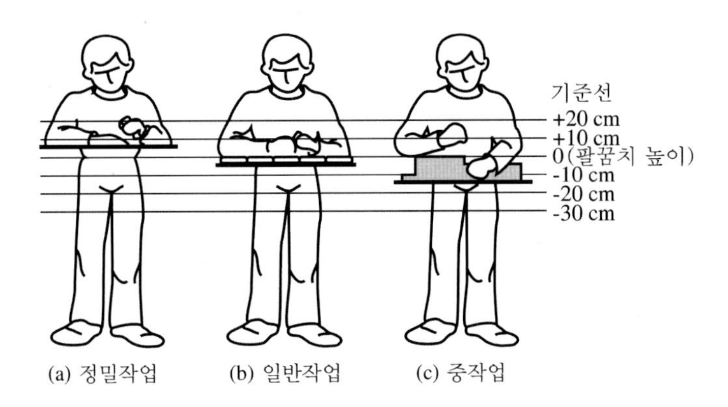

(a) 정밀작업 (b) 일반작업 (c) 중작업

5 Swain이 분류한 Human Error의 종류를 3가지만 설명하시오.

풀이

(1) 부작위 에러, 생략 에러(omission error): 필요한 작업 또는 절차를 수행하지 않는 데 기인한 에러이다.

(2) 시간 에러(time error): 필요한 작업 또는 절차의 수행 지연으로 인한 에러이다.

(3) 작위 에러(commission error): 필요한 작업 또는 절차의 불확실한 수행으로 인한 에러이다.

(4) 순서 에러(sequential error): 필요한 작업 또는 절차의 순서 착오로 인한 에러이다.

(5) 과잉 행동 에러(extraneous act): 불필요한 작업 또는 절차를 수행함으로써 기인한 에러이다.

6 직무스트레스와 작업능률의 관계를 그래프를 통하여 설명하시오.

풀이

(1) 스트레스의 순기능
가. 스트레스가 긍정적으로 영향을 미치는 경우이다.
나. 적절한 스트레스는 개인의 심신활동을 촉진시키고 활성화시켜 직무수행에 있어서 문제해결능력과 동기를 유발시켜 생산성을 향상시키는 데 기여한다.

(2) 스트레스의 역기능
가. 스트레스가 부정적으로 영향을 미치는 경우이다.

나. 스트레스가 과도하거나 누적되면 역기능 스트레스로 작용하여 심신을 황폐하게 하거나 직무성과에 부정적인 영향을 미친다.

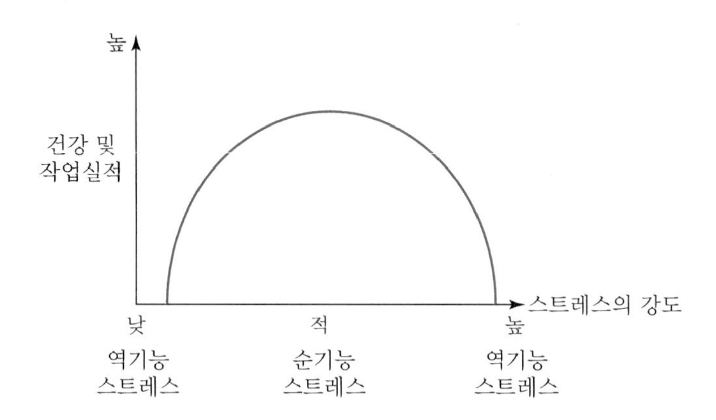

7 심박동수(Heart Rate)를 통한 최대산소소비량(VO_2 max)의 추정절차를 설명하시오.

풀이

심박동수(Heart Rate)를 통한 최대산소소비량(VO_2 max)의 추정절차는 다음과 같다.

가. 3개 이상의 작업수준에서 산소 소비량과 심박수를 측정한다.
나. 회귀분석을 통하여 산소 소비량과 심박수의 선형관계를 파악한다.
다. 피실험자의 최대 심박수를 추정한다.
라. 최대산소소비량을 회귀분석으로 구한 선형관계를 통하여 최대심박수로부터 추정한다.

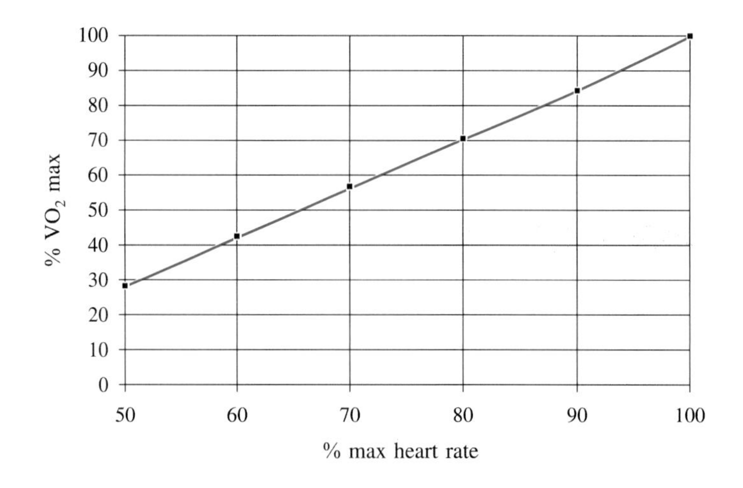

8 근골격계질환의 단계별 증상을 설명하시오.

풀이

(1) 1단계
   가. 작업 중 통증을 호소, 피로감
   나. 하룻밤 지나면 증상 없음
   다. 작업능력 감소 없음
   라. 며칠 동안 지속: 악화와 회복 반복

(2) 2단계
   가. 작업시간 초기부터 통증 발생
   나. 하룻밤 지나도 통증 지속
   다. 화끈거려 잠을 설침
   라. 작업능력 감소
   마. 몇 주, 몇 달 지속: 악화와 회복 반복

(3) 3단계
   가. 휴식시간에도 통증
   나. 하루 종일 통증
   다. 통증으로 불면
   라. 작업수행 불가능
   마. 다른 일도 어려움, 통증 동반

9 표준시간을 정하는 방법 중 PTS(Predetermined Time Standard) 기법과 스톱워치 기법을 비교하여 설명하시오.

풀이

(1) PTS법: PTS법(predetermined time standard system)이란 기본동작요소(therblig)와 같은 요소동작(element motion)이나, 또는 운동(movement)에 대하여 미리 정해 놓은 일정한 표준요소 시간 값을 나타낸 표를 적용하여 개개의 작업을 수행하는 소요되는 시간 값을 합성하여 구성하는 방법이다. 종류로는 WF(Work Factor)법, MTM(Method Time Measurement)법, MODAPTS(Modular Arrangement of Predetermined Time Standards), BMT(Basic Motion Time Study), DMT(Dimensional Motion Times)가 있다.
   가. 장점
      1. 표준시간 설정과정에 있어서 현재의 방법을 보다 합리적으로 개선할 수 있다.
      2. 표준자료의 작성이 용이하다.
      3. 작업방법과 작업시간을 분리하여 동시에 연구할 수 있다.
      4. 작업자에게 최적의 작업방법을 훈련할 수 있다.
      5. 정확한 원가 산정이 가능하다.

6. 작업방법에 변경이 생겨도 표준시간의 개정이 신속하고 용이하다(표준시간의 수정을 위해 전체 작업을 연구할 필요가 없다).
7. 작업방법만 알고 있으면 그 작업을 행하기 전에도 표준시간을 알 수 있다.
8. 흐름작업에 있어서 라인밸런싱을 고도화할 수 있다.
9. 작업자의 능력이나 노력에 관계없이 객관적인 표준시간을 결정할 수 있다. 따라서, 레이팅이 필요 없다.

나. 단점

1. 거의 수작업에 적용된다. 다만, 수작업 시간에 수분 이상이 소요된다면 분석에 필요한 시간이 다른 방법에 비해 상당히 길어지므로 비경제적일 수도 있다. 그리고 비반복작업과 자유로운 손의 동작이 제약될 경우와 기계시간이나 인간의 사고판단 등의 작업측정에는 적용이 곤란하다.
2. 작업표준의 설정 시에는 PTS법과 병행하여 stop watch법이나 work sampling법을 적용하는 것이 일반적이다. 그리고 PTS법의 도입초기에는 전문가의 자문이 필요하고 교육 및 훈련비용이 크다.
3. PTS법의 여러 기법 중 회사의 실정에 알맞은 것을 선정하는 일 자체가 용이하지 않으며, PTS법의 작업속도를 회사의 작업에 합당하도록 조정하는 단계가 필요하다.

(2) 스톱워치기법: 스톱워치에 의한 시간연구(stop watch time study)란 잘 훈련된 자격을 갖춘 작업자가 정상적인 속도로 완료하는 특정한 작업결과의 표본을 추출하여 이로부터 표준시간을 설정하는 기법이다. 관측방법으로는 계속법(continuous time), 반복법(repetitive timing, snap back timing), 누적법(cumulative timing), 순환법(cycle timing)이 있다.

10 동작경제의 원칙 중 손과 신체의 동작은 작업을 원만하게 처리할 수 있는 범위에서 가장 낮은 등급을 사용하도록 한다. 손과 신체의 동작 등급 중 가장 낮은 등급과 가장 높은 등급을 설명하시오.

풀이

신체부위별 동작등급

동작등급	축	동작신체부위
1	손가락관절	손가락
2	손목	손가락, 손
3	팔꿈치	손가락, 손, 전완
4	어깨	손가락, 손, 전완, 상완
5	허리	손가락, 손, 전완, 상완, 몸통

가. 가장 낮은 등급(1등급): 손가락
나. 가장 높은 등급(5등급): 손가락, 손, 전완, 상완, 몸통

11 집단 간의 갈등요인 4가지를 설명하시오.

풀이

(1) 작업유동의 상호의존성(work flow interdependence)

가. 두 집단이 각각 다른 목표를 달성하는 데 있어서 상호 간에 협조, 정보교환, 동조, 협력행위 등을 요하는 정도가 작업유동의 상호의존성이다.

나. 한 개인이나 집단의 과업이 다른 개인이나 집단의 성과에 의해 좌우되게 될 때 갈등의 가능성은 커진다.

다. 예컨대, 영업부서에서 요청하는 제품을 생산부서에서 정해진 시간 내에 공급해 주지 못하는 경우에 이 두 부서 간, 즉 집단 간의 갈등이 생기게 된다.

(2) 불균형 상태(unbalance)

가. 한 개인이나 집단이 정기적으로 접촉하는 개인이나 집단이 권력, 가치, 지위 등에 있어서 상당한 차이가 있을 때, 두 집단 간의 관계는 불균형을 가져오고 이것이 갈등의 원인이 된다.

나. 예컨대, 권력이 낮은 사람이 성의 없는 상급자에게 도움이 필요할 때, 가치관이 다른 사람이나 집단이 함께 일해야 할 때에 불균형 상태에서 갈등이 생기게 된다.

(3) 영역(역할) 모호성(sphere ambiguity)

가. 한 개인이나 집단(부서)이 역할을 수행함에 있어서 방향이 분명치 못하고 목표나 과업이 명료하지 못할 때 갈등이 생기게 된다.

나. 개인 간에는 서로 일을 미루는 사태가, 집단 간에는 영역이나 관할군의 분쟁사태가 발생한다.

(4) 자원 부족(lack of resources)

가. 부족한 자원에 대한 경쟁이 개인이나 집단 간의 작업관계에서 갈등을 유발시키는 원인이 된다.

나. 한정된 예산, 행정지원 등에 대한 경쟁이 갈등을 야기시킬 수 있다.

12 산업안전보건법에 따라 도급사업을 시행하는 회사가 하도급 회사에 대하여 시행해야 하는 산업재해 예방조치 사항 5가지를 설명하시오.

풀이

도급사업 시의 안전·보건조치는 다음과 같다.

가. 도급인과 수급인을 구성원으로 하는 안전 및 보건에 관한 협의체의 구성 및 운영

나. 작업장 순회점검

다. 관계수급인이 근로자에게 안전보건교육을 위한 장소 및 자료의 제공 등 지원

라. 관계수급인이 근로자에게 안전보건교육의 실시 확인

마. 다음 항목의 어느 하나의 경우에 대비한 경보체계 운영과 대피방법 등 훈련

1. 작업 장소에서 발파작업을 하는 경우
2. 작업 장소에서 화재·폭발, 토사·구축물 등의 붕괴 또는 지진 등이 발생한 경우

바. 위생시설 등 고용노동부령으로 정하는 시설의 설치 등을 위하여 필요한 장소의 제공 또는 도급인이

설치한 위생시설 이용의 협조

사. 같은 장소에서 이루어지는 도급인과 관계수급인 등의 작업에 있어서 관계수급인 등의 작업시기·내용, 안전조치 및 보건조치 등의 확인

아. 제 7호에 따른 확인 결과 관계수급인 등의 작업 혼재로 인하여 화재·폭발 등 대통령령으로 정하는 위험이 발생할 우려가 있는 경우 관계수급인 등의 작업시기·내용 등의 조정

13 운동 및 방향감각에 있어서 중요한 역할을 하는 체성감각기(proprioceptor)를 설명하시오.

풀이

체성감각기(proprioceptor): 체성감각기는 근육, 건, 뼈의 표면, 내장을 둘러싼 근육 조직(musculature) 등 피하조직에 퍼져 있는 여러 종류의 감각수용기(receptor)이다. 이들 감각기의 자극원은 주로 신체동작의 자체이다. 체성감각기 중 관절 주위에 집중되어 있는 근감각수용기(kinesthetic receptor)는 동작에 따른 팔과 다리의 위치를 알려주고, 동작의 균형 및 근력을 감각한다.

인간공학기술사 2012년 2교시 문제풀이

※ 다음 문제 중 4문제를 선택하여 설명하시오. (각 문제당 25점)

1 모바일 단말기에 사용되는 사용자 인터페이스를 개발하는 회사에서 노인용 사용자 인터페이스를 새로 개발하였다. 노인들의 사용자 만족도가 기존의 단말기에 채택된 사용자가 인터페이스보다 더 높은지 알아보기 위해 사용자가 만족도 스케일(10점 척도)을 사용하여 사용성 평가를 하기로 하였다. 피실험자를 구하기가 어려워 인근 노인정에 가서 노인 5인을 섭외하여 각각 1시간씩 노인용 사용자 인터페이스와 기존의 사용자 인터페이스에 대한 적응시간을 갖게 한 후 각 사용자 인터페이스에 대한 과업을 10분씩 수행하도록 하였다. 노인별 사용자 인터페이스 사용순서는 무작위화하였다. 각 과업수행이 끝난 후 사용자 만족도 스케일에 만족도를 표시하도록 하여 만족도 점수를 구하였다.

(1) 노인용 사용자 인터페이스를 사용한 경우의 만족도 모평균을 m_1, 기존 사용자 인터페이스를 사용한 경우의 만족도 모평균을 m_2라 했을 때 이 실험에 적합한 귀무가설 및 대립가설을 수식으로 표현하시오.
(2) 이 실험에 사용된 종속변수와 독립변수를 구분하시오.
(3) 이 실험에 적합한 검정 방법을 쓰시오.
(4) 접근성(accessibility) 설계를 정의하고, 노인용 사용자 인터페이스 개발에 어떤 기여를 할 수 있는지 설명하시오.

풀이

(1) 가. 귀무가설: 노인용 사용자 인터페이스 만족도 모평균 m_1과 기존 사용자 인터페이스 만족도 모평균 m_2의 차이가 없다($m_1 = m_2$).
나. 대립가설: 노인용 사용자 인터페이스 만족도 모평균 m_1과 기존 사용자 인터페이스 만족도 모평균 m_2의 차이가 있다($m_1 \neq m_2$).

(2) 가. 종속변수: 사용자 인터페이스 만족도
나. 독립변수: 노인용 사용자 인터페이스, 기존 사용자 인터페이스

(3) t-test: 모집단의 분산과 표준편차를 알지 못할 때 사용되는 통계적 검정 방법으로, 표본에서 추정된 분산이나 표준편차를 활용하여 검정한다.

(4) 접근성(accessibility) 설계는 어떤 기능에 제한을 가진 사람들에게 초점을 맞추어 설계를 요구(needs)에 맞추어 확장함으로써, 제품이나 서비스를 그대로 이용할 수 있는 잠재고객 수를 최대한 늘리기 위한 설계 개념이다. 이 설계개념이 도입이 된다면 노인용 사용자 인터페이스 개발에 있어 노인용 사용자 입장에서 필요한 기능, 조작방식, 디자인 등이 고려되어 기존 제품 인터페이스와 다소 차별화가 될 것이다.

2 신형 MP3 플레이어(코드명 A)를 개발한 전자회사에서 구형 MP3 플레이어(코드명 B)와 사용성 비교 실험을 실시하였다. 실험 자료를 통계 처리한 결과, A제품을 사용한 표본의 만족도 평균 7.2, B제품을 사용한 표본의 만족도 평균이 6.8로 나왔다. 검정결과 유의수준과 비교하는 P값(p-value)이 0.2503이 나왔다. 유의수준이 0.05임을 굳게 믿고 있는 회사의 실험담당자는 이 P값을 보고 새로 개발한 A제품에 대한 만족도가 기존 B제품을 사용한 경우와 큰 차이가 없다고 판단하고 다른 형태의 MP3 플레이어를 개발할 것을 건의하였다.

(1) 검정 결론에 대한 제1종 오류와 제2종 오류를 설명하시오.
(2) 유의수준의 정의를 설명하시오.
(3) 제1종 오류와 제2종 오류 측면에서 인간공학전문가로서 이 회사의 실험담당자가 내린 결론에 대하여 조언할 수 있는 사항을 제시하시오.
(4) 사용성 평가 차원에서 볼 때 이 실험에서 고려하지 못한 사용성 평가척도 4가지를 제시하시오.

풀이

(1) 가. 제1종 오류: 귀무가설(null hypothesis, HO)이 참임에도 불구하고 귀무가설을 기각할 오류로 실제 두 제품의 사용성 차이가 없는데 있다고 나타내는 것이다.
나. 제2종 오류: 대립가설(alternative hypothesis, H1)이 참임에도 불구하고 대립가설을 기각할 오류로 실제 두 제품의 사용성 차이가 있는데 없다고 나타내는 것이다.

(2) 유의수준(significance level): 허용가능한 제1종 오류의 최대 허용범위이다. 즉, 귀무가설이 참임에도 불구하고 귀무가설을 기각할 확률을 말하는데, 일반적으로 이 오류가 일어날 확률을 5%, 혹은 1%로 제한하고 있다.

(3) 본 사례는 P값이(p-value)이 0.2503으로 보통의 유의수준 0.05를 초과하여 제1종 오류가 발생할 가능성이 높다. 따라서, 대립가설은 기각이 타당하고 귀무가설이 채택된다. 즉, 비교 실험 결과 두 제품의 사용성에는 차이가 없다. 그러나, 비교실험을 면밀히 검토하여 재실험을 해보는 것을 조언한다. 그리고 다른 형태의 MP3 플레이어를 개발하는 데 많은 비용이 들기 때문에 제품을 충분히 재검토하여 다른 형태의 MP3 플레이어를 개발하는 결정에 참고해야 한다.

(4) 본 실험에서는 주관적 척도인 사용자 만족도만 사용된 것으로 보이며, 객관적 척도인 아래 사항을 추가로 고려해야 한다.
가. 배우는 데 걸리는 시간
나. 작업실행 속도
다. 사용자 에러율
라. 기억력

3 어두운 밤길을 빠른 속도로 운전하는 운전자가 전방도로의 움푹 패인 웅덩이를 보지 못하여 차가 웅덩이에 빠지는 사고를 당하였다.

(1) 운전자가 이 웅덩이를 식별할 수 있는 능력과 가장 관련성이 높은 인간공학척도를 제시하시오.

(2) 이 척도에 영향을 주는 요인 5가지를 설명하시오.

(3) 웅덩이를 식별할 수 있는 능력에 영향을 미치는 요인을 고려하여 이 상황에서 인간공학전문가로서 도로관리자에게 제시할 수 있는 해결방안을 쓰시오.

풀이

(1) 시식별(시각)

(2) 시식별(시각)에 영향을 주는 요인은 다음과 같다.
가. 조도(illuminance): 조도는 어떤 물체나 표면에 도달하는 광의 밀도로서 척도로는 foot-candle과 lux가 흔히 쓰인다.
나. 대비(contrast): 과녁과 배경 사이의 광도 대비라 한다. 광도 대비는 보통 과녁의 광도도(Lt)와 배경의 광도도(Lb)의 차를 나타내는 척도이다.
다. 광도비(luminance ratio): 시야 내에 있는 주시 영역과 주변 영역 사이의 광도의 비를 광도비라 하며, 사무실 및 산업현장에서의 추천 광도비는 보통 3:1이다.
라. 과녁의 이동(movement): 과녁이나 관측자(또는 양자)가 움직일 경우에는 시력이 감소한다. 이런 상황에서의 시식별 능력을 동적시력(dynamic visual acuity)이라 한다. 예를 들어, 자동차를 운전하면서 도로변에 있는 물체를 보는 경우에 동적시력이 활동한다.
마. 휘광(glare): 휘광(눈부심)은 눈이 적응된 휘도보다 훨씬 밝은 광원이나 반사광으로 인해 생기며, 가시도(visibility)와 시성능(visual performance)을 저하시킨다. 휘광에는 직사휘광과 반사휘광이 있다.

(3) 도로관리자에게 제시할 수 있는 해결방안은 다음과 같다.
가. 웅덩이 주변에 야광색 울타리를 설치하고, 웅덩이 조심 또는 접근금지의 표지판을 부착하여 운전자가 웅덩이를 식별할 수 있도록 한다.
나. 웅덩이 주변 또는 웅덩이 내부의 명도 대비를 주어 야간에도 웅덩이가 구별될 수 있도록 한다.
다. 야간의 웅덩이를 알리는 표지판에는 차량의 조명으로 인한 약간의 휘광을 주어 운전자가 전방에 웅덩이가 있음을 미리 인지하도록 한다.
마. 야간의 운전자가 웅덩이를 식별할 수 있는 충분한 시간을 주기 위하여 전방 1 km 이상에서 차량 운행 속도를 줄일 수 있는 표지를 한다.

4 **유리판 위에 인쇄된 글자의 상태를 검사하는 작업자가 검사용 조명으로 인한 휘광(glare)의 발생으로 시성능의 저하와 두통을 호소하고 있다. 이에 대한 예방대책을 설계하시오.**

풀이

휘광(눈부심)은 눈이 적응된 휘도보다 훨씬 밝은 광원(직사휘광) 혹은 반사광(반사휘광)이 시계 내에 있음으로써 생기며, 성가신 느낌과 불편감을 주고 시성능을 저하시킨다. 유리판으로 인해 반사휘광이 시계 내에 있으며, 반사휘광 처리 방법은 다음과 같다.

(1) 발광체의 휘도를 줄인다.

(2) 간접조명 수준을 높인다.

(3) 산란광, 간접광, 조절판(baffle) 등을 사용한다.

(4) 반사광이 눈에 비치지 않게 광원을 위치시킨다.

5 **인간의 의식수준은 과도하게 긴장하거나 활발하지 못할 경우 작업능률과 신뢰성이 낮아지는 특성이 있다. 검사 작업이나 정신적 판단이 필요한 작업의 경우 의식수준을 최적으로 유지할 수 있는 방안을 설계하시오.**

풀이

부주의를 예방하여 의식수준을 최적으로 유지할 수 있는 방안은 다음과 같다.

(1) 정신적 측면에 대한 대책
    가. 주의력 집중 훈련
    나. 스트레스 해소 대책
    다. 안전의식의 재고
    라. 작업의욕의 고취

(2) 기능 및 작업 측면의 대책
    가. 적성배치
    나. 안전작업 방법 습득
    다. 표준작업의 습관화
    라. 적응력 향상과 작업조건의 개선

(3) 설비 및 환경 측면의 대책
    가. 표준작업 제도의 도입
    나. 설비 및 작업의 안전화
    다. 긴급 시 안전대책 수립

6 영하의 날씨에 외부 작업장에서 진동공구를 사용하여 작업하는 작업자에게 발생할 수 있는 위험을 평가하고, 위험을 저감할 수 있는 대책을 수립하시오.

풀이

(1) 국소진동: 국소진동은 신체의 일부에 국소적으로 전파되는 진동으로 작업현장에서 병타기, 착암기, 연마기, 전기톱 등에서 발생하며, 8~1,500 Hz에서 장해를 유발한다. 특히, 추운 겨울날 국소진동으로 인하여 레이노증후군(일명, 백색수지증)이 발생한다. 레이노증후군은 국소진동으로 인하여 발생하는 질병으로 손가락 끝이 하얗게 변하는 질환이다. 국소진동으로 인한 혈액순환 장애가 가장 큰 원인이다.

(2) 진동대책

가. 공구는 무겁지 않고, 손잡이가 진동을 흡수할 수 있는 재질로 된 적절한 두께의 손잡이가 달린 공구를 사용한다.

나. 공구 사용 시 손목이 비틀어지거나 꺾이지 않도록 한다.

다. 1시간 이상 연속적으로 작업하는 것을 피하고 자주 휴식을 취한다.

라. 전동공구 작업 시 진동을 흡수할 수 있는 재질의 장갑을 착용한다.

마. 저온 작업장에서의 진동공구 사용을 최소화한다.

바. 손난로 등을 이용하여 손을 따뜻하게 유지한다.

인간공학기술사 2012년 3교시 문제풀이

※ 다음 문제 중 4문제를 선택하여 설명하시오. (각 문제당 25점)

1 A 회사는 구매자들의 요구에 부응하기 위하여 2009년 ISO TMB(International Standardization Organization Technical Management Board; 국제표준화기구기술관리이사회)에서 제정한 리스크 경영표준(ISO 31000:2009-Risk Management)을 회사경영 프레임워크(framework)로 도입하기로 하였다. A 회사의 인간공학 문제를 담당하는 B 과장은 A 회사에서 제조하는 제품이 가지고 있던 각종 인간공학적 문제점을 인간공학 리스크로 재정의하려고 한다. 먼저 인간공학 목표에 맞추어 인간공학 리스크를 정의하고, 리스크 경영 주요과정 7단계를 다이어그램으로 설명하시오.

풀이

(1) 인간공학 리스크의 정의: ISO 31000:2009 및 ISO Guide 73에 따르면, 위험성(Risk)은 더이상 손실확률(chance or probability of loss)이 아니며, 불확실성에 따른 영향(effect of uncertainty on objectives)으로 새롭게 정의되었다. 즉, 리스크는 부정적인 의미와 긍정적인 의미를 동시에 배포한다. 이는 또다른 국제 표준 ISO 9001:2015(Quality Management System Standard)에서도 effect of uncertainty라고 유사하게 정의되어 있다.
이를 반영하여, 국내 실정법 사업장 위험성평가에 관한 지침에서는 위험성을 유해·위험요인이 부상 또는 질병으로 이어질 수 있는 가능성(빈도)과 중대성(강도)을 조합한 것이라고 구체적으로 제시하고 있다.
따라서, 인간공학 리스크는 인간에게 영향을 줄 수 있는 모든 요인(기계적, 작업공정, 환경적, 사회적)과 그 요인으로 발생할 수 있는 중대성의 조합이다.

(2) 리스크 경영 7단계

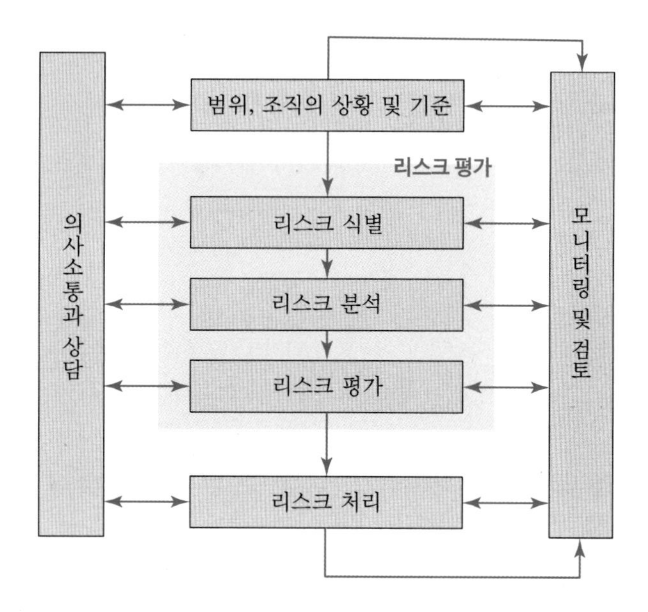

2 승용차용 HUD(Head Up Display)를 설계할 경우 제시되는 차량의 속도를 디지털 숫자로 제시하고자 한다. 이때 적절한 글자체(Typography)를 설계하시오.

풀이

(1) 획폭(strokewidth): 문자-숫자의 획폭은 보통 문자나 숫자의 높이에 대한 획 굵기의 비로써 나타낸다. 획폭비는 높이에 대한 획 굵기의 비로 양각은 1:6~1:8, 음각은 1:8~1:10으로 한다. 투명한 유리창에 비치는 디지털 숫자의 경우 1:8~1:10으로 설계한다.

(2) 종횡비(width-height ratio): 문자-숫자의 폭 대 높이의 관계는 통상 종횡비로써 표시된다. 숫자의 경우 약 3:5를 표준으로 권장하고 있다.

(3) 서체: 가시도, 가독성과 이해도를 높이기 위해서 스크립트 또는 블랙레터체로 설계한다.

(4) 글자크기: 글자크기는 전방화면을 가리지 않는 범위에서 가능한 큰 글자크기로 설계한다.

(5) 글자의 밀도: 해당 차량속도가 세 자리와 속도 단위로만 나타나기 때문에 글자밀도는 사용자가 한눈에 볼 수 있는 정도로 설계한다.

3 **VDT 작업공간을 설계하고자 한다. 그림을 참고하여 다음 각 물음에 답하시오.**

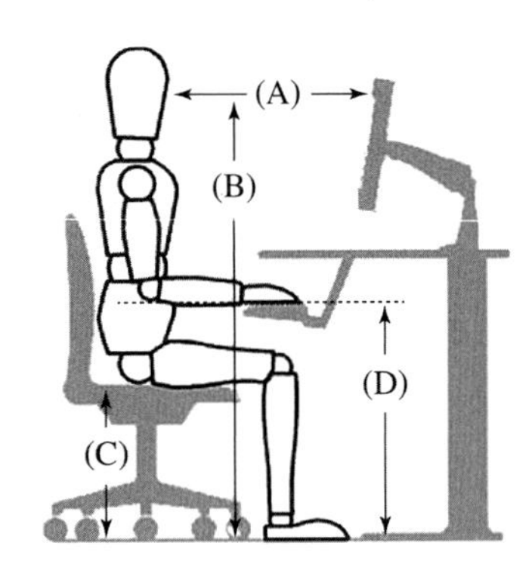

(1) (A)는 눈과 모니터의 거리이다. 눈과 모니터 간의 최적거리와 모니터의 최적각도를 제시하시오.

(2) (B)는 모니터 상단의 높이이다. 이 높이를 결정하는 인체치수의 측정방법을 제시하시오.

(3) (C)는 의자 좌판의 높이로 다양한 사용자가 활용하도록 설계하여야 한다. 이때 적용하는 인체치수 적용 방식을 제시하고, 범위를 결정하시오.

(4) (D)는 키보드의 높이이다. 그림에서 보다 높거나 낮게 키보드가 배치될 경우 발생할 수 있는 문제에 대하여 설명하시오.

풀이

(1) 가. 최적거리: 화면과의 시거리는 최소 40 cm 이상이 확보되도록 한다.
나. 최적각도: 화면상의 시야범위는 수평선상에서 10~15° 아래로 오도록 한다.

(2) 영상표시단말기 취급근로자의 시선은 화면상단과 눈높이가 일치할 정도로 하고 작업 화면상의 시야는 수평선상으로부터 10~15° 아래로 오도록 해야 하므로, 앉은 상태에서의 시선 높이가 적용되어야 할 인체 치수가 된다. 즉, 앉은 상태에서의 시선 높이를 측정해야 한다.
바닥으로부터 모니터 상단의 높이는 조절식 설계로 하는 것이 제일 좋으나, 조절식 설계를 적용하기가 어려울 경우, 최소 집단값에 의한 설계원칙을 적용해야 한다. 즉, 모니터를 올려다보아도 목에 무리가 오는 자세가 되지 않도록 해야 한다.
따라서, 앉은 상태의 눈높이로 여자 5%ile을 기준으로 설계하는 것이 좋다.

(3) 의자 자판의 높이는 다양한 사용자가 활용하도록 설계하여야 하므로 조절식 설계원칙을 적용해야 한다. 앉은 상태의 무릎 높이 여자 5%ile에서 남자 95%ile까지를 수용 대상으로 설계하는 것이 좋다.

(4) 팔꿈치의 내각이 90° 이내 또는 135° 이상으로 되어 어깨가 들리거나 지나치게 내려앉는 부자연스러운 자세가 된다. 이로 인하여 사용자는 목을 앞으로 굽히거나 뒤로 넘기는 자세가 되며 장시간 VDT작업 시 목, 어깨, 허리의 요통 발생의 위험성이 크다.

4 A사무원은 시간당 10,000자를 타이핑하며, 평균 40개의 오타가 발생한다. B사무원은 1,000자로 구성된 원고에 대해 평균 5자를 잘못 읽는다. B사무원이 불러주고 A사무원이 받아서 타이핑하는 작업의 인간신뢰도를 구하시오.

풀이

(1) 휴먼에러확률$(HEP) = p = \dfrac{\text{실제 인간의 에러 횟수}}{\text{전체 에러 기회의 횟수}}$

(2) 인간신뢰도$(R) = (1 - HEP) = (1 - p)$

(3) 직렬작업 인간신뢰도$(R_s) = R_1 \times R_2$

가. A사무원 인간신뢰도

$HEP = \dfrac{40}{10,000} = 0.004$

$R_1 = (1 - 0.004) = 0.996$

나. B사무원 인간신뢰도

$HEP = \dfrac{5}{1,000} = 0.005$

$R_1 = (1 - 0.005) = 0.995$

다. B사무원이 불러주고 A사무원이 받아서 타이핑하는 작업의 인간신뢰도

$R_s = 0.996 \times 0.995 = 0.99102$

5 기관차를 장시간 운전하는 기관사는 경계수준이 저하되어 중요한 정보를 놓치고, 이로 인해 각종 사고를 일으킬 수 있다. 경계수준을 저하시키는 요인 4가지와 각 요인별 대처방안을 설명하시오.

풀이

(1) 경계수준을 저하시키는 요인(부주의 현상)

가. 의식 수준의 저하: 뚜렷하지 않은 의식의 상태로 심신이 피로하거나 단조로움에 의해서 발생한다.

나. 의식의 우회: 의식의 흐름이 샛길로 빗나갈 경우로 작업도중 걱정, 고뇌, 욕구불만 등에 의해서 발생한다.

다. 의식의 과잉: 돌발사태, 긴급 이상사태 직면 시 순간적으로 의식이 긴장하고, 한 방향으로만 집중되는 판단력 정지, 긴급 방위 반응 등의 주의의 일점집중 현상이 발생한다.

라. 의식의 단절: 의식의 흐름에 단절이 생기고 공백상태가 나타나는 경우(의식의 중단)이다.

(2) 대처방안

주의력이 떨어지는 부주의 현상은 의식의 수준과 연관관계가 높으며, 부주의에 의한 사고를 예방하기 위한 대처방안은 다음과 같다.

가. 외적원인에 대한 대처방안으로는 작업환경개선, 작업순서의 조절 및 개선 등이 있다.

나. 내적원인에 대한 대처방안으로는 적성배치, 상담(카운슬링), 안전교육 및 훈련실시 등이 있다.
다. 정신적 측면에 대한 대책으로는 주의력 집중훈련, 스트레스 해소 대책, 안전의식의 재고, 작업 의욕의 고취 등이 있다.
라. 기능 및 작업 측면의 대책으로는 안전작업 방법의 교육, 표준작업의 습관화 실시, 적응력 향상을 위한 작업조건 개선 등이 있다.
마. 설비 및 환경 측면의 대책으로는 설비공정의 공학적 안전화 추진, 표준작업 제도의 도입, 긴급 시 안전대책 수립 등이 있다.

6 **어느 부품을 조립하는 컨베이어 라인의 요소작업 5개에 대한 사이클 타임을 각 10회 측정한 결과 다음과 같은 측정치를 얻었다.**

요소작업	작업 1	작업 2	작업 3	작업 4	작업 5
작업시간(초)	45	23	20	15	27
	47	22	21	14	28
	46	25	19	16	27
	50	23	20	15	29
	51	21	22	14	30
	43	25	23	16	27
	47	24	22	15	26
	46	25	21	14	28
	52	26	23	14	28
	50	24	23	15	27

(1) 각 측정치가 정상적인 상태로 측정되었다고 가정할 때 각 작업별로 여유율 10%를 부여한 표준작업시간을 외경법으로 구하시오.(단, 소수 첫째 자리에서 반올림하시오.)
(2) 각 작업을 개별 공정으로 가정하고, 작업자를 5인 배치할 경우 이 라인의 주기시간과 공정효율을 구하시오.
(3) 요소작업을 병합하여 작업자 수를 줄일 경우 최적 공정효율을 보이는 작업자 수와 이 때의 공정효율을 구하시오.

풀이

(1) 표준시간(ST) = 정미시간 × (1 + 여유율)
가. 작업1 = 447초/10회 × (1 + 0.1) = 52초
나. 작업2 = 238초/10회 × (1 + 0.1) = 26초
다. 작업3 = 214초/10회 × (1 + 0.1) = 23초
라. 작업4 = 148초/10회 × (1 + 0.1) = 16초
마. 작업5 = 277초/10회 × (1 + 0.1) = 30초

(2) 주기시간(Cycle Time): 작업 중 가장 긴 시간인 작업1의 52초

$$공정효율 = \frac{각공정시간의합}{주기시간 \times 작업자수} \times 100$$

$$= \frac{52초 + 26초 + 23초 + 16초 + 30초}{52초 \times 5명} \times 100 = 56.54\%$$

(3) 가. 최적의 작업자 수 $= \dfrac{\Sigma T_i}{주기시간}$ * 여기서 T_i: 각 요소작업장 작업시간

$= (52 + 26 + 23 + 16 + 30)$ / $52 = 2.82 = 3$명

나. $$공정효율 = \frac{각공정시간의합}{주기시간 \times 작업자수} \times 100$$

$$= \frac{52초 + 26초 + 23초 + 16초 + 30초}{52초 \times 3명} \times 100 = 94.23\%$$

인간공학기술사 2012년 4교시 문제풀이

※ 다음 문제 중 4문제를 선택하여 설명하시오. (각 문제당 25점)

1 그림은 부품박스에 있는 중량 5 kg의 부품을 작업대에 부착된 고정지그에 장착하고, 조립 작업을 수행하는 공정이다.

(1) 들기작업의 문제점을 NIOSH 들기작업의 요소를 기준으로 설명하시오.

(2) 현 작업에 대한 개선방안을 제시하시오.

풀이

(1) NIOSH 들기작업의 요소를 기준으로 들기작업의 문제점은 다음과 같다.

가. LC(Load Constant, 부하상수)

RWL을 계산하는 데 있어서의 상수로 23 kg이며, 현 작업의 부품은 5 kg으로 중량물이다.

나. HM(Horizontal Multiplier, 수평계수)

발의 위치에서 중량물을 들고 있는 손의 위치까지의 수평거리이다. 현 작업에서 시점의 수평계수는 짧아서 문제가 되지 않는 것으로 보이지만, 종점의 수평계수는 길어서 문제가 될 것으로 보인다.

$HM = 25/H (25\ cm \leq H \leq 63\ cm)$

$= 1\ (H < 25\ cm)$

$= 0\ (H > 63\ cm)$

다. VM(Vertical Multiplier, 수직계수)

바닥에서 손까지의 수직거리(cm)이다. 현 작업에서 시점의 수직계수가 너무 낮아 작업자가 무릎 및 허리를 굽히고, 팔을 뻗게 되는 부자연스런 자세가 발생한다.

$VM = 1 - (0.003 \times |V - 75|)\ (0\ cm \leq V \leq 175\ cm)$

$= 0\ (V > 175\ cm)$

라. DM(Distance Multiplier, 거리계수)

중량물을 들고 내리는 수직 방향의 이동거리의 절대값이다. 현 작업에서 바닥에 있는 중량물을 작업대로 옮기는 과정에서 거리계수가 긴 것으로 보인다.

$DM = 0.82 + 4.5/D (25\ cm \leq V \leq 175\ cm)$

$= 0\ (D > 175\ cm)$

$= 1\ (D < 25\ cm)$

마. AM(Asymmetric Multiplier, 비대칭계수)

중량물이 몸의 정면에서 몇 도 어긋난 위치에 있는지 나타내는 각도이다. 현 작업에서 시점의 비대칭계수는 0°에 가깝지만, 종점의 비대칭계수는 135°에 가까워 작업자가 허리를 비트는 부자연스런 자세가 발생한다.

$AM = 1 - 0.0032 \times A\ (0° \leq A \leq 135°)$

$= 0\ (A > 135°)$

바. CM(Coupling Multiplier, 결합계수)

결합타입(coupling type)과 수직위치 V로부터 아래 표를 이용해 구한다. 현 작업에서 부품에 손잡이나 잡을 수 있는 부분이 없거나 끝부분이 날카로운 등 불량한 것으로 보인다.

결합타입	수직위치	
	V<75 cm	V≥75 cm
양호(good)	1.00	1.00
보통(fair)	0.95	1.00
불량(poor)	0.90	0.90

(2) 개선방안은 다음과 같다.

가. 부품박스 위치를 수직으로 최대한 작업대와 가깝게 두거나 작업대 위에 놓고 작업을 한다.

나. 부품박스의 위치를 수평이동거리가 최대한 가깝도록 위치시킨다.

다. 작업자의 위치를 작업대를 정면으로 바라볼 수 있도록 부품박스의 위치를 지그 옆 또는 작업자 정면에 위치시킨다.

라. 부품에 손잡이를 부착하거나 들기 쉽도록 한다.

2 새로운 외국의 거래처에 국제전화를 걸려고 핸드폰에 저장된 전화번호부를 검색하여 몇 번의 암기 끝에 전화번호를 간신히 기억한다. 전화번호 버튼을 누르는 중 직장 상사가 말을 걸어와서 전화번호를 망각하게 되었다.

(1) 세 개의 기억시스템을 포함하는 인간정보처리 모델을 다이어그램을 그려서 설명하시오.
(2) 위 상황에서 문제가 된 기억시스템을 설명하시오.
(3) 위 상황에서 도움이 될 수 있는 인간공학적 개선방안을 제시하시오.

풀이

(1) 인간의 정보처리 과정은 감각기관에 의한 감각보관, 인식, 단기보관(기억), 인식을 행동으로 옮김(반응선택), 반응의 제어, 발효기의 행동 등의 기능과 더불어 장기보관(기억) 및 궤한 경로의 관련 기능들을 보여준다.

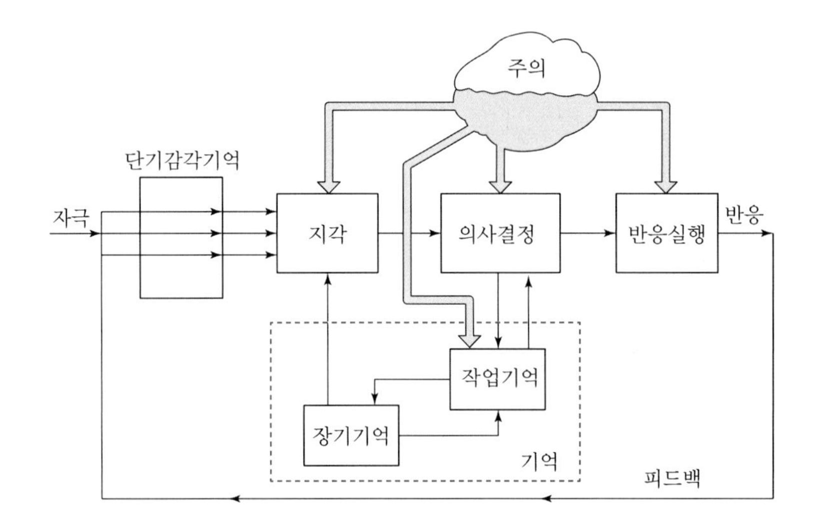

(2) 단기보관(기억): 감각보관에서 주의 집중에 의해 기록된 방금 일어난 일에 대한 정보와 장기기억에서 인출된 관련 정보를 의미한다. 현재 또는 최근의 정보를 잠시 기억하는 것뿐만 아니라 실제 작업하는 데 필요한 일시적인 정보라는 의미로 작업기억이라고도 한다.

(3) 위 상황에서의 인간공학적 개선방안은 다음과 같다.
가. 전화번호가 검색된 후, 번호버튼을 따로 누르지 않고 단축키를 누르면 바로 해당 전화가 발신되는 시스템
나. 음성으로 전화번호를 검색하는 시스템

3 표준시간은 측정된 정미시간에 여유시간을 추가로 부여하여 산정한다. 이때 부여되는 여유시간에 대하여 다음 물음에 답하시오.

(1) 일반 여유의 종류를 설명하시오.
(2) 특수 여유 중 기계간섭여유에 대하여 설명하시오.
(3) 국제노동기구(ILO)가 제안한 인적여유(personal allownace)를 설명하시오.

풀이

(1) 일반여유(PDF 여유): 어떤 작업에 대하여도 공통적으로 감안하는 기본적인 여유이다.
  가. 개인여유(personal allowance: 생리여유, 용무여유, 인적여유, 수달여유): 작업 중의 용변, 물마시기, 땀 씻기 등 생리적 여유는 보통 3~5%이다.
  나. 피로여유(fatigue allowance): 작업을 수행함에 따라 작업자가 느끼는 정신적·육체적 피로를 회복시키기 위하여 부여하는 여유이다.
  다. 작업여유(물적 여유): 작업수행의 과정에서 불규칙적으로 발생하고 정미시간에 포함시키는 것이 곤란하거나 바람직하지 못한 작업상의 지연(재료취급, 기계취급, 지그·공구 취급, 작업 중의 청결, 작업 중단)을 보상해 주기 위한 여유이다.
  라. 직장여유(관리여유, 직장관리여유): 직장관리상 필요하거나 관리상의 착오(결함)에 의하여 발생하는 작업상의 지연(재료대기, 지그·공구대기, 설비대기, 지시대기, 관리상의 지연, 사고에 의한 지연)을 보상받기 위한 여유이다.

(2) 기계간섭여유: 작업자 1명이 동일한 여러 대의 기계를 담당할 때 발생하는 기계간섭으로 인하여 필요한 공정상의 여유이다.

(3) 인간의 생리적 현상(물마시기, 땀 닦기, 화장실 등)에 따른 지연시간의 보상이다. ILO는 남자 5%, 여자 7%로 할당할 것을 권고하고 있으며, 작업의 내용, 질, 강도에 따라 달리 적용해야 한다.

4 TV 제조사는 늘어나는 주문량에 맞추어 작업공정을 24시간 가동하기 위해 다음 2가지 교대방식을 고려하고 있다.

교대방식	작업조	근무시간	교대 순환 순서
1	A 작업조	오전 8시~오후 4시	A → B → C → A
	B 작업조	오후 4시~자정	
	C 작업조	자정~오전 8시	
2	상동	상동	A → C → B → A

(1) 교대방식 1과 교대방식 2를 비교하여 설명하시오.

(2) 교대 순환 주기를 ① 1일, ② 2주, ③ 1년으로 하는 대안에 대하여 각각 비교하여 설명하시오.

풀이

(1) 교대방식 1과 교대방식 2의 비교는 다음과 같다.

구분	교대방식	특징
교대 방식 1	순방향 교대방식	충분한 휴식시간으로 상대적으로 피로를 빨리 회복할 수 있다. 즉, B 저녁 작업 종료(24시) 후 그 다음 C 야간 작업 시작(24시)까지 24시간의 여유가 있다.

교대 방식 2	역방향 교대방식	휴식시간이 부족하여 상대적으로 피로를 회복할 시간이 부족하다. 즉, B 저녁 작업 종료(24시) 후 그 다음 A 주간 작업 시작(08시)까지 8시간의 여유가 있다.

(2) 교대 순환 주기에 따른 설명은 다음과 같다.

교대 순환 주기	설명
1일	교대주기가 상대적으로 짧아 작업자의 피로를 유발시킨다.
2주일	교대주기가 상대적으로 적정하며 다음 교대 시 작업시간에 따른 생체리듬 적응시간이 조금 부족하나 사회활동에 제약이 적다.
1년	교대주기가 상대적으로 길며 다음 교대 시 작업자가 작업시간에 따른 생체리듬 적응시간이 길어져 작업 적응에는 좋다. 그러나 사회활동에 여러 가지 제약이 발생하여 스트레스가 커질 수 있다.

5 중앙통제실에서는 경보 발생 위치가 경보 판넬 상에 고정되어 있는 타일형 경보와 경보 발생 순서에 따라 화면상에 목록으로 나타나는 리스트형 경보를 사용하고 있다. 경보를 보여주는 화면의 크기가 제한되어 있어서 타일형 경보 화면에는 주요 경보만 선별하여 표시하고, 리스트형 경보 화면에는 가장 최근 발생 경보만 표시하고 시간이 경과된 경보는 스크롤 바를 조작하여 볼 수 있다.

(1) 경보를 지각하는 인간의 시감각 체계의 상향처리(bottom-up processing)와 하향처리(top-down processing)에 대하여 설명하시오.

(2) 비상 상황에서 다중 경보가 동시 다발할 경우 중앙통제실 근무자는 타일형 경보를 리스트형 경보보다 더 선호하는 경향이 있다. 타일형 경보 지각은 상향처리와 하향처리 중 어느 것에 더 영향을 받는지 설명하시오.

풀이

(1) 가. 상향처리(bottom-up processing)

지각의 상향식 처리는 정보처리의 연속에서 가장 낮은 수준으로부터 높은 수준으로 이동하는 처리단계를 말한다. 즉, 감각 정보가 수용기세포(bottom)를 통해 입력되고, 뇌(top)로 전달되어 해석되는 일방향적 과정을 말한다. 예를 들어, 책상을 지각한다는 것은 책상의 물리적 속성(빛의 파장, 형태, 거리)이 망막의 수용기를 자극하고 시신경을 통해 대뇌의 시각피질에 투사됨으로써 뇌는 "책상이다"라고 지각하게 된다.

나. 하향처리(top-down processing)

지각의 하향식 처리는 상향식처리만으로 파악되지 않을 때, 뇌 속의 정보와 보이는 물체를 비교하고 분석하여 결정하게 된다. 애매한 그림을 분석하고 결정하는 단계는 주로 하향식 정보처리에 의해 지배된다. 하향식 처리를 통한 지각은 개인의 과거 경험, 지식, 기대, 기억, 동기, 문화적 배경,

그리고 언어 등 다양한 요소가 작용한다. 예를 들어, 밤길에 먼 곳에서 번뜩이는 불빛을 보았다면 순간 기억 속에서는 반짝이는 물건에는 무엇이 있는지 '자동차 불빛' 등으로 지각적 추론을 하게 된다.

(2) 타일형 경보 지각은 근무자의 선 지식 또는 기대에 의존하여 처리되는 하향처리 방식에 더 영향을 받는다. 주요 경보만 식별할 수 있는 타일형 경보는 전달되는 정보가 간단하고 작업자가 쉽게 인지할 수 있으며 작업자는 더욱 쉽게 경보를 지각하기 위하여 작업자의 기억과 지식에 의존하는 하향처리(top-down processing)의 경향을 선호하게 된다.

6 인간-기계 시스템의 설계 시 정보의 피드백(feedback)은 효과적인 제어가 이루어 졌는지 확인하는 중요한 과정이다. 이러한 피드백 과정은 다양한 인간의 감각기관을 통해 인체로 전달되는데 다음 제시된 감각기관을 이용한 피드백 과정을 사례를 들어 설명하시오.

(1) 촉각적 피드백

(2) 후각적 피드백

풀이

(1) 가. 버튼식 전화기로 전화를 걸기 위하여 버튼을 누르면 눌러지는 느낌의 촉감으로 피드백을 준다.
나. 자동차 운행 중에 차선을 이탈하면, 차선에 시공된 돌기에서 타이어에 진동을 주고, 이 진동이 스티어링 기어까지 전달되어, 운전자의 손에 촉각 피드백을 준다.

(2) 연소성 가스가 누출될 경우 냄새를 통하여 누출 여부를 알려주기 위하여 냄새나는 물질을 첨가하게 된다. 이는 가스 누출 시 냄새를 통해 후각적 피드백을 준다.

인간공학기술사 2011년 1교시 문제풀이

※ 다음 문제 중 10문제를 선택하여 설명하시오. (각 문제당 10점)

1 인간공학의 정의(definition), 목적(objective), 접근방법(approach)을 설명하시오.

풀이

(1) 정의: 인간공학이란 인간활동의 최적화를 연구하는 학문으로 인간이 작업활동을 하는 경우에 인간으로서 가장 자연스럽게 일하는 방법을 연구하는 것이며, 인간과 그들이 사용하는 사물과 환경 사이의 상호작용에 대해 연구하는 것이다.

(2) 목적: 작업환경 등에서 작업자의 신체적인 특성이나 행동하는데 받는 제약조건 등이 고려된 시스템을 디자인하여 인간과 기계 및 작업환경과의 조화가 잘 이루어질 수 있도록 하여 작업자의 안전, 작업능률을 향상시키는 데 있다.

(3) 접근방법: 인간공학의 접근방법은 인간의 특성과 행동에 관한 적절한 정보를 인간이 만든 물건, 기구 및 환경의 설계에 응용하는 것이다. 이러한 목적에 적합한 정보원으로는 본질적인 경험과 연구 두 가지가 있다.

2 골격계(skeletal system)의 기능 5가지를 설명하시오.

풀이

(1) 인체의 지주 역할을 한다.

(2) 가동성 연결, 즉 관절을 만들고, 골격근의 수축에 의해 운동기로서 작용한다.

(3) 체강의 기초를 만들고 내부의 장기들을 보호한다.

(4) 골수는 조혈기능을 갖는다.

(5) 칼슘, 인산의 중요한 저장고가 되며, 나트륨과 마그네슘 이온의 작은 저장고 역할을 한다.

3 산업현장에서 재해가 발생하면 당황하지 말고 신속하게 조치를 취하여야 한다. 재해 발생 시 조치순서를 설명하시오.

풀이

산업 재해 발생 → ① 긴급처리 → ② 재해조사 → ③ 원인강구 → ④ 대책수립 → ⑤ 대책실시 계획 → ⑥ 실시 → ⑦ 평가

4 신체활동의 부하측정과 관련된 척도를 〈보기〉에서 모두 골라 쓰시오.

보기
산소소비량, EMG, ECG, EEG, EOG, FFF, Borg RPE Scale, 부정맥지수

(1) 정신적 작업부하
(2) 근육활동 정도
(3) 주관적 반응
(4) 에너지 대사량
(5) 심장활동 정도

풀이

(1) 정신적 작업부하
가. FFF(flicker fusion frequency)
나. 부정맥지수, EEG(electroencephalogram: 뇌전도)
다. EOG(electro-oculogram)

(2) 근육활동 정도
EMG(electromygram: 근전도)

(3) 주관적 반응
Borg RPE Scale

(4) 에너지 대사량
산소소비량

(5) 심장활동 정도
ECG(electrocardiogram: 심전도)

5 인간의 오류(Human Error)는 다음과 같은 4가지로 구분할 수 있다. 각각의 의미를 설명하시오.

(1) Slip(실수)
(2) Lapse(건망증)
(3) Mistake(착오)
(4) Violation(위반)

풀이

(1) 실수는 상황이나 목표의 해석은 제대로 하였으나 의도와는 다른 행동을 하는 경우에 발생하는 오류이다.

(2) 건망증은 여러 과정이 연계적으로 일어나는 행동 중에서 일부를 잊어버리고 안하거나 또는 기억의 실패에 의하여 발생하는 오류이다.

(3) 착오는 상황 해석을 잘못하거나 목표를 잘못 이해하고 착각하여 행하는 경우를 뜻한다. 즉, 틀린 줄을 모르고 행하는 오류를 의미한다.

(4) 위반은 정해진 규칙을 알고 있음에도 불구하고 고의로 따르지 않거나 무시하는 행위이다.

6 인간-기계 시스템(Human-Machine System)에 관한 다음 물음에 답하시오.

(1) 인간-기계 시스템을 정의하시오.
(2) 인간-기계 시스템 설계절차를 6단계로 구분하여 설명하시오.

풀이

(1) 인간과 기계가 조화되어 하나의 시스템으로 운용되는 것을 인간기계 시스템(Human-Machine System)이라 한다. 즉, 인간이 기계를 사용해서 어떤 목적물을 생산하는 경우에 인간이 갖는 생리기능에 의한 동작의 메커니즘의 구사와 기계에 도입된 에너지에 의해서 움직이도록 되어 있는 메커니즘이 하나로 통합된 계열로 운동, 동작함으로써 이루어지는 것을 말한다.

(2) 인간-기계 시스템 설계절차는 다음과 같다.
가. 제 1 단계: 목표 및 성능 명세 결정
나. 제 2 단계: 시스템의 정의
다. 제 3 단계: 기본설계
라. 제 4 단계: 인터페이스 설계
마. 제 5 단계: 촉진물 설계
바. 제 6 단계: 시험 및 평가

7 산업재해의 주요 원인인 4M과 안전대책을 위한 3E를 설명하시오.

풀이

(1) 4M은 인간이 기계설비와 안전을 공존하면서 근로할 수 있는 시스템의 기본 조건이다.
가. Man(인간): 인간적 인자, 인간관계
나. Machine(기계): 방호설비, 인간공학적 설계
다. Media(매체): 작업방법, 작업환경
라. Management(관리): 교육훈련, 안전법규 철저, 안전기준의 정비

(2) 안전대책의 중심적인 내용에 대해서는 3E가 강조되어 왔다.
가. Engineering(기술)
나. Education(교육)
다. Enforcement(독려, 강제)

8 육체적인 작업활동의 수행은 근육 수축과 이완의 반복을 통하여 이루어지며, 근육의 수축은 에너지를 필요로 한다. 근육 수축에 사용할 수 있는 에너지가 만들어지는 것은 근육 속에 저장되어 있는 글리코겐(glycogen)이 글루코스(glucose)로 분해되면서 에너지를 방출하게 되는 일련의 화학반응 과정을 거치게 되며, 이 일련의 과정은 산소가 충분하게 공급되는지의 여부에 따라 2개의 대사(metabolism)과정으로 분류된다. 각각의 대사과정을 용어나 화학식으로 전개하시오.

풀이

(1) 무기성 환원과정
근육 내 포도당+2H → 젖산+열+에너지

(2) 유기성 환원과정
근육 내 포도당+산소 → H_2O +(CO_2)+열+에너지

9 인간의 정보처리 과정 중 기억체계 3가지를 설명하시오.

풀이

(1) 감각보관(sensory storage)
개개의 감각경로는 임시 보관장치를 가지고 있으며, 자극이 사라진 후에도 잠시 감각이 지속된다. 가장 잘 알려진 감각보관 기구는 시각계통의 상(象)보관(iconic storage)과 청각계통의 향(響)보관(echoic storage)이다. 감각보관은 비교적 자동적이며, 좀 더 긴 기간 동안 정보를 보관하기 위해서는 암호화되

어 작업기억으로 이전되어야 한다.

(2) 작업기억(working memory)
인간의 정보보관의 유형에는 오래된 정보를 보관하도록 마련되어 있는 것과 순환하는 생각이라 불리며, 현재 또는 최근의 정보를 기록하는 일을 맡는 두 가지의 유형이 있다. 감각보관으로부터 정보를 암호화하여 작업기억 혹은 단기기억으로 이전하기 위해서는 인간이 그 과정에 주의를 집중해야 한다. 작업기억 내의 정보는 시간이 흐름에 따라 쇠퇴할 수 있으며, 작업기억에 저장될 수 있는 정보량의 한계는 7 ± 2 chunk이다.

(3) 장기기억(long-term memory)
작업기억 내의 정보는 의미론적으로 암호화되어 그 정보에 의미를 부여하고 장기기억에 이미 보관되어 있는 정보와 관련되어 장기기억에 이전된다. 장기기억에 많은 정보를 저장하기 위해서는 정보를 분석하고, 비교하고, 과거 지식과 연계시켜 체계적으로 조직화하는 작업이 필요하다. 체계적으로 조직화되어 저장된 정보는 시간이 지나서도 회상(retrieval)이 용이하다. 정보를 조직화하기 위해 기억술(mnemonics)을 활용하면 회상이 용이해진다.

10 인지특성을 고려한 설계 원리 중 양립성(compatibility)의 3가지 종류를 설명하시오.

풀이

(1) 개념 양립성(conceptual compatibility): 코드나 심벌의 의미가 인간이 갖고 있는 개념과 양립
예) 정수기 빨간색 버튼 – 뜨거운 물, 파란색 버튼 – 차가운 물

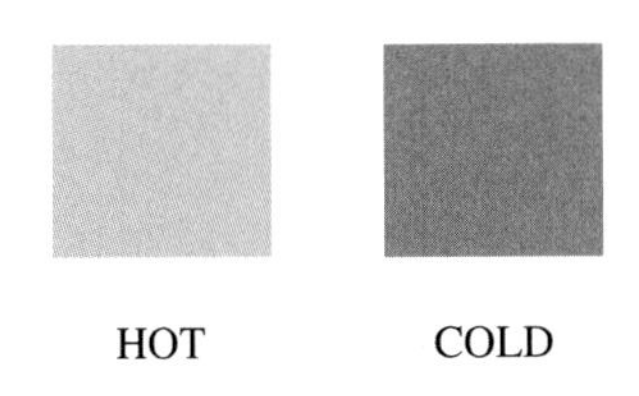

(2) 운동 양립성(movement compatibility): 조종기를 조작하여 표시장치상의 정보가 움직일 때 반응결과가 인간의 기대와 양립
예) 라디오의 음량을 줄일 때 조절장치를 반시계 방향으로 회전

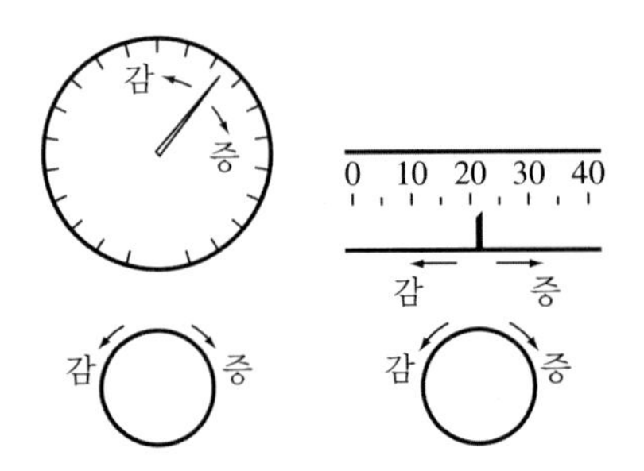

(3) 공간 양립성(spatial compatibility): 공간적 구성이 인간의 기대와 양립
예) button의 위치와 관련 display의 위치가 양립

11 부품배치의 4원칙을 설명하시오.

풀이

(1) 중요성의 원칙
부품을 작동하는 성능이 체계의 목표 달성에 긴요한 정도에 따라 우선순위를 결정한다.

(2) 사용빈도의 원칙
부품을 사용하는 빈도에 따라 우선순위를 결정한다.

(3) 기능별 배치의 원칙
기능적으로 관련된 부품들(표시장치, 조종장치 등)을 모아서 배치한다.

(4) 사용순서의 원칙
사용순서에 따라 장치들을 가까이 배치한다.

12 제조물책임법상 결함의 종류 3가지를 설명하시오.

풀이

(1) 제조상의 결함
제품의 제조상에서 발생하는 결함으로, 원래의 도면이나 제조방법대로 제품이 제조되지 않았을 경우에 해당, 설계상의 결함은 설계가 적용되는 모든 제품에 존재하지만 제조상의 결함은 개별제품에 존재한다. 예로는 제조과정에서 설계와 다른 부품의 삽입 또는 누락, 자동차에 부속품이 빠져 있는 경우가 여기에 해당된다.

(2) 설계상의 결함
설계 그 자체에 내재하는 결함으로 설계대로 제품이 만들어졌더라도 결함으로 판정되는 경우. 제조업자가 합리적인 대체설계를 채용하였더라면 피해나 위험을 줄이거나 피할 수 있었음에도 대체설계를 채용하지 아니하여 당해 제조물이 안전하지 못하게 된 경우이다. 예로는 녹즙기에 어린이 손가락이 다치는 경우

(3) 지시·경고상의 결함
제품의 설계와 제조과정에 아무런 결함이 없다하더라도 소비자가 사용상의 부주의나 부적당한 사용으로 발생할 위험에 대비하여 적절한 사용 및 취급방법 또는 경고가 포함되어있지 않을 때 지시·경고상의 결함에 해당된다. 지시·경고등의 표시상의 결함의 예로서 고온, 파열, 감전, 발화, 회전물, 손가락틈

새, 화기, 접촉, 사용환경, 분해금지 등의 경고성의 표현(문자 및 도형)을 하지 않은 경우가 여기에 해당된다.

13 근로자수가 1,200명인 A 사업장의 도수율(FR)이 10.57, 강도율(SR)이 7.5일 때, 다음 각 재해통계치를 구하시오.

(1) 종합재해지수(FSI)
(2) 재해발생건수
(3) 근로손실일수

풀이

(1) 종합재해지수 (FSI) $= \sqrt{\text{도수율} \times \text{강도율}}$
$= \sqrt{10.57 \times 7.5}$
$= 8.9$

(2) 도수율 = (재해발생건수 / 연총근로시간수) × 10^6에서
재해발생건수 = (도수율 × 연총근로시간수) / 10^6
= (10.57 × 1,200명 × 2,400시간) / 10^6 = 30건

(3) 강도율 = (근로손실일수 / 연총근로시간수) × 10^3에서
근로손실일수 = (강도율 × 연근로시간수) / 10^3
= (7.5 × 1,200명 × 2,400시간) / 10^3
= 21,600일

인간공학기술사 2011년 2교시 문제풀이

※ 다음 문제 중 4문제를 선택하여 설명하시오. (각 문제당 25점)

1 시각적 표시장치에 대한 다음 물음에 답하시오.

(1) 정량적 동적 표시 장치 중 동침형(moving pointer)과 동목형(moving scale)을 비교하여 설명하시오.

(2) 사업장에 근무하는 근로자가 10 m 떨어진 곳에서 안전표지판 글자를 잘 읽을 수 있도록 설계(design)하려고 한다. 20′(분)의 시각(visual angle)으로 글자 판독에 어려움이 없도록 하기 위한 글자의 높이(cm)를 구하시오. (단, 적정 시각은 20′(분)으로 가정한다.)

풀이

(1) 가. 동침형: 눈금이 고정되고 지침이 움직이는 형

1. 특정치를 신속·정확하게 표시하는 장점이 있다.
2. 나타내고자 하는 값의 범위가 클 때 곤란하다.

나. 동목형: 지침이 고정되고 눈금이 움직이는 형

계기판의 공간을 작게 차지하는 것이 장점이다.

(2) $\text{시각}(') = \dfrac{(57.3)(60)H}{D}$

H: 시각 자극(물체)의 크기(높이)

D: 눈과 물체 사이의 거리

(57.3)(60): 시각이 600′ 이하일 때 라디안(radian) 단위를 분으로 환산하기 위한 상수

$\text{글자의 높이}(H) = \dfrac{D \times \text{시각}(')}{(57.3)(60)} = \dfrac{10\,\text{m} \times 20'(\text{분})}{(57.3)(60)} = 5.82\ \text{cm}$

2 다음은 A 제품 설계를 위한 감각(modality)별 기준자극의 크기와 자극변화감지역(JND)을 나타낸 것이다. 다음 물음에 답하시오.

자극 종류	기준자극 크기	자극변화감지역	웨버비 (Weber Ratio)
소리 강도(청각)	60 dB	6 dB	
면적 크기(시각)	60 cm^2	1 cm^2	
무게 크기(무게)	200 g	4 g	

(1) 자극변화감지역(JND)에 관하여 설명하시오.
(2) 각각의 자극에 대한 웨버비(Weber Ratio)를 구하시오.
(3) 어느 자극을 사용하는 것이 가장 효과적인지 설명하시오.

풀이

(1) 자극변화감지역(JND)은 최소한의 감지 가능한 차이를 의미하며, 작을수록 감각변화 검출이 용이하다. 두 자극의 차이를 변별할 수 있는 최소한의 차이를 최소가지차이(最少可知差異, just noticeable difference; JND)라고 한다.

(2) $\text{웨버의 비} = \dfrac{\text{자극변화감지역}(JND)}{\text{기준자극의 크기}}$

가. 소리 강도(청각) 웨버의 비 $= \dfrac{6}{60} = 0.1$

나. 면적 크기(시각) 웨버의 비 $= \dfrac{1}{60} = 0.016$

다. 무게 크기(무게) 웨버의 비 $= \dfrac{4}{200} = 0.02$

(3) 웨버의 비는 작으면 작을수록 효과적인 것으로 면적 크기(시각) 웨버의 비가 0.016으로 제일 작으므로 가장 효과적이라고 볼 수 있다.

3 다음은 작업자 1명이 동일한 기계 2대를 담당할 때의 man-machine chart이다.

<table>
<tr><th>단위시간</th><th>인간</th><th>기계1</th><th>기계2</th></tr>
<tr><td>2분</td><td>unload(2분)</td><td>unload(2분)</td><td rowspan="4">자동가공(5분)</td></tr>
<tr><td>1분</td><td>load(1분)</td><td>load(1분)</td></tr>
<tr><td>1분</td><td>검사(1분)</td><td rowspan="7">자동가공(9분)</td></tr>
<tr><td>1분</td><td>이동(1분)</td></tr>
<tr><td>2분</td><td>unload(2분)</td><td>unload(2분)</td></tr>
<tr><td>1분</td><td>load(1분)</td><td>load(1분)</td></tr>
<tr><td>1분</td><td>검사(1분)</td><td rowspan="3">자동가공(4분)</td></tr>
<tr><td>1분</td><td>이동(1분)</td></tr>
<tr><td>2분</td><td>유휴(2분)</td></tr>
</table>

(1) 작업자 1명이 기계 2대를 담당할 때의 주기시간을 구하시오.
(2) 시간당 기계비용이 20,000원, 작업자비용이 25,000원이라면 3대의 동일한 기계를 사용할 때 시간당 생산량과 시간당 비용을 구하시오.
(3) 최적 기계대수를 구하시오.

풀이

(1) a: 작업자와 기계의 동시작업시간=3분
b: 독립적인 작업자 활동시간=2분
t: 기계가동시간=9분
주기시간: $a+t=12$분
이론적 기계대수 $n' = \dfrac{(a+t)}{(a+b)} = \dfrac{(3+9)}{(3+2)} = 2.4$

(2) 기계 3대일 때
주기시간$=m(a+b)=3*(3+2)=15$분
시간당 생산량$=\dfrac{60분}{15분}\times 3대=12개$
시간당 비용=25,000원+3대*20,000원=85,000원

(3) 최적 기계대수

구분	2대	3대
단위 제품 당 비용	$\dfrac{(C_0+n\times C_m)}{n/(a+t)\times 60}$ $=\dfrac{(25{,}000+2\times 20{,}000)}{2/(12)\times 60}$ $=6{,}500$	$\dfrac{C_0+(n+1)\times C_m}{1/(a+b)\times 60}$ $=\dfrac{(25{,}000+(3)\times 20{,}000)}{1/(3+2)\times 60}$ $=7083.33$

따라서, 최적 기계대수는 2대이다.

4 인체치수와 제품설계에 대한 다음 물음에 답하시오.

(1) 인체계측의 응용원칙을 설명하시오.

(2) 제품 조립작업에 사용되는 부품을 담는 보관상자의 깊이를 설계하고자 한다. 남자 손길이(평균 20 cm, 표준편차 1.5), 여자 손길이(평균 18 cm, 표준편차 1.1) 치수를 이용하여 적절한 보관상자의 깊이를 제시하시오. (단, 5퍼센타일(percentile) 계수는 1.645이다.)

풀이

(1) 인체계측의 응용원칙

가. 극단치를 이용한 설계원칙

특정한 설비를 설계할 때, 어떤 인체측정 특성의 한 극단에 속하는 사람을 대상으로 설계하면 거의 모든 사람을 수용할 수 있는 경우가 있다.

1. 최대 집단값에 의한 설계: 통상 대상 집단에 대한 관련 인체측정 변수의 상위 백분위수를 기준으로 하여 90, 95 혹은 99%값이 사용된다.
2. 최소 집단값에 의한 설계: 관련 인체측정 변수 분포의 1, 5, 10% 등과 같은 하위 백분위수를 기준으로 정한다.

나. 조절식 설계원칙

체격이 다른 여러 사람에게 맞도록 조절식으로 만드는 것을 말한다. 따라서 통상 5~95%까지 범위의 값을 수용대상으로 하여 설계한다.

다. 평균치를 이용한 설계원칙

인체측정학 관점에서 볼 때 모든 면에서 보통인 사람이란 있을 수 없다. 따라서 이런 사람을 대상으로 장비를 설계하면 안 된다는 주장에도 논리적 근거가 있다. 특정한 장비나 설비의 경우, 최대 집단값이나 최소 집단값을 기준으로 설계하기도 부적절하고 조절식으로 하기도 불가능할 경우 평균값을 기준으로 하여 설계하는 경우가 있다.

(2) 5%ile 인체치수 $= 18 - (1.1 \times 1.645) = 16.19$ cm

5 근골격계질환에 대한 다음 물음에 답하시오.

(1) 근골격계질환을 정의하시오.

(2) 근골격계질환 유해요인(ergonomic risk factors)을 5가지만 설명하시오.

(3) 사업주가 근골격계 부담작업에 근로자를 종사하도록 하는 경우, 근로자에게 유해성을 주지시켜야 하는 사항 4가지를 설명하시오.

풀이

(1) 근골격계질환의 정의: 근골격계질환(musculoskeletal disorders)이란 작업과 관련하여 특정한 신체 부위 및 근육의 과도한 사용으로 인해, 근육, 연골, 건, 인대, 관절, 혈관, 신경 등에 미세한 손상이 발생하여

목, 허리, 무릎, 어깨, 팔, 손목 및 손가락 등에 나타나는 만성적인 건강장해를 말한다. 유사용어로는 누적 외상성 질환(Cumulative Trauma Disorders) 또는 반복성긴장 상해(Repetitive Strain Injuries) 등이 있다.

(2) 유해요인: 반복성, 과도한 힘, 부자연스러운 자세, 접촉스트레스, 진동, 온도, 조명

(3) 근로자에게 유해성을 주지시켜야 하는 사항은 다음과 같다.
가. 근골격계 부담작업의 유해요인
나. 근골격계질환의 징후와 증상
다. 근골격계질환 발생 시의 대처요령
라. 올바른 작업자세와 작업도구, 작업시설의 올바른 사용방법

6 다음 물음에 답하시오.

(1) 작업개선 원리 중 하나인 ECRS에 관하여 설명하시오.
(2) 근골격계질환 예방을 위한 공학적 대책 3가지를 설명하시오.
(3) 근골격계질환 예방을 위한 관리적 대책 3가지를 설명하시오.

풀이

(1) ECRS
가. 제거(Eliminate): 불필요한 작업·작업요소 제거
나. 결합(Combine): 다른 작업·작업요소와의 결합
다. 재배열(Rearrange): 작업순서의 변경
라. 단순화(Simplify): 작업·작업요소의 단순화·간소화

(2) 공학적(Engineering)개선책
가. 작업자세 및 작업방법 개선
나. 인력운반 작업 개선
다. 수공구 개선
라. 부재의 취급방법 개선

(3) 관리적(Administrative) 개선책
가. 작업 확대
나. 작업자 교대
다. 작업 휴식 반복주기 제공
라. 작업자 교육
마. 스트레칭

인간공학기술사 2011년 3교시 문제풀이

※ 다음 문제 중 4문제를 선택하여 설명하시오. (각 문제당 25점)

1 인체 골격계(human skeletal system)에 대한 다음 물음에 답하시오.

(1) 관절(joint)의 종류를 구분하여 설명하시오.

(2) 가동관절(diarthrodial joint or synovial joint)의 형태를 분류하고 설명하시오.

풀이

(1) 관절의 종류는 다음과 같다.

가. 윤활관절: 인체의 윤활관절(synovial joint)은 가동관절이고, 대부분의 뼈가 이 결합양식을 하고 있으며, 2개 또는 3개가 가동성으로 연결되어 있는 관절이다. 결합되는 두 뼈의 관절면이 반드시 연골로 되어 있다.

나. 연골관절: 연결되는 뼈 사이에 연골조직이 끼어 있는 연골관절(cartilaginous joint)로서 약간의 운동이 가능하다. 두 뼈 사이에는 결합조직이나 연골이 개제되어 있다. 또한, 두 개 이상이 완전히 골결합되어 있는 부위도 있다.

다. 섬유관절: 두 개의 뼈가 부동성으로 결합하는 것이며, 사람의 골격에서는 일부에 한정되어 있다. 섬유성 막에 의해 연결된 섬유관절(fibrous joint)을 이룬다.

(2) 가동관절(diarthrodial joint or synovial joint)의 형태는 다음과 같다.

가. 구상(절구)관절(ball and socket joint): 관절머리와 관절오목이 모두 반구상의 것이며, 3개의 운동축을 가지고 있어 운동범위가 가장 크다.
예) 어깨관절, 대퇴관절

나. 경첩관절(hinge joint): 두 관절면이 원주면과 원통면 접촉을 하는 것이며, 한 방향으로만 운동할 수 있다.
예) 무릎관절, 팔굽관절, 발목관절

다. 안장관절(saddle joint): 두 관절면이 말안장처럼 생긴 것이며, 서로 직각방향으로 움직이는 2축성 관절이다.
예) 엄지손가락의 손목손바닥뼈관절

라. 타원관절(condyloid joint): 두 관절면이 타원상을 이루고, 그 운동은 타원의 장단축에 해당하는 2축성 관절이다.
예) 요골손목뼈관절

마. 차축관절(pivot joint): 관절머리가 완전히 원형이며, 관절오목 내를 자동차 바퀴와 같이 1축성으로 회전운동을 한다.
예) 위아래 요골척골관절

바. 평면관절(gliding joint): 관절면이 평면에 가까운 상태로서, 약간의 미끄럼 운동으로 움직인다.
예) 손목뼈관절, 척추사이관절

2 그림은 신체활동을 통한 작업수행 과정에서의 에너지소비와 심박수 관계를 나타낸 것이다. 그림에서 각각의 번호(①②③④⑤)에 적합한 용어를 쓰고, 이를 설명하시오.

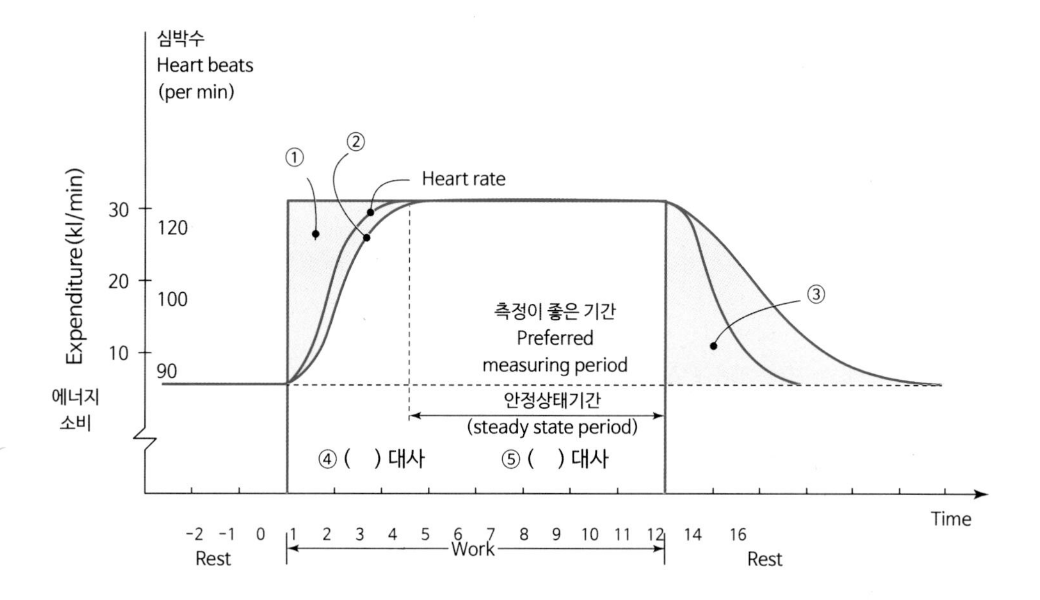

풀이

① 산소결핍량
평상시보다 활동이 많아지거나 인체 활동의 강도가 높아질수록 산소의 공급이 더 요구되는데, 근육에 공급되는 산소의 양이 필요량에 비해 부족해서 된 상태를 말한다.

② 에너지소비량
활동을 하는데 소요되는 에너지를 말하며, 통상 산소소비량에 비례한다.
에너지소비량은 음식물의 소화흡수, 육체적 운동량, 정신적 긴장의 정도, 기온 및 기압 등 인체내외의 조건에 따라 달라진다.

③ 산소 빚(산소 부채)
근육에 축적된 젖산의 제거속도가 생성속도에 미치지 못하면 작업이 끝난 후에도 남아 있는 젖산을 제거하기 위해 산소가 소모되는 것이다.
산소 빚을 채우기 위해서 작업종료 후에도 맥박수와 호흡수가 휴식상태 수준으로 바로 돌아오지 않고 서서히 감소하게 된다.

④ 무기성(혐기성) 대사: 근육 내 포도당 + 2H → 젖산 + 열 + 에너지
충분한 산소가 공급되지 않을 때, 에너지가 생성되는 동안 근육 내 글루코스(glucose, 포도당)가 분해된

피루브산(pyruvic acid)이 젖산(Lactic acid)으로 바뀌면서 에너지를 만든다.

⑤ 유기성 대사: 근육 내 포도당+산소 → H_2O +(CO_2)+열+에너지
산소가 충분히 공급되면 근육 내 글루코스(glucose, 포도당)가 분해된 피루브산(pyruvic acid)은 물(H_2O)과 이산화탄소(CO_2)로 분해되면서 에너지를 만든다.

3 지레(lever)에 대한 다음 물음에 답하시오.

(1) 지레의 구성요소를 쓰시오.

(2) 제1종, 제2종, 제3종 지레를 설명하시오.

풀이

(1) 지레는 막대기를 이용하여 힘을 전달하는 도구를 말한다. 자세히는 받침과 막대를 이용하여 물체를 쉽게 움직이게 하는 도구를 뜻한다. 지레의 3요소는 힘점, 받침점, 작용점으로 구성되어있다. 힘점은 힘을 주는 곳을 말하고, 받침점은 지레를 받치는 곳, 작용점은 물체에 힘이 작용하는 곳이다.

(2) 가. 제1종 지레: 가운데 받침점이 놓일 때
예: 가위. 펜치. 장도리. 손톱깎이
나. 제2종 지레: 가운데 작용점이 놓일 때
예: 병따개. 작두, 스트리퍼
다. 제3종 지레: 가운데 힘점이 놓일 때
예: 핀셋. 젓가락. 집게

4 순환계(circulation system)에 대한 다음 물음에 답하시오.

(1) 체순환(systemic circulation)과 폐순환(pulmonary circulation)을 설명하시오.

(2) 심박출량(cardiac output)을 설명하시오.

(3) 다음 심전도(electrocardiogram)의 P파(wave), PR간격(interval), QRS군(complex), T파(wave), QT간격(interval)을 설명하시오.

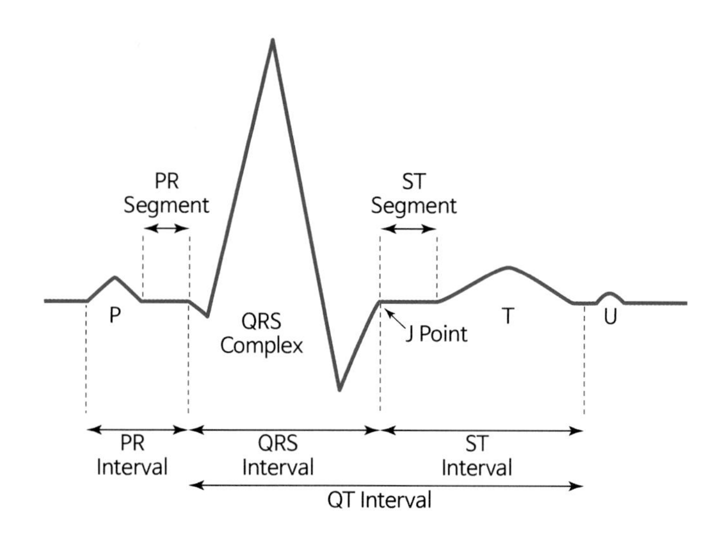

풀이

(1) 가. 체순환(대순환): 혈액이 심장으로부터 온몸으로 순환한 후 다시 심장으로 되돌아오는 순환로이다.
좌심실 → 대동맥 → 동맥 → 소동맥 → 모세혈관 → 소정맥 → 대정맥 → 상대정맥 → 하대정맥 → 우심방

나. 폐순환(소순환): 심장과 폐 사이의 순환로이며, 체순환에 비하여 훨씬 짧다.
우심실 → 폐동맥 → 폐 → 폐정맥 → 좌심방

(2) 심장을 일정한 주기로 수축과 이완을 되풀이하면서 혈액을 대동맥으로 박출하는 펌프기능을 한다. 이 펌프 기능은 1분 동안에 박출하는 혈액량으로 표시되고 이것을 심박출량(=박동량×심박동수) 이라고 한다. 건강성인의 1회 박동량이 70 mL 심박동수 1분 동안에 70회로 계산하면 1분 동안 약 5 L 정도가 된다.

(3) 가. P파: 심방탈분극. 동방결절을 통해 심방에 전달된 자극이 심방을 탈분극 시키면서 나타내는 파동으로 약 0.08초 정도 소요되며, P파가 시작되고 약 0.1초 후 심방은 수축
나. PR간격: 심방의 수축으로부터 심실의 수축이 일어나기까지의 시간으로 0.16초 정도 소요
다. QRS파: 심실탈분극. 심실이 탈분극 시 나타나며, 심실수축 이전에 일어난다. 소요시간 약 0.08초
라. T파: 심실재분극. 약 0.16초 정도 소요되고 심실의 재분극 시에 나타나며 이때 심실이 확장
마. QT간격: 심실의 탈분극에서 재분극까지의 시간인 심실의 수축시간

5 작업수행 시 에너지 소비수준에 영향을 미치는 인자를 4가지만 설명하시오.

풀이

(1) 작업방법
특정작업의 에너지 소비량은 작업수행 방법에 따라 달라진다.

(2) 작업자세
과업 실행 중의 작업자의 자세도 에너지 소비량에 영향을 미친다. 손으로 받치면서 무릎을 바닥에 댄 자세와 쪼그려 앉은 자세는 무릎을 펴고 허리를 굽힌 자세에 비해 에너지 소비량이 작다.

(3) 작업속도
빠른 작업속도는 심박수와 다른 생리적 부담을 증가시킨다.

(4) 도구설계
작업도구의 설계는 에너지 소비량과 수업 수행량에 영향을 미친다.

6 다음의 근골격계 유해요인 평가도구에 대하여 적용이 가능한 작업의 사례를 포함하여 설명하시오.

(1) NLE(NIOSH Lifting Equation)
(2) RULA(Rapid Upper Limb Assessment)
(3) JSI(Job Strain Index)

풀이

(1) NLE(NIOSH Lifting Equation)
들기작업에 대한 권장무게한계(RWL)를 쉽게 산출하도록 하여 작업의 위험성을 예측하여 인간공학적인 작업방법의 개선을 통해 작업자의 직업성 요통을 사전에 예방하는 평가도구이다. 적용 가능 작업으로는 포장물 배달, 음료 배달, 조립작업, 인력에 의한 중량물 취급작업, 무리한 힘이 요구되는 작업, 고정된 들기작업 등이 있다.

(2) RULA(Rapid Upper Limb Assessment)
어깨, 팔목, 손목, 목, 등 상지(upper limb)에 초점을 맞추어서 작업자세로 인한 작업부하를 쉽고 빠르게 평가하기 위해 만들어진 평가도구이다. 적용 가능 작업으로는 치과의사/치과기술자, 전화교환원, 정비업, 재봉업, 생산작업, 조립작업, 관리업, 육류가공업 등이 있다.

(3) JSI(Job Strain Index)
생리학, 생체역학, 상지질환에 대한 병리학을 기초로 한 정량적 평가도구이다. 적용 가능 작업으로는 자료입력/처리, 검사업, 손목의 움직임이 많은 작업, 포장업, 재봉업 등이 있다.

인간공학기술사 2011년 4교시 문제풀이

※ 다음 문제 중 4문제를 선택하여 설명하시오. (각 문제당 25점)

1 교대작업(shift work) 근로자를 위한 교대제(shift work schedule) 지침을 5가지만 설명하시오.

풀이

(1) 확정된 업무 스케줄을 계획하고 정기적이고 예측 가능하도록 한다.
교대 스케줄이 예측가능하여 작업자들이 가정 및 사회활동과 관련된 일들을 계획할 수 있어야 한다.

(2) 연속적인 야간 근무를 최소화한다.
어떤 연구자들은 2~4일 밤 연속 근무 후 2일의 휴일을 제안한다. 중요한 것은 너무 짧은 간격으로 근무시간이 교대되는 것을 피해야 하며, 같은 날 아침 근무에서 저녁 근무로 가는 등 7~10시간의 짧은 휴식시간은 좋지 않다. 야간 근무 후 다른 근무로 가기 전에는 적어도 24시간 이상의 휴식이 있어야 한다.

(3) 자유로운 주말계획을 갖도록 한다.
적어도 한 달에 1~2회 정도는 주말에 쉴 수 있는 근무 스케줄이 계획되어야 한다. 그렇다고 연속적으로 며칠 일하고 며칠 쉬도록 하는 것은 오히려 문제가 될 수 있다. 예를 들어, 10~14일 일하고 5~7일 동안 연속적으로 쉰다거나 하면 나이 든 작업자의 경우 휴가 후 근무로 돌아오는 것을 힘들어 할 수도 있다.

(4) 긴 교대기간을 두고 잔업은 최소화한다.
잔업을 하게 되면 피로는 더 하게 되고 상대적으로 휴식시간은 줄어들게 된다. 12시간 교대가 이루어진다면 2~3일 근무일이 최대이며, 야간 근무는 연달아 2일이 적당하고, 야간 근무 후에는 1~2일의 휴일이 필요하다.

(5) 업무시작 및 종료시간을 배려한다.
아이를 돌보거나 통근시간이 장시간 소요되는 사람들에게는 작업종료시간이 중요한 고려 대상이다. 또한, 러시아워를 피해 교대시간을 정해야 하며 아침 교대는 밤잠이 모자랄 5~6시에 하는 것은 좋지 않다.

2 그림과 같은 작업에 대하여 다음 물음에 답하시오.

(1) 인간공학적 설계상의 문제점을 4가지만 설명하시오.

(2) 각 문제점에 대한 개선방안을 제시하시오.

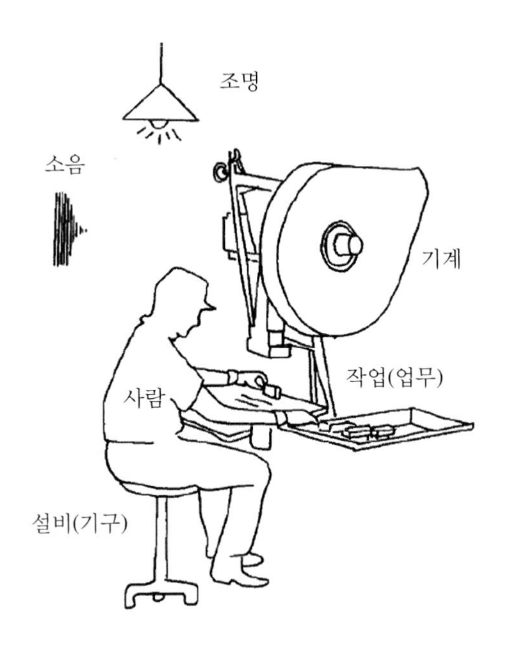

풀이

(1), (2) 인간공학적 설계상의 문제점과 이에 대한 개선방안은 다음과 같다.

	문제점	개선방안
1	등받이, 팔걸이가 없는 의자를 제공하여 부자연스러운 자세의 발생 우려가 있다.	등받이, 팔걸이 기능이 있는 의자를 제공하여 부자연스러운 자세를 사전 예방하도록 한다.
2	근로자보다 높은 의자가 제공되어 있다.	높낮이 조절이 가능한 의자를 제공하여 허리를 굽히거나 숙이지 않고, 발이 지지되도록 조치한다.
3	소음에 노출되어 있는 작업장 내에서 작업자가 청각 보호구를 착용했는지 확인되지 않는다.	작업환경측정을 실시하여 85 dB이상의 소음에 하루 8시간 이상 노출이 예상되는 경우에는 작업자에게 귀마개, 귀덮개 등을 제공한다.
4	완성제품의 수납장소가 멀리 떨어져 있어서 근로자가 허리를 굽히거나 팔을 뻗어야 하는 불편함이 있다.	작업이 끝난 제품들은 바로바로 수납이 가능하도록 수납장소를 작업자 옆이나 중력을 이용해서 낙하이동 시킬 수 있도록 아래에 위치시킨다.
5	조명이 낮을 경우, 업무의 집중도 및 시력 저하의 원인이 될 수 있다.	조명이 직접적으로 작업자를 향하거나 머리 위에 있으면 눈부심을 유발하거나 피로도를 증가시키므로 적절한 조명을 간접적으로 비출 수 있도록 조치하고 조도를 측정하여 적절한 조도를 유지하도록 한다. 정밀 작업인 경우 별도의 국소 조명 등을 통해서 조도를 750 lux 이상 유지되도록 한다.

3 음성 유저인터페이스(voice user-interface)에 대한 다음 물음에 답하시오.

(1) 음성인식과 음성출력(합성)에 대해 설명하고, 음성 유저인터페이스의 사용 특성을 설명하시오.

(2) 음성인식의 적용화자 분류에 따른 3가지, 인식어휘 수에 따른 2가지 기술에 대해 설명하고, 각각의 적용 혹은 적용 가능한 사례를 2가지만 쓰시오.

(3) 대표적 음성출력(합성) 기술을 2가지만 설명하고, 각각의 적용 혹은 적용 가능한 사례를 2가지만 쓰시오.

풀이

(1) 가. 음성인식

음성신호 정보를 분석하여, 단어/문장으로 입력하는 것

나. 음성출력(합성)

단어/문장을 음성으로 합성하여 출력하는 것

다. 음성 유저 인터페이스의 사용특성

언어 기술과 결합하여, 인식된 결과를 문법적으로 분석하고 그 의미를 이해하여 질문에 대답하거나 서로 대화하는 것으로, 음성은 가장 편리한 정보교류의 수단이다.

이는, 사람과 사람 간의 의사소통, 사람과 컴퓨터의 의사소통은 물론, 컴퓨터를 매개로 한 사람과 사람 간의 자동통역에도 적용될 수 있다.

(2) 가. 적용화자 분류 3가지 및 사례

1. 화자종속인식(Speaker dependent recognition): 훈련된 음성만을 인식 가능하며, 음성을 미리 인식기를 훈련시키는 과정 필요하다.
2. 화자 독립 인식(Speaker independent recognition): 임의의 화자의 발성을 인식 가능하며, 미리 다수의 음성에 관한 정보를 추출하여 데이터베이스화하여, 별도의 훈련 과정 없이 어떤 사용자라도 사용 가능하다.
3. 화자 적응(Speaker adaptation): 화자 종속 및 화자 독립의 절충 성격이며, 화자 독립 인식기를 자신의 목소리에 적응시켜야 하므로, 약간의 훈련 과정 필요하다.
4. 개인 휴대폰에서 음성을 인식하는 것은 화자종속인식이 적용 가능하며, iOS에서 Siri 등 기능에 적용 중에 있다. 범용 ARS는 화자 독립 인식이 적용되어야 하며, '말로 하는 ARS' 등에 현재 대부분의 상용화 시스템에 적용 중에 있다.

나. 인식어휘 수에 따른 2가지 기술 및 사례

1. 고립 단어 인식(Isolated word recognition): 인식 가능한 대상 단어에 한하여 인식한다.
2. 연결 단어 인식(Connected word recognition): 인식 대상 단어의 연결 형태로 인식하며, 제한된 대상 단어의 조합으로 여러 형태의 음성인식이 가능하다.
3. 연속어 인식(Continuous speech recognition): 자연스럽게 발성한 연속된 음성을 인식한다.
4. 핵심어 인식(Keyword spotting): 자연스럽게 발성한 연속된 음성 중에서 인식 대상 단어만을 추출 인식한다. 특정한 분야의 상용화를 위해 이용된다.
5. 전화번호만 찾아주는 등 아주 단순한 시스템에서는 고립 단어 인식으로 충분하다. 자동 예약 시스템 등에서 지명/상품 등이 정해져 있는 경우 핵심어 인식만 사용해도 된다. 빅데이터를 활용한 딥러닝 기반이 발달한 시대에는 가령 말로 하는 ARS 같은 경우에는 연속어 인식이 일반적으로 적용되고 있다.

(3) 가. 연결 합성(Concatenative synthesis)=USS(Unit Selection Synthesis): 단어/문장 단위로 녹음된 음성 데이터를 음소 단위로 잘게 쪼개 데이터베이스(DB)로 만들고, 음성을 합성할 때는 이 DB에서 적합한 음편을 찾아 이어 붙여 합성한다. DB 중에서 최적의 음편을 '선택'하는 기술과, 음편을 부드럽게 이어 '붙이는' 기술이 핵심이다. 이러한 기술에는 문장 내 정보를 추출하는 언어 처리 과정과 운율을 예측하고, 끊어 읽는 경계를 예측하는 과정이 수반된다.

나. 통계 기반 파라미터 합성(Statistical parametric speech synthesis): 빅데이터를 활용한 딥러닝 기반의 음성합성 기술로, 10분/100문장 정도만 녹음하고, 이를 토대로 음성을 합성한다. 음성의 자연스러움에 가장 큰 영향을 미치는 부분은 '운율' 예측이 핵심기술이며, 음성의 강세, 텍스트의 각 부분에 맞는 음성의 길이를 정하고 합성한다.

다. 조음 합성(Articulatory synthesis): 사람이 소리를 내는 기관(조음 기관)을 실제로 모사 제작하여 음을 만들어 내는 과정을 기반으로 음성을 합성한다.

라. 포먼트 합성(Formant synthesis): 고유한 주파수 특성을 사용하여 인공적으로 음성 파형을 만든다. DB는 필요 없는 장점이 있는 반면, 기계음으로 들리는 단점이 있다.

마. 적용 가능한 사례

1. 유/무선 통신망 환경 기반서비스: 말로 하는 ARS, 무인 콜센터, 텔레뱅킹, 보이스웹 포털 등
2. 단말기 기반 서비스: 휴대폰, PDA, 차량단말기, 무인 키오스크
3. PC 기반 응용서비스: 문서편집기에 음성인식 기능, 멀티미디어 콘텐츠에서 특정 오디오 부분을 검색하는 오디오 인덱싱, 음성인터페이스가 적용되는 게임

4 다음 물음에 답하시오.

(1) 실험설계를 위한 종속변수(dependent measure)와 독립변수(independent measure)를 정의하시오.

(2) 핸드폰, 내비게이션 시스템과 같은 터치스크린 기반 문자입력시스템(speller)의 유형별 사용성 평가를 위한 종속변수를 3가지만 제시하고, 각각의 특징을 설명하시오.

풀이

(1) 가. 독립변수: 조명, 기기의 설계, 정보 경로, 중력 등과 같이 조사 연구되어야 할 인자로서 종속 변수에 영향을 주는 변수(원인)이다.

나. 종속변수: 독립변수의 가능한 "효과"의 척도이다. 반응시간과 같은 성능의 척도일 경우가 많으며, 독립 변수에 영향을 받는 변수(결과)이다.

(2) 가. 시스템 평가척도: 작업 목표 달성에 해당하며, 시스템의 터치 입력 성공률에 해당한다.

나. 작업성능 평가척도: 작업결과에 대한 효율에 해당하며, 터치 입력에 소요되는 시간에 해당한다.

다. 인간기준 평가척도: 시스템 사용 중 인간의 행동과 응답에 해당하며, 주관적 반응(Subjective response) 즉, 사용자의 주관적 의견, 안락성, 편의성, 선호도 등이다.

5 다음 물음에 답하시오.

(1) 인지특성을 고려한 설계 원리 5가지를 설명하시오.

(2) 다음의 안전설계 원리에 관하여 설명하시오.

가. Fool Proof

나. Fail Safe

다. Tamper Proof

(3) 행동유도성(affordance) 개념을 정의하고, 아래 "비상구 안내표지" 설계의 행동유도성 문제점을 설명하시오.

풀이

(1) 인지특성을 고려한 설계 원리는 다음과 같다.

가. 좋은 개념 모형을 제공하라.

나. 단순하게 하라.

다. 가시성(Visibility)

라. 피드백(Feedback)의 원칙

마. 양립성(Compatibility)의 원칙

(2) 안전설계원리는 다음과 같다.

가. Fool Proof: 풀프루프는 위험성을 모르는 아이들이 세제나 약병의 마개를 열지 못하도록 안전마개를 부착하는 것처럼, 신체적 조건이나 정신적 능력이 낮은 사용자라 하더라도 사고를 낼 확률을 낮게 설계해 주는 것이다. 예로서, 회전하는 모터의 덮개를 벗기면 모터가 정지하는 방식이 해당된다.

나. Fail Safe: 페일세이프는 기계가 고장이 나더라도 안전사고를 발생시키지 않도록 2중 또는 3중으로 통제를 가하는 것을 말한다.

다. Tamper Proof: 사용자 또는 조작자가 임의로 장비의 안전장치를 제거할 경우, 장비가 작동되지 않도록 하는 안전설계 원리이다.

(3) 가. 행동유도성: 사물에 물리적, 의미적인 특성을 부여하여 사용자의 행동에 관한 단서를 제공하는 것 또는 제품에 사용상 제약을 주어 사용방법을 유인하는 것을 말한다.

나. 설계상의 행동유도성 문제점: 비상구의 화살표 방향과 실제 그림의 모습이 반대로 그려져 있어서 급한 상황에서 대피하고자 할 때 오른쪽으로 나가야할지, 왼쪽으로 나가야할지 혼란스럽고 행동에 제약을 가져오기 쉽다. 따라서 비상구의 화살표 방향과 그림의 모습을 일치시켜서 일관적인 행동을 유도할 수 있도록 하여야 한다.

6 다음 감성공학에 대한 물음에 답하시오.

(1) 감성공학을 정의하시오.
(2) 제품과 관련된 인간의 2가지 감성에 관하여 설명하시오.
(3) 감성공학의 접근방법 중 감성공학 Ⅰ류, Ⅱ류, Ⅲ류에 관하여 설명하시오.

풀이

(1) 감성공학이란 인간의 감정을 측정하고 과학적으로 분석하여 이를 제품 설계나 환경설계에 응용하여 보다 편리하고 안전하게 하며 더 나아가 인간의 삶을 쾌적하게 하고자하는 기술을 말한다.

(2) 감성공학은 제품이나 서비스의 디자인 및 개발에 감성적인 측면을 고려하여 사용자의 감정과 경험을 개선하는 학문적 접근으로 이를 위해 감성공학은 기능적 감성(Functional Sentiment)과 감각적 감성(Sensory Sentiment)이라는 두 가지 주요 요소를 다룬다.

기능적 감성은 제품이나 서비스의 기능적인 측면과 관련된 감성을 의미한다. 즉, 제품이나 서비스가 어떻게 기능하고 작동하는지에 따라 사용자가 느끼는 감정을 나타낸다. 예를 들어, 제품의 신속한 작동, 효율적인 기능, 사용자 친화적인 인터페이스 등은 사용자들에게 편의성과 만족감을 제공하여 기능적 감성을 유도할 수 있다.

감각적 감성은 제품이나 서비스의 감각적인 측면과 관련된 감성을 의미한다. 즉, 제품이나 서비스를 사용함으로써 사용자가 체험하는 감각적인 요소들을 강조한다. 이는 제품의 디자인, 색상, 질감, 냄새, 소리 등과 관련이 있으며 제품이나 서비스가 사용자의 감각에 긍정적으로 다가가면, 사용자는 더욱 흥미롭고 즐거운 경험을 할 수 있다.

(3) 감성공학 I류는 SD법으로 심상을 조사하고, 그 자료를 분석해 심상을 구성하는 설계요소를 찾아내는 방법이다. 주택, 승용차, 유행의상 등 사용자의 감성에 의해 제품이 선택될 기회가 많은 대상에 대하여 어떠한 감성이 어떠한 설계요소로 번역되는지에 관한 자료기반(Data Base)을 가지며, 그로부터 의도적으로 제품개발을 추진하는 방법이다.

감성공학 II류는 연령, 성별, 연간수입 등의 인구통계적(demographic) 특성 이외에 생활양식 등을 포함하여 이러한 관련성으로부터 그 사람의 이미지를 구체적으로 결정하는 방법이다.

감성공학 III류는 감성어휘 대신에 평가원(panel)이 특정한 시제품을 사용하여 자기의 감각척도로 감성을 표출하고, 이에 대하여 번역체계를 완성하거나 혹은 제품개발을 수행하는 방법이다.

인간공학기술사 2010년 1교시 문제풀이

※ 다음 문제 중 10문제를 선택하여 설명하시오. (각 문제당 10점)

1 **작업생리학에 대한 광범위한 연구 결과 에너지 소비량(energy expenditure)이 신체가 소비한 산소량(O_2 consumption) 및 심장박동률(heart rate)과 선형관계(linear relationship)가 있음을 보여주고 있다. 그런데 심장박동률은 산소소비량만큼 척도로서의 신뢰도가 높지 않다. 그 이유를 설명하시오.**

풀이

심장박동률은 산소소비량에 비해 스트레스, 카페인 섭취, 정적 작업이나 더운 환경에서의 작업, 기온 등과 같은 요인에 의해 불균형적으로 증가할 수 있다. 또한 심장박동률과 산소소비량 사이의 선형적 관계는 개인에 따라 다르다. 즉, 산소소비량 수준은 동일하더라도 심장박동률은 개인에 따라 다를 수 있기 때문이다.

2 **제철 공장에 근무하는 작업자 A는 눈에서 3 m 떨어진 벽보에 부착되어 있는 안전포스터의 0.6 mm 크기의 문자를 구분할 수 있다고 한다. 작업자 A의 시력을 구하시오.**

풀이

(1) 인간의 시력을 측정하는 방법에는 여러 가지가 있으나 가장 보편적으로 사용되는 것은 최소가분시력(minimal separable acuity)으로, 이는 눈이 식별할 수 있는 표적의 최소공간을 말한다.

(2) 시각은 보는 물체에 의한 눈에서의 대각인데, 일반적으로 호의 분이나 초 단위로 나타낸다($1° = 60' = 3600''$). 시각에 대한 개념은 다음 그림과 같으며, 시각이 10° 이하일 때는 다음 공식에 의해 계산된다.

$$\text{시각}(') = \frac{(57.3)(60)H}{D} = \frac{(57.3)(60)(0.6)}{3000} = 0.6876$$

H: 시각 자극(물체)의 크기(높이)
D: 눈과 물체 사이의 거리

(57.3)(60): 시각이 600′ 이하일 때 라디안(radian) 단위를 분으로 환산하기 위한 상수

$$시력(최소가분시력) = \frac{1}{시각} = \frac{1}{0.6876} \fallingdotseq 1.5$$

3 인간공학 연구를 통해 수집된 자료의 특성을 나타내는 4가지 척도(scale)를 설명하시오.

풀이

(1) 명목척도: 측정대상을 단순히 범주로 구분하기 위해 사용되는 척도이다.
예) 귀하의 성별은? ① 남 ② 여

(2) 서열척도: 측정대상이 속하는 범주를 나타낼 뿐만 아니라 측정대상의 상대적인 순서를 나타내기 위해 사용되는 척도이다. 할당된 값은 순서의 의미만을 가지며, 할당된 수치들 간의 차이는 나타내지 않는다.

(3) 등간척도: 서열척도의 성질 외에 측정대상들에 할당된 수치들 간의 차이가 의미를 갖는 척도이다. 측정대상들에 할당된 수치들 간의 차이가 의미를 가지기 때문에 측정값들 간의 차이에 대한 비교 분석이 가능하다. 측정 결과가 수치로 표현되지만, 절대적인 원점을 가지고 있지 않아 절대적 크기를 비교할 수 없고 상대적 크기의 차이를 비교할 수 있다.
예) 온도 20℃는 10℃보다 더 높지만 2배라고 할 수는 없다. 온도는 0℃가 존재하지만 절대적인 원점은 아니다.

(4) 비율척도: 등간척도의 성질 외에 절대적 기준점인 “0”이 의미를 가지기 때문에 비율에 대한 분석이 가능하다.
예) 체중 80 kg은 40 kg의 2배임

4 정상 시선(normal line of sight)과 주시각 영역(primary visual field: 권장 시각 영역)을 각각 정의하시오.

풀이

(1) 정상 시선: 눈이 쉬고 있을 때 응시 방향 수평면의 아래 10~15도 정도로 약간의 안구 및 머리 운동으로 편하게 시선을 줄 수 있는 구역이다.

(2) 주시각 영역: 어떤 한 점을 응시하였을 때 눈을 움직이지 않은 채로 볼 수 있는 범위에서 사물을 볼 때 시선 방향 안에 있는 것은 뚜렷하게 보이는 것으로 시야각은 2도 정도이다.

5 인간공학 분야의 국제 표준은 ISO TC159(인간공학) 기술위원회에서 관장한다. ISO TC159 산하 4개 분과 위원회(subcommittee)의 표준 개발 영역을 설명하시오.

풀이

(1) 인간공학 가이드 원칙(SC1)(General Ergonomics Principles)

(2) 인체 측정 및 생체 역학(SC3)(Anthropometry and biomechanics)

(3) 인간-시스템 상호 작용 인간공학(SC4)(Ergonomics of human-system interaction)

(4) 물리적 환경의 인간공학(SC5)(Ergonomics of the physical environment)

6 칵테일파티 효과(cocktail party effect)에 대하여 설명하시오.

풀이

다수의 음원이 공간적으로 산재하고 있을 때 그 안에 특정 음원, 예를 들면 특정인의 음성에 주목하게 되면 여러 음원으로부터 분리되어 특정 음만 듣는 심리현상이다.

7 시스템 안전 분석 기법의 하나인 FMEA에 대하여 다음을 설명하시오.

(1) 정의
(2) 수행 절차
(3) 적용 가능한 예

풀이

(1) FMEA의 정의는 다음과 같다.
FMEA(Failure Modes and Effects Analysis)는 서브시스템 위험 분석을 위하여 일반적으로 사용되는 전형적인 정성적, 귀납적 분석법으로 시스템에 영향을 미치는 모든 요소의 고장을 형태별로 분석하여 그 영향을 검토하는 것이다.

(2) FMEA의 수행 절차는 다음과 같다.

순서	주요내용
제1단계 대상 시스템의 분석	① 기기, 시스템의 구성 및 기능의 파악
	② FMEA 실시를 위한 기본 방침의 결정
	③ 기능 BLOCK과 신뢰성 BLOCK의 작성
제2단계 고장 형태와 그 영향의 해석	① 고장 형태의 예측과 설정
	② 고장 원인의 산정
	③ 상위 항목의 고장 영향의 검토
	④ 고장 검지법의 검토
	⑤ 고장에 대한 보상법이나 대응법
	⑥ FMEA 워크시트에 기입
	⑦ 고장 등급의 평가
제3단계 치명도 해석과 개선책의 검토	① 치명도 해석
	② 해석 결과의 정리와 설계개선으로 제언

(3) FMEA의 적용 가능한 예는 다음과 같다.

가. 개로 또는 개방고장
나. 폐로 또는 폐쇄고장
다. 가동고장
라. 정지고장
마. 운전계속의 고장
바. 오작동 고장

8 2차 과업 척도(secondary task measure)를 사용하여 정신적 작업부하(mental workload)를 측정하는 방법의 기본 논리를 설명하고 2차 과업으로 사용되는 과업 3가지를 설명하시오.

풀이

정신적 작업부하를 측정하는 기법 중에 1차 과제를 수행하고 남은 잔여 용량으로 2차 과제를 수행함에 따라 나타나는 2차 과제의 수행상의 차이를 비교하는 2차 과제 기법으로서, 난수생성이나 리듬치기, 시간추정, 수치계산 등을 2차 과제로 사용한다.

9 진동은 크게 국소 진동과 전신 진동으로 크게 구분할 수 있다. 이 중 전신 진동이 인체에 미치는 영향을 설명하시오.

풀이

전신진동은 진동수와 상대적인 전위에 따라 느끼는 감각이 다르다. 진동수가 증가함에 따라 압박감과 통증을 받게 되며 심하면 공포심, 오한을 느끼게 된다. Grandjean에 의하면 진동수가 4~10 Hz이면 사람들은 흉부와 복부의 고통을 호소하며 요통은 특히 8~12 Hz일 때 발생하며 두통, 안정피로, 장과 방광의 자극은 대개 진동수 10~20 Hz 범위와 관계가 있다.

10 인체에서 서비스 기능(service function)이 무엇인지 설명하시오.

풀이

서비스 기능은 근섬유에 영양분과 산소를 전달하는 기능을 말한다. 서비스 기능은 영양소의 섭취, 저장과 동원, 폐에서의 산소 호흡, 심혈관 시스템에서의 산소 공급 활동을 포함한다.

11 청각적 표시장치에서 음성 혹은 언어 출력을 사용할 경우의 장단점을 설명하시오.

풀이

(1) 청각적 표시장치에서 음성 혹은 언어 출력 시의 장점은 다음과 같다.
  가. 전달정보가 복잡할 때 정보 전달 가능하다.
  나. 언어만 알고 있다면, 비음성 신호에 대한 학습이 필요하지 않다.
  다. 전달정보가 즉각적인 행동을 요구할 때 정보 전달이 가능하다.
  라. 수신 장소가 밝아도 정보 전달이 가능하다.
  마. 직무상 수신자가 자주 움직여도 정보 전달이 가능하다.

(2) 청각적 표시장치에서 음성 혹은 언어 출력 시의 단점은 다음과 같다.
  가. 선행 학습이 오래 걸린다. 즉, 언어를 먼저 알아야 한다(외국인 작업자가 많은 현장에서는 언어출력이 비효율적).
  나. 통신 계통에 악영향을 받을 수 있다. 특히, 수신자의 청각 계통이 과부하일 때 잘 안 들릴 수 있다.
  다. 전달정보가 단순할 때 불리하다.
  라. 전달에 오랜 시간이 걸린다.
  마. 즉각적인 행동이 상대적으로 늦어진다.

12 WF(work factor)에 대하여 다음 각 항목을 설명하시오.

(1) 정의
(2) 시간 단위
(3) 시간 변동요인

풀이

(1) WF(work factor)의 정의는 다음과 같다.
신체 부위에 따른 동작시간을 움직인 거리와 작업요소인 중량, 동작의 난이도에 따라 기준 시간치를 결정하는 표준 자료법이다.

(2) WF(work factor)의 시간 단위는 다음과 같다.
가. Detailed WF(DWF): 1WFU(Work Factor Unit) = 0.0001분
나. Ready WF(RWF): 1RU(Ready WF Unit) = 0.001분

(3) WF(work factor)의 시간 변동요인은 다음과 같다.
가. 사용하는 신체부위(8가지): 손가락, 손, 팔, 앞팔회전, 몸통, 발, 다리, 머리회전
나. 이동거리(이상 "기초 동작")
다. 중량 또는 저항(W)
라. 인위적 조절(동작의 곤란성)

13 제조 및 서비스 산업에서 사용되는 표준시간을 결정하는 방법 4가지를 쓰고, 설명하시오.

풀이

(1) 시간연구법: 측정 대상 작업의 시간적 경과를 스톱워치/전자식 타이머 또는 VTR 카메라 등의 기록 장치를 이용하여 직접 관측하여 표준시간을 산출하는 방법이다.

(2) 워크 샘플링법: 간헐적으로 랜덤한 시점에서 연구대상을 순간적으로 관측하여 대상이 처한 상황을 파악하고 이를 토대로 관측기간 동안에 나타난 항목별로 차지하는 비율을 추정하는 방법이다.

(3) 표준 자료법: 작업시간을 새로이 측정하기보다는 과거에 측정한 기록들을 기준으로 동작에 영향을 미치는 요인들을 검토하여 만든 함수식, 표, 그래프 등으로 동작시간을 예측하는 방법이다.

(4) PTS: 사람이 행하는 작업을 기본동작으로 분류하고 각 기본동작들은 동작의 성질과 조건에 따라 이미 정해진 기준 시간치를 적용하여 전체 작업의 정미시간을 구하는 방법이다.

인간공학기술사 2010년 2교시 문제풀이

※ 다음 문제 중 4문제를 선택하여 설명하시오. (각 문제당 25점)

1 인간 기억에 관한 다음 각 물음에 답하시오.

(1) 다음 인간 기억 체계에 대한 그림의 빈 칸을 채우시오.

(2) 단기기억의 용량 및 증대 방안에 대하여 설명하시오.
(3) 최근효과(recency effect)에 대하여 설명하시오.
(4) 초두효과(primacy effect)에 대하여 설명하시오.

풀이

(1) ①: 감각보관, ②: 주의, ③: 장기기억

(2) 사람의 단기기억 용량은 매우 한정되어 있다. 단기기억에 저장될 수 있는 정보량의 한계는 7±2 chunk이다. 단기기억의 증대 방안으로는 입력정보를 의미 있는 단위로 배합하고 편성하는 chunking과 입력된 정보를 마음에서 반복하는 리허설(rehearsal)이 있다.

(3) 단기기억 과정 중 여러 단어를 읽을 경우 맨 나중에 읽은 단어가 가장 기억이 잘 나는 효과를 말한다.

(4) 단어(포도, 나비 등)를 기억하도록 한 후 다른 임무(암산 등)를 하도록 하면 최근효과는 사라지고 앞부분에 나왔던 단어들(포도, 나비 등)을 기억하는 효과를 말한다.

2 인간은 여러 감각기관으로부터 정보를 받아들이는데, 이 중 시각이 가장 큰 비중을 차지하는 것으로 알려져 있다. 시각작용에 대한 이론을 설명하고, 그 예를 제시하시오.

풀이

물체로부터 나오는 반사광은 동공을 통과하여 수정체에서 굴절되고 망막에 초점이 맞추어진다. 망막은 광자극을 수용하고 시신경을 통하여 뇌에 임펄스를 전달한다. 인간의 시각작용은 그 원리가 카메라와 매우 흡사하다.

3 다음 그림은 단순음(pure tone)의 주파수(Hz)와 강도(dB)에 따른 음의 감각적 척도인 음량(loudness)을 나타낸다. ( ) 안에 알맞은 내용을 쓰거나 각 물음에 답하시오.

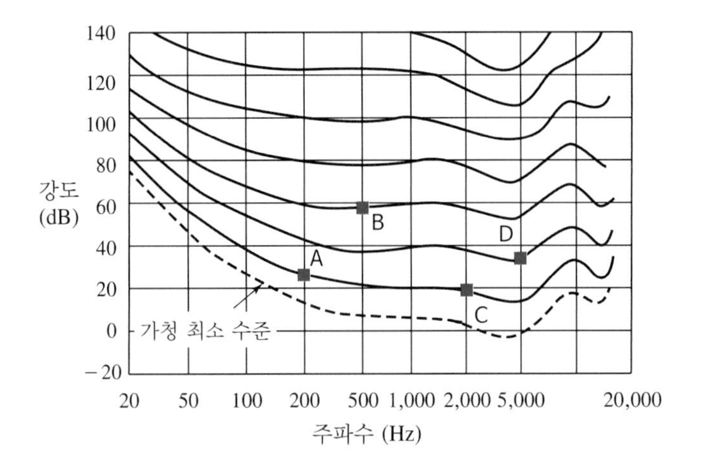

(1) 물리적 측면에서 높이가 가장 높은 음은 (　　)이고, 음의 세기가 가장 낮은 음은 (　　)이다.

(2) C음은 B음보다 (　　) 옥타브 높은 음이다.

(3) B음은 A음보다 사람이 느끼기에 몇 배 시끄러운 음인지 구하시오.

(4) 86 dB인 음과 96 dB인 음을 합한 음의 강도(dB)를 구하시오.

(5) 음압계측기(Sound Level Meter)에 사용되는 척도(scale)로 db(A), dB(B), dB(C)가 있는데 인간 귀의 반응특성에 가장 근사한 척도를 제시하시오.

풀이

(1) D, C

(2) 2

(3) B음: 60 phon, A음: 20 phon
음량 수준이 10 phon 증가하면 sone은 2배가 됨으로 B음은 A음보다 16배 시끄럽다.

(4) 소음의 합 $= 10\log(10^{\frac{L1}{10}} + 10^{\frac{L2}{10}} \cdots)$

$$= 10\log(10^{\frac{86}{10}} + 10^{\frac{96}{10}}) = 96.42 \text{ dB}$$

(5) 음압계측기에 의한 소음 레벨의 측정에는 A, B, C의 3특성이 있다. A는 40 phon의 등청감곡선과 거의 동일하도록 만들어진 곡선이며, B는 70 phon, C는 평탄 특성이다. 그러므로 A가 인간 귀의 반응특성에 가장 근사한 척도이다.

4 근육의 구조 및 활동에 대하여 다음 물음에 답하시오.

(1) 다음 그림의 ( ) 안에 알맞은 내용을 써 넣으시오.

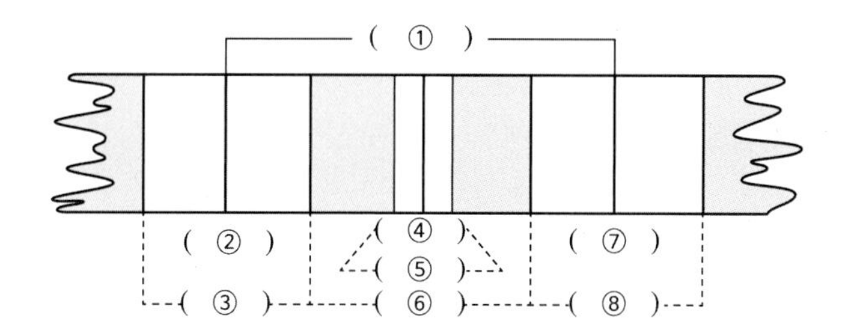

(2) 근육이 자극을 받을 때의 변화를 위 그림을 이용하여 설명하시오.

풀이

(1) ①: 근섬유분절, ②: Z선, ③: I대, ④: M선, ⑤: H대, ⑥: A대, ⑦: Z선, ⑧: I대

(2) 근육은 자극을 받으면 근섬유가 수축하는데, 가는 액틴 필라멘트가 굵은 미오신 필라멘트 사이로 미끄러져 들어간다. 이때 액틴 필라멘트와 미오신 필라멘트의 길이는 변하지 않고 I띠와 H띠의 길이만 짧아진다. 근육이 최대로 수축되면 Z선이 A띠에 맞닿아 I띠가 없어진다.

5 우리나라는 2003년 7월 1일부터 근골격계질환에 대한 사업주의 예방 의무가 법제화 되어 있다. 다음 각 물음에 답하시오.

(1) 근골격계질환 예방 관련 법령을 제시하시오.

(2) 근골격계질환 관련 법령의 적용 대상을 제시하시오.

(3) 근골격계질환에 대한 사업주의 법적 의무 사항을 제시하시오.

(4) 유해요인조사의 단계별 조사 내용을 제시하시오.

풀이

(1) 근골격계질환 예방 관련 법령은 다음과 같다.
가. 산업안전보건기준에 관한 규칙, 제12장 근골격계 부담작업으로 인한 건강장해의 예방
나. 근골격계 부담작업의 범위 및 유해요인조사 방법에 관한 고시

(2) 관련 법령의 적용 대상은 다음과 같다.
유해요인조사 결과 근골격계질환이 발생할 우려가 있는 모든 사업 또는 사업장

(3) 사업주의 법적 의무 사항은 다음과 같다.
가. 유해요인조사
나. 작업환경개선
다. 의학적조치
라. 유해성 주지 및 근골격계질환 예방관리 프로그램의 수립시행
마. 중량물 취급 작업에 대한 조치

(4) 유해요인조사 단계별 조사 내용은 다음과 같다.
가. 작업장 상황 조사: 작업공정 변화, 작업설비 변화, 작업량 변화, 작업속도 및 최근 업무의 변화 등
나. 작업조건 조사: 반복성, 부자연스런 자세 또는 취하기 어려운 자세, 과도한 힘, 접촉스트레스, 진동
다. 근골격계질환 증상 조사: 증상과 징후, 직업력(근무력), 근무형태(교대제 여부 등), 취미생활, 과거 질병 등

6 수행도평가(performance rating)에 대하여 다음 각 항목을 설명하시오.

(1) 정의

(2) 수행도평가 훈련의 효과

(3) 수행도평가 결과의 평가

풀이

(1) 수행도평가(performance rating)의 정의는 다음과 같다.
관측 대상 작업 작업자의 작업 페이스를 정상 작업 페이스 혹은 표준 페이스와 비교하여 보정해 주는 과정을 수행도평가라 하며, 레이팅, 평준화, 정상화라 하기도 한다.

(2) 수행도평가(performance rating) 훈련의 효과는 다음과 같다.
가. 관측자가 가지고 있는 나쁜 습성이나 성향을 교정할 수 있다.

나. 시간연구를 수행하는 회사 내 관측자가 일관성 있는 레이팅을 할 수 있게 한다.
다. 오차를 줄여 레이팅을 보다 정확히 하게 한다.

(3) 수행도평가(performance rating) 결과의 평가는 정성적 방법과 정량적 방법으로 이루어진다.
가. 정성적 평가: 주어진 올바른 레이팅 계수와 관측자의 실제 레이팅 계수를 2차원 그래프에 나타내어 평가한다. 관측자의 레이팅 계수가 모두 45° 기울기의 직선상에 그려지면 관측자는 완전하게 평가한 경우이다. 일반적 평가 결과는 후한(loose) 레이팅과 박한(tight) 레이팅, 극단적(radical) 레이팅과 보수적(conservative) 레이팅으로 분류된다.
나. 정량적 평가: 관측자의 실제 레이팅 계수가 올바른 레이팅 계수의 ±5% 내에 존재할 확률을 계산하여, 확률 값의 크기에 따라 관측자의 레이팅 능력을 평가한다. 확률 계산 시에는 정규분포가 이용된다.

인간공학기술사 2010년 3교시 문제풀이

※ 다음 문제 중 4문제를 선택하여 설명하시오. (각 문제당 25점)

1 영상표시단말기(VDT) 취급근로자 작업관리지침에 근거하여 VDT 작업에 대한 다음 각 항목을 설명하시오.

(1) 작업시간 및 휴식시간
(2) 작업자 시선 높이
(3) 화면과 작업자 눈과의 거리
(4) 팔꿈치 내각 및 아래팔과 손등이 이루는 각도
(5) 작업면에 도달하는 빛의 각도

풀이

(1) 작업시간 및 휴식시간
가. VDT 작업의 지속적인 수행을 금지하도록 하고 다른 작업을 병행하도록 하는 작업 확대 또는 작업 순환을 하도록 한다.
나. 1회 연속 작업 시간이 1시간을 넘지 않도록 한다.
다. 연속 작업 1시간당 10~15분 휴식을 제공한다.
라. 한 번의 긴 휴식보다는 여러 번의 짧은 휴식이 더 효과적이다.

(2) 작업자 시선 높이
가. 화면상단과 눈높이가 일치해야 한다.
나. 화면상의 시야범위는 수평선상에서 10°~15° 밑에 오도록 한다.

(3) 화면과 작업자 눈과의 거리
화면과의 거리는 최소 40 cm 이상이 확보되도록 한다.

(4) 팔꿈치 내각 및 아래팔과 손등이 이루는 각도
가. 팔꿈치 내각은 90° 이상 되어야 한다. 조건에 따라 70~135°까지 허용 가능해야 한다.
나. 아래팔과 손등은 일직선을 유지하여 손목이 꺾이지 않도록 한다.

(5) 작업면에 도달하는 빛의 각도
빛이 화면에 도달하는 각도가 45° 이내가 되도록 한다.

2 다음 각 물음에 답하시오.

(1) 다음 사진은 멕시코 어느 지방에 설치되어 있는 표지판이다. 장비, 도구, 시스템에 대한 심성 혹은 개념 모형 관점에서 문제점 및 그 개선방안을 제시하시오.

(2) 다음 조명 스위치는 유니버설 디자인 관점에서 다음 사항이 반영되어 있다.
가. 스위치 부분의 면적을 크게 함
나. 조작 패널에 이름 표시(예: 침실, 거실, 부엌 등) 기능
다. 스위치 부분이 녹색으로 약하게 빛이 나는 반딧불이 기능
이와 같이 조명 스위치의 설계에 반영된 유니버설 디자인 원칙 4가지를 설명하시오.

풀이

(1) 표지판의 문제점 및 개선방안은 다음과 같다.
가. 문제점
운동양립성에는 일치하는 것 같으나, 하나의 게시판에 진입금지 표시와 화살표 표시가 동시에 있어 혼동을 유발한다.
나. 개선방안
1. 왼쪽길은 진입금지, 오른쪽길로 진입표시를 확실하게 하기 위해서, 2개의 표지판으로 분리해서 설치한다.
2. 이는 해당 국가의 양식양립성에 합당할 수는 있으나, 외국인(한국인 포함)이 보기에는 진입금지 표시가 진입금지인지, 주차금지인지, 일시정지인지 모호하므로, 문자를 추가하여 STOP/NO ENTRY 등으로 의미를 명확하게 한다.

(2) 조명 스위치의 설계에 반영된 유니버설 디자인 원칙은 다음과 같다.
가. 스위치 부분의 면적을 크게 함
1. 적은 물리적 노력(low physical effort)
2. 접근과 사용을 위한 충분한 공간(size and space for approach and use)
나. 조작 패널에 이름 표시(예: 침실, 거실, 부엌 등) 기능
정보 이용의 용이(perceptive information)
다. 스위치 부분이 녹색으로 약하게 빛이 나는 반딧불이 기능
간단하고 직관적인 사용(simple and intuitive)

3 인간은 외부 자극에 대하여 감각기관을 통하여 정보를 받아들인 후 지각 및 판단 과정을 거쳐 반응을 보이게 된다. 외부 자극에 대한 인간 반응의 종류를 쓰고, 설명하시오.

풀이

(1) 의식적 반응
예) 신호등을 보고 건널목을 건넌다.

(2) 무의식적 반응(무조건 반사와 조건 반사)
예) 재채기, 하품, 딸꾹질, 침 분비, 눈물 분비 등(무조건 반사)
예) 신 음식을 생각만 해도 침이 고이는 현상(조건 반사)

4 호흡의 과정과 호흡기계의 기능에 대하여 설명하시오.

풀이

(1) 호흡이란, 생명현상을 유지하기 위하여 산소를 섭취하고 이산화탄소를 배출시키는 일련의 과정을 말한

다. 넓은 의미의 호흡은 생리학적으로 다음의 과정들을 포함한다.

(2) 호흡기계의 기능은 다음과 같다.
가. 가스교환
나. 공기의 오염 물질, 먼지, 박테리아 등을 걸러내는 흡입 공기 정화 작용
다. 흡입된 공기를 진동시켜 목소리를 내는 발성기관의 역할
라. 공기를 따뜻하고 부드럽게 함

5 **어느 검사 작업자가 반응기준 β에 의한 4가지 상황에 각각 반응할 확률이 아래와 같이 주어졌다. 정규분포의 z값, z값보다 같거나 작을 확률 p, z값과 분포가 만나는 점의 가로 좌표의 O값이 표와 같을 때, 다음 각 물음에 답하시오.**

(1) 민감도(sensitivity)를 구하시오.
(2) 반응기준(response bias) β값을 구하시오.
(3) 반응기준 β에 영향을 주는 전형적인 요인 2가지를 제시하시오.
(4) 신호탐지이론(SDT)의 적용 분야 중 검사작업을 제외한 3가지를 제시하시오.

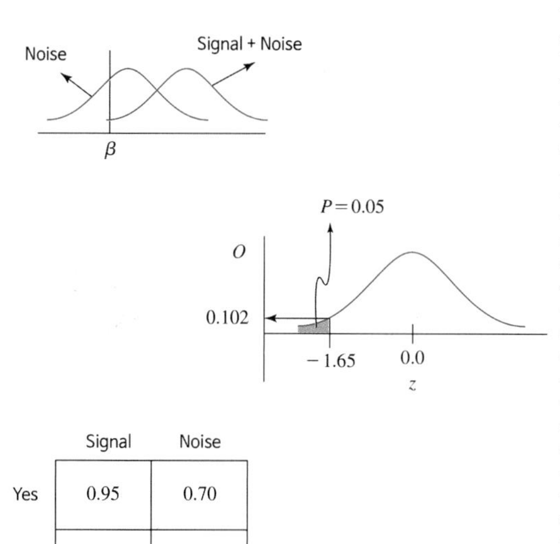

p	z	O	p	z	O
.01	−2.33	.026	.26	−.64	.325
.02	−2.05	.049	.27	−.61	.331
.03	−1.88	.068	.28	−.58	.337
.04	−1.75	.086	.29	−.55	.343
.05	−1.65	.102	.30	−.52	.348
.06	−1.56	.118	.31	−.50	.352
.07	−1.48	.133	.32	−.47	.357
.08	−1.41	.148	.33	−.44	.362
.09	−1.34	.163	.34	−.41	.367
.10	−1.28	.176	.35	−.39	.370
.11	−1.23	.187	.36	−.36	.374
.12	−1.18	.199	.37	−.33	.378
.13	−1.13	.211	.38	−.31	.380
.14	−1.08	.223	.39	−.28	.384
.15	−1.04	.232	.40	−.25	.387
.16	−.99	.244	.41	−.23	.389
.17	−.95	.254	.42	−.20	.391
.18	−.92	.261	.43	−.18	.393
.19	−.88	.271	.44	−.15	.394
.20	−.84	.280	.45	−.13	.396
.21	−.81	.287	.46	−.10	.397
.22	−.77	.297	.47	−.08	.398
.23	−.74	.303	.48	−.05	.398
.24	−.71	.310	.49	−.03	.399
.25	−.67	.319	.50	.00	.399

풀이

(1) $P(S/S) = 0.95$
$P(N/S) = 0.05$
$P(S/N) = 0.7$
$P(N/N) = 0.3$
$d = Z_S + Z_N$
$= 1.65 - 0.52$
$= 1.13$

(2) $\beta = P(N/S)/P(S/N)$
$= 0.05/0.7$
$= 0.071$
반응기준이 교차점에서 왼쪽으로 이동하다 못해 소음분포의 중앙을 넘어갔으므로 β의 값이 1보다 매우 작다. 이러한 반응 기준은 매우 모험적 성향이다.

(3) 반응기준 β에 영향을 주는 요인은 다음과 같다.
반응기준을 결정하는데 영향을 미치는 요인으로는 신호와 잡음의 발생확률과 반응기준에 따라 결정되는 4가지 대안(4가지대안)의 비용 및 이익효과가 있다. 외부적인 요인으로는 작업을 수행하는 과정에서 발생하는 심리적 피로, 궤한정보, 환경의 변화 등이 있다.

(4) 신호탐지이론(SDT)의 적용 분야 중 검사작업을 제외한 3가지는 다음과 같다.
가. 음파탐지
나. 의료 진단
다. 항공기 관제

6 다음 표는 노브(knob)를 회전시켰을 때 표시장치가 움직인 거리를 조사한 실험 결과이다. 노브의 회전수, 표시장치의 움직인 거리, 이동시간과 조정시간을 이용하여 아래 질문에 답하시오.

표시장치 이동거리 (cm)	노브 회전수 (회전)	이동시간 (초)	조정시간 (초)	C/R비
3	6	0.1	0.7	①
4	5	0.2	0.5	②
5	4	0.3	0.3	③
6	3	0.4	0.4	④

(1) 표의 C/R비를 구하시오.
(2) 주어진 자료에서 최적 C/R비를 구하시오.

풀이

(1) 노브(Knob)의 C/R비는 손잡이 1회전 시 움직이는 표시장치 이동거리의 역수이다.

① 3 cm ÷ 6회전 = 0.5 cm, 1회전시 0.5 cm 움직임

$$\text{C/R비} = \frac{1}{0.5\ \text{cm}} = 2$$

② 4 cm ÷ 5회전 = 0.8 cm, 1회전시 0.8 cm 움직임

$$\text{C/R비} = \frac{1}{0.8\ \text{cm}} = 1.25$$

③ 5 cm ÷ 4회전 = 1.25 cm, 1회전시 1.25 cm 움직임

$$\text{C/R비} = \frac{1}{1.25\ \text{cm}} = 0.8$$

④ 6 cm ÷ 3회전 = 2 cm, 1회전시 2 cm 움직임

$$\text{C/R비} = \frac{1}{2\ \text{cm}} = 0.5$$

(2) 일반적으로 표시장치의 연속위치에 또는 정량적으로 맞추는 조종장치를 사용하는 경우에 두 가지 동작이 수반하는데 하나는 큰 이동동작이고, 또 하나는 미세한 조종동작이다. 최적 C/R비를 결정할 때에는 이 두 요소를 절충해야 한다. 이동시간과 조정시간의 합이 작은 C/R비가 최적 C/R비이므로 0.8이다.

인간공학기술사 2010년 4교시 문제풀이

※ 다음 문제 중 4문제를 선택하여 설명하시오. (각 문제당 25점)

1 아래 그림을 보고 물음에 답하시오.

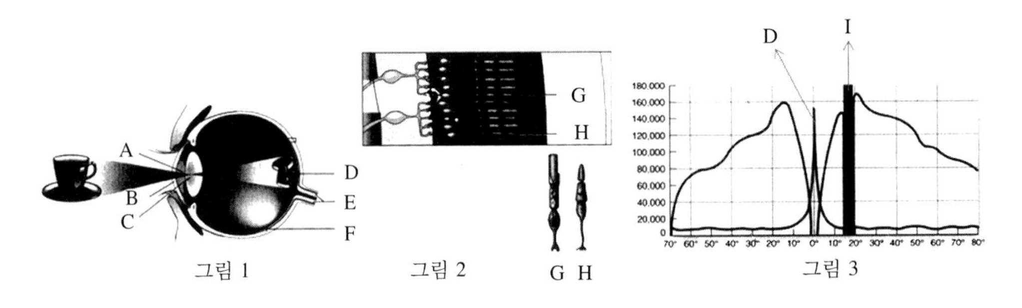

그림 1 그림 2 G H 그림 3

(1) 그림 1에서 카메라의 렌즈에 해당하는 C의 명칭을 쓰고, 노안의 특성과 관련지어 설명하시오.

(2) 그림 2의 G와 H의 명칭을 각각 쓰고, 시각기능과 관련지어 설명하시오.

(3) 그림 3의 Y축은 세포의 밀도를 나타내고, X축의 각도는 그림 1의 D를 기준으로 부여한다. D의 명칭을 쓰시오.

(4) 그림 3에서 I의 이름을 쓰고, 시각기능과 관련지어 설명하시오.

풀이

(1) C: 수정체, 노년으로 되어감에 따라 수정체의 탄력이 떨어지면서 수정체의 조절력이 감퇴하는 것이므로 가까운 곳이 보기 힘들어지는 것을 노안이라 한다.

(2) G: 간상체, 밤처럼 조도 수준이 낮을 때 기능을 하며 흑백의 음영만을 구분한다.
H: 원추체, 낮처럼 조도 수준이 높을 때 기능을 하며 색을 구별한다. 원추체가 없으면 색깔을 볼 수 없다.

(3) D: 중심와, 망막 중 뒤쪽에 빛이 들어와서 초점을 맺는 부위를 말한다.

(4) I: 맹점－망막에서 시세포가 없어 물체의 상이 맺히지 않는 부분이며, 시각의 기능을 할 수 없다.

2 아래 그림과 같이 사두근건(四頭筋腱, quadriceps tendon)은 정강뼈(tibia)에 30° 의 각도로 연결되어 있으며 무릎관절의 중심에서 4 cm 떨어져 있다. 만일 80 N의 무게 (weight)가 나가는 물건을 무릎 관절로부터 28 cm 떨어진 발목(ankle)에 매달 경우 다음 각 물음에 답하시오.

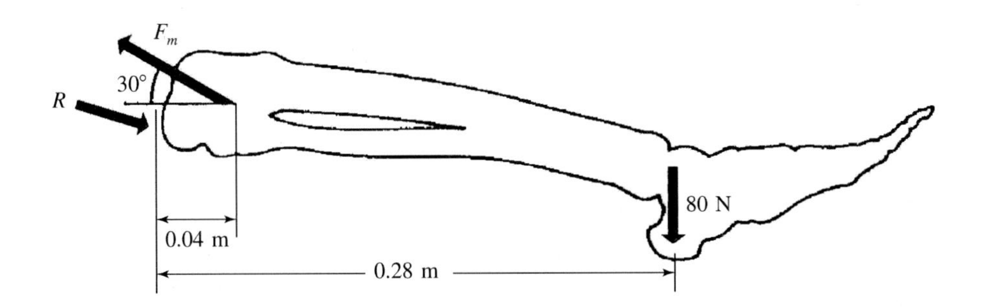

(1) 다리를 수평으로 유지하기 위한 사두근 힘 F_m을 구하시오.

(2) 이때 정강뼈(tibia) 위 넓다리뼈(femur)에 의해 발생하는 반응력(reaction force)의 크기 R과 방향을 구하시오(단, 다리의 무게와 다른 근육의 영향은 무시한다).

풀이

(1) Moment 평형

$\Sigma M=0$: 무릎관절의 중심에서 반시계 방향을 양(+)으로 할 때

$0.04\times F_m\times \sin 30° - 0.28\times 80 = 0$

$F_m = 0.28\times 80/(0.04\times \sin 30°) = 1120$ N(위 방향)

(2) $\sum F_x = 0$: 오른쪽 방향을 양(+)으로 할 때

$R_x - F_m\times \cos 30° = 0$

$R_x = 1120\times \cos 30° = 969.95$ N(오른쪽 방향)

$\sum F_y = 0$: 위 방향을 양(+)으로 할 때

$R_y + F_m\times \sin 30° - 80 = 0$

$R_y = 80 - F_m\times \sin 30° = 80 - 1120\times 1/2 = -480$ N(아래 방향)

오른쪽 아래 방향으로 향하며 절대값은

$\sqrt{969.95^2 + (-480)^2} = 1082.22$ N

$\tan^{-1}(480/969.95) = 0.46$ rad $= 26.33°$이므로

방향은 오른쪽으로 향하는 수평선을 기준으로 시계방향 26.33°이다.

3 **1991년 개정된 NIOSH 들기작업 공식을 개발하는데 적용된 기준(criterion)으로 생체역학적(biomechanical), 생리학적(physiological), 심물리학적(psychophysical) 기준이 있다. 아래 표에 빈칸을 채우시오.**

분야(Discipline)	설계 기준(Design Criterion)	설정된 한계 (Cut-off value)
생체역학	①	④
생리학	②	2.2~4.7 kcal/min
심물리학	③	⑤

풀이

① 신체의 압축력(Compressive Force)
② 에너지소비량
③ 최대허용하중
④ L5/S1에서의 압축력이 3.4 kN 이하
⑤ 남자 중 99%, 여자 중 75%가 이 조건에서 별무리 없이 인력운반작업을 수행할 수 있어야 함

4 **표와 같이 재해가 발생한 기업체에 대하여 다음 각 항목을 구하시오.**
(단, 하루 8시간, 1년 245일 근무하고, 연평균 근로자 수는 1,300명으로 가정한다.)

	재해발생일	근로자수	재해자수	장애등급	휴업급여 (만 원)	치료급여 (만 원)
1	2007.1.22	1,245명	1명	13급	660	300
2	2007.3.20	1,260명	1명	14급	350	200
3	2007.5.15	1,318명	2명	12급, 13급	2,000	800
4	2007.8.20	1,290명	3명	사망, 3급, 12급	43,000	8,000
5	2007.10.25	1,310명	1명	14급	200	70
6	2007.12.5	1,345명	2명	13급, 14급	500	200

신체장애등급별 근로손실일수											
장애등급	1~3	4	5	6	7	8	9	10	11	12	13	14
근로손실일수	7,500	5,500	4,000	3,000	2,200	1,500	1,000	600	400	200	100	50

(1) 재해율
(2) 천인율
(3) 도수율

(4) 강도율

(5) 종합재해지수

(6) 경제적 손실액

풀이

(1) 재해율 $= \dfrac{\text{재해자수}}{\text{근로자수}} \times 100$

$= \dfrac{1+1+2+3+1+2}{1,300} \times 100$

$= \dfrac{10}{1,300} \times 100$

$= 0.77$

(2) 천인율 $= \dfrac{\text{연간재해자수}}{\text{연평균근로자수}} \times 1,000$

$= \dfrac{10}{1,300} \times 1,000$

$= 7.7$

(3) 도수율 $= \dfrac{\text{재해발생건수}}{\text{연근로 총시간수}} \times 10^6$

$= \dfrac{10}{1,300 \times 8 \times 245} \times 10^6$

$= 3.93$

(4) 강도율 $= \dfrac{\text{근로손실일수}}{\text{연근로 총시간수}} \times 1,000$

$= \dfrac{100+50+300+15,200+50+150}{1,300 \times 8 \times 245} \times 1,000$

$= 6.22$

(5) 종합재해지수 $= \sqrt{\text{도수율} \times \text{강도율}}$

$= \sqrt{3.93 \times 6.22}$

$= 4.94$

(6) 경제적손실액 = 휴업급여 + 치료급여

$= (660+350+2,000+43,000+200+500)+(300+200+800+8,000+70+200)$

= 56,280만 원

하인리히의 방식을 이용하면, 직접비 : 간접비 = 1 : 4이므로

경제적손실액 = 56,280만 원 × 5

= 281,400만 원

5 집을 한 채 짓는 건설공사 프로젝트를 진행하고 있다. 아래 표와 같이 건설작업은 10개의 활동으로 구성되어 있으며, 각 활동의 추정 소요시간 단위는 일(days)이다. 이를 이용하여 다음 각 질문에 답하시오.

활동	예상소요일	선행활동
1	5	–
2	14	1
3	8	2
4	3	3
5	10	3
6	9	3
7	11	3
8	22	4, 5, 6
9	6	7
10	2	8, 9

(1) 이 프로젝트의 CPM(Critical Path Method) 그물망도표(network diagram)를 그리시오.

(2) (1)에서 그린 그물망도표의 주 공정경로(critical path)을 명시하고 프로젝트가 완성되는데 필요한 총 소요일수를 구하시오.

풀이

(1) 그물망도표(network diagram)

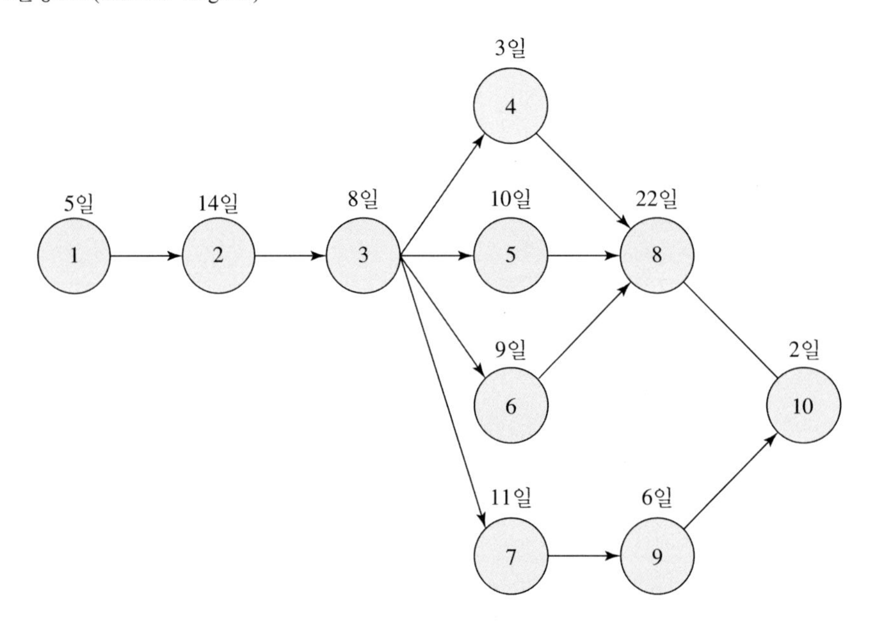

(2) 주 공정경로와 주 공정시간

가. 주 공정경로(가장 시간이 오래 걸리는 경로): 1-2-3-5-8-10

나. 주 공정시간: 61일

6 다음 사건에 대하여 Swain과 Reason의 분류방법에 따라 휴먼에러를 분류하여 쓰시오.

사 건	Swain의 분류	Reason의 분류
워드 경력 20년의 사무원이 3시간 동안 심혈을 기울여 작성한 워드파일을 다 끝냈다는 기쁨으로 '저장 안함' 버튼을 눌러 닫았다.	①	②
구간 단속인 줄 모르고 구간 단속 입구의 단속 카메라와 구간 단속 출구의 단속 카메라 앞에서만 규정속도를 지키고, 나머지 구간에는 과속을 하였다.	③	④
비자 신청 서류 작성 방법을 몰라서 이 사람 저 사람에게 물어가며 작성하다가 서류 접수 마감 시간을 넘겼다.	⑤	⑥

풀이

① 부작위실수(omission error)
② 숙련기반 에러(skill based error)
③ 작위실수(commission error)
④ 규칙기반 에러(rule based error)
⑤ 시간실수(time error)
⑥ 지식기반 에러(knowledge based error)

인간공학기술사 2009년 1교시 문제풀이

※ 다음 문제 중 10문제를 선택하여 설명하시오. (각 문제당 10점)

1 컴퓨터 사용자의 목표와 시스템의 물리적 상태 간의 인지적 거리를 나타내는 실행의 간격(Gulf of Execution)과 평가의 간격(Gulf of Evaluation)을 줄일 수 있는 방법에 대해 기술하시오.

풀이

(1) 실행의 간격(Gulf of Execution): 사용자의 의도와 소프트웨어가 지원하는 행위 사이의 차이이며, 제어장치의 설계원리에 따라 바람직하고 인간공학적으로 설계된 제어장치들에 의해 좁혀질 수 있다.

(2) 평가의 간격(Gulf of Evaluation): 사용자의 기대와 시스템의 상태사이의 차이이며, 디스플레이 설계원리에 따라 설계된 바람직하고 역동적 정보를 제공해주며 해석 가능한 디스플레이를 제공해줌으로써 좁혀질 수 있다.

2 일차 및 이차 과제(Primary and Secondary Task)를 동시에 수행할 때 정신자원(Mental Resources)을 할당하기 위한 전략을 기술하시오.

풀이

정보처리의 많은 단계가 정신적 자원에 의존하여 처리된다. 정신적 자원은 일종의 주의 혹은 정신적 노력이다. 이것의 가용성은 제한되어 있고, 필요에 따라 각 처리에 할당된다. 주의의 본질과 관련하여 중요한 측면 중 하나는 주의의 역할이 서로 대비되는 두 가지로 구분될 수 있다는 점이다. 주의의 역할 중 하나는 정보를 좀 더 처리하기 위해 감각 경로들 중 일부를 선택한다는 것이다. 예를 들어 우리는 눈의 주어진 특정 시점에 세상의 일부에만 초점을 맞출 수 있다. 반대로, 주의의 또다른 역할은 과제들 사이에 주의의 분산을 시켜 수행의 모든 측면을 지원하게 하는 것이다. 이렇게 정신적 자원을 선택적으로 집중시키거나 일부의 자원에 분산시킴으로써 효율적인 자원할당을 할 수 있다.

3 소리의 크기를 나타내는 척도인 Phon과 Sone의 특징과 차이점을 기술하시오.

풀이

Phon: 어떤 음의 음량수준을 나타내는 Phon값은 이 음과 같은 크기로 들리는 1,000 Hz 순음의 음압수준(dB)을 의미한다.

Sone: 다른 음의 상대적인 주관적 크기를 평가하기 위한 음량 척도로 40 dB의 1,000 Hz 순음의 크기(40 Phon)를 1 Sone이라 한다.

물리학적 소리의 강도가 동일한 크기(dB 척도)로 증감되는 것과 심리적으로 지각되는 음의 강약의 증감이 동일하지 않다. 즉, 80 dB의 세기를 갖는 소리는 40 dB의 세기를 갖는 소리에 비해 두 배 만큼 더 크게 들리지 않는다. 마찬가지로 40 dB에서 50 dB로 소리의 크기를 증가시키는 것은 70 dB에서 80 dB로 증가시키는 것과 동일한 증가로 지각되지 않는다. 물리적 강도와 지각된 소리의 강약에 대한 심리적 경험을 관련지은 정신물리학적 척도를 Sone이라는 단위로 표현된다.
Sone의 값이 1인 경우에는 대략 주파수가 1,000 Hz이고 강도가 40 dB인 음이 지각되는 소리의 크기에 해당된다. 두 배 더 크게 들리는 소리는 2 Sone이 될 것이다.
1 Phon은 1,000 Hz 음의 지각된 소리크기가 1 dB인 것과 동일하며 이것은 눈금조정의 표준이 된다. 따라서 40 Phon의 선에 위치한 모든 음들은 같은 크기로 지각되며, 이것은 1 Sone에 해당하는 40 dB의 1,000 Hz 음이다.

4 청각 표시장치의 경계 및 경고 신호 설계에서 권장되는 가이드라인 중 3가지만 작성하시오.

풀이

청각 표시장치의 경계 및 경보 신호 설계 시 권장 가이드라인은 다음과 같다.

가. 귀는 중음역(中音域)에 가장 민감하므로 500~3000 Hz의 진동수를 사용한다.
나. 중음은 멀리가지 못하므로 장거리(>300 m)용으로는 1,000 Hz 이하의 진동수를 사용한다.
다. 신호가 장애물을 돌아가거나 칸막이를 통과해야 할 때는 500 Hz 이하의 진동수를 사용한다.
라. 주의를 끌기 위해서는 초당 1~8번 나는 소리나, 초당 1~3번 오르내리는 변조된 신호를 사용한다.
마. 배경소음의 진동수와 다른 신호를 사용한다.
바. 경보효과를 높이기 위해서 개시시간이 짧은 고강도 신호를 사용하고, 소화기를 사용하는 경우에는 좌우로 교번하는 신호를 사용한다.
사. 가능하면 다른 용도에 쓰이지 않는 확성기(speaker), 경적(horn) 등과 같은 별도의 통신 계통을 사용한다.

5 NIOSH의 직무스트레스 요인을 크게 3가지로 분류하고, 각 요인별로 2가지씩 예를 드시오.

풀이

(1) 작업요인: 작업과부하, 작업속도, 작업속도 및 작업과정에 대한 작업자의 통제(업무 재량도) 정도, 교대 근무 등

(2) 조직요인: 역할 모호성, 역할갈등, 의사결정의 참여도, 승진 및 직무의 불안정성, 인력감축에 대한 두려움, 조기퇴직, 고용의 불확실성 등 경력개발 관련 요인, 동료, 상사 부하 등과의 대인관계 등

(3) 환경요인: 과도한 소음, 고열 및 한랭, 환기불량, 부적절한 조명 및 인체공학적 설계의 결여 등

6 부적절하게 설계된 수공구(Hand Tool) 이용과 작업방식은 누적외상설질환(CTDs, Cumulative Trauma Disorders)의 발생 및 악화의 요인이 될 수 있다. 손목계의 CTDs를 발생시킬 수 있는 원인(작업형태) 중 5가지만 기술하시오.

풀이

(1) 지나치게 급작스럽거나 반복적으로 손을 움직임

(2) 손목을 구부린 채 반복적으로 작업

(3) 손이나 손목을 장시간 고정된 형태로 작업

(4) 손바닥에 압력이 가해지는 경우

(5) 손이 진동에 반복적으로 노출되는 경우 등

7 양립성(Compatibility)은 장비/기계의 조작(Control)에 따른 결과를 작업자가 예측하고 이해하는 데 중요한 영향을 미친다. 양립성의 형태(Type)를 구분하고, 그 내용을 설명하시오.

풀이

양립성이란 자극 및 응답과 인간의 예상과의 관계가 일치하는 것을 말한다. 양립성에 위배되도록 설계할 경우 제품의 작동방법을 배우고 조작하는 데 많은 시간이 걸리며 실수도 증가하게 된다. 아무리 연습을 하여도 억지로 작동방법을 익혔다 하더라도 긴박한 상황에서는 원래 인간이 가지고 있는 양립성의 행동이 나타나게 된다. 이러한 양립성의 형태는 다음과 같다.

(1) 개념양립성(Conceptual compatibility): 사람들이 가지고 있는 개념적 연상에 관한 기대와 일치하는 것

을 말한다.
예) 냉온수기에서 빨간색은 온수, 파란색은 냉수가 나오도록 설계

(2) 운동양립성(Movement compatibility): 조종장치의 방향과 표시장치의 움직이는 방향이 사용자의 기대와 일치하는 것을 말한다.
예) 조종장치를 오른쪽으로 돌리면 표시장치의 지침이 오른쪽으로 이동

(3) 공간양립성(Spatial compatibility): 물리적 형태 및 공간적 배치가 사용자의 기대와 일치하는 것을 말한다.
예) 가스버너의 오른쪽 조리대는 오른쪽 스위치로, 왼쪽 조리대는 왼쪽 스위치로 조종하도록 배치

(4) 양식양립성(Modality compatibility): 직무에 알맞은 자극과 응답의 양식과 양립하는 것을 말한다.

8 전통적인 위험(Hazard)의 정도를 나타내는 3가지 수준을 구분하고, 안전을 위하여 경고문(Warning)에 반드시 포함되어야 할 기본요소를 기술하시오.

풀이

위험의 정도를 나타내는 정도는 심각성의 정도에 따라 위험, 경고, 그리고 주의 신호단어를 구분하여 사용한다.
(1) 위험: 위험요소가 심각한 부상이나 사망을 가져올 수 있는 가능성이 매우 높거나 즉각적일 때

(2) 경고: 인적 부상이나 사망을 가져올 수도 있는 위험요소가 있을 때

(3) 주의: 가벼운 인명적 부상이나 재산상의 손실을 가져올 수 있는 위험요소나 안전하지 못한 실행이 있을 때

경고문에는 신호단어(signal word)뿐만 아니라 위험요소, 그 결과들, 그리고 필요한 행동들에 대한 정보를 포함해야 한다.

9 산소 최대섭취량(MAP, Maximal Aerobic Power)이 무엇인지 설명하고, 연령, 성별과 MAP의 관계를 설명하시오.

풀이

신체활동이 증가하면 산소 소비량도 증가하지만 일정한 수준에 이르면 신체활동 수준이 증가해도 산소 소비량은 더 이상 증가하지 않는다. 이렇게 산소 섭취량이 일정하게 되는 수준을 산소 최대섭취량(Maximal Aerobic Power)이라 한다. 산소 최대섭취량은 개인의 운동역량을 평가하는 데 활용된다.

이 MAP는 사람이 상압에서 공기를 호흡하면서 운동할 때의 산소 최대섭취량으로 정의한다. MAP 수준에서는 에너지 대사가 주로 혐기적으로 일어나며, 근육과 혈액 중의 락트산 수준이 급격하게 상승한다. 개인의 MAP가 클수록 순환기 계통의 효능이 크다.

사춘기 전의 남·여는 MAP에 큰 차이가 없다. 사춘기 후의 여성의 MAP는 평균적으로 남성의 65~75% 정도이다. 성의 차이에 관계없이 18~21세 정도에 최고가 되었다가 점점 줄어든다. 65세의 평균 MAP는 25세 때 수준의 70% 정도에 이른다. 또한, 65세 남성의 MAP는 25세 여성의 MAP와 거의 같다. 유전인자가 MAP 결정에 중요한 역할을 하는 것으로 보이고, 매주 3회 30분 동안 육체적인 훈련을 해도 MAP는 10~20% 밖에 증가하지 않는다.

10 단일차원의 정보에 대한 절대판단(Absolute Judgement)을 할 때 식별가능한 자극 수의 한계를 정보이론에 기반하여 기술하시오.

풀이

인간의 정보처리 능력은 단기기억에 대한 처리 능력으로 나타내며, 절대판단능력으로 조사한다. 절대판단이란 여러 그룹으로 규정된 신호 중에서 특정 부류에 속하는 신호가 단독으로 제시되었을 때 이를 식별할 수 있는 능력을 의미한다. 상대적인 비교가 아니라 일시적으로 기억에 의해 신호를 구별하여야 하기 때문에 절대판단이라 한다.

일정한 시간 동안 사람이 기억할 수 있는 정보의 양은 한정되어 있다. 절대판단에 근거하여 정보를 신뢰성 있게 전달할 수 있는 최대 용량을 경로용량이라 한다. 밀러는 각각의 감각에 대한 경로 용량을 조사한 결과 '신비의 수(magical number) 7 ± 2(5~9)'를 발표했다. 밀러의 결과에 의하면 인간의 절대적 판단에 의한 단일 자극의 판별 범위는 보통 5~9가지이다. 즉, 인간이 신뢰성 있게 정보를 전달할 수 있는 한계 개수가 5~9가지라는 것이다.

그러나 단일 자극이 아니라 여러 차원을 조합하여 사용하는 경우에는 신뢰성 있게 전송할 수 있는 가짓수가 증가되는 것으로 나타났다. 예를 들면, 모양만 이용할 때 보다 모양에 색을 달리하는 경우에 정보 전달의 신뢰성이 증가한다는 것이다.

11 정보가 인간의 기억 속에 입력되고(Encoding), 유지되며(Retention), 인출되는(Retrieving) 과정은 컴퓨터의 정보처리 과정과 매우 흡사하다. 정보처리 관점에서 인간의 기억 시스템과 컴퓨터 시스템을 비교하여 기술하시오.

풀이

인간은 시각적, 청각적, 물리적 자극에 관한 정보가 신체의 감각기관에 감지되면 이들 정보에 대한 해석을 통하여 의사결정을 하고, 신체활동기관에 명령하여 행동을 하게된다. 물론 이들 과정 전반에 기억이 상호작용하여 영향을 미치게 된다. 이와 마찬가지로 컴퓨터 시스템에서도 키보드나 마우스 등의 입력장치를 통해 정보가 입력되면 입력된 정보에 대한 해석을 통해 컴퓨터 시스템 내의 정보처리가 이루어지며 모니터나 프린터와 같은 출력장치를 통해 처리된 정보에 대한 결과를 제시하게 된다.

12 Rasumussen(1993)이 제안한 기술기반, 규칙기반, 지식기반의 세가지 인지적 수준을 친숙성과 경험의 정도에 따라 변경하여 과제를 수행하는 기술적 모델(SRK Model)에 대하여 인적오류의 관점에서 기술하시오.

풀이

인간의 불안전한 행동을 의도적인 경우와 비의도적인 경우로 나뉜다. 비의도적 행동은 모두 기술기반의 오류, 의도적 행동은 규칙기반과 지식기반 오류, 고의사고로 분류된다.

(1) 기술기반 오류(skill based error)
숙련 상태에 있는 행동을 수행하다가 나타날 수 있는 오류로 실수(slip)와 단기기억의 망각(lapse)이 있다. 실수는 주로 주의력이 부족한 상태에서 발생하는 오류이다. 예로 자동차에서 내릴 때 마음이 급해 창문 닫는 것을 잊고서 내리는 경우이다. 단기기억의 망각 혹은 건망증은 단기기억의 한계로 인해 기억을 잊어서 해야 할 일을 못해 발생하는 오류이다. 예로 전화 통화 중에 상대의 전화번호를 기억했으나 전화를 끊은 후 옮겨 적을 펜을 찾는 중에 기억을 잃어버리는 경우이다.

(2) 규칙기반 오류(rule base error)
처음부터 잘못된 규칙을 기억하고 있거나, 정확한 규칙이라 해도 상황에 맞지 않게 잘못 적용하는 경우의 오류이다. 예로 자동차는 우측 운행을 한다는 규칙을 가지고 좌측 운행 하는 나라에서 우측 운행을 하다 사고를 낸 경우이다.

(3) 지식기반 오류(knoledge based error)
처음부터 장기기억 속에 관련 지식이 없는 경우, 인간은 추론(inference)이나 유추(analogy)와 같은 고도의 지식 처리 과정을 수행해야 한다. 이런 과장에서 실패해 오답을 찾는 경우를 지식기반 오류라 한다. 예로 외국에서 자동차를 운전할 때 그 나라의 교통 표지판의 문자를 몰라서 교통규칙을 위반하게 되는 경우이다.

(4) 고의사고(violation)
작업 수행과정에 대한 올바른 지식을 가지고 있고, 이에 맞는 행동을 할 수 있음에도 일부러 나쁜 의도를 가지고 발생시키는 에러이다. 예로 정상인임에도 불구하고 고의로 장애인 주차구역에 주차를 시키는 경우이다.

13 **복잡한 의사결정과 선택의 문제에 소요되는 예상 반응시간(Response Time)은 Hick-Hyman Law에 의해 계산될 수 있다. 여러 대안 중 하나의 대안을 선택할 때 의사결정이 이루어지는 반응시간에 영향을 미치는 요인들을 설명하시오.**

풀이

반응시간에 영향을 미치는 변수에는 자극 양식(stimulus detectability: 강도, 지속시간, 크기 등), 공간 주파수(spatial frequency), 신호의 대비 또는 예상(preparedness 또는 expectancy of a signal), 연령(age), 자극 위치(stimulus location), 개인차 등이 있다.

인간공학기술사 2009년 2교시 문제풀이

※ 다음 문제 중 4문제를 선택하여 설명하시오. (각 문제당 25점)

1 **신호탐지이론(Signal Detection Theory)은 작업자가 신호를 탐지할 때 영향을 미치는 요소를 민감도(Sensitivity)와 반응편중(Response Bias)으로 정량적으로 측정하는 방법이다. 민감도와 반응편중의 정량화된 측정 방법에 대해 기술하시오.**

풀이

신호검출이론에서 신호를 소음으로부터 구분해내는 정도를 민감도(sensitivity) d라 하고, 1종오류(신호검출 못함)확률과 2종오류(허위 경보)확률의 비를 반응편중(response bias) β라 한다.

민감도(sensitivity) d는 신호의 평균(μ_S)과 소음의 평균(μ_N)의 차이가 클수록, 변동성(σ, 표준편차)이 작을수록 민감하다. 민감도는 판정기준값과 소음과 신호분포의 평균값을 이용한 표준정규분포값 Z_N과 Z_S를 이용하여 구할 수도 있다.

$$d' = \frac{|\mu_S - \mu_N|}{\sigma} = Z_N + Z_S$$

반응편중(response bias) β는 신호를 관측하는 관측자의 반응성향을 나타낸다. β가 1보다 작은 경우는 모험적인 의사결정을, 1보다 큰 경우에는 보수적인 의사결정의 영향을 나타낸다.

2 **기능할당(Function Allocation)의 몇 가지 원칙 중 하나는 작업자가 기계보다 우월한 부분은 작업자에게, 반대의 경우에는 기계에게 할당하는 것이다. 그러나 인간과 기계 간의 능력 차이만에 의한 기능할당은 실제 적용상에 한계를 갖고 있다. 이러한 원칙에 의거하여 기능할당을 할 경우 예상되는 문제점들을 설명하시오.**

풀이

(1) 자동화의 신뢰도 문제
　가. 시스템 자체가 신뢰성이 없을 수 있다.

나. 자동화된 시스템이 적용되지 않거나 혹은 자동화 시스템이 있더라도 이것이 제대로 작동하지 못하는 어떤 상황들이 있을 수 있다.

다. 인간이 자동화 시스템을 잘못 설정할 수 있다.

라. 자동화된 시스템이 정해진 일을 정확하게 수행하기는 하지만 그 시스템의 배후에 있는 논리설계가 너무 복잡해 인간 작업자들이 그것을 잘못 이해하여 잘못 작동하는 것으로 판단할 때가 있다.

(2) 자동화된 시스템에 대한 불신

시스템을 과도하게 신뢰하지 않아 기계보다 인간이 수행하는 것이 더 좋다고 믿게 되어 시스템을 사용하지 않게 되어 속도나 정확성의 저하가 초래된다.

(3) 자동화된 시스템에 대한 과신과 안심

가. 오류발생에 대한 탐지 능력이 떨어진다.

나. 직접 작업수행에 참여할 때보다 인간에게 탐지업무만을 수행하게 하면 상황인식능력이 떨어진다.

다. 인간이 직접 처리과정에 참여하지 않음으로써 인간의 기술상실을 초래할 수 있다.

(4) 작업부하와 상황인식

잘못된 자동화설계를 통하여 단순한 과제는 더 쉽게 도는 반면, 어려운 과제는 더 어렵게 만들어 작업부하가 이미 낮은 수준을 더 낮게 하고, 반대로 작업부하가 이미 높은 수준을 더 증가시키는 효과를 유발 할 수 있다.

(5) 인간 사이의 협동 상실

자동화로 인하여 인간사이의 언어 혹은 비언어적 의사소통 등의 중요한 정보경로가 제거되어 사람들 사이의 협동정신이 상실될 수 있다.

(6) 직무만족 상실

기술인력들이 사기가 저하되고 불만족감을 가진 상태에서 기계에 문제가 발생하면 좋지 못한 결과에 초래될 수 있다.

3 새로 도입된 조립라인에서 작업자들의 허리 통증에 대한 불만이 제기되었다. 관련 연구에 의하면 작업대의 높이가 작업자의 허리 피로도에 가장 중요한 영향을 미치는 요인으로 파악되었다. 최적의 작업대 높이를 결정하기 위하여 12명의 작업자를 대상으로 피실험자 내 실험(Within-Subject Design)을 실시하였다. 80 cm, 85 cm, 90 cm 높이에서 각 1시간씩 작업하고 10분 휴식 후 주관적 허리 피로도를 동일한 순서로 측정하였다.

(1) 위 실험에서의 독립변수와 종속변수를 기술하시오.

(2) 위 실험의 경우 이월효과(Carry-over Effect)에 의해 그 결과를 정당화할 수 없으므로, 순서효과(Order Effect)를 최소화시킬 수 있는 3가지 대안을 기술하시오.

풀이

(1) 가. 독립변수: 작업대 높이
  나. 종속변수: 허리통증(피로도)

(2) 순서효과(Order Effect)를 최소화시킬 수 있는 대안은 다음과 같다.
  가. 충분한 연습을 통해 학습효과를 감소시킴
  나. 조건들 간의 시간 간격을 조정하여 피로 효과를 경감시킴
  다. 서로 다른 피실험자들이 다른 순서로 처치 조건에 할당되도록 조절함

4 이동지침형(Moving Pointer)과 이동눈금형(Moving Scale) 기기를 사용하는 디스플레이에서 수치가 변할 때 적용되는 인간의 정신모형을 설명하고, 이동지침이나 이동눈금 모두 인간의 정신모형을 만족시킬 수 없을 때 생태학적 디스플레이와 같은 최적의 인터페이스를 설계하는 기술을 설명하시오.

풀이

(1) 인간의 정신모형
  가. 표시장치에서 나타내는 정보는 인간의 기대(정신모형)와 모순되지 않아야 한다.
  나. 표시장치의 지침 혹은 눈금의 설계에 있어, 인간의 기대(정신모형)에 맞게 양립성을 높이기 위하여, 제어기구나 표시장치 옆에 설치될 때는 표시장치의 지침 혹은 눈금의 운동방향과 제어기구의 제어 방향이 동일하도록 설계하는 것이 바람직하다.

(2) 최적의 인터페이스를 설계하는 기술
  이동지침이나 이동눈금 모두 인간의 정신모형을 만족시킬 수 없을 때는 상태 표시기(신호등), 묘사적 표시장치(비행기 비행자세 표시장치) 등이 사용된다.

5 시력과 대비감도에 영향을 미치는 요인 중 5가지만 나열하고 설명하시오.

풀이

(1) 시력과 대비감도에 영향을 미치는 요인은 다음과 같다.
  가. 대비: 회색 바탕의 검정색과 같이 낮은 대비는 가시도를 낮게 만든다.
  나. 조도: 어두운 곳에서 지도를 보는 것과 같이 낮은 조도에서는 대비감도를 낮게 만든다.
  다. 비대칭적 대비: 그래프의 설계는 흰색 바탕에 검정색이 검정색 바탕의 흰색인 경우보다 시력과 대비감도를 좋게하므로 비대칭적인 대비를 피해야 한다.
  라. 공간빈도: 주어진 관찰거리에서 이상적인 글자체의 크기가 존재하며 3c/d에서 최적의 대비감도를 가진다.

마. 시각적 조절: 야간 운전 중에 지도를 보는 것이나 노화에 따라 시각능력이 저하된 상태에서 글자를 읽을 때 대비감도가 떨어진다.

바. 운동: 움직이면서 지도를 보는 등 관찰자 자체나 관찰대상이 움직이는 경우 대비감도가 떨어진다.

6 **아래 그림과 같이 몸무게(W_2)가 600 N인 사람이 작업자 왼쪽에서 $d=3$ m인 위치에 서 있다. 작업대의 길이(l)와 무게(W_1)가 각각 $l=5$ m, $W_1=900$ N일 때 다음 물음에 답하시오.**

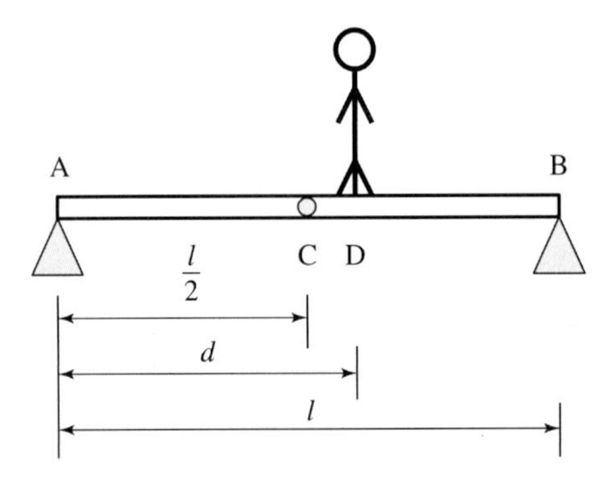

(1) Free Body Diagram으로 도식화 하시오.

(2) 작업대 양 끝 지점인 A와 B에서의 힘을 계산하시오.

풀이

(1)

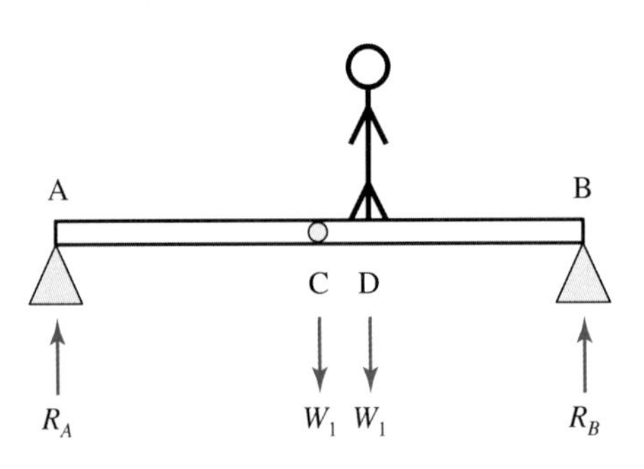

(2) 가. Z방향 힘 평형 (위쪽을 +방향으로)

$\Sigma Fz=0$

$Ra-W1-W2+Rb=0$

$Ra-900-600+Rb=0$

나. A점에서 모멘트 평형 (시계 반대 방향을 +방향으로)

$\Sigma Ma = 0$

$-W1 \times 5/2 - W2 \times 3 + Rb \times 5 = 0$

$-900 \times 5/2 - 600 \times 3 + Rb \times 5 = 0$

따라서,

$Rb = (900 \times 5/2 + 600 \times 3)/5 = 810$ N

$Ra = 690$ N

인간공학기술사 2009년 3교시 문제풀이

※ 다음 문제 중 4문제를 선택하여 설명하시오. (각 문제당 25점)

1 **선, 면적, 부피와 같은 지각적 연속체를 판단할 때 지각적 편향이 일어난다. 이와 같이 물리적 크기와 지각적 크기 간의 관계를 나타내는 법칙(예컨대, 스티븐스의 법칙)이나 원리를 설명하시오.**

풀이

Stevens는 자극강도와 감각반응 간의 관계를 보다 직접적으로 기술하는 방법을 개발하였다(페크너의 법칙은 간접척도화법이라고 한다). 강도추정(magnitude estimation)이라 불리는 이 방법은 특정 자극의 강도에 대한 감각강도의 기준값을 수치로 정한 뒤에 비교하는 자극에 대한 감각강도를 비율적인 수치로서 산출하게 하는 방법이다. 예컨대, 표준자극의 감각강도값을 10이라 정하면, 비교자극의 감각강도가 표준자극에 대한 감각강도보다 2배이면 20, 절반이면 5를 산출하게 한다. 이 방법을 통해 Stevens는 감각강도와 자극강도는 지수함수적인 관계가 있다는 것을 발견했다($S = KI^n$; S: 감각강도, K: 상수, I: 자극강도, n: 특정 감각에 따른 지수상수). 이를 Stevens의 법칙이라 한다.
여기서 지수 n은 보통 1보다 작은데, 이 경우 Stevens 법칙은 Fechner의 법칙과 그리 다르지 않다.

2 **TMI 혹은 체르노빌 원전 사고나 Vincennes호 사건에서처럼 진단적 정보에 대한 가설을 잘못 평가하여 사고가 발생되고 있다. 이와 같이 가설에 대한 평가를 왜곡시키는 작업자의 인지적 특성에 대하여 기술하시오.**

풀이

Three Mile 섬 원자력 발전소의 관제실에 있던 작업자들이 발전소의 냉각수 수준이 너무 높다고 잘못 진단하여(실제로는 너무 낮았다) 대기 중에 치명적인 방사능 물질이 분출되게 한 것도 상황인식(situation awareness)을 상실하였기 때문이다. 지금까지는 사람들이 다른 사람이나 기계가 어떤 처리를 수행하는 것을 수동적으로 감시하는 것보다 자신들이 직접 그러한 처리에 능동적으로 참여하는 경우에 처리의 상태에 대해 더 잘 인식하는 것으로 알려지고 있다. 따라서 어떠한 자동화된 시스템에서 발생한 오류를 탐지하는 능력과 독립적으로, 사람들이 처리과정에 직접 참여하지 않거나 시스템의 순간적인 상태에 대해 이해하고 있지 못하다면 시스템의 오류가 발생되었을 때 올바르거나 적합하게 시스템에 개입할 가능성이 줄어든다. 상황인식과 관련된 이러한 문제는 시스템이 자동적으로 처리되고 있는 상태에 대해 피드백을 제대로 제공해주지 못할 경우에 더욱 심각해질 수 있다.

3 수작업에서 측정된 EMG(Electromyography) Data 분석을 통해 수작업 부하를 평가하고자 한다. 다음 물음에 답하시오.

(1) 수작업에 사용된 힘의 수준을 파악하기 위한 EMG Data 분석 프로세스를 설명하시오.

(2) 측정된 EMG Data를 통해 수작업으로 인한 근육피로를 어떻게 파악할 수 있는지 설명하시오.

풀이

(1) 대상 근육이 있는 피부 표면에 전극을 설치하고 근육 수축에 생기는 전기적활성(electric activity)을 기록한다. 이 기록은 EMG 활성을 나타낸다. EMG 신호를 전기적으로 분석하고 전기적 활성을 펜으로 추적할 수 있다. 이러한 신호는 주파수나 진폭에 대해 분석할 수 있다. 진폭은 대개 사전에 측정한 근육의 최대 수의적 수축에서 생기는 진폭의 백분율로 나타낸다.

(2) EMG 활성과 근력 사이에는 밀접한 상관관계가 있고 근육이 피로해지기 시작하면 EMG 신호의 저주파 수 범위의 활성이 증가하고 진폭이 커지고 고주파수 범위의 활성이 감소한다. 이러한 자료 특성을 파악하여 근육의 피로도를 파악할 수 있다.

4 특정 작업장 설계에 인체 측정 자료를 응용하고자 할 때 일반적으로 사용되는 절차를 기술하시오.

풀이

(1) 1단계: 설계에 필요한 인체치수의 결정

(2) 2단계: 설비를 사용할 집단을 정의

(3) 3단계: 적용할 인체 측정 응용 원리를 결정(조절식, 극단적, 평균치 설계)

(4) 4단계: 적절한 인체 측정 자료의 선택

(5) 5단계: 특수 복장 착용에 대한 적절한 여유 고려

(6) 6단계: 설계할 치수의 결정

(7) 7단계: 모형을 제작하여 모의 실험

5 **소규모 가구제조업체에서 KOSHA 안전 기준을 만족하고 사고에 따른 보험료를 낮추기 위한 작업장 업무 개선 프로그램을 수행하고자 한다. 우선 현 작업장의 안전수준을 진단하기 위한 기저선(Baseline)을 만들고자 한다. 안전 기저선(Safety Baseline)을 만들기 위한 단계를 구분하고, 주요 내용을 기술하시오.**

풀이

(1) 안전 기저선을 만들기 위한 단계 및 내용은 다음과 같다.
가. 작업관찰
나. 유해요인 확인
다. 그 원인을 분석
라. 공학적 개선(engineering control) 또는 관리적 개선(administrative control)을 실시

6 **어느 제조 공정의 작업을 대상으로 하루(8시간 기준)에 100회씩, 10일 동안 워크 샘플링을 실시하였다. 일별 작업회수와 생산량은 다음 표와 같고, 레이팅은 90%, 여유율은 정미시간의 10%라고 할 때, 다음 물음에 답하시오.**

날짜(일)	1	2	3	4	5	6	7	8	9	10
작업횟수(회)	91	90	89	92	90	91	89	88	90	90
생산량(개)	200	190	200	210	200	180	220	190	210	200

(1) 이 작업의 유휴비율을 구하시오.
(2) 이 작업에서 생산된 제품의 개당 실제 생산시간을 구하시오.
(3) 이 작업의 표준시간을 구하시오.

풀이

(1) $\text{유휴비율} = \dfrac{\text{총 유휴횟수}}{\text{총 관측횟수}} = \dfrac{9+10+11+8+10+9+11+12+10+10}{100 \times 10} = 10.0\%$

(2) 실제 총 작업시간 = 총 작업시간×가동률 = 60분×8시간×10일×0.9 = 4,320분

$\text{제품 개당 실제 생산시간} = \dfrac{\text{실제 총 작업시간}}{\text{총 생산량}} = \dfrac{4{,}320\text{분}}{2{,}000} = 2.16\text{분/개}$

(3) 정미시간 = 평균 생산시간×레이팅 계수 = 2.16분/개×0.9 = 1.94분/개
표준시간 = 정미시간×(1 + 여유율) = 1.94분/개×(1 + 0.1) = 2.13분/개

인간공학기술사 2009년 4교시 문제풀이

※ 다음 문제 중 4문제를 선택하여 설명하시오. (각 문제당 25점)

1 인간공학적 작업 분석도구 중 OWAS(Ovako Working posture Analysis System) 기법의 특징을 다른 기법들과 비교하여 장단점 중심으로 기술하시오.

풀이

OWAS는 작업자들의 부적절한 작업 자세를 정의하고 평가하기 위해 개발한 방법으로 작업자의 자세를 일정 간격으로 관찰하여 분석하는 워크 샘플링(work sampling)에 기본을 두고 있다. OWAS는 작업자의 작업 자세를 샘플링 하여 OWAS의 자세 분류체계에 따라 기록하므로 현장에 적용하기 쉬운 장점이 있다. 그러나 몸통과 팔의 자세 분류가 상세하지 못하며, 자세의 지속시간, 팔목과 팔꿈치에 관한 정보가 반영되지 못한 단점이 있다. OWAS의 작업 자세 분류체계는 인간의 동작 및 자세를 매우 단순화한 거시적 작업 자세의 분류체계이며, 몸통, 팔, 다리, 무게를 고려하고 있으며 개정된 OWAS에서는 목 부위가 추가되었다. OWAS에서는 자세 평가에 의한 조치 수준을 나타내는데, 전체를 4등급으로 분류하여 개선의 필요성이 없는 수준1에서 개선의 긴급정도에 따라 수준 2, 3, 4로 분류한다. 조치 수준 3, 4는 개선이 시급한 자세로 평가되며, 수준 2는 지속적인 관심을 가지고 장기적으로 개선을 필요로 하는 수준으로 평가된다. 반면 RULA(rapid upper limb assessment)는 어깨, 팔, 손목, 목 등 상지(upper limb)에 초점을 맞추어 작업 자세로 인한 작업 자세를 쉽고 빠르게 평가할 수 있다. RULA는 근육의 피로에 영향을 주는 인자들인 작업 자세나 정적 또는 반복적인 작업 여부, 작업을 수행하는 데 필요한 힘의 크기 등 작업으로 인한 근육 부하를 평가하는 데 이용될 뿐만 아니라, 나쁜 작업 자세 비율이 어느 정도인지를 쉽고 빠르게 파악할 수 있다.

2 근골격계질환 예방관리 프로그램의 적용을 위한 기본원칙 5가지만 나열하고, 각 원칙의 필요조건을 기술하시오.

풀이

(1) 인식의 원칙

가. 작업 특성상 근골격계질환자가 존재할 수밖에 없다는 현실을 노·사 모두가 인정하는 것이 문제 해결의 출발점이다.

나. 지속적인 관리를 통해서만 문제점을 최소화할 수 있다는 접근 방법에 대한 인식이 필요하다.
다. 가장 중요한 것은 최고경영자의 의지이다.

(2) 노·사 공동 참여의 원칙
가. 예방관리의 대상은 작업설비도 포함되지만 결국 사람에 대한 관리가 핵심이어서 성공 여부는 노·사의 신뢰성 확보 여부에 따라 달라지므로 반드시 공동 참여와 공동 운영이 필요하다.
나. 직무순환, 휴식시간 조절 등과 같이 관리 대책의 상당 부분이 노·사 협의를 통해 결정되어야 할 사안이다.

(3) 전사 지원의 원칙
가. 보건관리자와 관련된 특정 부서만의 활동으로는 소정의 목적을 달성할 수 없다.
나. 설비, 인사, 총무 등의 다양한 조직의 참여가 필요하며, 외국의 많은 사업장에서는 전사적 품질 관리의 차원에서 예방활동을 하고 있다.

(4) 사업장 내 자율적 해결 원칙
가. 질환의 조기 발견 및 조기 치료를 위하여 사업장 내에 일상적 자율 예방 관리 시스템이 있어야 한다.
나. 자율적 해결을 위해서는 사업장 내 인적 조직이 필요하고 인적 조직에는 꼭 전문가가 있어야 하는 것은 아니나 시스템의 정착 과정에서는 일정기간 동안 외부 전문가와 연계가 필요할 수 있다.

(5) 시스템 접근의 원칙
중독성 질환처럼 작업설비, 특정 물질 등만을 대상으로 할 수 없으며, 발생 원인이 작업의 고유 특성뿐 아니라 개인적 특성, 기타 사회·심리적인 요인 등 복합적인 특성을 가짐에 따라 시스템적 접근 필요하다.

(6) 지속성 및 사후평가의 원칙
질환의 특성상 예방사업의 효과가 단시간에 나타나지 않으므로 지속적인 관리 및 평가에 따른 보완 과정이 반드시 필요하다.

(7) 문서화의 원칙
가. 일상적인 예방관리를 위한 실행 결과의 기록 보존 및 이에 대한 환류 시스템이 있어야만 정확한 평가와 수정 보완이 가능하다.
나. 문서화를 통해서만이 일상적 관리가 제대로 수행되고 있는지에 대한 평가가 가능하다.

3 빛의 측정(광도측정, Photometry)과 관련된 개념(광도, 휘도, 조도, 반사율)의 단위와 상관관계를 기술하시오.

풀이

(1) 광도: 광원에서 발하는 빛의 세기(luminous intensity)를 광도라 하며, 단위는 칸델라(cd)를 사용한다. 1칸델라는 촛불 1개 정도의 빛의 세기에 해당한다. 빛의 진행방향에 수직인 단위면적을 단위시간에 통과하는 빛에너지의 양을 광속(luminous flux)이라 하며, 단위는 루멘(lumen)을 사용한다. 1루멘은 1칸델라의 점광원을 중심으로 하여 1 m반경으로 그린 구면 위에 1 m^2의 면적을 1초 동안 통과하는 빛에너

지의 양이다. 광속의 개념으로 환산한 빛의 에너지 총량을 광량이라 한다. 따라서 1칸델라의 빛의 세기를 발하는 점광원의 광량은 4π루멘이 된다.

(2) 휘도: 단위면적당 표면에 반사되는 광량을 뜻하며, 단위는 nits($\text{candela}/\text{m}^2$) 또는 L(lambert)이 이용된다.

(3) 조도: 빛을 받는 단위면적이 단위시간에 받는 광량으로 단위는 lux를 사용한다. 1칸델라 점광원으로부터 d m 떨어진 곳에서 받는 빛의 밀도인 조도는 식 「$\text{조도} = \dfrac{\text{광량}}{d\ \text{m에서의 구의 면적}} = \dfrac{1}{d^2}(\text{lumen}/\text{m}^2) = \dfrac{\text{광도}(cd)}{d^2(\text{m}^2)}$」과 같다. 1칸델라 광원으로부터 1 m 떨어진 곳의 조도는 1 lumen/m^2로 1 lux라 한다. 미국에서는 1 lumen/ft^2을 1 fc(foot-candle)라 한다.

(4) 반사율: 표면에서 반사되는 빛의 양인 휘도와 표면에 비치는 빛의 양인 조도의 비를 말한다.

4 작업부하 지표(Workload Index)가 가져야 하는 기준(Criteria)을 설명하고, 정신적 작업부하(Mental Workload)를 측정하는 가장 대표적인 주관적 측정 방법들을 기술하시오.

풀이

정신적 작업부하의 유용한 척도라면 다음 기준에 부합하여야 한다.

(1) 민감도(sensitivity): 필요한 정신적 작업부하의 수준이 다른 과업 상황을 직관적으로 구별할 수 있는 척도이어야 한다.

(2) 선택성(selectivity): 신체적 부하나 감정적 스트레스처럼, 일반적으로 정신적 작업부하의 일부라고 볼 수 없는 것에 영향을 받지 않는 척도이어야 한다.

(3) 간섭성(interference): 작업부하를 평가하고자 하는 기본 과업의 실행을 간섭하거나 오염시키거나 교란시키지 않는 척도이어야 한다.

(4) 신뢰성(reliability): 시간 경과에 관계없이 재현성이 있는 결과를 얻을 수 있는 신뢰성이 있는 척도이어야 한다.

(5) 수용성(acceptability): 측정 대상자가 수용할 수 있는 척도이어야 한다.

정신적 작업 부하를 측정하기 위한 가장 직관적이면서도 쉬운 방법은 단순히 작업자들에게 작업부하의 정도를 주관적 척도로 평정하게 하는 것이다. 1차원 평점 척도, 시간부하, 정신적 노력부하, 정신적 스트레스 등의 다차원적인 척도들에 대해 각각 평정하게 하는 다차원 평점방법 등이 있다.

5 **상황인식(Situation Awareness)은 어떤 환경의 단서를 지각하고 그들의 의미를 이해하여 주어진 세계의 상태를 파악하는 것을 말한다. 인간이 상황을 인식하는 방법(모델)이나 현상을 기술하시오.**

풀이

상황인식은 특정 시간과 공간에서 환경요소들을 지각하고, 그들의 의미를 이해하며, 미래 상태를 예언하는 데 이들을 투사하는 것이라 정의할 수 있다. 따라서 지각, 이해 및 투사의 세 가지 단계에 걸쳐 상황인식이 진행된다. 선택주의는 상황인식의 첫 번째 단계인 지각단계에 필요한 반면, 작업기억과 장기기억은 두 번째 단계인 이해에서 필요하다. 세 번째 단계, 즉 투사와 예측은 인지심리학에서 매우 중요한 구성 개념이고 문제해결 및 오류진단과 밀접한 관련을 가진다. 이러한 3번째 단계는 미래 상태와 미래 요구를 정확하게 추정하는 능력에 대한 또 다른 표현방식이고, 숙련된 작업자는 현재 상태로부터 미래 상태를 예측하기 위해 정신적 시뮬레이션을 통해 역동적 시스템의 정신적 모형을 종종 사용한다. 정확한 정신적 모형을 사용하고자 할 경우 작업 기억에 과중한 인지적 부담이 주어지고, 결국 많은 인지적 자원이 요구된다. 따라서 다른 과제들의 수행을 위해 자원을 할당한 결과로 인해 정신모형의 사용에 자원이 부족하게 되면 예측이나 계획이 열악해지거나 혹은 작업자가 미래에 대비할 수 없게 된다.

6 **인간(사용자)중심 시스템의 연구 분야는 크게 인적수행도, 기능 및 직무분석, 인터페이스 설계, 지식작업습득 및 지원 분야로 나눌 수 있다. 각 분야의 의미와 관련기술에 대하여 기술하시오.**

풀이

(1) 인적수행도: 인간의 정보처리과정과 인간의 실수, 인간의 성능 등을 연구하는 심리학 분야

(2) 기능 및 직무분석: 인체측정치를 이용하여 작업장을 설계하는 인체측정학, 작업과 관련된 생리적 배경 및 작업부하 정도를 파악하는 생리학 분야

(3) 인터페이스 설계: 제품의 색상, 위치 배열, 기능의 결합 등을 비롯하여 외관과 기능적 효용성과 관련된 설계에 기여하는 디자인 분야

(4) 지식작업습득 및 지원: 문건과 기계의 설계와 관련된 전기적, 기계적 특성 등에 관한 정보를 제공하는 공학과 실험 및 조사연구의 정량적 분석방법을 제공하는 통계학

인간공학기술사 2008년 1교시 문제풀이

※ 다음 문제 중 10문제를 선택하여 설명하시오. (각 문제당 10점)

1 어떤 종이에 인쇄된 글자와 종이 사이에는 대비가 존재한다. 만약 종이의 반사율이 90%이고, 인쇄된 글자의 반사율이 20%인 경우 이때의 대비를 계산하시오.
(단, 소수 둘째 자리에서 반올림하시오.)

풀이

(1) 대비(%) $= \dfrac{R_b - R_t}{R_b} \times 100$ (R_b: 배경의 반사율, R_t: 표적의 반사율)

(2) 대비(%) $= \dfrac{90-20}{90} \times 100 = 77.8\%$

2 다음에 대하여 설명하시오.

(1) 의미미분법(Semantic Differential)
(2) 정보량의 단위인 1 bit의 정의
(3) 은폐(Masking)

풀이

(1) 의미미분법: 미국의 심리학자 찰스 오스굿 등이 세계 각국 어휘의 의미가 어느정도 상호 유사한지를 조사하는 비교문화 연구의 목적으로 개발. 예를 들어, 백두산이라고 하면 일반적으로 대단히 크고, 대단히 아름답다라고 하는 평점(評點)이 주어지는데, 이 평점의 프로필이 백두산이라고 하는 개념의 의미 내용을 분석한 것이라고 생각하는 것

(2) 실현가능성이 같은 2개의 대안 중 하나가 명시되었을 때 우리가 얻는 정보

(3) 한쪽 음의 강도가 약할 때 강한 음에 숨겨져 들리지 않게 되는 현상

3 정보 입력 설계 시 주로 시각 또는 청각 장치를 사용한다. 각각의 장치를 사용해야 하는 용도를 3가지 경우에 대해 비교하시오.

풀이

청각장치가 이로운 경우	시각장치가 이로운 경우
(1) 전달정보가 간단하고 짧을 때 (2) 전달정보가 후에 재참조 되지 않는 경우 (3) 전달정보가 시각적인 사상(event)을 다룰 때 (4) 전달정보가 즉각적인 행동을 요구할 때 (5) 수신자의 시각 계통이 과부하 상태일 때 (6) 수신장소가 너무 밝거나 암조응 유지가 필요할 때 (7) 직무상 수신자가 자주 움직이는 경우	(1) 전달정보가 복잡하고 길 때 (2) 전달정보가 후에 재참조 되는 경우 (3) 전달정보가 공간적인 위치를 다룰 때 (4) 전달정보가 즉각적인 행동을 요구하지 않을 때 (5) 수신자의 청각 계통이 과부하 상태일 때 (6) 수신장소가 시끄러울 때 (7) 직무상 수신자가 한 곳에 머무르는 경우

4 시배분(Time-sharing)은 감각정보 입력 설계 시 중요하게 고려해야 하는 요인 중의 하나이다. 시배분이란 무엇인지 설명하고, 한 가지 이상의 예를 드시오.

풀이

(1) 인간이 동시에 여러 가지 일을 담당한 경우 동시에 주의를 기울일 수는 없으며, 주의를 번갈아가며 일을 행하고 있는 것이므로 인간의 작업 효율은 떨어지게 된다.

(2) 시배분 작업은 처리해야 하는 정보의 가지 수와 속도에 영향을 받는다.

(3) 귀에 이어폰을 끼고 책을 보는 경우에 책의 내용보다는 이어폰을 통하여 들리는 노래가 훨씬 잘 들어온다.

5 입력 정보 설계 시 필요에 따라 정보의 자극을 암호화한다. 암호 체계 사용상의 일반적인 지침인 암호의 검출성(Detectability), 변별성(Discriminability), 양립성(Compatibility)을 설명하시오.

풀이

(1) 검출성: 암호화된 자극은 검출이 가능해야 한다.

(2) 변별성: 다른 암호 표시와 구별될 수 있어야 한다.

(3) 양립성: 자극들 간의, 반응들 간의 혹은 자극-반응 조합의 공간, 운동 혹은 개념적 관계가 인간의 기대

와 모순되지 않는 것을 말함

가. 개념 양립성: 코드나 심벌의 의미가 인간이 갖고 있는 개념과 양립
  예) 비행기 모형 → 비행장

나. 운동 양립성: 조종기를 조작하거나 display 상의 정보가 움직일 때 반응결과가 인간의 기대와 양립
  예) 라디오의 음량을 줄일 때 조절장치를 반시계 방향으로 회전

다. 공간 양립성: 공간적 구성이 인간의 기대와 양립
  예) button의 위치와 관련 display의 위치가 병립

6 여러 통신 상황에서 음성 통신의 기준은 수화자의 이해도이다. 음성 통신의 질을 평가하기 위해 여러 척도가 사용되는데, 명료도 지수(Articulation Index)와 이해도 점수(Intelligibility Score)가 그 예이다. 두 가지가 무엇을 뜻하는지를 설명하시오.

풀이

(1) 명료도 지수: 소음환경을 알고 있을 때의 이해도를 추정하기 위해 개발되었으며 각 옥타브대의 음성과 잡음의 dB값에 가중치를 곱하여 합계를 구한다. 송화음의 통화 이해도를 추정할 수 있는 근거로 명료도 지수를 사용한다. 명료도 지수는 여러 종류 송화 자료의 이해도 추산치로 전환할 수 있다.

(2) 이해도 점수: 음성 메시지를 정확하게 인지할 수 있는 비율임. 이해도는 송화 자료의 성질에 따라 달라진다. 즉, 무의미한 단어보다는 의미 있는 문장의 경우에 이해도가 높다.

7 휴먼에러(human error)에 대한 Reason의 분류 방식과 Swain의 분류 방식의 기본적 차이점을 비교하시오.

풀이

(1) Reason: 인간의 행동을 숙련기반, 규칙기반, 지식기반 행동으로 분류함.
  가. 숙련 상태에서 실행상에 발생하는 숙련기반 오류
  나. 저장된 규칙의 적용상에 발생하는 규칙기반 오류
  다. 추론이나 유추와 같은 지식처리 과정에서 발생하는 지식기반 오류

(2) Swain: 행위적 관점에서 생략 오류, 작위적 오류, 시간지연 오류, 순서 오류, 불필요한 수행 오류로 구분
  가. 부작위 실수(omission error): 필요한 작업 또는 절차를 수행하지 않는 데 기인한 에러
  나. 시간 실수(time error): 필요한 작업 또는 절차의 수행 지연으로 인한 에러
  다. 작위 실수(commission error): 필요한 작업 또는 절차의 불확실한 수행으로 인한 에러
  라. 순서 실수(sequential error): 필요한 작업 또는 절차의 순서 착오로 인한 에러
  마. 과잉 행동(extraneous error): 불필요한 작업 또는 절차를 수행함으로써 기인한 에러

8 인간의 식별 능력을 높일 수 있는 방법을 3가지 이상 설명하시오.

풀이

(1) 사용자의 작업에 적합해야 한다.

(2) 이용하기 쉬워야 하고, 사용자의 지식이나 경험 수준에 따라 사용자에 맞는 기능이나 내용이 제공되어야 한다.

(3) 작업실행에 대한 피드백이 제공되어야 한다.

(4) 정보의 디스플레이가 사용자에게 적당한 형식과 속도로 이루어져야 한다.

(5) 인간공학적 측면을 고려해야 한다.

9 제조물책임(PL)법에서의 '개발위험 항변(state-of-art defense)'이 무엇인지 설명하시오.

풀이

제조업자가 해당 제조물을 공급한 당시의 과학·기술 수준으로는 결함의 존재를 발견할 수 없었음을 고려한 것을 말한다.

10 근육수축 과정을 설명하시오.

풀이

(1) 근육은 자극을 받으면 수축을 하는데, 이러한 수축은 근육의 유일한 활동으로 근육의 길이는 단축된다. 근육이 수축할 때 짧아지는 것은 미오신 필라멘트 속으로 액틴 필라멘트가 미끄러져 들어간 결과이다.

(2) 액틴과 미오신 필라멘트의 길이는 변하지 않고 근섬유가 수축하면 I대와 H대가 짧아진다. 최대로 수축했을 때는 Z선이 A대에 맞닿고 I대는 사라진다.

11 점멸융합주파수(Flicker Fusion Frequency)를 정의하고, 그 용도와 시각적 점멸융합주파수의 특성을 설명하시오.

풀이

(1) 점멸융합주파수(Critical Flicker Fusion Frequency; CFF, Visual Fusion Frequency; VFF)는 빛을 어느 일정한 속도로 점멸시키면 깜박거려 보이나 점멸의 속도를 빨리 하면 깜박임이 없고 융합되어 연속된 광으로 보일 때 점멸주파수이다.

(2) 점멸융합주파수는 피곤함에 따라 빈도가 감소하기 때문에 중추신경계의 피로, 즉 '정신피로'의 척도로 사용될 수 있다. 잘 때나 멍하게 있을 때에 CFF가 낮고, 마음이 긴장되었을 때나 머리가 맑을 때에 높아진다.

(3) 시각적 점멸융합주파수(VFF)의 특성은 다음과 같다.
가. VFF는 조명강도의 대수치에 선형적으로 비례한다.
나. 시표와 주변의 휘도가 같을 때 VFF는 최대로 영향을 받는다.
다. 휘도만 같으면 색은 VFF에 영향을 주지 않는다.
라. 암조응시는 VFF가 감소한다.
마. VFF는 사람들 간에는 큰 차이가 있으나, 개인의 경우 일관성이 있다.
바. 연습의 효과는 아주 적다.

12 시스템 차트란 무엇이며, 이에 사용되는 기호를 설명하시오.

풀이

(1) 사무작업의 흐름을 기호를 사용하여 나타낸 차트로 procedure flow chart라고도 한다.
(2) 사무작업은 여러 부서 간의 연관성을 가지고 있어 일반적 공정도로는 표현하기 어렵기 때문에 시스템 차트를 고안하여 사용하고 있다.

기호	명칭	설명
◎	발행	서류가 처음으로 작성됨
(빗금 친 원)	추가	작성된 서류에 결재 사인 등 기록이 추가됨
○	처리	서류가 분류되거나 같이 철해짐
(원 안에 To)	운반	서류를 다른 담당자 혹은 부서로 이동
□	점검	서류에 기록된 내용의 조사, 검토
▽	지연, 보관, 처분	서류의 보류, 보관 혹은 처분

13 어떤 작업자를 대상으로 시간연구(time study)를 적용하는지와 그 이유를 설명하시오.

풀이

측정 대상작업의 시간적 경과를 Stop watch/전자식 Timer 또는 VTR Camera 등의 기록 장치를 이용하여 직접 관측하여 표준시간을 산출하는 방법으로, 잘 숙달된 작업자를 대상으로 하는 동작연구와 달리 시간연구에서는 실질시간의 측정에 합리성을 기하기 위해 평균 혹은 이를 약간 상회하는 작업자를 대상으로 연구를 수행한다.

인간공학기술사 2008년 2교시 문제풀이

※ 다음 문제 중 4문제를 선택하여 설명하시오. (각 문제당 25점)

1 선반(shelf) 1에 있는 상자를 검사한 후 양손으로 정면에 있는 선반 1에서 선반 2로 들어올리는 작업을 수행하고 있다(그림 참조). 들어올리기 작업은 45분 동안 분당 3회의 빈도로 이루어진다. 상자의 손상이 우려되어 선반 2에 내려놓을 때 주의를 요한다. 상자의 손잡이가 최적의 설계로 되어 있다고 가정할 때, 다음 각 물음에 답하시오.

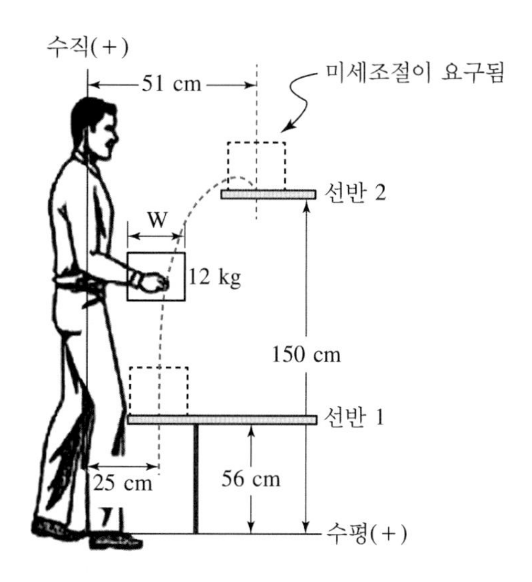

(1) 다음의 표를 이용하여 NIOSH 들기 작업 공식에 따라 들기 작업을 분석하시오.

(2) 만약, 들기 작업의 부하가 적절하지 못하다고 판단될 경우, 그 개선안을 제시하시오.

단계 1. 작업변수 측정 및 기록

중량물 무게 (kg)		손 위치(cm)				수직 거리 (cm)	비대칭 각도(도)		빈도	지속 시간	커플링
		시점		종점			시점	종점	횟수/분	(HRS)	
L(평균)	L(최대)	H	V	H	V	D	A	A	F		C

단계 2. 계수 및 RWL 계산

시점 RWL =	23					0.88		= kg
종점 RWL =	23					0.88		= kg

커플링 상태	수직위치(V)	
	75 cm 미만	75 cm 이상
양호(good)	1.00	1.00
보통(fair)	0.95	1.00
불량(poor)	0.90	0.90

풀이

(1)

단계 1. 작업변수 측정 및 기록

중량물 무게 (kg)		손 위치(cm)				수직 거리 (cm)	비대칭 각도(도)		빈도	지속 시간	커플링
		시점		종점			시점	종점	횟수/분	(HRS)	
L(평균)	L(최대)	H	V	H	V	D	A	A	F		C
12	12	25	56	51	150	94	0	0	3	0.84	good

단계 2. 계수 및 RWL 계산

시점 RWL =	23	1	0.943	0.868	1.0	0.88	1.0	= 15.81 kg
종점 RWL =	23	0.49	0.775	0.868	1.0	0.88	1.0	= 6.37 kg

HM	25/H, $(25 \leq H \leq 63)$ 1, (H<25) 0, (H>63)	시점	25/25 = 1
		종점	25/51 = 0.49
VM	$1-(0.003\times\lvert V-75\rvert)$, $(0 \leq H \leq 175)$ 0, V>175	시점	$1-(0.003\times(\lvert 56-75\rvert)=0.943$
		종점	$1-(0.003\times(\lvert 150-75\rvert)=0.775$

DM	0.82+4.5/D, $(25 \le H \le 175)$ 1, (D<25) 0, (D>175)		0.82+{4.5/(150−56)}=0.868
AM	1−0.0032×A, $(0^\circ \le H \le 135^\circ)$ 0, (A>135°)	시점	1−0.0032×0=1
		종점	1−0.0032×0=1

(2) 가. 종점의 들기지수(LI) $= \dfrac{12}{6.37} = 1.88$ 으로, 종점에서의 개선이 필요하다.

나. 종점에서 RWL계수 값이 가장 작은 수평거리(H)를 줄이고 차순위 개선으로 수직거리(V)를 줄이도록 개선하여야 한다.

2 그림과 같이 아래팔과 위팔이 90° 의 관절각을 이루고 있을 때 10 kg 무게의 공을 들고 있다면 이두박근은 얼마의 힘을 내야 하는가?
(단, 그림과 같은 자세로 평형을 이루고 있다고 가정한다.)

(1) 팔꿈치관절에 걸리는 모멘트

(2) 이두박근(biceps)에 걸리는 힘 F_m

(3) 팔꿈치관절에 걸리는 힘

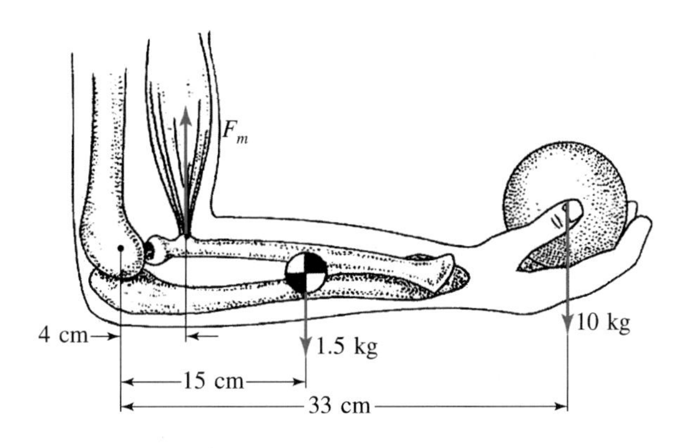

풀이

(1) $\Sigma M = 0$

$(-98\ \text{N} \times 0.33\ \text{m}) + (-14.7\ \text{N} \times 0.15\ \text{m}) + M_E = 0$

따라서, $M_E = 34.55\ \text{Nm}$

(2) $(-98\ \text{N} \times 0.33\ \text{m}) + (-14.7\ \text{N} \times 0.15\ \text{m}) + (F_m \times 0.04\ \text{m}) = 0$

$$F_m = \frac{34.55}{0.04} = 863.75\ \text{N}$$

(3) $\Sigma F = 0$

$-98\ \text{N} - 14.7\ \text{N} + 863.75\ \text{N} + Re = 0$

따라서, $R_e = -751.05\ \text{N}$

3 Wickens의 인간 정보처리 모델에 의하면 감각기관을 통해 들어온 신호는 다음과 같은 지각 과정을 거친다. 아래 빈칸의 적절한 단어를 쓰고, 이를 설명하시오.

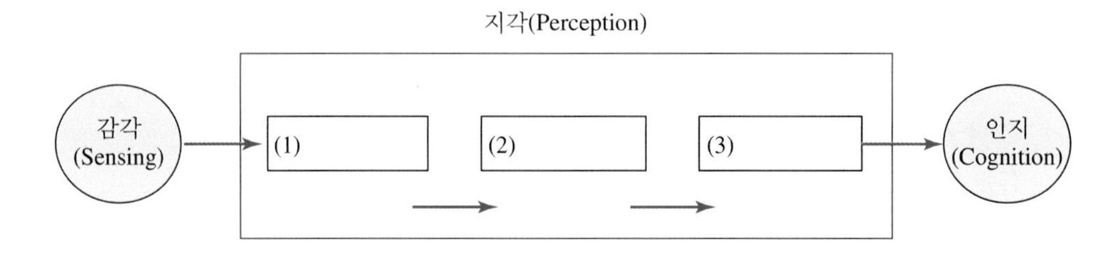

풀이

(1) 선택(selection): 많은 감각적 정보 중에서 필요한 것만 골라 흡수하는 기능이다.

(2) 조직화(organization): 선택된 지각대상은 지각형성 과정을 통하여 조직화된다. 일반적으로 조직화되는데 집단성, 폐쇄성, 단순성 등의 원리가 적용된다.

(3) 해석(interpretation): 자극을 해석하고 의미를 파악하는 데 해석작용 과정에는 여러 가지 착오나 착시현상 등이 개입될 수 있다.

4 4가지의 자극(X)에 대한 반응(Y)의 100회 시행을 관찰한 결과 아래와 같이 나타났다. 다음 물음에 답하시오.

		반응(Y)				합
		1	2	3	4	
자극(X)	1	0	25	0	0	25
	2	25	0	0	0	25
	3	0	0	0	25	25
	4	0	0	25	0	25
합		25	25	25	25	100

(1) 전달정보량, 손실정보량(equivocation), 소음정보량(noise)을 계산하시오.

(2) 위의 결과로부터 정보이론(information theory)의 문제점을 설명하시오.

풀이

(1) $H(X) = 0.25\log_2(1/0.25) + 0.25\log_2(1/0.25) + 0.25\log_2(1/0.25) + 0.25\log_2(1/0.25)$
$= 2\text{bits}$

$H(Y) = 0.25\log_2(1/0.25) + 0.25\log_2(1/0.25) + 0.25\log_2(1/0.25) + 0.25\log_2(1/0.25)$
$= 2\text{bits}$

$H(X, Y) = 0.25\log_2(1/0.25) + 0.25\log_2(1/0.25) + 0.25\log_2(1/0.25) + 0.25\log_2(1/0.25)$
$= 2\text{bits}$

가. 전달정보량 $= T(X, Y) = H(X) + H(Y) - H(X, Y) = 2 + 2 - 2 = 2\text{bits}$

나. 손실정보량 $= H(X) - T(X, Y) = 2 - 2 = 0\text{bits}$

다. 소음정보량 $= H(Y) - T(X, Y) = 2 - 2 = 0\text{bits}$

(2) 위와 같이 신호가 일관되게 잘못 전달된 경우에도 정보이론에서는 전달정보량이 존재하여, 잘못된 것을 감지하지 못한다.

5 A 일관 설비 생산 업체의 주물공장에서는 1000℃ 가열로를 작업자 한 명이 하루 8시간 동안 관리를 하고 있다. 작업자가 높은 작업 강도를 호소하여 작업부하를 알아보기 위하여 더글라스백(Douglas bag)을 이용하여 배기량을 10분간 측정하였더니 300 L였다. 수집된 배기 가스 중 일부를 채취하여 가스미터를 이용하여 성분을 조사하니 산소가 15%, 이산화탄소가 6%였다. 대기 중의 질소가 차지하는 비율은 79%, 기초대사량은 1.2 kcal/min, 안정 시 대사량은 1.5 kcal/min라고 가정할 때, 다음 물음에 답하시오.

(1) 분당 에너지소비량을 구하시오.

(2) Murrell이 제안한 공식을 따를 때 하루 중 작업-휴식 시간을 구하시오.

(3) 에너지대사율(relative metabolic rate)을 계산하시오.

(4) (2), (3)의 결과에 따라 현 작업의 문제가 있다고 판단되면 개선 방향을 제안하시오.

풀이

(1) 가. 분당배기량 $= \dfrac{300}{10} = 30\ \text{L/min}$

나. 흡기량 $= 30 \times \dfrac{(100 - 15 - 6)}{79} = 30\ \text{L/min}$

다. 산소소비량 $= (0.21 \times 30) - (0.15 \times 30) = 1.8\ \text{L/min}$

라. 분당 에너지소비량 $= 1.8 \times 5\ \text{kcal} = 9\ \text{kcal/min}$

(2) $R = \dfrac{480(9-5)}{9-1.5} = 256$분

(3) $R = \dfrac{\text{작업시 소비에너지} - \text{안정시 소비에너지}}{\text{기초대사량}} = \dfrac{\text{작업대사량}}{\text{기초대사량}}$

$R = \dfrac{9-1.5}{1.2} = 6.25\text{R}$ (중[重]작업)

(4) 작업 판단 및 개선 방향은 다음과 같다.
가. 분당 9 kcal로 매우 높은 에너지 소비량을 보이므로 남성 기준 분당 5 kcal를 초과하지 않도록 개선하여야 한다.
나. 작업을 2교대로 개선한다.

6 다음 물음에 답하시오.

(1) 노만(Norman)의 행위 7단계 모형을 설명하시오.

(2) 전방 500 m 지점에 과속단속(제한속도: 시속 50 km) 카메라가 있다. 운전자는 과속단속에 적발되지 않으면서 가능한 빨리 통과하려 한다. 이 상황에서 운전자, 조향장치(steering wheel), 페달, 계기판으로 구성된 운전 시스템을 노만의 행위 7단계 모형을 이용하여 설명하시오.

풀이

(1) 1~3단계까지는 행위의 욕구와 계획의 단계이고, 4단계는 행위의 실행, 5~7단계는 행위의 결과로부터 얻는 지각과 평가에 관한 문제이다. 이러한 부분은 단계의 구분을 통해 사용자의 입장에서 인터페이스 사용상의 문제점이 있을 경우 실행 단계의 문제인지, 평가단계의 문제인지를 파악하기 쉽게 한다. 사용자가 사용하기 편리한 인터페이스를 만들기 위해서는 실행에 관계된 부분과 평가에 관계된 부분을 가능한 접근시킬 필요가 있다.
가. 목표의 설정
나. 의도의 형식화
다. 행동의 순서화
라. 실행
마. 시스템 상태 파악
바. 시스템 상태 분석
사. 목표와 의도에 비추어 시스템 상태를 평가

(2) 노만의 행위 7단계 모형을 이용한 운전 시스템의 설명은 다음과 같다.

목표의 설정	과속단계에 적발되지 않으면서 가능한 빨리 통과
의도의 형식화	50 km를 최대한 근접
행동의 순서화	조향장치, 페달, 계기판의 순서로 control 및 확인
실행	페달 및 조향장치 control
시스템 상태 파악	계기판에서 속도 확인
시스템 상태 분석	50 km 이내인지를 확인
목표와 의도에 비추어 시스템 상태를 평가	지속적으로 50 km를 유지하고 있는지 확인

인간공학기술사 2008년 3교시 문제풀이

※ 다음 문제 중 4문제를 선택하여 설명하시오. (각 문제당 25점)

1 분산분석(analysis of variance)을 정의하고, 그 용도를 설명하시오.

풀이

두 개 이상 다수의 집단을 비교하고자 할 때 집단 내의 분산, 총평균과 각 집단의 평균의 차이에 의해 생긴 집단 간 분산의 비교를 통해 만들어진 F분포를 이용하여 가설검정을 하는 방법이다.

2 다음 물음에 답하시오.

그림의 상수도 장치는 왼쪽의 레버를 올리면 물이 나오고 내리면 물이 잠긴다. 그러나 많은 사람들이 물을 사용하기 위하여 전통적인 펌프처럼 레버를 올렸다 내렸다(pumping)를 반복하고 있다.

(1) 인간공학적 설계상의 문제점을 찾으시오.

(2) 개선방안을 그림을 이용하여 제시하고 설명하시오.

풀이

(1) 레버가 손잡이 모양으로 되어 있으며, 길게 뻗어 있어 레버를 올렸다 내렸다를 반복해야 물이 나온다는 착오를 일으킨다.

(2) 아래 그림과 같이 레버를 일자형식으로 짧게 개선한다.

3 근육의 종류를 분류하고, 설명하시오.

풀이

(1) 골격근
가. 형태: 가로무늬근, 원주형 세포
나. 특징: 뼈에 부착되어 전신의 관절운동에 관여하며 뜻대로 움직여지는 수의근이다.

(2) 심장근
가. 형태: 가로무늬근, 단핵세포로서 원주상이지만 전체적으로 그물조직
나. 특징: 심장벽에서만 볼 수 있는 근으로 가로무늬가 있으나 불수의근이다.

(3) 평활근
가. 형태: 민무늬근, 간 방추형으로 근섬유에 가로무늬가 없고 중앙에 1개의 핵이 존재
나. 특징: 소화관, 요관, 난관 등의 관벽이나 혈관벽, 방광, 자궁 등을 형성하는 근이다. 뜻대로 움직여지지 않는 불수의근으로 자율신경이 지배한다.

4 모 자동차 생산라인에서는 하루 10시간 작업으로 350대를 생산하고 있다. 조립라인의 요소작업은 순차적으로 작업이 이루어지고 요소작업별 소요시간이 표와 같을 때 다음 각 물음에 답하시오.

요소작업	1	2	3	4	5	6	7	8	9	10
소요시간(분)	0.7	0.8	0.4	0.6	0.5	1.1	0.3	1.2	0.6	0.8

(1) 생산주기시간(cycle time)을 구하시오.

(2) 필요한 작업장 수 및 라인 밸런싱 방안을 제시하시오.

(3) 공정효율을 구하시오.

풀이

(1) 사이클 타임 $= \dfrac{\text{1일의생산시간}}{\text{1일의소요량}} = \dfrac{600}{350} = 1.7$(분)

(2) 최소 작업영역 $= \dfrac{\Sigma T_i}{\text{사이클타임}}$ * 여기서 T_i: 각 요소작업장 작업시간

$\Sigma T_i = 0.7+0.8+0.4+0.6+0.5+1.1+0.3+1.2+0.6+0.8 = 7$(분)

$= \dfrac{7}{1.7} = 4.12 \approx 5$(개)

애로공정인 8 작업은 독립라인으로 두고, 나머지 9개의 요소작업을 적절히 4묶음으로 한다. 그러나, 순차적으로 발생하는 작업이므로, 너무 동떨어진 묶음은 곤란하다.

1 묶음: 1요소 2요소 = 0.7 + 0.8 = 1.5 분

2 묶음: 3요소 4요소 5요소 = 0.4 + 0.6 + 0.5 = 1.5분

3 묶음: 6요소 7요소 = 1.1 + 0.3 = 1.4분

4 묶음: 8요소 = 1.2 = 1.2분

5 묶음: 9요소 10요소 = 0.6 + 0.8 = 1.4분

이 경우 모든 묶음이 1.2~1.5분의 소요시간을 가져서 매우 적절하다.

(3) 밸런싱 효율: $\dfrac{\Sigma T_i}{\text{사이클타임} \times \text{작업장수}} \times 100(\%)$ * 여기서 T_i: 각 요소작업장 작업시간

$= \dfrac{7}{1.7 \times 5} \times 100(\%) = 82.35(\%)$

5 **직경이 2 cm인 핀(pin)을 핀이 담겨져 있는 박스로부터 35 cm 떨어진 보드(board)의 구멍(직경: 4 cm)에 꽂는 작업을 수행하고 있다.**

(1) 핀 하나를 보드에 꽂는 작업에 소요되는 시간을 추정하는 방법을 설명하고, 그 시간을 추정하는 식을 제시하시오.

(2) 이 작업에 소요되는 시간을 줄이는 방안을 제안하시오.

풀이

(1) 표적이 작을수록, 이동거리가 길수록 작업의 난이도와 소요 이동시간이 증가한다.

이를 식으로 표현한 것이 Fitts의 법칙이며, 동작시간(MT) $= a + b\log_2(\frac{2A}{W})$ 로 표현된다.

여기서, MT: 동작시간, A: 움직인 거리, W: 목표물의 너비, a: 이동을 위한 준비시간과 관련된 상수, b: 로그함수의 상수이다.

이 문제의 경우에는 동작시간(MT) $= a + b\log_2(\frac{2 \times 35}{4-2}) = a + b\log_2(35)$ 로 표현된다.

(2) 이 작업에 소요되는 시간을 줄이는 방안은 다음과 같다.

가. 35 cm인 거리(A)를 줄인다.
나. 보드(board)의 구멍을 키운다.
다. 핀의 직경을 줄인다.

6 다음 FTA에서 정상사건이 일어날 확률을 구하시오.

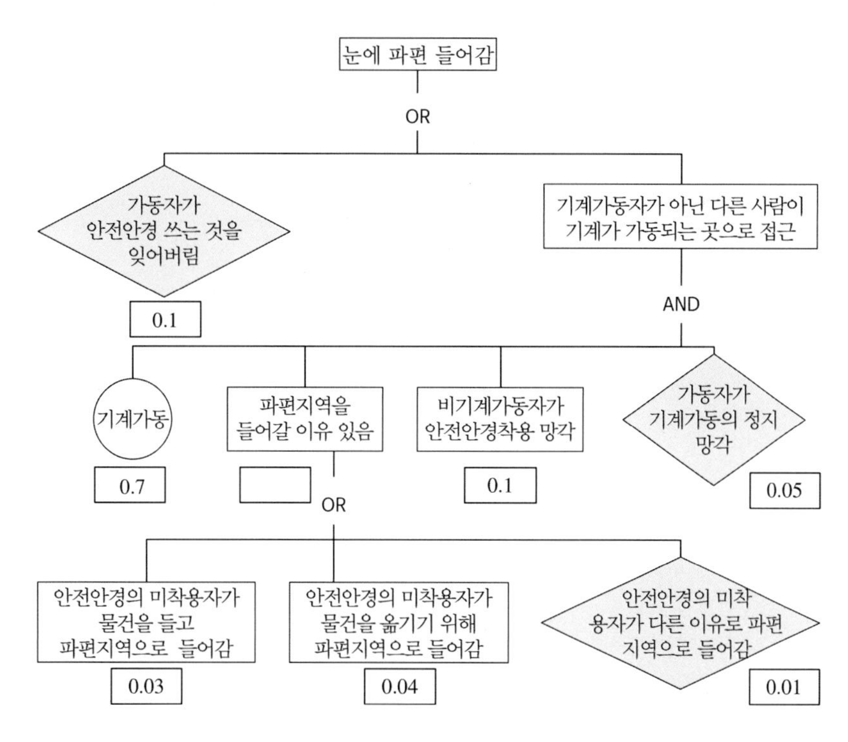

(1) 파편지역을 들어갈 이유 있음이 일어날 확률

(2) 기계가동자가 아닌 다른 사람이 기계가 가동되는 곳으로 접근할 확률

(3) 최종적으로 눈에 파편 들어갈 확률

풀이

(1) OR: $1-(1-0.03)\times(1-0.04)\times(1-0.01)=0.08$

(2) AND: $0.7\times0.08\times0.1\times0.05=0.00025$

(3) OR: $1-(1-0.1)\times(1-0.00025)=0.1$

인간공학기술사 2008년 4교시 문제풀이

※ 다음 문제 중 4문제를 선택하여 설명하시오. (각 문제당 25점)

1 자동차 부품을 생산하는 T사의 생산직 직원 K씨는 핀(pin) 클러치 프레스를 사용하여 가공 작업 중이었다. 성형된 제품을 마그네트(magnet) 수공구를 사용하여 제거하려다 바닥 위로 돌출되어 있는 풋스위치(foot switch)를 밟아 프레스 슬라이드가 하강하여 금형에 우측 엄지손가락이 절단되었다. 이 재해에 대하여 다음에 답하시오.

조사 항목	내용
재해 형태	
상해 종류	
기인물	
가해물	
불안전한 행동	
불안전한 상태	
관리적 원인	
예방 대책	

풀이

조사 항목	내용
재해 형태	절단
상해 종류	절상
기인물	풋스위치
가해물	프레스 슬라이드
불안전한 행동	손가락이 금형 안에 위치해 있음
불안전한 상태	안전방호장치 미비
관리적 원인	유해위험작업의 교육 불충분
예방 대책	안전방호장치 설치, 교육

2 어떤 요소작업에 소요되는 시간을 10회 측정하였더니 평균 1.57분, 표준편차 0.27분이었다. 다음에 각 물음에 답하시오.

(1) 신뢰수준 95%, 허용오차 ±5%일 때 현재 관측횟수가 충분한지를 판단하시오.
($Z_{0.025}=1.96$, $Z_{0.050}=1.645$, $Z_{0.005}=2.575$, $t_{0.025,\,9}=2.26$, $t_{0.050,\,9}=1.83$, $t_{0.005,\,9}=3.25$, $t_{0.025,\,10}=2.23$, $t_{0.050,\,10}=1.81$, $t_{0.005,\,10}=3.17$, $t_{0.025,\,11}=2.20$, $t_{0.050,\,11}=1.80$, $t_{0.005,\,11}=3.11$)

(2) 레이팅 계수가 120%, 정미시간(normal time)에 대한 PDF 여유율 25%일 때, 표준시간 및 8시간 근무 중 PDF 여유시간을 구하시오.

(3) (2)에서 여유율 25%를 근무시간에 대한 비율로 잘못 인식하여 표준시간을 계산하면 기업가 혹은 노동자 중 어느 쪽에 불리하게 되는지 설명하시오.

풀이

(1) $$N=\left(\frac{t(0.025,n-1)\times s}{0.05x}\right)^2$$
$$=\left(\frac{t(0.025,9)\times 0.27}{0.05\times 1.57}\right)^2$$
$$=\left(\frac{2.26\times 0.27}{0.05\times 1.57}\right)^2=60.42\ \leq\ 61$$
따라서, 51회의 추가 관측이 필요하다.

(2) 정미시간 = 평균 생산시간 × 레이팅계수 = 1.57분/개 × 1.2 = 1.884분/개
따라서, 표준시간 = 정미시간 × (1 + 여유율) = 1.884 × (1 + 0.25) = 2.355분/개
그리고
$$\text{여유율 } A=\frac{\text{일반여유}}{480-\text{일반여유}}$$
$$0.25=\frac{\text{일반여유}}{480-\text{일반여유}}$$
8시간 근무 중 PDF 여유시간 = 96(분)

(3) 표준시간 = 정미시간/(1 − 여유율) = 1.884/(1 − 0.25) = 2.512분/개
따라서, 여유율을 근무시간에 대한 비율로 잘못 인식하여 표준시간이 증가하였으므로, 기업가에게 불리해진다.

3 제품이나 서비스의 총 제조 혹은 생산시간의 구성요소를 설명하고, 이를 이용하여 작업관리의 목적을 설명하시오.

풀이

(1) 제품의 제조 혹은 생산 표준시간의 구성요소는 다음과 같다.
표준시간=정미시간+여유시간

(2) 작업관리의 목적은 다음과 같다.
가. 최선의 방법 발견(방법 개선)
나. 방법, 재료, 설비, 공구 등의 표준화
다. 제품품질의 균일
라. 생산비의 절감
마. 새로운 방법의 작업지도
바. 안전
사. 적정 여유시간의 산정

4 SDT 이론에 대하여 다음에 답하시오.

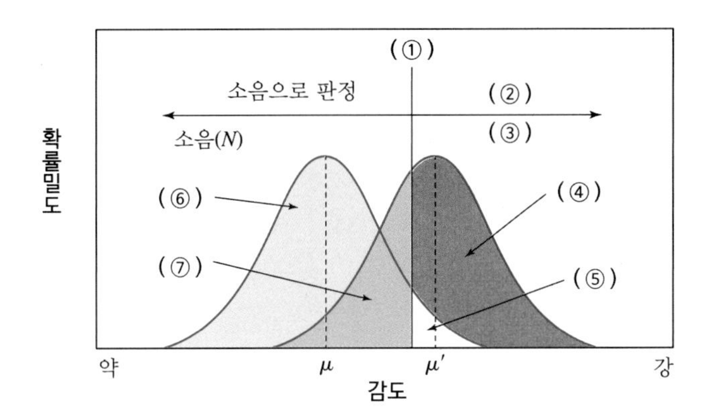

(1) 그림의 빈칸을 채우시오.

(2) 기본 가정을 설명하시오.

(3) 신호를 잘못 판정할 확률을 낮추는 가장 좋은 방법을 설명하시오.

풀이

(1) ① 기준(β) ② 신호로 판정 ③ 신호+소음(S) ④ P(S/S) ⑤ P(S/N) ⑥ P(N/N) ⑦ P(N/S)

(2) 잡음은 시간에 따라 변하며 그 강도의 높고 낮음은 정규분포를 한다. 신호의 강도는 배경 잡음에 추가되어 전체 강도가 증가된다.

(3) 두 분포의 꼭지점의 간격을 분포의 표준편차 단위로 나타내는 민감도를 높이면 되며, 민감도는 두 분포가 떨어져 있을수록 커지고 판정자는 신호와 잡음을 정확하게 판정하기 쉽다.

5 다음 그림에서 인간공학적 설계상의 문제점을 찾아 개선하시오.

풀이

(1) 책상
가. 다리의 공간이 충분히 고려되지 않음 → 근접할 수 있도록 다리 공간 확보
나. 책상의 높이가 높아 어깨가 들려 있음 → 높낮이 조절 가능한 책상 제공

(2) 의자
등받이, Arm rest, 높이 조절, 이동의 불편함 → 등받이 및 Arm rest(높이 조절 가능) 제공

(3) 키보드
키보드가 책상에 올려져 있어 어깨가 들림 → 슬라이드 형식의 키보드 받침대 설치

6 근골격계질환 예방을 위한 인간공학 프로그램(예방·관리 프로그램)의 구성요소를 들고 설명하시오.

풀이

(1) 경영자의 지원, 노사의 공동 참여: 경영자의 적극적인 지원 및 노사의 공동 참여하에 수립·시행하여야 한다.

(2) 예방관리 추진팀의 구성: 노사가 공동 참여한 형태의 추진팀을 구성하여 추진하여야 한다.

(3) 교육, 훈련실시: 근로자, 예방관리 추진팀 대상 전문 교육 및 훈련 실시하여야 한다.

(4) 유해요인조사 및 작업환경 개선: 작업의 유해요인조사 및 관리를 통한 작업환경 개선을 실시하여야 한다.

(5) 의학적 관리: 통증을 호소하는 근로자에 대한 의학적 조치이다.

(6) 유해성의 주지: 근로자 대상 근골격계질환에 대한 유해성의 충분한 주지가 필요하다.

(7) 프로그램 평가 및 반영: 지속적인 운영을 위한 자체 프로그램 평가 및 개선사항을 반영하여야 한다.

인간공학기술사 2007년 1교시 문제풀이

※ 다음 문제 중 10문제를 선택하여 설명하시오. (각 문제당 10점)

1 **인간공학 실험을 계획할 때, 피실험자에 대한 처리는 피실험자 내(within subject) 실험과 피실험자 간(between subject) 실험 중 선택할 수 있다. 두 방법이 어떤 경우에 선택될 수 있는지 설명하시오.**

풀이

(1) 피실험자 내: 실험하고자 하는 특성을 알아내기 위해 개인의 특성, 즉 실험조건이나 상황에 따라 달라지는 개인의 특성을 연구하는 경우

(2) 피실험자 간: 군 간이나 집단의 개개의 특성, 즉 서로 다른 개인들 간의 차이를 나타내는 특성을 연구하는 경우

2 **인간의 감각(sensing) 기능에 대한 Weber의 법칙을 설명하고, 하나의 예를 설명하시오.**

풀이

(1) 웨버의 법칙: 물리적 자극을 상대적으로 판단하는 데 있어 특정 감각의 변화 감지역은 기준 자극의 크기에 비례한다.

$$웨버의 비 = \frac{변화감지역}{기준자극의 크기}$$

(2) 예1) 무게 감지: 웨버의 비가 0.02라면 100 g을 기준으로 무게의 변화를 느끼려면 2 g 정도면 되지만, 10 kg의 무게를 기준으로 한 경우에는 200 g이 되어야 무게의 차이를 감지할 수 있다.

예2) 마케팅: 제품의 가격과 관련한 소비자들의 웨버의 비를 조사하여 변화 감지역 내에서 제품가격을 인상한다면 소비자가 가격이 인상된 것을 쉽게 지각하지 못한다.

예3) 제조과정: 맥주 제조업체들은 계절에 따라 원료의 점도와 효소의 양을 변화 감지역의 범위 안에서 조절함으로써 소비자가 맥주의 맛이 사계절 동일하다고 느끼게 한다.

3 시각적 정보전달의 유효성을 결정하는 요인 중 명시성(visibility)과 가독성(readability) 간의 차이를 구분해 설명하시오.

풀이

(1) 명시성: 두 색을 서로 대비시켰을 때 멀리서 또렷하게 보이는 정도를 말한다. 명도, 채도, 색상의 차이가 클 때 명시도가 높아진다. 특히, 노랑과 점정의 배색은 명시도가 높아 교통 표지판에 많이 쓰인다.

(2) 가독성: 얼마나 더 쉽고 편리하게 읽힐 수 있는가를 나타내는 정도이다.

4 Swain이 제시한 휴먼에러(human error) 분류 방법에 의해 5개의 에러 유형을 제시하고 설명하시오.

풀이

(1) 부작위 에러(omission error): 필요한 작업 또는 절차를 수행하지 않는 데 기인한 에러

(2) 시간 에러(time error): 필요한 작업 또는 절차의 수행 지연으로 인한 에러

(3) 작위 에러(commission error): 필요한 작업 또는 절차의 불확실한 수행으로 인한 에러

(4) 순서 에러(sequential error): 필요한 작업 또는 절차의 순서 착오로 인한 에러

(5) 불필요한 행동 에러(extraneous act): 불필요한 작업 또는 절차를 수행함으로써 기인한 에러

5 단순반응시간과 선택반응시간의 차이점을 설명하시오.

풀이

(1) 단순반응시간: 하나의 특정자극에 대하여 반응을 하는 데 소요되는 시간으로 약 0.2초 정도 걸린다.

(2) 선택반응시간: 여러 개의 자극을 제시하고 각각의 자극에 대하여 반응을 할 과제를 준 후에 자극이 제시되어 반응할 때까지의 시간을 의미한다. 선택반응시간이 단순반응시간보다 길다.

6 휴먼에러(human error) 방지를 위한 강제적 기능 중 바깥잠금(lock-out), 안잠금(lock-in), 인터록(interlock)을 각각 설명하시오.

풀이

(1) 바깥잠금(lock-out): 위험한 장소에 들어가거나 사건이 일어나는 것을 예방
  예) 건물에 화재가 났을 때 사람들이 1층까지 내려온 뒤에는 더 이상 지하로 내려가지 않도록 진행을 방해하기 위하여 1층까지는 비상구가 바로 연결되게 배치하다가 지하로 내려가는 것에 대해서는 이제까지 방향과는 달리 다른 곳으로 돌아서 내려가도록 위치시키는 것

(2) 안잠금(lock-in): 작동을 유지시킴으로써 쉽게 작동을 멈추게 하는 것을 예방
  예) 워드프로세스의 자동 저장 장치

(3) 인터록(interlock): 조작들이 올바른 순서대로 일어나게끔 강제하는 장치
  예) 작동 중인 전자오븐 문 열면 전원이 차단됨, 소화기 및 수류탄의 안전핀

7 제어반 콘솔(console) 상에 있는 각종 시각표시장치와 제어장치 요소 간의 배치 순위를 결정하는 지침을 설명하시오.

풀이

(1) 1순위: 시각 과업

(2) 2순위: 시각 과업과 상호작용하는 제어장치

(3) 3순위: 제어장치-표시장치 관계(제어장치를 관련 표시장치, 양립적 동작 관계 등에 가까이 둔다.)

(4) 4순위: 순차적으로 사용할 요소의 배열

(5) 5순위: 자주 사용할 요소의 편리한 배치

(6) 6순위: 시스템 중의 다른 배치와의 일관성

8 Max Weber가 제안한 관료주의의 조직 설계 원리 4가지를 제시하고 설명하시오.

풀이

(1) 노동의 분업: 작업의 단순화 및 전문화

(2) 권한의 위임: 관리자를 소단위로 분산

(3) 통제의 범위: 각 관리자가 책임질 수 있는 작업자의 수

(4) 구조: 조직의 높이와 폭

9 작업 표준시간을 측정하는 방법 4가지를 제시하고 설명하시오.

풀이

(1) 직접측정법
  가. 시간연구법: 측정 대상의 작업의 시간적 경과를 Stop watch/전자식 Timer나 VTR Camera 등의 기록 장치를 이용하여 직접 관측하여 표준시간을 산출하는 방법
  나. 워크샘플링법: 간헐적으로 랜덤한 시점에서 연구대상을 순간적으로 관측하여 대상이 처한 상황을 파악하고, 이를 토대로 관측기간 동안에 나타난 항목별로 차지하는 비율을 추정하는 방법

(2) 간접측정법
  가. 표준자료법: 작업 시간을 새로이 측정하기보다는 과거에 측정한 기록들을 기준으로 동작에 영향을 미치는 요인들을 검토하여 만든 함수식, 표, 그래프 등으로 동작 시간을 예측하는 방법
  나. PTS: 사람이 행하는 작업을 기본동작으로 분류하고, 각 기본동작들은 동작의 성질과 조건에 따라 이미 정해진 기준 시간치를 적용하여 전체 작업의 정미시간을 구하는 방법

10 ILO 여유율 결정 시 피로를 일으키는 요인 4가지를 제시하고 설명하시오.

풀이

(1) 신체적(Physiological) 요인: 중량물 취급정도, 작업자세, 특수작업복 또는 장구

(2) 정신적(Psychological) 요인: 주의력 집중도, 단조감 등

(3) 작업환경(Environment): 공기조건(온도, 습도, 통풍, 신선도), 소음, 진동, 조명 등

(4) 작업자의 개인적 상황: 신체적 능력, 영양 상태, 수면, 정서의 안정, 가정 분위기 등

11 CRT를 사용하는 VDT 작업의 유해요인을 있는 대로 지적하시오.

풀이

(1) 반복적인 작업, 휴식시간 문제

(2) 책상, 의자, 키보드 등에 의한 작업자세

(3) 조명, 온도, 습도 등의 실내 환경

(4) 나이, 시력, 경력, 작업수행도

(5) 과도한 직무 스트레스

12 근골격계 유해요인 조사에 사용될 수 있는 인간공학적 평가기법 중 RULA와 REBA의 공통점과 차이점을 서술한 후, 각 기법 적용에 적합한 작업의 예를 하나만 설명하시오.

풀이

(1) 공통점: 반복성, 정적작업, 힘, 작업자세, 연속작업시간 등을 평가

(2) 차이점
가. RULA: 어깨, 팔, 손목, 목 등 상지(upper limb)에 초점을 맞추어 작업자세로 인한 작업부하의 평가
예) VDT 작업, 의류업체의 재단·재봉·검사·포장 작업 등
나. REBA: RULA가 상지에 국한되어 평가하는 단점을 보완한 도구로서, 하지를 포함하여 비정형적인 작업자세를 평가
예) 의료관련 직종(간호사 등)

13 수동물자취급작업(Manual Material Handing Task) 중 NIOSH 들기작업 수식 적용이 어려운 작업의 예를 드시오.

풀이

(1) 한 손으로 중량물을 취급하는 경우

(2) 8시간 이상 중량물을 취급하는 작업을 계속하는 경우

(3) 앉거나 무릎을 굽힌 자세로 작업을 하는 경우

(4) 균형이 맞지 않는 중량물을 취급하는 경우

(5) 운반이나 밀거나 당기는 작업에서의 중량물 취급

(6) 빠른 속도로 중량물을 취급하는 경우(약 75 cm/sec를 넘어가는 경우)

(7) 바닥 면이 좋지 않은 경우(지면과의 마찰계수가 0.4 미만인 경우)

(8) 온도/습도 환경이 나쁜 경우(온도 19~26℃, 습도 35~50%의 범위에 속하지 않는 경우)

(9) 제한된 공간에서 작업

(10) 손수레나 삽으로 작업

인간공학기술사 2007년 2교시 문제풀이

※ 다음 문제 중 4문제를 선택하여 설명하시오. (각 문제당 25점)

1 비닐하우스(green house)에서 수행되는 딸기 채집 작업의 인간공학적 문제점들을 모두 제시하고 이에 대한 대책을 논의하시오.

풀이

(1) 문제점

가. 부자연스러운 자세의 발생

1. 쪼그려 앉거나 엉거주춤한 자세에서 목과 허리를 숙임
2. 위치에 따라 팔을 과도하게 뻗으며, 줄기에서 딸기를 떼어낼 때 손목 꺾임 발생

나. 장시간의 반복적인 작업 수행: 동일한 작업을 반복적으로 장시간 수행함

다. 중량물 취급: 딸기를 채집하여 담은 통의 무게가 5 kg 이상인 중량물을 취급함

라. 작업환경(온도 및 습도): 하우스 내의 고온 및 고습으로 인하여 작업자의 피로도가 증가함

(2) 대책

가. 근골격계질환의 예방을 위한 인간공학적 장비와 공구를 공급한다.

1. 쪼그려 앉은 자세로 허리를 숙이고 작업할 때 하지의 부하를 감소시키고 요통을 예방하기 위하여 작업 시 자주 앉아서 휴식을 취할 수 있는 하지 supporter 등을 공급한다.
2. 줄기에서 딸기를 떼어낼 때 손목 꺾임을 방지하기 위한 인간공학적 수공구를 공급한다.

나. 부적절한 작업자세를 제거하고 좋은 자세로 작업하기 위한 정기적인 교육이 필요하다.

다. 딸기를 채집하여 담는 통의 크기를 조절하여 중량물 취급 작업을 하지 않도록 한다.

라. 고온으로 인한 열사병 등의 예방을 위하여 적절한 온도 및 습도 조절이 필요하며, 적합한 작업복의 공급과 적절한 중간휴식이 필요하다.

2 VDT 사용자의 생리적 스트레스를 다음의 도구들을 이용해 측정하고자 한다. 생리적 스트레스 측정의 활용 방안을 설명하시오.

(1) EEG

(2) EOG

(3) EMG

(4) FFF(Flicker Fusion Frequency)

풀이

(1) EEG(뇌전도): 뇌의 활동전위 측정

(2) EOG(안전도): 눈의 피로 측정

(3) EMG(근전도): 근육 부위의 국소적 근육활동에 관한 척도, 근육부하 및 피로, 근골격계증상 등 측정

(4) FFF(Flicker Fusion Frequency): 정신적 피로 측정

3 운전 중 휴대폰 사용은 매우 위험할 것으로 여겨진다. 이를 확인하기 위해 실험을 실시하기로 했다. 실험 계획은 다음과 같았다.

> 실험을 위해 20대 남자 5명의 피실험자를 선발했다. 이들에게 차례로 동일한 승용차를 시속 50 km로 주행하게 하고, 운전 중 휴대전화를 사용하게 하거나 사용하지 않도록 했다. 사용 유무의 순서는 무작위(random)로 했다. 주행 중 돌발상황을 연출해 급제동을 하도록 했다. 피실험자에게는 심박수 측정기를 부착해 운전 전과 돌발상황 후의 심박수의 변화를 측정했으며, 동시에 브레이크(brake)를 밟기까지의 반응시간(response time)을 측정했다.

(1) 이 실험의 목적과 관련하여 귀무가설(H_0)과 대립가설(H_1)을 세우시오.

(2) 이 실험계획의 독립변수, 종속변수, 통제변수(혹은 제어변수)를 제시하시오.

(3) 이 실험의 가설을 검정하기 위한 적절한 통계적 검정방법을 적고 그것을 선택한 이유를 적으시오.

풀이

(1) H_0: 휴대전화를 사용할 때의 심박수 변화와 반응시간 = 휴대전화를 사용하지 않을 때의 심박수 변화와 반응시간

H_1: 휴대전화를 사용할 때의 심박수 변화와 반응시간 ≠ 휴대전화를 사용하지 않을 때의 심박수 변화와 반응시간

(2) 독립변수: 휴대전화의 사용 유무

종속변수: 운전 전과 돌발상황 후의 심박수 변화, 브레이크를 밟기까지의 반응시간

통제변수: 성별(모두 남성), 동일한 승용차, 동일한 속도(50 km/hr), 동일한 돌발상황

(3) 휴대전화를 사용하고 / 사용하지 않은 두 집단 간의 쌍체비교를 실시한다. 즉, t-test를 통하여 두 집단 간에 심박수 변화와 반응시간에 대한 차이가 있는지를 검정한다.

4 **어느 사업장에서 노동부 고시에 의한 근골격계 부담작업 판정을 한 결과 아래와 같은 4종류의 부담작업들이 발견되었다. 이들에 대해 다음 보기의 인간공학적 평가도구들을 사용해 정밀 평가를 실시하려고 한다. 각 부담작업별로 가장 적합한 평가 방법 하나를 찾은 후, 선정된 평가방법의 어떤 요소들이 이 부담작업들과 관련이 있는지 평가요소를 적고 간단히 설명하시오.**

보기

RULA, REBA, NLE, JSI (혹은 SI), Snook Table, Borg Scale, ACGIH 진동기준

근골격계 부담작업	평가 방법	각 방법에 포함되어, 부담작업의 내용을 평가할 수 있는 평가요소
1. 하루에 4시간 이상 집중적으로 자료 입력 등을 위해 키보드 또는 마우스를 조작하는 작업		
2. 하루에 총 2시간 이상 쪼그리고 앉거나 무릎을 굽힌 자세에서 이루어지는 작업		
3. 하루에 총 2시간 이상 지지되지 않은 상태에서 4.5 kg 이상의 물건을 한 손으로 들거나 동일한 힘으로 쥐는 작업		
4. 하루에 25회 이상 10 kg 이상의 물체를 무릎 아래에서 들거나, 팔을 뻗은 상태에서 드는 작업		

풀이

근골격계 부담작업	평가 방법	각 방법에 포함되어, 부담작업의 내용을 평가할 수 있는 평가요소
1. 하루에 4시간 이상 집중적으로 자료 입력 등을 위해 키보드 또는 마우스를 조작하는 작업	RULA	• 컴퓨터 작업 시 주로 사용되는 신체부위인 어깨, 팔, 손목, 목 등 상지에 초점을 맞춘 작업자세 평가 • 반복성 평가(반복적인 키보드 및 마우스 작업의 평가)
2. 하루에 총 2시간 이상 쪼그리고 앉거나 무릎을 굽힌 자세에서 이루어지는 작업	REBA	• 하지의 작업자세 평가

3. 하루에 총 2시간 이상 지지되지 않은 상태에서 4.5 kg 이상의 물건을 한 손으로 들거나 동일한 힘으로 쥐는 작업	Snook Table	• 들기 빈도, 들기 작업 최대무게, 작업의 종류(내리기, 밀기, 당기기, 운반), 성별, 작업물 길이, 운반거리, 밀고/당기기 높이 평가
4. 하루에 25회 이상 10 kg 이상의 물체를 무릎 아래에서 들거나, 팔을 뻗은 상태에서 드는 작업	NLE	• 취급 중량 및 횟수, 중량물 취급 위치, 이동 거리, 신체의 비틀기, 손잡이 평가

5 **익숙하게 사용하기 위해 어느 정도의 학습이 요구되는 제품 종류에 대해, 경쟁사 간 2개의 동급 제품을 선정해 사용성 평가를 실시하여 아래와 같은 작업(task) 수행시간에 대한 데이터를 얻었으며, 회귀분석을 통해 반복회수(N)와 작업수행시간(TN) 간의 관계식을 얻었다.**

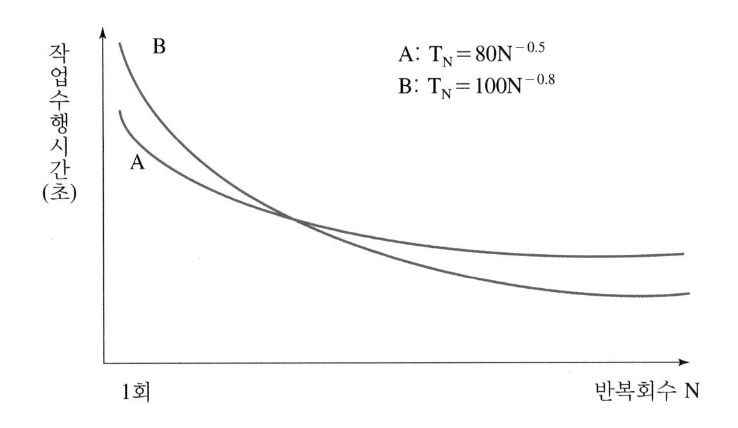

(1) A 제품과 B 제품에 대한 학습률(learning rate)을 구하시오.

(2) 제품의 학습성 (learnability) 측면과 효율성(efficiency) 측면에서 두 제품 A, B의 사용성을 평가하시오.

(3) 위의 두 평가척도 외에 ISO의 사용성 평가척도 기준에 의할 때 어떤 평가척도(measure)가 추가로 사용될 수 있는지 제시하고, 이를 위한 평가방법을 간단히 기술하시오.

풀이

(1) 작업수행시간 $T_N = T_1 N^b$(TN: N번째 제품의 작업수행시간, N: 반복회수, b: 경사율)

학습률 $R = 10^{(blog2)}$

가. $R_A = 10^{(-0.5 \times \log 2)} = 0.7071$

나. $R_B = 10^{(-0.8 \times \log 2)} = 0.5743$

(2) 제품 A는 최초 학습시간이 80초로 제품 B의 100초에 비하여 짧으며 학습률이 높다. 그러나 제품 A는

제품 B와 작업수행시간이 동일해지는 일정 시점까지만 제품 B에 비하여 작업수행시간이 짧고, 그 이후에는 제품 B에 비하여 작업수행시간이 길어진다. 즉, 제품 A는 반복횟수의 증가에 따른 작업수행시간이 감소하는 비율이 제품 B에 비하여 낮아, 장기적인 측면에서 효율성은 제품 B가 높다.

(3) 가. 평가척도: 사용자 만족도－기능 및 특징에 대한 만족도 척도, 사용자가 불만감이나 좌절감을 표현한 빈도

나. 평가방법: 실제 사용자를 대상으로 설문조사 및 인터뷰를 통하여 해당 제품의 만족도를 조사할 수 있다. 그 예로 F.G.I(Focus Group Interview), Survey and Interview 방법 등이 있다.

6 그림과 같이 200 N의 중량물을 들고 힘판(force platform) 위에 올라 정적 자세를 취하고 있는 사람을 5개의 막대(stick) 모형으로 2차원 공간에서 표시했다. 힘판에서 측정된 지면반력은 900 N이었고, 각 분절의 무게와 수평에서의 상지와 몸통의 무게, 중심위치 등이 그림에 나타나 있다.

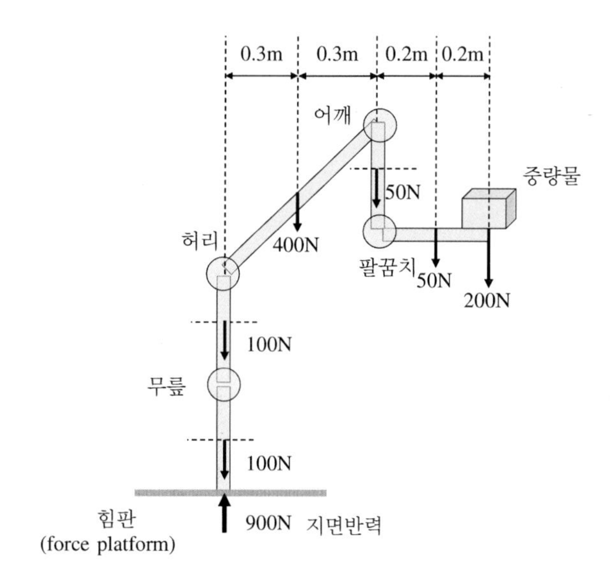

(1) 정적 자세를 취한 사람이 역학적 평형을 이루고 있기 위한 2개의 조건을 적으시오.

(2) 그림에 있는 사람의 자세가 평형을 이루기 위한 허리 관절에서의 반력(reaction force)을 구하시오.

(3) 그림에 있는 사람의 자세가 평형을 이루기 위한 허리 관절에서의 반력 모멘트(moment)를 구하시오.

풀이

(1) 정적 자세를 취한 사람이 역학적 평형을 이루기 위한 조건은 다음과 같다.
   가. 힘의 평형: 한 점에 작용하는 모든 힘들의 합력이 0이 되어야 한다. 즉, $\Sigma F = 0$
   나. 모멘트 평형: 한 점에 작용하는 모든 모멘트의 합이 0이 되어야 한다. 즉, $\Sigma M = 0$

(2) 평형을 이루기 위한 허리 관절에서의 반력(reaction force)은 다음과 같이 구한다.
   가. 팔꿈치 관절에서의 반력 RE = 200N + 50N = 250N(위 방향)
   나. 어깨 관절에서의 반력 RS = 250N + 50N = 300N(위 방향)
   다. 허리 관절에서의 반력 RB = 300N + 400N = 700N(위 방향)

(3) 평형을 이루기 위한 허리 관절에서의 반력모멘트(moment)는 다음과 같이 구한다.
   가. 팔꿈치 관절에서의 반력모멘트 ME = (200N × 0.4m) + (50N × 0.2m) = 90Nm(반시계 방향)
   나. 어깨 관절에서의 반력모멘트 MS = (200N × 0.4m) + (50N × 0.2m) = 90Nm(반시계 방향)
   다. 허리 관절에서의 반력모멘트 MB = (200N × (1.0m)) + (50N × (0.8m)) + (50N × (0.6m))
   + (50N × (0m)) + (400N × 0.3m) = 390Nm(반시계 방향)

인간공학기술사 2007년 3교시 문제풀이

※ 다음 문제 중 4문제를 선택하여 설명하시오. (각 문제당 25점)

1 자동차의 실내공간을 쾌적한 느낌이 들도록 설계하라는 고객요구 조사결과가 나왔다. 자동차 개발팀은 쾌적함을 주기 위한 설계 요소들을 찾고자 감성공학을 적용해 보기로 하였다. SD 척도를 이용한 감성공학 절차를 설명하시오.

풀이

SD척도란 Semantic Differentials 척도의 약자로 의미미분법에서 사용되는 감성의 척도로 표시한 것을 말한다. 미국의 심리학자 찰스 오스굿 등이 세계 각국 어휘의 의미가 어느 정도 상호 유사한지를 조사하는 비교문화 연구의 목적으로 개발하였으며, 백두산이라고 하면 일반적으로 대단히 크고 아름답다라고 하는 평점(評點)이 주어지는데, 이 평점이 백두산이라고 하는 개념의 의미내용을 분석한 것이라고 생각하는 것이다. SD척도를 이용한 감성공학 절차는 다음과 같다.

(1) 제품개발 대상 선정 후 관련된 감성조사: 감성어휘를 SD척도 형식으로 정리

(2) 여러 형의 각 외관에 관한 슬라이드 작성하고, 각 장에 대해 SD척도로 평가

(3) 통계분석: 요인분석, 주성분을 분석하여 요인구조 파악하고 중요한 것 추출 → 다변량분석

(4) 다변량분석 결과 감성어휘에 종합, 어떤 설계요소를 중요시하고 어떻게 표현하는 것이 중요한지를 결정

2 반사율이 70%인 VDT 화면에 200 lux의 외부 조명이 비추어지고 있다.

(1) 배경의 평균 밝기가 200 cd/m^2, 글자의 평균 밝기가 15 cd/m^2일 때 글자 대 배경의 대비(Contrast)를 구하시오.

(2) 동일한 상황에서 빛의 투과율이 50%인 필터 부착 시 대비(Contrast)를 구하시오.

(3) 시식별에 영향을 주는 필터의 효과를 설명하시오.

풀이

(1) 화면 배경으로부터의 반사광은 70%×200 lux/π =44.6 cd/m^{2}이고, 글자의 광도는 15+44.6=59.6 cd/m^{2}이다. 따라서 대비는 $100\times\frac{44.6-59.6}{44.6}=-33.6\%$이다.

(2) 필터를 부착하면 외부 조명은 필터를 두 번 통과한 후 우리 눈에 들어오므로 화면 배경으로부터의 반사광은 $70\%\times[(\frac{200lux}{\pi}\times50\%)\times50\%]=11.1\,\mathrm{cd/m^2}$이고,
글자는 한 번 통과하므로 $(15\times50\%)+11.1=18.6\,\mathrm{cd/m^2}$이다.
따라서, 대비는 $100\times\frac{11.1-18.6}{11.1}=-67.6\%$이다.

(3) 필터의 효과: 필터의 부착으로 외부 조명은 필터를 두 번 통과한 후 우리 눈에 들어오므로 화면 배경으로부터 반사광은 11.1 cd/m^{2}이고, 글자도 필터를 한 번 통과하므로 18.6 cd/m^{2}이다. 따라서, 대비는 −67.6%로 필터를 부착하기 전(−33.6%)보다 약 2배 증가한다. 필터의 부착으로 글자의 밝기는 59.6 cd/m^{2}에서 18.6 cd/m^{2}로 줄지만 대비의 증가로 독해성이 증가한다.

3 **제어시스템의 정상작동을 관찰해야 하는 운전자(Operator)가 있다. 작업이 완료될 때까지의 제어시스템의 정상작동 신뢰도는 0.9이다. 운전자의 시스템 관찰(Monitoring) 신뢰도는 0.8이다. 회사에서는 제어시스템의 정상 작동의 신뢰도를 높이기 위해 제어시스템을 중복 설치할지, 동일한 작업을 수행하는 운전자를 한 명 더 배치할지 고민하고 있다.**

(1) 제어시스템과 인간 작업자의 추가 비용이 동일하다면 어떻게 하는 것이 인간-기계 시스템의 전체 신뢰도를 높이겠는가? 이 인간-기계 시스템의 신뢰도 블럭도를 각각 그려서 그 차이를 비교하시오.

(2) 변경하려는 작업에 대해 인간-기계 시스템의 실패를 정상사건으로 하는 Fault Tree를 작성하고 정상사건이 발생할 확률을 구하시오.

풀이

(1) 가. 제어시스템의 중복 설치

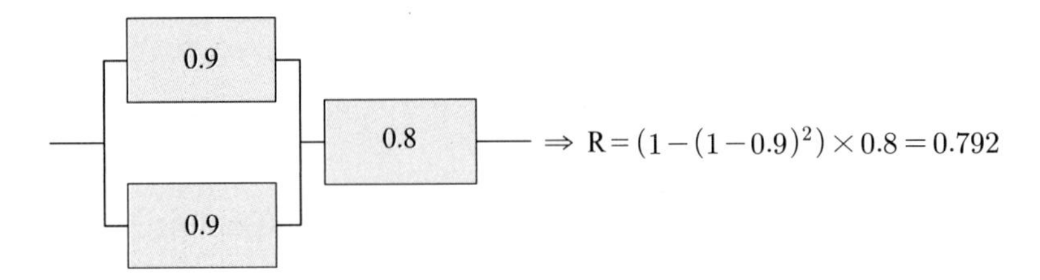

나. 작업자 1명 추가

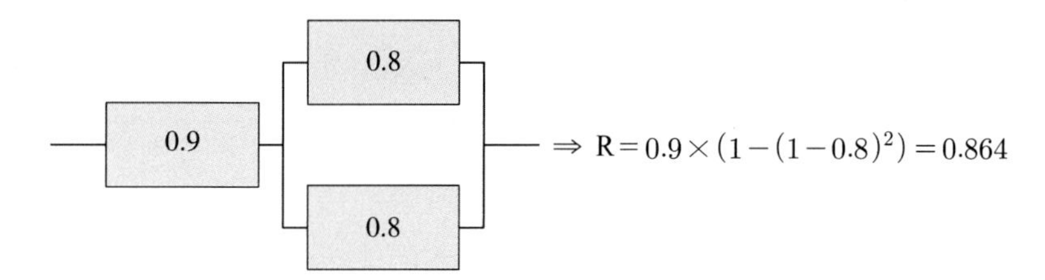

$\Rightarrow R = 0.9 \times (1-(1-0.8)^2) = 0.864$

따라서, 인간-기계시스템의 전체 신뢰도를 높이기 위해서는 동일한 작업을 수행하는 운전자를 한 명 더 배치하는 것이 효과적이다.

(2)

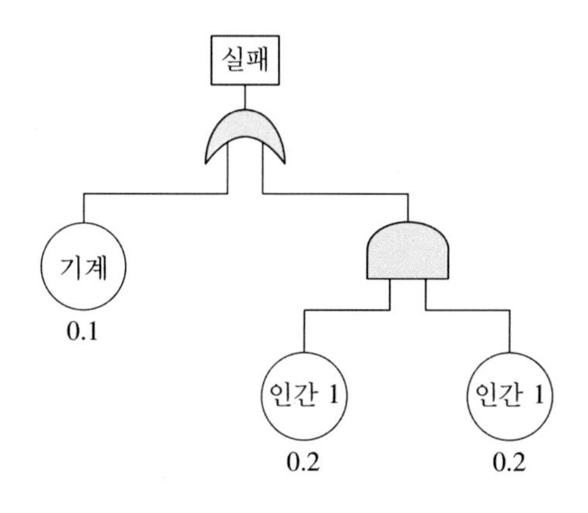

⇒ 정상사건(인간-기계 시스템의 실패)이 발생할 확률 $= 1-(1-0.1)(1-(0.2\times0.2)) = 0.136$

4 사용성(Usability) 평가 방법 중 실험적 방법, GOMS와 같은 예측적 방법, 사용자 설문조사 방법의 차이를 아래 항목별로 역할과 구분하여 답하시오.

방법	평가주체	평가대상자	장단점	주로 사용하는 사용성 척도(Measure)
실험적 방법				
예측적 방법				
사용자 설문조사				

풀이

방법	평가주체	평가대상자	장단점	주로 사용하는 사용성 척도
실험적 방법	시스템 설계자	대표적 사용자	• 장점: 평가하고자 하는 특성을 설정하여 과학적인 분석 방법에 의한 객관적 평가 가능 • 단점: 가장 평가하기 어렵고 많은 비용이 소비됨	업무수행시간 에러율
예측적 방법	시스템 설계자	대표적 사용자	• 장점: 시스템 사용에 대한 생생한 데이터를 얻을 수 있기 때문에 좀 더 체계적이고 심층적인 분석을 할 수 있음 • 단점: 구문 기록법에 의해 기록한 데이터를 분석하기가 쉽지 않음	업무수행상태
사용자 설문조사	시스템 설계자	대표적 사용자	• 장점: 이용 간편, 경제적 • 단점: 단기기억 용량의 한계가 노출될 수 있음	리커트척도 VAS척도

5 어느 공장에서 인간공학적 설계원칙에 근거해 아래 그림과 같은 여러 사람이 공동으로 사용하는 입식 VDT 작업대를 설계하려고 한다. (단, 눈과 모니터까지의 수평거리는 500 mm로 하고, 신발은 신지 않는 것으로 가정한다.)

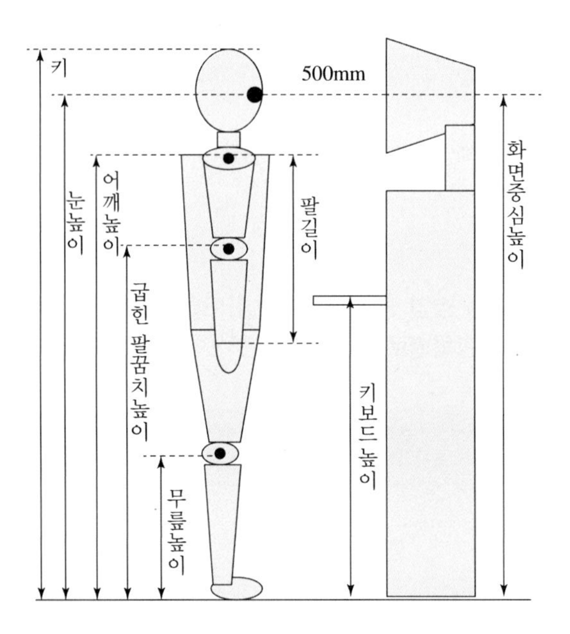

(1) 바닥으로부터 모니터 중심까지의 높이를 결정하는 인간공학적 설계원리와 높이를 계산하여 제시하시오.

(2) 바닥으로부터 키보드 중심까지의 높이를 결정하는 인간공학적 설계원리와 높이를 계산하여 제시하시오.

(단위: mm)

	키	눈 높이	어깨 높이	굽힌 팔꿈치 높이	무릎 높이	팔 길이
5%ile	1613	1497	1297	975	400	535
50%ile	1707	1590	1382	1046	438	574
95%ile	1800	1676	1468	1110	478	620

풀이

구분	설계원리	설계치수
(1) 모니터 높이	최소 집단값에 의한 설계 (눈높이 5%ile을 기준으로 설계)	1,497 mm
(2) 키보드 높이	최소 집단값에 의한 설계 (굽힌 팔꿈치 높이 5%ile을 기준으로 설계)	975 mm

6 다음 그림과 같은 작업자 A, B가 순서대로 앉아서 작업을 수행중이다. 작업자 A는 양품과 불량품을 선별한다. 불량률은 50%이다. 선별된 양품만 작업자 B에게 전해진다. 작업자 B는 양품을 1, 2, 3, 4 등급으로 각각 구분한다. 각 등급의 비율은 25%이다. 두 작업에 대한 반응시간은 Hick의 법칙($RT=a+b\ \log_2 N$)으로 알려져 있다.

(1) 제품 1개에 대한 A, B의 반응시간을 비교하면 누가 얼마나 더 빠른가?

(2) 1일 100개가 생산라인에 투입된다면 A, B 중 1일 누적 반응시간이 누가 얼마나 더 긴가?

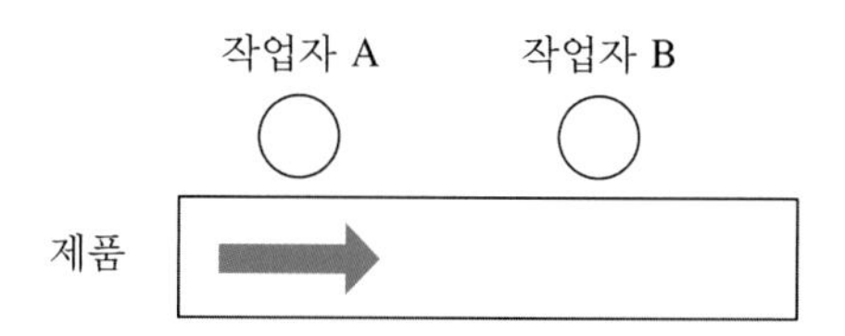

풀이

(1) a, b는 상수이므로 자극정보의 수(N)로 계산을 하면, 작업자 A의 반응시간은 $a+b\log_2 2=a+b$, 작업자 B의 반응시간은 $a+b\log_2 4=a+2b$로 작업자 A가 B보다 b만큼 빠르다.

(2) 작업자 A의 반응시간은 $(a+b)\times100=100a+100b$, 작업자 B의 반응시간은 $(a+2b)\times50=50a+100b$. 따라서, 작업자 A가 50a만큼 더 길다.

인간공학기술사 2007년 4교시 문제풀이

※ 다음 문제 중 4문제를 선택하여 설명하시오. (각 문제당 25점)

1 원자력발전소의 주 제어실에는 SRO(발전부장), RO(원자로과장), TO(터빈과장), EO(전기과장) 및 STA(안전과장)가 1조가 되어 3교대 방식으로 근무하고 있다.

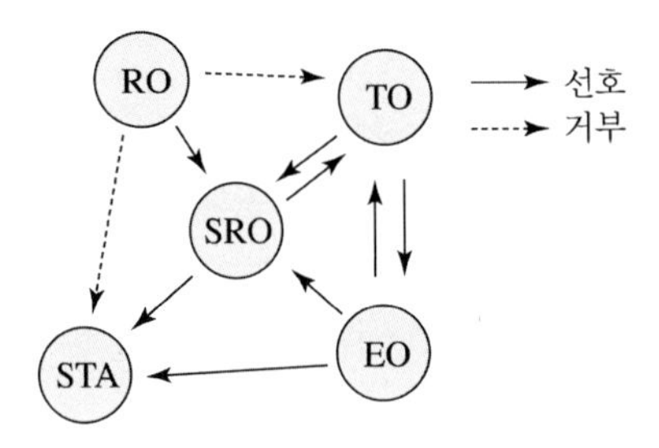

각 운전원의 인화관계는 발전소 안전에 중대한 영향을 미칠 수 있다. 한 표본 운전조를 대상으로 인화정도를 조사하여 위와 같은 소시오그램을 작성하였다.

(1) 이 그림을 바탕으로 각 운전원의 선호신분지수를 구하고, 이 표본 운전조의 실질적 리더를 찾으시오.
(2) 이 집단의 응집성지수를 구하시오.
(3) 이 운전조의 인화관계를 평가하고, 문제점을 지적하시오.

풀이

(1) 선호신분지수 $= \dfrac{\text{선호총계}}{\text{구성원}-1}$

$$SRO = \frac{3}{5-1} = 0.75,\ RO = \frac{0}{5-1} = 0,\ TO = \frac{2-1}{5-1} = 0.25,\ EO = \frac{1}{5-1} = 0.25,$$

$$STA = \frac{2-1}{5-1} = 0.25$$

∴ 발전부장(SRO)이 가장 높은 선호신분지수 값을 얻어 이 표본 운전조의 실질적 리더이다.

(2) $\text{응집성지수} = \dfrac{\text{실제상호관계의 수}}{\text{가능선호관계의 총수}(={}_nC_2)} = \dfrac{2}{{}_5C_2} = \dfrac{2}{10} = 0.2$

(3) 터빈과장(TO)과 전기과장(EO), 발전부장(SRO)과 터빈과장(TO)은 상호선호관계를 갖지만 응집성지수로 평가하면 이 운전조의 인화관계는 낮은 편이다. 특히, 원자로과장(RO)은 선호도 거부도 아닌 무시를 당하고 있어 가장 문제가 되고 있다. 이 표본 운전조는 구성원 상호 간 친밀감이 부족하고 규범적 동조행위가 약하다.

2 **다음 그림과 같이 조이스틱의 헤드를 잡고 움직여서 커서의 위치를 조종하는 장치가 있다.**

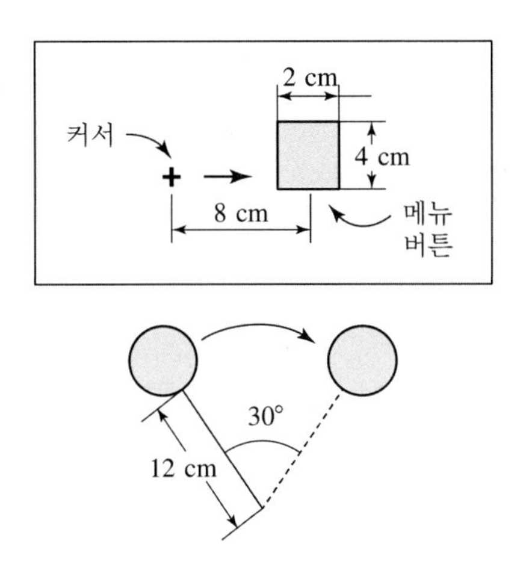

(1) 조이스틱을 30° 회전 시 커서는 8 cm 이동한다. 장치의 C/R비를 계산하시오.

(2) 이 문제에서 커서를 메뉴 버튼 위에 위치시키는 데 걸리는 시간을 Fitts의 법칙으로 모델링하시오.

(3) 커서의 시작점은 화면의 중앙이고, 메뉴 버튼의 중심위치도 현 위치에 고정될 수 밖에 없다. 현재 상태에서 커서의 민감도가 너무 높다고 판정되었다. 커서의 이동시간을 줄이기 위해 취할 수 있는 2가지 방법을 제시하시오.

풀이

(1) $C/R = \dfrac{(a/360) \times 2\pi L}{\text{이동거리}} = \dfrac{(30/360) \times 2\pi \cdot 12}{8} = 0.785$

(2) $MT = a + b \cdot ID$

$ID = \log_2 \dfrac{2A}{W}$, ($A$ =중심까지 이동거리, W=표적의 너비)

$ID = \log_2 \dfrac{2 \cdot 8}{2} = 3$

$MT = a + 3b$

(3) 커서의 이동시간을 줄이기 위한 방법은 다음과 같다.
 가. 메뉴 버튼의 너비 W를 넓힌다.
 나. 조이스틱의 길이 L을 늘린다.

3 다음 각 물음에 답하시오.

(1) 라스무센(Rasmussen)의 인간행동모델에 따른 휴먼 에러 분류 방법(James Reason의 방법)을 제시하시오.

(2) 아래의 시나리오에 나타나 있는 휴먼 에러를 찾아 (1) 문항의 분류 방법에 의거하여 분류하시오.

> 지방에 사는 나는 서울로 시험을 보러 가기 위해 승용차를 몰고 고속도로에 진입했다. 시험 걱정에 티켓을 뽑는다는 것을 깜박 잊고 고속도로에 진입했다. 고속도로는 항상 제한속도가 100 km/h인 줄 알았는데, 다리를 통과하는 구간이 80 km/h인 줄 모르고 그대로 100 km/h로 달리다가 과속카메라에 찍히고 말았다. 서울에 왔으나 남대문 근처의 시험장소가 처음 가는 곳이라, 숭례문이 나타났으나 남대문이 아닌 줄 알고 그냥 지나치고 말았다(숭례문은 남대문입니다). 시간이 없어 중앙선을 가로질러 넘어 U-턴을 했다가 근처의 경찰에게 걸리고 말았다. 스티커를 발부 받은 후 시험장에 도착해 차를 급하게 주차시키고, 뛰쳐나갔는데 기어를 주차 모드에 놓지 않고 핸드브레이크도 채우지 않고 나가는 바람에 차가 비탈로 굴러 부서졌다.

풀이

(1) 인간의 불안전한 행동을 의도적인 경우와 비의도적인 경우로 나누었다. 비의도적 행동은 모두 숙련기반의 에러, 의도적 행동은 규칙기반 착오와 지식기반 착오, 고의사고로 분류하였다.
 가. 숙련기반 에러(skill based error): 숙련 상태에 있는 행동을 수행하다가 나타날 수 있는 에러로 실수(slip)와 단기기억의 망각(lapse)이 있다. 실수는 주로 주의력이 부족한 상태에서 발생하는 에러이다. 예로 자동차에서 내릴 때 마음이 급해 창문 닫는 것을 잊고서 내리는 경우이다. 단기기억의 망각 혹은 건망증은 단기기억의 한계로 인해 기억을 잊어서 해야 할 일을 못해 발생하는 에러이다. 예로 전화 통화 중에 상대의 전화번호를 기억했으나 전화를 끊은 후 옮겨 적을 펜을 찾는 중에 기억을 잃어버리는 경우이다.
 나. 규칙기반 에러(rule based error): 처음부터 잘못된 규칙을 기억하고 있거나, 정확한 규칙이라 해도 상황에 맞지 않게 잘못 적용하는 경우의 에러이다. 예로 자동차는 우측 운행을 한다는 규칙을 가지고 좌측 운행하는 나라에서 우측 운행을 하다 사고를 낸 경우이다.
 다. 지식기반 에러(knowledge based error): 처음부터 장기기억 속에 관련 지식이 없는 경우, 인간은 추론(inference)이나 유추(analogy)와 같은 고도의 지식 처리 과정을 수행해야 한다. 이런 과정에서 실패해 오답을 찾은 경우를 지식기반 착오라 한다. 예로 외국에서 자동차를 운전할 때 그 나라의 교통 표지판의 문자를 몰라서 교통규칙을 위반하게 되는 경우이다.

라. 고의사고(violation): 작업 수행 과정에 대한 올바른 지식을 가지고 있고, 이에 맞는 행동을 할 수 있음에도 일부러 나쁜 의도를 가지고 발생시키는 에러이다. 예로 정상인임에도 불구하고 고의로 장애인 주차구역에 주차를 시키는 경우이다.

(2) 가. 티켓을 뽑는다는 것을 깜빡 잊고 고속도로에 진입: 숙련기반 에러(skill based error)

나. 100 km/h로 달리다가 과속카메라에 찍힘: 규칙기반 에러(rule based error)

다. 남대문이 아닌 줄 알고 그냥 지나침: 지식기반 에러(knowledge based error)

라. 중앙선을 가로질러 넘어 U-턴: 고의사고(violation)

마. 기어를 주차 모드에 놓지 않고 핸드브레이크도 채우지 않음: 숙련기반 에러(skill based error)

4 **A 제품은 10개의 공정을 거쳐서 완제품으로 된다. 현재 이 공정의 사이클 타임은 10분으로 각 공정에 1대씩의 기계를 사용하고 있다. 사이클 타임을 5분으로 줄였을 때 전 라인의 생산능률은 몇 % 증가되겠는가?**

공정	1	2	3	4	5	6	7	8	9	10
소요시간	3.0	9.0	1.5	2.0	10.0	2.8	4.8	3.5	2.7	2.4

풀이

(1) 사이클 타임이 10분일 때:

$$\text{생산능률} = \frac{\text{총작업시간}}{\text{총작업자수} \times \text{주기시간}} \times 100$$
$$= \frac{3+9+1.5+2+10+2.8+4.8+3.5+2.7+2.4}{10 \times 10} \times 100 = 41.7\%$$

(2) 사이클 타임이 5분일 때:

$$\text{생산능률} = \frac{\text{총작업시간}}{\text{총작업자수} \times \text{주기시간}} \times 100$$
$$= \frac{3+5+1.5+2+5+2.8+4.8+3.5+2.7+2.4}{10 \times 5} \times 100 = 65.4\%$$

따라서, 사이클 타임을 5분으로 줄였을 때 전 라인의 생산능률은 23.7% 증가한다.

5 **자동차 운전자가 시속 60 km로 주행 중 실수로 가로수를 들이 받았을 때 운전자 측에 발생할 수 있는 피해 정도를 사건나무분석(Event Tree Analysis)으로 추정 하려고 한다. 운전자의 신체적 손상에 영향을 줄 수 있는 요인으로는 airbag의 작동 여부, 구조대가 너무 늦지 않게 구조하는지의 여부, 병원 응급실에서 올바른 처치를 받을 수 있는 지의 여부만을 고려하고자 한다.**

(1) 이 상황에 적합한 사건나무를 그리시오.

(2) 과거 경험자로부터 airbag이 제대로 작동할 확률이 0.8, 구조대가 제시간에 구조할 확률이 0.7, 응급실에 올바른 처치를 받을 수 있는 확률이 0.9라고 할 때 최악의 손상이 발생할 확률과 최선의 결과가 나올 확률을 각각 구하시오.

풀이

(1)

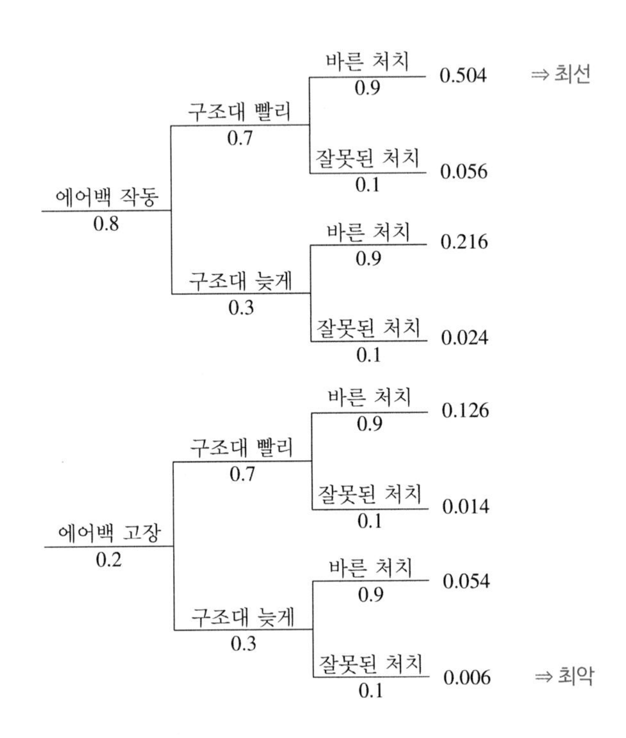

(2) 가. 최악의 손상이 발생할 확률 $=0.2\times0.3\times0.1=0.006$

나. 최선의 결과가 나올 확률 $=0.8\times0.7\times0.9=0.504$

6 인간의 정보처리 과정에 대한 Wickens의 모델은 다음 그림과 같다.

(1) 다음 보기의 기능들을 ( ) 안에 쓰시오.

단기기억, 장기기억, 실행계획, 지각, 감각, 주의(력)

A (　　　　), B (　　　), C (의사결정(인지)), D (　　　　　)

E (　　　　), F (　　　), G (　　　　)

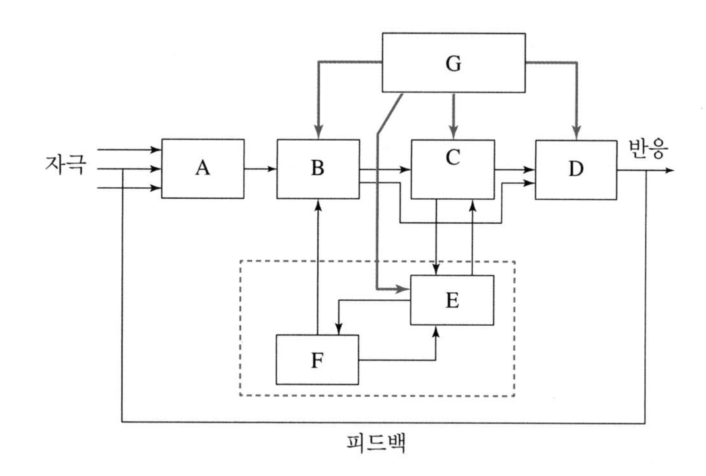

(2) 기억의 3 종류인 감각버퍼(sensory buffer), 단기기억, 장기기억의 특성을 간단히 설명하시오.

(3) 정보처리 과정에 단기기억의 용량을 늘리기 위한 방법 2가지를 적고 설명하시오.

풀이

(1) A (감각), B (지각), D (실행계획), E (단기기억), F (장기기억), G (주의력)

(2) 감각버퍼(sensory buffer), 단기기억, 장기기억의 특성은 다음과 같다.

가. 감각버퍼: 감각보관, 자극이 사라진 후에도 순간적으로 감각기관에 감각이 지속되는 것, 시각·청각적 잔상

나. 단기기억: 감각보관에서 주의집중에 의해 기록된 방금 일어난 일에 대한 정보와 장기기억에서 인출된 관련 정보

다. 장기기억: 단기기억이 암호화되어 저장된 영구적 기억

(3) 단기기억의 용량을 늘리기 위한 방법은 다음과 같다.

가. chunking: 입력 정보를 의미 있는 단위로 배합하고 편성함

나. 리허설: 입력된 정보를 마음에서 되새김

인간공학기술사 2006년 1교시 문제풀이

※ 다음 문제 중 10문제를 선택하여 설명하시오. (각 문제당 10점)

1 인간공학의 연구 영역을 4가지 이상 열거하시오.

풀이

인간공학은 그 적용 대상이 인간이 사용하는 제품이나 소속된 시스템 전체에 걸쳐있으므로 그 접근 방법이 융합적인 성격을 가진다. 인간공학에서 활용하는 주요 학문 분야로는 인체 계측학, 생체 역학, 작업 생리학, 산업심리학, 인지공학, 감성공학, 안전공학, 환경공학, 산업 디자인, HCI(인간-컴퓨터 인터페이스), 작업관리, 제어공학 등을 들 수 있다.

2 산업현장에서의 소음과 관련된 명료도지수(Articulation Index)에 대해 간단히 정의하시오.

풀이

음환경을 알고 있을 때의 이해도를 추정하기 위해 개발되었으며 각 옥타브대의 음성과 잡음의 DB값에 가중치를 곱하여 합계를 구한다. 송화음의 통화 이해도를 추정할 수 있는 근거로 명료도 지수를 사용한다. 명료도 지수는 여러 종류 송화 자료의 이해도 추산치로 전환할 수 있다.

3 색채의 기능을 5가지 이상 열거하시오.

풀이

조도조절기능, 휘도조절기능, 색광조절기능, 온도조절기능(복사열에 의한 온도를 상승시키지 않기 위해서는 밝은 색을, 상승시키기 위해서는 어두운 색 사용), 명시도조절기능(명시도는 물건의 윤곽을 명확히 판별할 수 있는 정도를 말함), 시속도조절기능, 대소감조절기능, 거리조절기능, 온도감조절기능, 중량감조절기능,

주의력조절기능, 연상조절기능, 감정조절기능, 정서조절기능, 욕구조절기능(색채는 구매욕, 소유욕 및 기타 여러 욕구를 지배하는 힘을 지님), 신체생리조절기능

4 작업용 의자의 설계원칙 중 체압분포에 대해 서술하시오.

풀이

체중은 좌골결절(ischial tuberosity)에 크게 걸리고 주위로 갈수록 체중으로 인한 압력이 줄어들어야 한다. 이를 위하여 적절한 두께의 쿠션이 있는 재질로 좌판을 만들거나 방석을 이용한다. 엉덩이 전체에 체중이 고르게 전달되는 의자는 피로와 통증을 유발하여 오래 앉아 있지 못하고 불편을 느끼게 한다.

5 색채조절의 효과를 5가지 이상 열거하시오.

풀이

밝기의 증가, 생산의 증진, 작업의 질적 향상, 피로경감, 재해율 감소, 결근 감소, 작업의욕 향상, 정리정돈 향상, 마음의 윤택성 증가, 기계를 사랑하는 마음의 향상, 복장이 좋아짐, 사기 증진

6 피로측정을 위한 에너지대사율에 대해 서술하시오.

풀이

작업 시의 에너지대사량은 휴식 후부터 작업 종료 시까지의 에너지 대사량을 나타내며, 총에너지소모량은 기초 에너지대사량과 휴식 시 에너지대사량, 작업 시 에너지대사량을 합한 것으로 나타낼 수 있다. 에너지 대사율(RMR)은 기초대사량에 대한 작업대사량의 비로 정의된다.

$$R = \frac{\text{작업 시 에너지대사량} - \text{안정 시 에너지대사량}}{\text{기초대사량}} = \frac{\text{작업대사량}}{\text{기초대사량}}$$

(1) 초중작업: 7 이상

(2) 중작업: 4~7

(3) 중(中)작업: 2~4

(4) 경작업: 0~2

7 인간-기계시스템의 기본기능 중 정보의 감지, 정보의 보관 외의 2가지 기능에 대해 간단히 정의하시오.

풀이

(1) 정보처리 및 의사결정: 정보처리란 수용한 정보를 가지고 수행하는 여러 종류의 조작을 말한다. 인간이 정보처리를 하는 경우에는 의사결정이 뒤따르는 것이 일반적이다. 자동화된 기계장치를 쓸 경우에는 가능한 모든 입력정보에 대해서 미리 프로그램 되어진 방식으로 반응하게 된다.

(2) 행동 기능: 행동 기능이란 내려진 의사결정의 결과로 발생하는 조작 행위를 일컫는다.

8 VDT 작업에 관한 스트레스 유발요인을 4가지 이상 열거하시오.

풀이

(1) 연속적이고 과도한 작업시간

(2) 반복적인 동작

(3) 정적이거나 부적절한 자세

(4) 부적절한 작업환경(책상, 의자 등)

(5) 부적절한 조명과 눈부심

(6) 작업 스트레스

(7) 성능이 낮은 컴퓨터 등

9 시각 디스플레이 중에서 HMD(Head Mounted Display)에 대해 서술하시오.

풀이

보안경이나 헬멧형 기기로 눈앞에 있는 스크린을 보는 영상 장치. 주로 가상현실감을 실현하기 위해 개발되었다. 양쪽 눈에 근접한 위치에 액정 등의 소형 디스플레이가 설치되어 시차를 이용한 입체 영상을 투영한다. 이용자의 머리를 향하고 있는 방향을 자이로센서 등으로 검출, 움직임에 대응한 영상을 강조함으로써 3차원 공간에 있는 것 같은 체험이 가능하도록 한 것도 있다. 미국 메사추세스 공과대학(MIT)의 인공지능(AI) 연구자 민스키(Marvin Minskey)가 1963년에 개발한 것이 최초의 것으로 알려져 있다. 현재는 우주개발, 원자로, 군사기관 및 의료기관에서 사용하기 위한 것과 업무용이나 게임용 등 각종 개발이 진행되고 있다.

10 인간감각의 종류 중에서 체성감각에 대해 서술하시오.

풀이

눈, 코, 귀, 혀와 같은 감각기 이외의 피부, 근육 및 관절 등에서 유래되는 수용기를 체성감각(somatic sensation)이라 하는데 체성감각의 수용기는 신체 전체에 분포하며, 수용기의 밀도는 감각의 종류 및 부위에 따라 차이가 난다. 체성감각은 크게 피부감각과 심부감각으로 나뉜다. 피부에서 느끼는 촉각, 압각, 온각, 냉각 및 통각 등을 표면감각 또는 피부감각이라 하고, 근육, 건 및 관절 등에서 유래되는 감각 또는 위치감각 등을 심부감각이라 한다.

11 산업재해에 대한 안전 인간공학적 대책 중 전기재해의 기본적 대책에 대해 서술하시오.

풀이

(1) 작업에 대한 안전교육 실시

(2) 전기기기에 위험표시를 할 것

(3) 개폐기의 시건장치 또는 안전표지 부착: 정전에 사용한 전원 스위치에는 시건 장치를 해두거나 그 스위치의 개소에 통전 금지에 관한 사항을 표시해 둔다. 또는 그 스위치의 장소에 감시인을 배치해 두는 것도 한 방법이다.

(4) 전기기기의 조작 시 발생할 수 있는 휴먼에러를 최소화할 수 있도록 fool proof design 또는 fail-safe design을 할 것

(5) 절연 안전모, 방전고무장갑, 고무소매 등의 보호 용구를 작업특성에 적합한 것을 선택하여 사용

(6) 위험 설비에 시설하여 작업자 및 공중에 대한 신체의 안전을 확보하기 위한 보호구의 사용

(7) 전기 설비의 점검을 철저히 할 것

(8) 사고 발생 시의 처리 순서를 미리 작성하여 둘 것

(9) 전기작업의 특성을 고려한 충분한 접근한계거리 확보

12 시각정보와 체성감각정보의 차이점에 대해 간단히 서술하시오.

풀이

시각정보는 빛에 의한 자극을 전기적 신호로 바꾸어 시신경을 통하여 뇌의 시상을 거쳐 대뇌피질의 후두엽

에 있는 시각중추에 전달된다. 그러나 체성감각정보는 체성신경을 통하여 시상을 거쳐 감각중추로 전달된다. 시각정보와 같은 특수 감각에 의한 정보는 중추신경계를 통해 대외에 전달되지만 체성감각정보는 말초신경계를 통하여 전달된다. 시각적 정보는 일반적 정보를 전달할 수 있으며 체성감각정보는 특수한 경우의 정보, 예를 들어 온감, 통각 등의 정보만 전달이 가능하다. 체성감각정보를 전달하기 위해서는 고가의 장비와 훈련이 필요하다. 가상현실, 게임 등에서 현실감을 높이기 위하여 체성감각정보의 제시가 요구된다.

13 휴먼에러 혹은 산업재해가 발생하는 관계도를 간단히 도시하시오.

풀이

(1) 하인리히의 도미노 이론: 불안전행동/상태의 제거에 초점

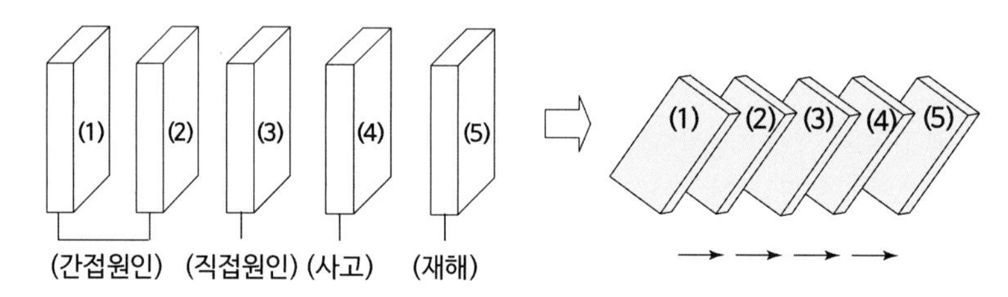

(1) 사회적 환경 및 유전적 요소
(2) 개인적 결함
(3) 불안전행동 및 불안전상태
(4) 사고
(5) 상해(산업재해)

(2) 버드의 수정 도미노 이론: 기본원인 제거에 초점

인간공학기술사 2006년 2교시 문제풀이

※ 다음 문제 중 4문제를 선택하여 설명하시오. (각 문제당 25점)

1 **주변환경에 따라 신체의 열은 높아지거나 낮아질 수 있다. 다음 변수들을 이용하여 열교환 방정식을 표현하시오.**

- M: 대사(Metabolism)에 의한 열
- S: 신체에 저장되는 열(Heat content)
- C: 대류와 전도에 의한 열교환량
- R: 복사에 의한 열교환량
- E: 증발에 의한 열손실

풀이

신체의 열교환 과정에서 신체 열함량의 변화량(ΔS)은 $\Delta S = M \pm C \pm R - E$로 나타낼 수 있다. 대사에 의한 열 발생량 M은 항상 (+)를 나타내며, 증발 과정에서 E는 (−)를 나타낸다. 신체가 열적 평형상태에 있으면 열함량의 변화는 없으며($\Delta S = 0$), 불균형 상태에서는 체온이 상승하거나($\Delta S > 0$) 하강한다($\Delta S < 0$). 열교환 과정은 기온이나 습도, 공기의 흐름, 주위의 표면 온도에 영향을 받는다. 뿐만 아니라 작업자가 입고 있는 작업복은 열교환 과정에 큰 영향을 미친다.

2 **작업자가 고온 스트레스를 받게 되면 많은 생리적 영향이 나타난다. 이 중 Q10 효과라는 것이 있는데 간단히 설명하시오.**

풀이

일반적으로 온도가 증가하면 분자의 운동이 활발해져서 화학적 반응이 빠르게 일어난다. 생리학적 과정은 신진대사율이나 음식물 섭취나 소화 등을 포함하는데 온도에 따라서 화학적 반응의 속도가 다르기 때문에 생리적 반응도 달라지게 된다.

Q10 효과는 체온의 상승에 따른 세포 대사반응속도를 나타낸 것으로 체온이 10℃ 상승하면 세포 대사반응속도는 2배가 된다. 즉, 온도가 1℃ 상승하면 대사작용이 10% 증가하는 것을 말한다. Q10은 온도(T−10)℃의 신체 반응률에 대한 온도 T℃의 신체 반응률의 비를 나타낸 것이다. 즉, Q10은 신체반응에 있어서온도의 효과를 나타낸 것이다. Q10은 다음과 같이 표현할 수 있다.

$$Q_{10} = \frac{rate\,at\,T+10℃}{rate\,at\,T} = \frac{rate\,at\,T}{rate\,at\,T-10℃}$$

대사작용으로 인하여 발생한 열을 발산하지 않은 채 계속해서 대사작용이 일어나면 체내 온도가 계속 상승하게 된다. 고온의 스트레스 상황은 생리적인 영향을 미치는데, 특히 피부의 혈관이 확장되어 혈액을 피부로 보내는 양이 많아져서 피부의 온도가 올라간다. 그러나 주위 온도가 낮으면 대류나 복사에 의하여 열이 발산되어 피부의 온도를 낮출 수 있다. 하지만 대류와 복사만으로 열적 평형상태에 이르지 못할 발한(sweating)이 일어난다. 또한, 고온의 스트레스 하에서는 심박수가 증가되어 심박출량이 증가한다. 고온 스트레스가 심하거나 장시간 계속되면, 열중독 현상을 일으키는데 발진이나 경련, 근육의 무력함, 열사병 등의 증상이 나타난다.

3 눈으로 보지 않고 손을 수평면상에서 움직이는 경우 짧은 거리는 지나치고 긴 거리는 못 미치는 경향이 있는데 이를 무슨 효과라 하는가?

풀이

사정 효과(range effect)라 한다. 조작자는 작은 오차에는 과잉 반응을, 큰 오차에는 과소 반응하는 경향이 있다.

4 다음 그림은 정상적인 작업조건에서의 산소 빚(Oxygen debt)의 예를 표현한 것이다. 산소 빚이란 무엇을 말하는 것인지 간단히 설명하시오.

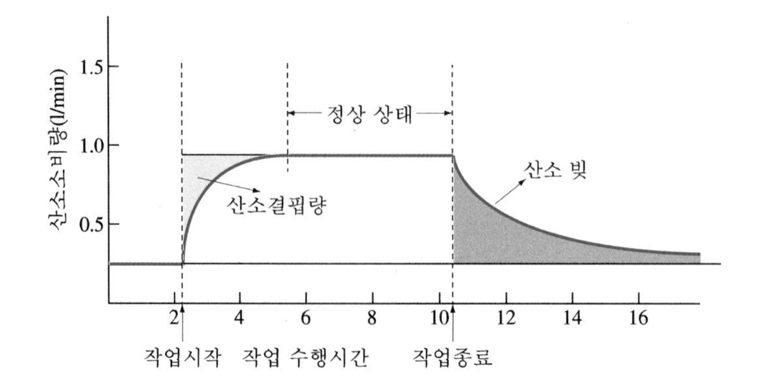

풀이

평상시보다 활동이 많아지면 산소의 공급이 더 요구되는데 이런 경우 호흡수를 늘리거나 심박수를 늘려서 필요한 산소를 공급한다. 그러나 활동 수준이 더욱 많아지면 근육에 공급되는 산소의 양은 필요량에 비해 부족하게 되고 혈액에는 젖산이 축적된다. 이렇게 축적된 젖산의 제거속도가 생성속도에 미치지 못하면 작업이 끝난 후에도 남아있는 젖산을 제거하기 위하여 산소가 필요하며 이를 산소 빚(oxygen debt)이라 한다.

5 2 cd의 점광원으로부터 5 m 떨어진 구면의 조도는?

풀이

$$\text{조도} = \frac{\text{광량}}{\text{거리}^2} = \frac{2}{5^2} = 0.08\,\text{lumen/m}^2 \ \ (\text{또는 lux})$$

6 사람의 무게중심은 아래 그림과 같이 2개의 저울 위에 놓인 쐐기로 지지되는 널판지 위에 사람을 눕혀 구한다. 각 저울의 눈금이 표시와 같고 키를 알고 있을 때 머리에서부터 잰 무게중심까지의 거리를 구하시오.

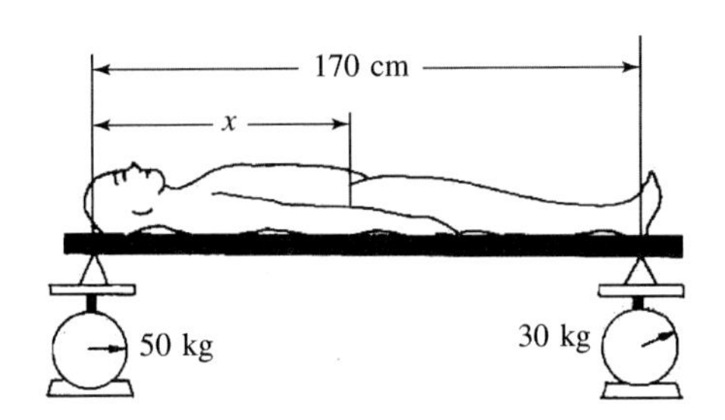

풀이

(1) 먼저 힘의 평형조건에 의하여 $\Sigma F = 0$을 만족해야 한다.
따라서, $\Sigma F_y = 50 + 30 - W = 0$

(2) 또한, 모멘트 평형조건을 만족해야 하므로 $\Sigma M = x \times W - 170 \times 30 = 0$이 되므로
$x = \dfrac{30 \times 170}{50 + 30}(\text{cm})$, 즉 $x = 63.75(\text{cm})$가 된다.

인간공학기술사 2006년 3교시 문제풀이

※ 다음 문제 중 4문제를 선택하여 설명하시오. (각 문제당 25점)

1 **산업 현장에서 VDT(Visual Display Terminals) 증후군은 작업자에게 시각적 측면, 근골격적 측면, 정신적 측면에 영향을 미친다. 각각의 측면에 대한 영향과 작업장에서의 대책방안에 대해 기술하시오.**

풀이

(1) 시각적 측면
가. 영향: 눈의 충혈, 건성안 증후군(안구 건조증), 근시, 굴절 이상 등
나. 대책방안: 저휘도 및 배경과 문자의 휘도비가 낮은 모니터 제공, 적절한 주파수 및 적정 해상도를 가진 모니터, 반사율이 최저가 되도록 조명 및 작업장 배열, 모니터에 후드 및 창문에 차양 설치, 안구 스트레칭 및 마사지, 안구 건조 시 안약 사용, 시선은 수평선 하방 10~15° 유지, 모니터와의 거리는 40 cm 이상 유지, 잦은 휴식 및 시각적 피로를 적게 유발하는 휴게실 제공, 순환근무 등

(2) 근골격적 측면
가. 영향: 목, 어깨, 팔꿈치, 손목 및 손가락 등에 나타나는 통증과 저림, 근막통증증후군, 수근관증후군, 거북목증후군, 요통 등
나. 대책방안: 좋은 작업자세로 작업, 인간공학적으로 적절한 작업대 및 의자 제공, 스트레칭, 잦은 휴식, 작업량 조절, 순환근무 등

(3) 정신적 측면
가. 영향: 인터넷 중독증, 게임 중독증, 우울증, 수면장애, 두통 등
나. 대책방안: 작업량 조절, 좋은 작업환경 제공, 잦은 휴식, 타 업무와 순환 근무 등

2 **시설배치의 목적은 생산시스템의 효율성을 높이기 위해 작업자, 기계, 원자재 등의 배치를 최적화하는 것이다.**

(1) 이를 추구하기 위한 원칙을 5가지 이상 나열하시오.

(2) 시설배치의 형태에 있어서 공정별 배치(Layout by process)와 제품별 배치(Layout by product)의 장단점을 비교하시오.

풀이

(1) 시설배치의 원칙은 다음과 같다.

가. 종합적 조화의 원칙: 공장 전체가 통합된 한 개의 작동 단위로 보여지도록 배치안을 작성한다.

나. 최단거리 운반의 원칙: 원자재, 반제품의 운반량과 운반거리를 최소로 한다.

다. 원활한 흐름의 원칙: 자재의 역류나 흐름 간의 교차에 의하여 흐름이 막히거나 혼잡함이 없도록 한다.

라. 공간 활용의 원칙: 이용 가능한 공간은 최대한으로 활용한다.

마. 작업자의 안전도와 만족감의 원칙: 작업자의 안전, 만족도, 사기앙양을 최우선적으로 고려하여 배치안을 마련한다.

바. 융통성의 원칙: 미래의 확장, 축소 등 변경 요인이 발생할 경우 최소의 비용과 시간으로 대처할 수 있도록 융통성이 있는 배치안을 작성한다.

(2) 공정별 배치(Layout by process)와 제품별 배치(Layout by product)의 장단점은 다음과 같다.

가. 공정별 배치: 제품이 생산되는 공정순서에 따라서 생산설비들을 배치하는 형태

장점	단점
1. 물류비용의 절감 2. 전용장비의 사용으로 생산성 향상 3. 재공품 재고의 감소 4. 생산관리가 용이 5. 자재취급이 단순함 6. 미숙련 작업자 고용 가능	1. 유연성이 없음 2. 시설투자비용의 증가 3. 작업자의 단조감 4. 한 기계에 문제가 발생하면 전체 라인이 정지됨 5. 애로공정의 영향이 큼

나. 제품별 배치: 유사한 기능을 가지는 생산설비들을 모아서 한곳에 배치하는 형태

장점	단점
1. 유연성이 높음 2. 설비 가동율이 향상 3. 범용장비 사용으로 시설투자비용 감소 4. 작업자의 과업이 다양	1. 물류비용 증가 2. 생산관리가 복잡 3. 재공품 재고의 증가 4. 숙련된 작업자 필요

3 작업공정을 효율적으로 분석하기 위해 다음의 도표 또는 차트가 이용된다. 각각에 대해 5가지를 선택하여 설명하시오.

(1) 작업공정도(Operation process chart)
(2) 유통공정도(Flow process chart)
(3) 유통선도(Flow diagram)
(4) 다중활동분석표(Multiple activity chart)

(5) 크로노사이클그래프(Chronocyclegraph)

(6) 사이클차트(SIMO chart)

풀이

(1) 작업공정도: 원재료의 도착 시점부터 완제품이 포장될 때까지 일어나는 모든 작업과 검사를 시간 순서에 따라 도식적으로 표현한 차트이다.

(2) 유통공정도: 작업 중에 발생하는 작업, 운반, 검사, 저장, 지체 등을 도표로 나타낸 차트이다. 운반거리, 정체, 일시 저장과 같은 잠복 비용을 찾아 개선하는 데 유용하다.

(3) 유통선도: 유통 공정도에 사용되는 기호를 발생 위치에 따라 기존 시설의 배치도 상에 표시한 후 이를 선으로 연결한 차트이다. 유통선도는 시설배치 문제에 적용되어 운반거리를 줄이고, 물자흐름이 복잡한 곳을 파악하고, 물자의 역류현상을 찾아 개선하는 데 도움이 된다.

(4) 다중활동분석표: 여러 작업자가 같이 작업을 하거나 한 명의 작업자가 여러 대의 기계를 운용하는 작업장 혹은 부서에서 일어나는 작업을 분석하여 개선하는 데 사용된다. 다중활동분석표는 한 명의 작업자가 운용 가능한 기계대수 산정, 기계 혹은 작업자의 유휴시간 파악 및 단축, 그룹작업의 작업 현황을 파악하여 작업그룹 재편성 등에 사용된다.

(5) 크로노사이클그래프: 연구 대상인 신체 부위에 꼬마전구 등의 광원을 부착한 후 광원을 일정시간 간격으로 켰다 껐다 하면서 찍은 사진으로 손 동작의 동작경로와 가속, 감속까지 관찰할 수 있다.

(6) 사이클차트: 작업동작을 서블릭 단위로 나누어 분석하고 각 서블릭에 소요된 시간을 함께 표시한 차트이다.

4 어느 조립공정의 표준시간을 측정하고자 한다.

(1) 다음 용어를 설명하시오.
  가. 정미시간(Normal time)
  나. 수행도평가(Performance rating)
  다. 여유시간(Allowance time)
  라. 표준시간(Standard time)

(2) 스톱워치 또는 VTR을 이용하여 작업시간을 측정한 후 표준시간을 정하고자 한다. 여기에 필요한 절차를 5가지 이상 나열하시오.

풀이

(1) 가. 정미시간: 평균 관측시간에 레이팅계수를 곱하여 구하며 여유시간 없이 순전히 일을 하는 데 소요

되는 시간을 말한다.

나. 수행도평가: 관측 대상작업 작업자의 작업 페이스를 정상작업 페이스 혹은 표준 페이스와 비교하여 보정해 주는 과정을 말한다. 수행도평가 방법으로는 속도평가법, 웨스팅하우스 시스템, 객관적 평가법, 합성평가법 등이 있다.

다. 여유시간: 작업자가 일을 하는 도중 발생한 생리적 현상이나 피로로 인한 작업의 중단, 지연, 지체 등을 보상해 주는 시간을 의미한다. 일반여유(생리적여유, 불가피지연여유, 피로여유)와 특수여유(기계간섭여유, 조(group)여유, 소로트여유, 장사이클여유, 기계여유)가 있다.

라. 표준시간: 부과된 작업을 수행하는 데 필요한 숙련도를 지닌 작업자가 주어진 작업조건 하에서 보통의 작업페이스로 작업을 하고 정상적인 피로와 지연을 수반하면서 규정된 질과 양의 작업을 규정된 작업 방법에 따라 행하는 데 필요한 시간으로 정의된다. 정의에서 '필요한 숙련도', '보통의 작업 페이스', '규정된 질과 양' 등 기준이 모호한 표현이 많다. 이로부터 표준시간을 객관적 기준에 의해서 체계적으로 정하기가 어려움을 알 수 있다. 표준시간은 기업과 작업자가 처해있는 사회적, 경제적 여건의 영향을 많이 받으며 작업자와 경영자 측에서 서로 공정하다고 양해되는 선에서 주관적으로 결정된다.

(2) 가. 측정 대상 부서의 이해와 협조를 구하고 대상 작업자를 선정하여 시간연구의 내용을 설명한다. 잘 숙달된 작업자를 대상으로 하는 동작연구와 달리 시간연구에서는 평균 혹은 이를 약간 상회하는 작업자를 대상으로 연구를 수행한다.

나. 대상 작업을 관찰하여 작업을 개선하다.

다. 작업을 요소작업으로 분할하고 작업방법을 상세히 기록한다.

라. 작업을 실제로 관측하여 시간치를 관측용지에 기록한다.

마. 주어진 신뢰도와 허용오차 범위를 만족하는 필요관측 횟수를 결정하여 현재 관측 횟수가 충분한지 검사한다.

바. 대상 작업자의 작업 수행도를 평가한다.

사. 요소작업별 평균 시간치에 평가계수를 곱하여 정미시간을 구한다.

아. 여유율을 결정하여 정미시간에 여유율을 더하여 표준시간을 결정한다.

5 어느 휴대폰 조립공정에 대한 작업자와 기계의 요소작업 및 작업시간, 소요비용은 다음과 같다. 동시성을 달성하는 이론적 기계대수 n'을 구하시오.

구분	요소작업	작업시간
작업자	• 휴대폰 본체에 덮개 부착 • 배터리 부착 • 전원 및 통화 시험 • 성능시험 후 휴대폰 분류	1.2분 0.5분 0.9분 0.6분
기계	• 성능시험	8.5분
작업자, 기계 동시작업	• 성능시험을 위한 준비	1.3분
비용	• 인건비 10,000원/시간 • 기계비용 20,000원/시간	

풀이

a: 작업자와 기계의 동시 작업시간 = 1.3
b: 독립적인 작업자 활동시간 = 1.2 + 0.5 + 0.9 + 0.6 = 3.2
t: 기계가동시간 = 8.5
이론적 기계대수 $n' = (a+t)/(a+b)$ = (1.3 + 8.5)/(1.3 + 3.2) = 2.1

구분	2대	3대
Cycle time	a + t = 1.3 + 8.5 = 9.8	n(a + b) = 3(1.3 + 3.2) = 13.5
시간당 비용	10,000 + 2×20,000 = 50,000	10,000 + 3×20,000 = 70,000
시간당 생산량	{n/(a + t)}×60 = {2/(1.3 + 8.5)}×60 = 12.24	{1/(a + b)}×60 = {1/(1.3 + 3.2)}×60 = 13.33
단위 제품당 비용	$\frac{(C_0 + n \times C_m)}{n/(a+t) \times 60}$ = (10,000 + 2×20,000)/{(2/9.8)×60} = 4,084	$\frac{C_0 + (n+1) \times C_m}{1/(a+b) \times 60}$ = (10,000 + 3×20,000)/{(1/4.5)×60} = 5,251

따라서, 기계 2대를 배정하는 것이 가장 경제적이다.

6 **어느 공정은 5개의 요소작업으로 구성된다. 각 요소작업에 대해 10회의 관측을 실시한 결과는 다음과 같다. 신뢰수준 90%, 허용오차 I = ±5%일 때 10회의 관측횟수의 적정성을 설명하시오. (단, t = 2.0)**

요소작업	$\overline{X}$	S
1	12	2
2	9	1
3	8	1
4	10	2
5	13	3

풀이

요소작업	$\overline{X}$	S	I	S/I
1	12	2	0.6	3.33
2	9	1	0.45	2.22
3	8	1	0.4	2.5
4	10	2	0.5	4.0
5	13	3	0.65	4.62

S/I가 최대인 5번 요소작업에 대한 필요 관측횟수를 구하면 된다.

필요 관측횟수$=t^2S^2/I^2 = 2^2 \times (4.62)^2 \fallingdotseq 85.4$가 되어 추후 76회를 더 관측해야 한다. 76회는 적지 않은 횟수이므로 10~20회 정도 추가 관측을 한 후 다시 관측횟수를 구하면 필요 관측횟수가 많이 줄어들게 된다.

인간공학기술사 2006년 4교시 문제풀이

※ 다음 문제 중 4문제를 선택하여 설명하시오. (각 문제당 25점)

1 어떤 인간-기계시스템(man-machine system)의 각 구성요소의 신뢰도가 다음과 같다. 시스템 신뢰도를 계산하시오.(직렬구조임)

- Hardware 0.9
- Software 0.8
- Human 0.9

풀이

직렬구조이므로 신뢰도는 $0.9 \times 0.8 \times 0.9 = 0.648$이 된다.

2 인적오류(Human error)의 가능성이나 부정적인 결과를 줄이기 위해 많은 노력을 하고 있다. 인적오류를 줄이기 위해 아래 3가지 설계방법이 사용되고 있는데 각각에 대하여 간단히 설명하시오.

(1) 배타설계(排他設計: exclusion design)
(2) 보호설계(保護設計: preventive design)
(3) 안전설계(安全設計: fail-safe design)

풀이

(1) 배타설계: 설계 단계에서 사용하는 재료나 기계 작동 메커니즘 등 모든 면에서 휴먼에러 요소를 근원적으로 제거하도록 하는 디자인 원칙이다. 예를 들어, 유아용 완구의 표면을 칠하는 도료는 위험한 화학 물질일 수 있다. 이런 경우 도료를 먹어도 무해한 재료로 바꾸어 설계하였다면 이는 에러 제거 디자인의 원칙을 지킨 것이 된다.

(2) 보호설계: 근원적으로 에러를 100% 막는다는 것은 실제로 매우 힘들 수 있고, 경제성 때문에 그렇게 할 수 없는 경우가 많다. 이런 경우에는 가능한 에러 발생 확률을 최대한 낮추어 주는 설계를 한다. 즉, 신체적 조건이나 정신적 능력이 낮은 사용자라 하더라도 사고를 낼 확률을 낮게 설계해 주는 것을 에러 예방 디자인, 혹은 풀-푸르프(fool proof) 디자인이라고 한다. 예를 들어, 세제나 약 병의 뚜껑을 열기 위해서는 힘을 아래 방향으로 가해 돌려야 하는데 이것은 위험성을 모르는 아이들이 마실 확률을 낮추는 디자인이다.

(3) 안전설계: 사용자가 휴먼에러 등을 범하더라도 그것이 부상 등 재해로 이어지지 않도록 안전장치의 장착을 통해 사고를 예방할 수 있다. 이렇듯 안전장치 등의 부착을 통한 디자인 원칙을 페일-세이프(fail safe)디자인이라고 한다. 페일-세이프 설계를 위해서는 보통 시스템 설계 시 부품의 병렬체계 설계나 대기체계 설계와 같은 중복설계를 해준다.

3 빛에 대한 눈의 감도변화를 순응(順應:adaptation)이라 한다. 일반적으로 시각 계통의 순응을 두 가지로 구분하는데 각 순응에 대한 설명과 둘 중 어느 순응이 더 빨리 진행되는가?

풀이

(1) 암순응: 어두운 곳에 들어가면 처음에는 보이지 않으나 망막에 대한 감수성이 높아져 서서히 볼 수 있게 되는 것을 말한다. 암순응 과정에서는 눈으로 더 많은 양의 빛을 받아들이기 위해 동공이 확대된다. 어두운 곳에서는 주로 간상세포에 의해 시각정보를 취하므로 색채구별이 잘 되지 않는다. 완전 암순응에는 보통 30~40분이 소요된다.

(2) 명순응: 어두운 곳에서 밝은 곳으로의 암순응의 역순응으로 처음에는 눈이 부시나 빛에 대한 감수성이 급속히 저하되어 곧 보이게 되는 것을 말한다. 눈에 들어오는 빛의 양을 제한하기 위해 동공이 축소된다. 명순응에는 수초 정도 걸리며 넉넉잡아 1~2분이다.

4 작업의 인간화(Work Humanization)와 동기부여 관리적 측면에서 Maslow의 5가지 욕구 계층구조가 있다. 각 계층이 무엇인지와 간단히 설명하시오.

풀이

인간의 욕구는 계층적 구조를 가지고 있으며 하위 단계의 욕구가 충족되면 상위 단계의 욕구충족을 하기 위한 방향으로 동기부여가 된다고 보았다. 매슬로우의 욕구위계설의 각 단계별 욕구는 그림과 같이 나누어진다.

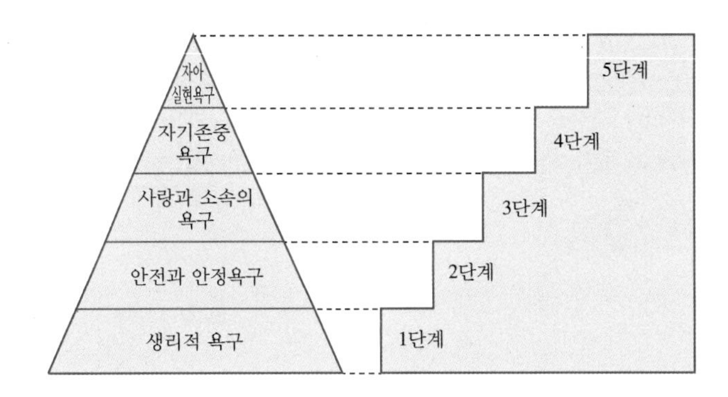

5 제조물책임(Products Liability)과 리콜(Recall)제도에 대해 각각의 제도를 성격, 기능, 근거법의 관점에서 비교하시오.

풀이

(1) 제조물책임: 제조물의 생산, 판매 및 유통 등의 일련의 과정에 관여한 자가 제품의 결함으로 인한 최종 소비자, 사용자 또는 제3자의 생명, 신체, 재산 및 기타 권리를 침해하였을 때 발생하는 피해에 대한 책임을 묻는 손해배상책임법이다. PL법 하에서는 제조자의 고의나 과실을 소비자(피해자)가 입증할 필요가 없으며 단지 제품에 결함이 있었다는 객관적인 사실만 입증되면 배상을 받을 수 있게 된다.

(2) 리콜: 어떠한 제품에 대한 하자가 발생하였을 경우 그 제품의 제작자나 수입업체가 무상 수리 등 그에 따른 일련의 조치를 취하는 제도를 말한다. 자동차와 관련된 리콜은 자동차 관리법상 안전기준에 적합하지 않거나, 안전운행에 지장을 주는 결함이 다수의 자동차에서 발생하거나 발생할 우려가 있는 경우와 대기환경보전법의 배출허용기준 위반에 대해 해당 차량을 제작자 또는 수입업자가 자발적, 강제적으로 결함의 내용, 제작결함이 자동차에 미치는 영향과 주의사항 등을 소비자에게 알리고 무상으로 수리 등 시정조치를 취하는 사후 서비스의 일환이다.

PL법과 리콜을 비교하면 다음과 같이 요약할 수 있다.

(1) PL은 제조물책임법이란 별도의 법이 제정되어 모든 제조물에 대하여 포괄하고 있으나 리콜은 위의 자동차에서 본 바와 같이 각 대상물에 따라 법이 따로 제정되어 있다.

(2) PL법의 대책으로 리콜이 포함되어 있어 PL법이 좀 더 포괄적인 제품결함으로 인한 소비자를 보호하는 법이라 할 수 있다. 리콜에 대해 소극적이던 우리나라 기업들도 PL법 시행으로 더 큰 피해를 예방하기 위하여 리콜을 적극적으로 시행할 것으로 예상된다. 실제로 최근 들어 자동차에 관한 리콜이 잦은 것을 볼 수 있다.

(3) 리콜은 법의 규정을 위반할 경우 정부에서 시행을 명할 수도 있고 소비자나 소비자 단체 등에서 요구할 수도 있으나 PL법은 제품결함으로 피해를 입은 소비자가 청구하여 그 피해에 대한 배상을 받을 수 있다.

(4) 리콜은 해당 제품에 대한 수리, 교환, 환불 등의 물질적 피해만의 배상을 다루나 PL법은 제품의 결함으로 인해 발생한 인적·물적·정신적 피해까지 공급자가 부담하는 한 차원 높은 손해배상제도이다.

6 다음은 산업재해 통계작성에 있어서 재해율을 산출하는 방법이다. 각각의 방법에 대해 설명하시오.

(1) 도수율(Frequency rate of injury)

(2) 강도율(Severity rate of injury)

풀이

(1) 도수율: 도수율은 근로시간 100만 인·시(man/hour)당 재해 발생 건수를 의미한다.

$$\text{도수율} = \frac{\text{재해건수}}{\text{연근로시간수}} \times 1{,}000{,}000$$

(2) 강도율: 강도율은 연간 근로시간 1,000시간당 발생한 근로손실 일수를 나타내며 재해의 강도를 나타내는 척도이다.

$$\text{강도율} = \frac{\text{근로손실일수}}{\text{연근로시간수}} \times 1{,}000$$

인간공학기술사 2005년 1교시 문제풀이

※ 다음 문제 중 10문제를 선택하여 설명하시오. (각 문제당 10점)

1 인간의 정보처리과정에서 중요한 개념 중의 하나인 양립성(Compatibility)의 3가지 종류는?

풀이

(1) 개념 양립성: 코드나 심벌의 의미가 인간이 갖고 있는 개념과 양립
예) 비행기 모형 → 비행장

(2) 운동 양립성: 조종기를 조작하거나 display상의 정보가 움직일 때 반응결과가 인간의 기대와 양립
예) 라디오의 음량을 줄일 때 조절장치를 반시계 방향으로 회전

(3) 공간 양립성: 공간적 구성이 인간의 기대와 양립
예) button의 위치와 관련 display의 위치가 병립

2 근육 내의 포도당이 분해되어 근육 수준에 필요한 에너지를 만드는 과정은 산소의 이용 여부에 따라 유기성 대사와 무기성 대사로 구분된다. 아래에 있는 대사과정에서 ( ) 속에 적절한 용어 또는 화학식을 적으시오.

유기성 대사: 근육 내 포도당+산소 → (①)+(②)+열+에너지
무기성 대사: 근육 내 포도당+수소 → (③)+열+에너지

풀이

① CO_2 ② H_2O ③ 젖산

3 근골격계질환 예방을 위한 공학적(Engineering) 개선책과 관리적(Administrative) 개선책을 3가지씩 적으시오.

풀이

(1) 공학적(Engineering) 개선책
가. 작업자세 및 작업방법 개선
나. 인력운반 작업 개선
다. 수공구 개선
라. 부재의 취급 방법 개선

(2) 관리적(Administrative) 개선책
가. 작업 확대
나. 작업자 교대
다. 작업 휴식 반복주기 제공
라. 작업자 교육
마. 스트레칭 등

4 작업장에서의 최적 구성요소 배치(Component Arrangement) 원칙을 4가지 이상 열거하시오.

풀이

(1) 중요도의 원칙: 구성요소를 시스템 목표의 달성에 중요한 정도를 고려하여 편리한 위치에 둔다.

(2) 사용빈도의 원칙: 사용빈도가 높은 구성요소를 편리한 위치에 둔다.

(3) 기능성의 원칙: 기능적으로 관련된 구성요소들을 한데 모아서 배치한다.

(4) 사용순서의 원칙: 어떤 장치나 작업을 수행할 때 발생되는 순서를 고려하여, 사용되는 구성요소들을 가까이, 그리고 순서적으로 배치한다.

(5) 일관성의 원칙: 동일한 구성요소들은 기억이나 찾는 것을 줄이기 위하여 같은 지점에 위치해야 한다.

(6) 조종장치와 표시장치 양립성의 원칙: 조종장치와 관련된 표시장치들은 근접하여 위치해야 하고, 조종장치와 표시장치의 운동방향은 일치해야 한다.

5 인간-기계 시스템에서 청각장치와 시각장치 사용의 특성을 5가지 이상 비교하여 열거하시오.

풀이

청각장치가 이로운 경우	시각장치가 이로운 경우
(1) 전달정보가 간단하고 짧을 때 (2) 전달정보가 후에 재참조 되지 않는 경우 (3) 전달정보가 시각적인 사상(event)을 다룰 때 (4) 전달정보가 즉각적인 행동을 요구할 때 (5) 수신자의 시각 계통이 과부하 상태일 때 (6) 수신장소가 너무 밝거나 암조응 유지가 필요할 때 (7) 직무상 수신자가 자주 움직이는 경우	(1) 전달정보가 복잡하고 길 때 (2) 전달정보가 후에 재참조 되는 경우 (3) 전달정보가 공간적인 위치를 다룰 때 (4) 전달정보가 즉각적인 행동을 요구하지 않을 때 (5) 수신자의 청각 계통이 과부하 상태일 때 (6) 수신장소가 시끄러울 때 (7) 직무상 수신자가 한곳에 머무르는 경우

6 산업현장에서의 소음과 관련된 은폐효과(Masking Effect)를 간단히 정의하시오.

풀이

은폐효과(Masking Effect): 음의 한 성분이 다른 성분의 청각 감지를 방해하는 현상을 말한다. 즉, 은폐란 한 음(피은폐음)의 가청 역치가 다음 음(은폐음) 때문에 높아지는 것을 말한다. 산업현장에서 소음(음폐음)이 발생한 경우에는 신호 검출의 역치가 상승하며 신호가 확실히 전달되기 위해서는 신호의 강도는 이 역치 상승분을 초과해야 한다.

7 작업자세 수준별 근골격계 위험 평가를 하기 위한 도구인 RULA(Rapid Upper Limb Assessment)를 적용하는 데 따른 분석 절차 부분(4개) 또는 평가에 사용하는 인자(부위)를 4개 이상 열거하시오.

풀이

RULA 평가에 사용하는 신체 부위: 위팔, 아래팔, 손목, 목, 몸통, 다리

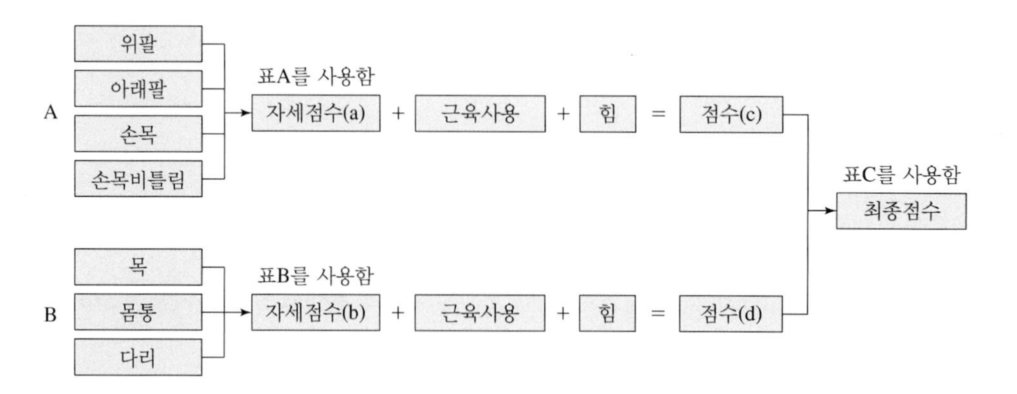

8 인체계측 자료를 이용한 설계(디자인) 원칙 3가지를 서술하시오.

풀이

구분	극단치를 이용한 설계		조절식 설계	평균치를 이용한 설계
	최대 집단값에 의한 설계	최소 집단값에 의한 설계		
내용	대상 집단에 대한 인체 측정 변수의 상위 백분위수를 기준으로 하여 90%, 95%, 99% 값을 사용	대상 집단에 대한 인체 측정 변수의 하위 백분위수를 기준으로 하여 1%, 5%, 10% 값을 수용	체격이 다른 여러 사람에게 맞도록 통상 여자 5%에서 남자 95%까지의 90% 범위를 수용대상으로 설계	극단치를 이용한 설계나 조절식 설계가 불가능한 경우 평균값을 기준으로 설계
사용 범위	문, 탈출구, 통로 등과 같은 공간여유를 정할 때 사용	선반의 높이, 조종장치까지의 거리 등을 정할 때 사용	자동차 좌석의 전후 조절, 사무실 의자의 상하 조절	은행의 계산대 등

9 활액관절(synovial joint)인 경첩관절(hinge joint), 회전관절(pivot joint), 구상관절(ball-and-socket-joint)에 해당하는 예를 아래 〈보기〉에서 각각 고르시오.

> **보기**
>
> 팔굽관절(elbow joint), 무릎, 목, 어깨, 고관절(hip joint)

(1) 경첩관절:
(2) 회전관절:
(3) 구상관절:

풀이

(1) 경첩관절: 팔굽관절(elbow joint), 무릎

(2) 회전관절: 팔굽관절(elbow joint), 목

(3) 구상관절: 어깨, 고관절(hip joint)

10 Fitts의 실험에 따르면 움직인 거리(A)와 목표물의 너비(W)에 따라 동작시간은 어떤 식으로 표현되는지 쓰시오.

풀이

$$MT(\text{동작시간}) = a + b \cdot \log_2 \frac{2A}{W}$$

a, b: 실험 상수
A: 움직인 거리
W: 목표물의 너비

11 공정도(ASME)에서 사용되는 기호 5가지를 쓰시오.

풀이

가공	운반	정체	저장	검사
O	⇨	D	▽	□

12 제조물 책임법상의 결함 3가지를 쓰시오.

풀이

(1) 제조상의 결함: 제품의 제조과정에서 발생하는 결함으로, 원래의 도면이나 제조방법대로 제품이 제조되지 않았을 때도 여기에 해당된다.

(2) 설계상의 결함: 제품의 설계 그 자체에 내재하는 결함으로 설계대로 제품이 만들어졌더라도 결함으로 판정되는 경우이다.

(3) 지시·경고상의 결함: 제품이 설계와 제조과정에서 아무런 결함이 없다 하더라도 소비자가 사용상의 부주의나 부적당한 사용으로 발생할 위험에 대비하여 적절한 사용 및 취급 방법 또는 경고가 포함되어 있지 않을 때이다.

13 신체부하의 측정 방법과 관련된 내용을 다음 보기에서 고르시오.

> **보기**
>
> ECG, EMG, 산소소비량, Flicker Fusion Frequency, EOG, EEG

(1) 심장활동의 정도: (   )
(2) 에너지 대사량: (   )
(3) 근육활동정도: (   )
(4) 정신부하: (   )

풀이

(1) 심장활동의 정도: (ECG)

(2) 에너지 대사량: (산소소비량)

(3) 근육활동정도: (EMG)

(4) 정신부하: (Flicker Fusion Frequency, EOG, EEG)

인간공학기술사 2005년 2교시 문제풀이

※ 다음 문제 중 4문제를 선택하여 설명하시오. (각 문제당 25점)

1 조종장치(Control)의 디자인 요소중에서 조종-반응비율(Control-Response Ratio, C/R 비율)은 조종장치 조작의 민감도와 관계가 있다. 다음 각각의 경우에 대하여 C/R 비율을 구하시오.

(1) 조종장치를 4 cm 움직일 때 반응(또는 표시) 장치가 20 cm 움직일 경우
(2) 놉(Knob) 조종장치를 5회전 시켰을 때 반응(또는 표시) 장치가 15 cm 움직일 경우
(3) 길이가 10 cm인 레버(Lever)를 36° 움직일 때 반응(또는 표시)장치가 10 cm 움직일 경우

풀이

(1) $\text{C/R비} = \dfrac{\text{조종장치의 움직인 거리}}{\text{표시장치의 반응거리}} = \dfrac{4\text{cm}}{20\text{cm}} = 0.2$

(2) Knob의 C/R비는 손잡이 1회전 시 움직이는 표시장치 이동거리의 역수이다.
따라서, $1/3\ \text{cm} = 0.33$

(3) $\text{C/R비} = \dfrac{(a/360) \times 2\pi L}{\text{표시장치 이동거리}} = \dfrac{(36/360) \times 2 \times 3.14 \times 10\text{cm}}{10\text{cm}} = 0.628$

2 SDT(Signal Detection Theory; 신호검출이론)의 개념을 S/D 자극 강도의 확률밀도 관계를 그래프를 그려 정의하고, 시스템 이상에 관한 신호처리확률, 각 상황에서의 비용을 고려하여 SDT 사상 확률, 작업자 1회 신호에 대한 기대비용(EC) 함수식을 정의하시오.

풀이

(1) 신호검출이론: 소리의 강도는 연속선상에 있으며, 신호가 나타났는지의 여부를 결정하는 반응기준은 연속선상의 어떤 한 점에서 정해지며, 이 기준에 따라 4가지 반응대안의 확률이 결정된다. 즉, 판정자는 반응기준보다 자극의 강도가 클 경우 신호가 나타난 것으로 판정하고, 반응기준보다 자극의 강도가 작을 경우 신호가 없는 것으로 판정한다.

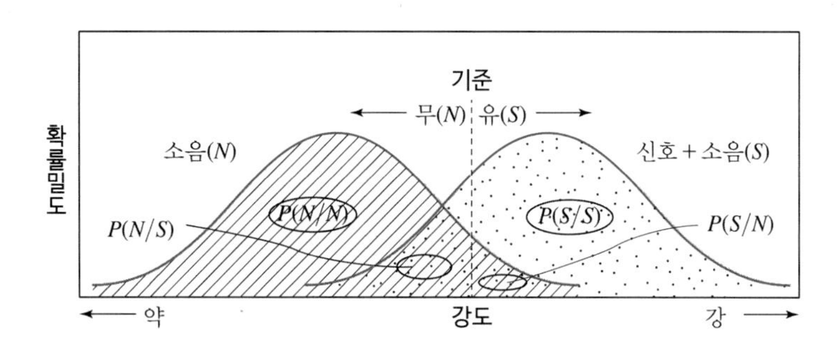

가. 신호의 정확한 판정(Hit): 신호가 나타났을 때 신호라고 판정, P(S|S)
나. 허위경보(False Alarm): 잡음을 신호로 판정, P(S|N)
다. 신호검출 실패(Miss): 신호가 나타났는데도 잡음으로 판정, P(N|S)
라. 잡음을 제대로 판정(Correct Noise): 잡음을 잡음이라고 판정, P(N|N)

(2) 작업자 1회 신호에 대한 기대비용(EC)

$EC = V_{CN} \times P(N) \times P(N|N) + V_{HIT} \times P(S) \times P(S|S) - C_{FA} \times P(N) \times P(S|N) - C_{MISS} \times P(S) \times P(N|S)$

P(N): 잡음이 나타날 확률
P(S): 신호가 나타날 확률
V_{CN}: 잡음을 제대로 판정했을 경우 발생하는 이익
V_{HIT}: 신호를 제대로 판정했을 경우 발생하는 이익
C_{FA}: 허위경보로 인한 손실
C_{MISS}: 신호를 검출하지 못함으로써 발생하는 손실

3 작업현장에서의 누적외상성장애(CTDs)를 정의하고 발생요인과 예방대책에 대하여 기술하시오.

풀이

(1) 정의: 누적외상성장애(CTDs)란 작업과 관련하여 특정 신체 부위 및 근육의 과도한 사용으로 인해 근육, 연골, 건, 인대, 관절, 혈관, 신경 등에 미세한 손상이 발생하여 목, 허리, 무릎, 어깨, 팔, 손목 및 손가락 등에 나타나는 만성적인 건강장해를 말한다. CTDs에 속하는 질환들은 노화에 따른 자연발생적 질환이라기보다 직업특성(특히 작업특성)과 밀접한 관계를 가지고 있다.

(2) 발생요인: 반복적인 작업, 부자연스런 또는 취하기 어려운 자세가 요구되는 작업, 과도한 힘이 요구되

는 작업, 신체부위에 작업대 또는 작업물 등으로 인하여 접촉스트레스가 발생하는 작업, 진동공구를 사용하는 작업, 고온 또는 저온에서 하는 작업 등으로 인하여 발생한다.

(3) 누적외상성장애(CTDs)에 대한 예방대책은 다음과 같다.

가. 같은 근육을 반복하여 사용하지 않도록 작업을 변경(작업순환)하여 작업자끼리 작업을 공유하거나 공정을 자동화시켜 주어야 한다.

나. 근육의 피로를 더 빨리 회복시키기 위해 충분한 회복 휴식 시간이 주어져야 한다. 회복 기간은 짧게 자주 쉬는 것이 길게 쉬는 것보다 낫다.

다. 빠르고, 힘들고, 극단적인 운동을 제한하고 자연스럽고 이완된 자세에서 작업하도록 하는 것이 최선의 설계이다. 즉, 작업자에게 적절한 높이의 작업대와 적합한 작업장을 마련해 주고, 작업 시 발생하는 신체부위의 압박을 피하도록 하고, 극심한 고온이나 저온, 적정한 조도가 확보되지 않는 작업 환경을 피해야 한다.

라. 사용되는 공구는 진동이 없어야 하고, 작동하는 데 큰 힘을 요하지 않으며, 작업자의 손에 공기를 내뿜지 않아야 한다.

마. 손목은 자연스러운 상태를 유지, 물건을 잡을 때는 손가락 전체를 이용, 반복작업을 최소화, 손의 피로를 가급적 줄임, 작업속도와 작업강도를 줄임, 작업의 최적화, 작업 시 손과 팔의 활동범위를 최적화 한다.

4 산업현장 작업장에서의 작업방법 개선의 의의와 추진 방법에 대하여 기술하시오.

풀이

(1) 작업방법 개선의 의의: 산업현장 작업장에서의 인간공학적 작업방법 개선은 작업환경 등에서 작업의 신체적 특성이나 행동하는 데 받는 제약조건 등이 고려된 시스템을 디자인하여 인간과 기계 및 작업환경과의 조화가 잘 이루어 질 수 있도록 하여 작업자의 안전, 작업능률을 향상시키고자 함에 있다. 인간공학적 작업방법 개선에 따른 기대효과로는 작업자 피로 경감, 작업자의 건강 및 안전 향상, 직무만족도 향상, 제품과 작업의 질 향상, 생산성의 향상, 이직률 및 작업손실시간의 감소, 산재손실비용의 감소, 노사 간의 신뢰 구축 등을 들 수 있다.

(2) 작업방법 개선의 추진 방법: 작업방법의 개선을 위해서는 먼저 현재 수행되고 있는 작업방법에 대하여 인간적, 경제적, 기술적 측면을 고려하여 개선대상을 선정한다. 개선대상을 선정한 후에는 작업이 현재 어떤 방식으로 이루어지고 있는지에 관한 전반적인 사실을 인간공학적 작업평가기법, 공정도, 도표 등을 이용하여 분석·기록한다. 현 작업방법의 분석과 기록 자료의 검토를 통하여 현 작업방법의 문제점을 파악하고 이를 근거로 하여 적절한 대안을 창출한 후, 공학적 개선안 및 관리적 개선안을 수립해야 한다. 개선안을 수립한 후에는 해당 개선안에 따른 관련 세부사항을 확정하여 개선안을 도입한다. 개선안이 아무리 잘 만들어진 것이라도 실제로 사용되지 않으면 아무런 가치가 없기 때문에, 개선안을 성공적으로 도입하기 위해서는 개선안의 도입 후 현재 작업방법과 비교하여 개선된 요소를 측정, 기록하여 평가 및 보완 활동을 지속적으로 수행해야 한다.

5 (1) 아래 그림과 같이 한손에 70 N의 무게(weight)를 떨어뜨리지 않도록 유지하려면 노뼈(척골 또는 radius) 위에 붙어 있는 위팔두갈래근(biceps brachii)에 의해 생성되는 힘 F_m은 얼마이어야 하는가? 이때 위팔두갈래근은 팔굽관절(elbow joint)의 회전 중심으로부터 3 cm 떨어진 곳에 붙어 있으며 90° 를 이룬다. 손위 물체의 무게중심과 팔굽관절의 회전중심과의 거리는 30 cm이다. (전완(forearm)과 손의 무게는 무시하시오. 위팔두갈래근 외의 근육의 활동은 모두 무시하시오.)

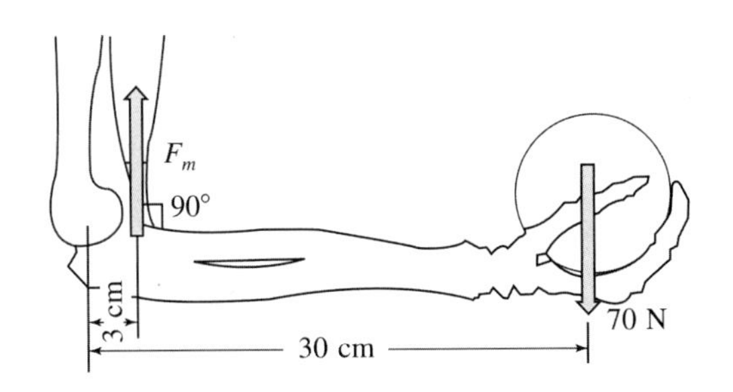

(2) 한 사람이 두 개의 저울 위에 왼발과 오른발을 각각 올려놓고 서 있다. 양발 사이는 30 cm 떨어져 있고, 왼발의 저울 눈금은 50 kg, 오른발의 저울 눈금은 30 kg이라면 가. 몸무게와 나. 무게중심의 위치를 왼발에서부터 거리로 나타내시오.

풀이

(1) $70\ \text{N} \times 30\ \text{cm} - F_m \times 3\ \text{cm} = 0$

$\therefore\ F_m = 700\ \text{N}$

(2) 가. 몸무게: $50\ \text{kg} + 30\ \text{kg} = 80\ \text{kg}$

나. 무게중심: $30\,\text{cm} \times \dfrac{30\,\text{kg}}{(50+30)\,\text{kg}} = 11.25\,\text{cm}$, 왼발에서부터 11.25 cm 떨어져 있음

6 어느 부품을 조립하는 컨베이어 라인의 5개 요소작업에 대한 작업시간이 다음과 같다.

요소작업	1	2	3	4	5
작업시간(초)	20	12	14	13	12

(1) 이 라인의 주기시간은 얼마인가?

(2) 시간당 생산량은?

(3) 공정 효율은?

(4) 만일 요소작업 1을 두 사람의 작업자로 배치한다면 컨베이어 라인의 주기시간은 어떻게 변하는가?

풀이

(1) 요소작업 1이 애로공정이며, 주기시간은 20초이다.

(2) 시간당 생산량 $= \dfrac{3600}{20초} = 180개$

(3) 공정효율 $= \dfrac{총작업시간}{총작업자수 \times 주기시간} = \dfrac{71초}{5명 \times 20초} = 0.71$

(4) 요소작업 3이 애로공정이 되며, 주기시간은 14초가 된다.

인간공학기술사 2005년 3교시 문제풀이

※ 다음 문제 중 4문제를 선택하여 설명하시오. (각 문제당 25점)

1 다음과 같은 요소(Component)로 구성된 인간-기계 시스템(man-machine system)이 있다.

요소1: Hardware 1 (신뢰도=0.9)	요소2: Hardware 2 (신뢰도=0.8)
요소3: Software (신뢰도=0.8)	요소4: Humanware (신뢰도=0.7)

(1) 이 인간-기계 시스템의 신뢰도를 구하기 위하여 시스템 다이어그램(System diagram)을 그리시오.
(2) 시스템 신뢰도를 계산하시오.
(3) 각 요소들의 특성을 기술하시오.
(4) 이 시스템의 신뢰도를 향상시키기 위한 각 요소들의 방안을 기술하시오.

풀이

(1) 시스템 다이어그램(System diagram)

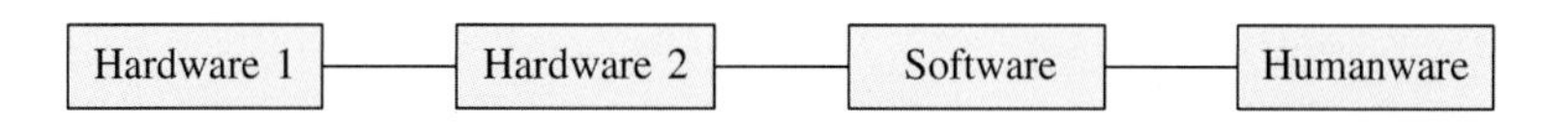

(2) $R = \prod_{i=1}^{4} R_i = 0.9 \times 0.8 \times 0.8 \times 0.7 = 0.4032$

(3) 시스템 다이어그램(System diagram) 요소들의 특성은 다음과 같다.

가. Hardware: 인간에 대한 기계측의 성질로서 각 표시 형태와 조작부분이 어떠한 형태로 되면 사용하기 좋은가라는 측면에서 각각의 기구의 설계 특성에 관한 문제와 이것들의 레이아웃과 조립의 문제가 기능과 신뢰성의 측면에서 다루어진다.

나. Software: 인간이 보거나 들을 수 있도록 기계가 제공해 주는 정보와 기기에 정보를 입력해 주는 메커니즘으로 인간과의 상호작용이 중요하며, 이를 위해서 인간의 인지적/지각적 능력을 고려해서

설계된다.

다. Humanware: 인간은 신체적, 생리적, 정신적인 측면에서 능력과 한계가 있으며, 시스템이 이를 무시하고 설계가 될 경우에는 인간에게 피로, 스트레스, 안전사고 등이 유발될 수 있다.

(4) 시스템의 신뢰도를 향상시키기 위한 방안은 다음과 같다.

가. 인간의 신뢰도를 향상시키기 위해서는 인간의 능력과 한계를 고려하여 시스템 사용 시 Human error를 예방하기 위한 대책이 강구되어야 한다. Human error를 예방하기 위한 대책으로는 양립성을 고려한 설계, 작업자의 적재적소 배치, 작업에 대한 교육 및 훈련, 위험예지활동 등을 들 수 있다.

나. 인간-기계 시스템의 신뢰도를 향상시키기 위해서는 인간의 양립성에 어긋나지 않고 인체특성에 적합하며, 인간의 기계적 성능에 부합되도록 설계되어야 한다.

다. 인간-기계 시스템의 신뢰도를 향상시키기 위해서 기계는 fail safe, fool proof system 및 경보 시스템이 도입되어야 하고 시인성 등이 뛰어나야 한다.

2 인간-기계 시스템에서의 표시장치(Display System)에서 정량적 장치와 정성적 장치의 종류와 설계를 위한 특성을 기술하시오.

풀이

(1) 정량적 표시장치: 정량적 표시장치는 온도와 속도같이 동적으로 변화하는 변수나 자로 재는 길이와 같은 정적변수의 계량값에 관한 정보를 제공하는 데 사용된다.

가. 정량적인 동적 표시장치 3가지

1. 동침(moving pointer)형: 눈금이 고정되고 지침이 움직이는 형
2. 동목(moving scale)형: 지침이 고정되고 눈금이 움직이는 형
3. 계수(digital)형: 전력계나 택시요금 계기와 같이 기계, 전자적으로 숫자가 표시되는 형

나. 정량적 눈금의 세부 특성

1. 눈금의 길이: 눈금 단위의 길이란 판독해야 할 최소 측정 단위의 수치를 나타내는 눈금상의 길이를 말하며, 1.3~1.8 mm를 권장한다.
2. 눈금의 표시: 일반적으로 읽어야 하는 매 눈금 단위마다 눈금 표시를 하는 것이 좋으며, 여러 상황하에서 1/5 또는 1/10 단위까지 내삽을 하여도 만족할 만한 정확도를 얻을 수 있다(Cohen and Follert).
3. 눈금의 수열: 일반적으로 0, 1, 2, 3, …처럼 1씩 증가하는 수열이 가장 사용하기 쉬우며, 색다른 수열은 특수한 경우를 제외하고는 피해야 한다.
4. 지침 설계
   (a) (선각이 약 20° 되는) 뾰족한 지침을 사용하라.
   (b) 지침이 끝은 작은 눈금과 맞닿되 겹쳐지지 않게 하라.
   (c) (원형 눈금의 경우) 지침의 색은 선단에서 눈금의 중심까지 칠하라.
   (d) (시차(時差)를 없애기 위해) 지침을 눈금면과 밀착시켜라.

(2) 정성적 표시장치

가. 정성적 정보를 제공하는 표시장치는 온도, 압력, 속도와 같이 연속적으로 변하는 변수의 대략적인 값이나 변화 추세, 비율 등을 알고자 할 때 주로 사용한다.

나. 정성적 표시장치는 색을 이용하여 각 범위 값들을 따로 암호화하여 설계를 최적화시킬 수 있다.
다. 색채 암호가 부적합한 경우에는 구간을 형상 암호화할 수 있다.
라. 정성적 표시장치는 상태점검, 즉 나타내는 값이 정상상태인지의 여부를 판정하는 데도 사용한다.

3 작업 효율을 향상시키기 위한 인간공학적 동작경제원칙을 정의하고, 신체사용, 작업영역 배치, 공구류 및 설비의 설계에 관한 원칙(또는 guideline)을 각각 4개 이상 포함하여 기술하시오.

풀이

인간공학적 동작경제원칙(The Principles of Motion Economy): 어떻게 하면 작업을 좀 더 쉽게 할 수 있을 것인가를 고려하여 작업장과 작업방법을 개선하는 데 유용하게 사용되는 원칙으로, 작업자가 경제적인 동작으로 작업을 수행함으로써 작업자가 느끼는 피로도를 감소시키고 작업능률을 향상시키기 위한 원칙이다.

(1) 신체의 사용에 관한 원칙은 다음과 같다.
가. 두 손의 동작은 같이 시작하고 같이 끝나도록 한다.
나. 휴식시간을 제외하고는 양손이 동시에 쉬지 않도록 한다.
다. 두 팔의 동작은 동시에 서로 반대 방향으로 대칭적으로 움직이도록 한다.
라. 손과 신체의 동작은 작업을 원만하게 처리할 수 있는 범위 내에서 가장 낮은 동작 등급(motion class)을 사용하도록 한다.
마. 가능한 한 관성(momentum)을 이용하여 작업을 하도록 하되, 작업자가 관성을 억제하여야 되는 경우에는 발생되는 관성을 최소한도로 줄인다.
바. 손의 동작은 자연스럽고 연속적인 동작이 되도록 하며, 방향이 갑작스럽게 크게 바뀌는 모양의 직선동작은 피하도록 한다.
사. 탄도동작(ballistic movements)은 제한되거나 통제된 동작보다 더 신속하고, 용이하며 정확하다.
아. 가능하다면 쉽고도 자연스러운 리듬이 작업동작에 생기도록 작업을 배치한다.
자. 눈의 초점을 모아야 작업을 할 수 있는 경우는 가능하면 없애고, 이것이 불가피한 경우에는 눈의 초점이 모아지는 서로 다른 두 작업지점 간의 거리를 짧게 한다.

(2) 작업장의 배치에 관한 원칙은 다음과 같다.
가. 모든 공구나 재료는 지정된 위치에 있도록 한다.
나. 공구, 재료 및 제어장치는 사용 위치에 가까이 두도록 한다.
다. 중력이송원리를 이용한 부품상자나 용기를 이용하여 부품을 부품사용 장소에 가까이 보낼 수 있도록 한다.
라. 가능하다면 낙하식 운반방법을 사용하라.
마. 공구나 재료는 작업동작이 원활하게 수행되도록 그 위치를 정해준다.
바. 작업자가 잘 보면서 작업을 할 수 있도록 적절한 조명을 비추어 준다.
사. 작업자가 작업 중 자세의 변경 즉, 앉거나 서는 것을 임의로 할 수 있도록 작업대와 의자높이가 조절되도록 한다.
아. 작업자가 좋은 자세를 취할 수 있도록 높이가 조절되는 좋은 디자인의 의자를 제공한다.

(3) 공구 및 설비 디자인에 관한 원칙은 다음과 같다.
   가. 치구(jig and fixture)나 족동장치(foot-operated device)를 효과적으로 사용할 수 있는 작업에서는 이러한 장치를 활용하여 양손이 다른 일을 할 수 있도록 한다.
   나. 공구의 기능을 결합하여서 사용하도록 한다.
   다. 공구와 자재는 가능한 한 사용하기 쉽도록 미리 위치를 잡아준다(pre-position).
   라. (타자칠 때와 같이) 각 손가락이 서로 다른 작업을 할 때에는 작업량을 각 손가락의 능력에 맞게 분배해야 한다.
   마. 레버, 핸들 그리고 제어장치는 작업자가 몸의 자세를 크게 바꾸지 않더라도 조작하기 쉽도록 배열한다.

4 **자극-반응 실험에 대한 결과가 다음과 같을 때 자극 정보량($H(X)$), 반응 정보량($H(Y)$), 전달된 정보량($T(X, Y)$), 정보 손실량을 구하시오.**

구분		반응			
		1	2	3	4
자극	1		25		
	2	25			
	3			25	
	4				25

풀이

$H(X) = 4 \times 0.25 \times \log_2 \frac{1}{0.25} = 2\,\text{bits}$

$H(Y) = 4 \times 0.25 \times \log_2 \frac{1}{0.25} = 2\,\text{bits}$

$H(X, Y) = 4 \times 0.25 \times \log_2 \frac{1}{0.25} = 2\,\text{bits}$

$H(X, Y) - H(Y) = 2 - 2 = 0\,\text{bits}$

$T(X, Y) = H(X) + H(Y) - H(X, Y) = 2 + 2 - 2 = 2\,\text{bits}$

정보 손실량 $= H(X, Y) - H(Y) = 2 - 2 = 0\,\text{bits}$

5 **(1) 일반적인 연구에서 평가척도의 요구조건(기준의 요건)을 5가지로 나열하시오.**

(2) OO회사의 안전보건관리자는 작업에 따라 산소소비량을 이용하여 육체적인 작업부하 정도를 조사하려 한다. 육체적 부하 정도는 성별, 나이, 작업내용에 의하여 영향을 받는다고 알려져 있으나, 작업자들의 대부분이 남자이기 때문에 연구조사는 남자만 고려하고자 한다. 이 연구에서 종속변수, 독립변수, 제어변수는?

풀이

(1) 평가척도의 요구조건(기준의 요건)은 다음과 같다.
  가. 실제적 요건: ① 객관적이고, ② 정량적이며, ③ 강요적이 아니고, ④ 수집이 쉬우며, ⑤ 특수한 자료 수집기법이나 기기가 필요 없고, ⑥ 돈이나 실험자의 수고가 적게 드는 것이어야 한다.
  나. 신뢰성: 시간이나 대표적 표본의 선정에 관계 없이, 변수 측정의 일관성이나 안정성을 말한다.
  다. 타당성: 어느 것이나 공통적으로 변수가 실제로 의도하는 바를 어느 정도 측정하는가를 결정하는 것이다.
    1. 표면 타당성: 어떤 척도가 의도한 바를 어느 정도 측정하는 것처럼 보이느냐 하는 것이다.
    2. 내용 타당성: 어떤 변수의 척도가 지식 분야나 일련의 직무 행동과 같은 영역을 망라하는 정도를 말한다.
    3. 구조 타당성: 임의 척도가 실제로 관심을 가진 것의 하부 "구조"(가령 행동의 기본 유형이나 문제가 되는 능력)를 다루는 정도를 말한다.
  라. 순수성: 측정하는 구조 외적인 변수의 영향은 받지 않는 것을 말한다.
  마. 민감도: 피검자 사이에서 볼 수 있는 예상 차이점에 비례하는 단위로 측정해야 함을 말한다.

(2) 가. 종속변수: 산소소비량
  나. 독립변수: 나이, 작업내용
  다. 제어변수: 성별

6 다음은 중량물 취급작업의 NIOSH Lifting Equation을 이용한 작업분석표이다.

단계 1. 작업변수 측정 및 기록

중량물 무게 (kg)		손 위치(cm)				수직거리 (cm)	비대칭 각도(도)		빈도	지속시간	커플링
		시점		종점			시점	종점	횟수/분	(HRS)	
L(평균)	L(최대)	H	V	H	V	D	A	A	F		C
12	12	30	60	54	130	90	0	0	4	0.75	fair

단계 2. 계수 및 RWL 계산

시점 RWL =	23	0.83	0.96	0.88	1.0	0.84	0.95	=	kg
종점 RWL =	23	0.46	0.84	0.88	1.0	0.84	1.0	=	kg

(1) 시점과 종점의 권장중량물한계(RWL)를 각각 순서대로 구하시오.
(2) 시점과 종점의 들기작업 지수(LI)를 각각 순서대로 구하시오.
(3) 시점과 종점 중 어디를 먼저 개선해야 되는가?
(4) (3)의 답에서 가장 먼저 개선해야 할 요소는 HM, VM, DM, AM, FM, CM 중 어느 것인가?

풀이

(1) 시점: RWL = LC × HM × VM × DM × AM × FM × CM
= 23 kg × 0.83 × 0.96 × 0.88 × 1.0 × 0.84 × 0.95
= 12.8695 kg

종점: RWL = LC × HM × VM × DM × AM × FM × CM
= 23 kg × 0.46 × 0.84 × 0.88 × 1.0 × 0.84 × 1.0
= 6.5694 kg

(2) 시점 $LI = \frac{작업물무게}{RWL} = \frac{12\ kg}{12.8695\ kg} = 0.9324$

종점 $LI = \frac{작업물무게}{RWL} = \frac{12\ kg}{6.5694\ kg} = 1.8267$

(3) 시점보다 종점의 LI값이 크기 때문에 종점을 먼저 개선해야 한다.

(4) 계수 값이 가장 작은 HM(수평계수)부터 개선한다.

인간공학기술사 2005년 4교시 문제풀이

※ 다음 문제 중 4문제를 선택하여 설명하시오. (각 문제당 25점)

1 1 cd의 점광원으로부터 다음과 같은 곡면에 비추는 조도(illuminance)는 얼마인가?

(1) 1 m 떨어진 곡면의 1 ㎡에 비추는 조도는?
(2) 1 m 떨어진 곡면의 0.5 ㎡에 비추는 조도는?
(3) 2 m 떨어진 곡면의 1 ㎡에 비추는 조도는?
(4) 2 m 떨어진 곡면의 0.5 ㎡에 비추는 조도는?
(5) 0.5 m 떨어진 곡면의 0.5 ㎡에 비추는 조도는?

풀이

(1) 1 m 떨어진 곡면의 1 ㎡에 비추는 조도는 다음과 같다.

$$조도 = \frac{광량}{거리^2} = \frac{1}{1^2} = 1\ \mathrm{lumen/m^2}$$

(2) 1 m 떨어진 곡면의 0.5 ㎡에 비추는 조도는 다음과 같다.
$1\ \mathrm{lumen/m^2}$

(3) 2 m 떨어진 곡면의 1 ㎡에 비추는 조도는 다음과 같다.
$1/4\ \mathrm{lumen/m^2}$

(4) 2 m 떨어진 곡면의 0.5 ㎡에 비추는 조도는 다음과 같다.
$1/4\ \mathrm{lumen/m^2}$

(5) 0.5 m 떨어진 곡면의 0.5 ㎡에 비추는 조도는 다음과 같다.
$4\ \mathrm{lumen/m^2}$

2 인간공학(Human Factors)의 정의(definition), 초점(focus), 목적(objectives) 그리고 접근 방법(approach)에 대하여 기술하시오.

풀이

(1) 정의: 인간공학은 인간의 행동, 능력, 한계, 특성 등에 관한 정보를 발견하고, 이를 도구, 기계, 시스템, 과업, 직무, 환경의 설계에 응용함으로써, 인간이 생산적이고 안전하며 쾌적하고 효과적으로 이용할 수 있도록 하는 것이다.

(2) 초점: 인간공학은 일과 일상생활에서 사용하는 제품, 장치, 설비, 수순, 환경 등과 인간의 상호작용에 초점을 둔다. 인간공학은 인간과 사물의 설계가 인간에게 미치는 영향에 초점을 두어, 사람들이 사용하는 사물과 그 사용 환경을 변경하여 사람의 능력, 한계, 요구에 한층 부합시키도록 한다.

(3) 목적: 첫째 목적은 일과 활동을 수행하는 효능과 효율을 향상시키는 것으로, 사용 편의성 증대, 오류 감소, 생산성 향상 등을 들 수 있다. 둘째 목적은 바람직한 인간가치를 향상시키고자 하는 것으로 안전성 개선, 피로와 스트레스 감소, 쾌적감 증가, 사용자 수용성 향상, 작업 만족도 증대, 생활질 개선 등을 들 수 있다.

(4) 접근 방법: 인간이 만들어 사람이 사용하는 물건, 기구 혹은 환경을 설계하는 데 인간의 특성이나 행동에 관한 적절한 정보를 체계적으로 적용하는 것이다.

3 소음(Noise)에 관하여 다음의 물음에 답하시오.

(1) Phon과 Sone의 정의를 간단히 기술하시오.
(2) 1,000 Hz, 80 dB인 음의 Phon 값과 Sone 값은?
(3) 다음과 같은 작업장에서 8시간을 작업하는 경우 소음노출지수는?
85 dB(A)(2시간), 90 dB(A)(4시간), 95 dB(A)(2시간)

풀이

(1) Phon: 어떤 음의 음량수준을 나타내는 Phon값은 이 음과 같은 크기로 들리는 1,000 Hz 순음의 음압수준(dB)을 의미한다.
Sone: 다른 음의 상대적인 주관적 크기를 평가하기 위한 음량 척도로 40 dB의 1,000 Hz 순음의 크기(40 Phon)를 1 Sone이라 한다.

(2) Phon: 어떤 음의 음량 수준을 나타내는 Phon값은 이 음과 같은 크기로 들리는 1,000 Hz 순음의 음압 수준(dB)을 의미한다. 따라서 80 dB의 1,000 Hz는 80 Phon이 된다.

$$\text{Sone} = 2^{\frac{(\text{Phon값} - 40)}{10}} = 2^{\frac{(80-40)}{10}} = 16\ \text{Sone}$$

(3) 소음노출지수(D)(%) $= \left(\frac{C_1}{T_1} + \frac{C_2}{T_2} + \cdots + \frac{C_n}{T_n} \right) \times 100$

$= \left(\frac{4}{8} + \frac{2}{4} \right) \times 100$

$= 100\%$

C_i = 특정 소음 내에 노출된 총 시간

T_i = 특정 소음 내에서의 허용노출기준

소음의 허용기준

1일 폭로시간	허용 음압 dB(A)
8	90
4	95
2	100
1	105
1/2	110
1/4	115

4 산업근로현장에서 인력물자취급(Manual Material Handling; MMH)에 따른 직업병 현황을 파악하고 MMH 시스템 설계 시 고려사항과 예방대책을 기술하시오.

풀이

(1) MMH는 작업물의 들기, 내리기, 밀기, 당기기, 운반하기 등을 말한다. MMH는 단기 또는 장기적으로 건강에 영향을 줄 수 있으며, 들기 작업은 작업자의 허리부상(요통)에 가장 많은 영향을 미친다. 미국의 경우, 작업장에서 발생하는 부상의 약 20%가 허리 관련 부상이다.

(2) MMH 설계 시 고려사항으로는 체격/인체측정학/체력, 신체적 적합성/척추의 가동성, 연령/성별차이, 정신 물리학적 요소/동기 유발, 교육훈련, 정적 작업에 대한 영향, 자세/취급 기술, 중량물의 특성, 손잡이/커플링, 취급 반복성, 비대칭적 인양/하중 비대칭, 보호구, 과업 지속시간 등이 있다.

(3) MMH 작업의 위험 감소방안은 다음과 같다.

가. 직무 설계: MMH 관련 문제를 해결하는 가장 좋은 방법은 인력 취급을 제거하는 것이다. 즉, 들기 작업에 있어서 들기 보조기구를 사용하거나, 들기 시작점의 위치를 바닥이 아닌 작업 높이로 할 수 있다. MMH를 배제할 수 없을 경우에는 작업 요구량을 감소시키기 위해, 취급물의 무게를 줄이거나, 무겁거나 큰 물체는 두 사람 이상이 다루거나, 수평거리를 최소화하거나, 들기 빈도를 줄이거나, 충분한 휴식시간을 제공하도록 한다.

나. 작업자 선정: 작업자의 능력을 평가(X선, 근력시험, 건강진단)하고, 그 능력을 초과하지 않는 직무를 할당한다.

다. 훈련: 안전한 들기 원리에 대한 훈련을 MMH 재해인식 훈련, 복습 등과 함께 실시한다.

5 **작업동기(Motivation)에 관한 이론 중 Maslow의 인간욕구 5단계설, Alderfer의 ERG이론, 그리고 Herzberg의 2요인론에 대한 다음의 요약표를 (1) 완성하고 (2) 비교 설명하시오.**

<table>
<tr><th>Maslow의 욕구 5단계설</th><th>Alderfer의 ERG이론</th><th>Herzberg의 2요인론</th></tr>
<tr><td>자아실현의 욕구</td><td rowspan="2">(　　　　　　)</td><td rowspan="2">동기 요인</td></tr>
<tr><td>(　　　　　　)</td></tr>
<tr><td>(　　　　　　)</td><td>관계 욕구</td><td rowspan="3">(　　　　　　)</td></tr>
<tr><td>(　　　　　　)</td><td rowspan="2">(　　　　　　)</td></tr>
<tr><td>(　　　　　　)</td></tr>
</table>

풀이

(1) Maslow의 욕구 5단계설, Alderfer의 ERG이론, Herzberg의 2요인론의 요약표는 다음과 같다.

<table>
<tr><th>Maslow의 욕구 5단계설</th><th>Alderfer의 ERG이론</th><th>Herzberg의 2요인론</th></tr>
<tr><td>자아실현의 욕구</td><td rowspan="2">(성장 욕구)</td><td rowspan="2">동기 요인</td></tr>
<tr><td>(인정의 욕구)</td></tr>
<tr><td>(사회적 욕구)</td><td>관계 욕구</td><td rowspan="3">(위생 요인)</td></tr>
<tr><td>(안전의 욕구)</td><td rowspan="2">(존재 욕구)</td></tr>
<tr><td>(생리적 욕구)</td></tr>
</table>

(2) 작업동기(Motivation)에 관한 이론의 비교는 다음과 같다.

가. Maslow의 욕구 5단계설은 인간욕구가 생리적 욕구부터 순차적으로 진행되며 하위욕구가 채워지면 상위욕구 충족을 위해 동기부여가 된다고 보았다.

나. Alderfer의 ERG이론은 Maslow의 욕구 5단계설과 비슷하나 욕구를 존재, 관계, 성장욕구의 3단계로 나누었다.

다. Herzberg의 2요인 이론은 인간의 욕구를 동기요인과 위생요인으로 나누는데 이 둘 사이에는 연속적 관계가 아닌 서로 다른 차원이 있다고 보고 있다. 즉, 위생 요인이 최대로 만족되면 직무불만족은 없으나 그렇다고 이것이 직무만족으로 이어지지는 않는다. 직무만족은 동기요인에 의해 결정된다.

6 **다음의 표는 어느 작업에 대한 하루 8시간 동안 각 100회씩 작업샘플링(Work Sampling)한 결과이다.**

연구일	1	2	3	4	5	6	7	8
관측횟수	100	100	100	100	100	100	100	100
작업횟수	90	88	92	94	86	89	91	90

(1) 이 작업에 대한 유휴비율은?

(2) 작업자가 하루 8시간 작업에 평균 200개를 생산한다면 표준시간은 얼마인가?
(단, 레이팅 계수는 110%, 여유율은 정미시간에 대한 비율로 5%이다.)

풀이

(1) $유휴비율 = \frac{총유휴횟수}{총관측횟수} = \frac{10+12+8+6+14+11+9+10}{100 \times 8} = 10.0\%$

(2) 가. 실제 작업시간 = 총 작업시간 × 가동률 = 480분 × 0.9 = 432분

나. $평균\ 생산시간 = \frac{실제총작업시간}{총생산량} = \frac{432분}{200개} = 2.16분/개$

다. 정미시간 = 평균 생산시간 × 레이팅계수 = 2.16분/개 × 1.1 = 2.376분/개

라. 표준시간 = 정미시간 × (1 + 여유율) = 2.376분/개 × (1 + 0.05) = 2.495분/개